Sergeij I. Molokovski
Anatoli D. Suschkov

Intensive Elektronen- und Ionenstrahlen

Aus dem Programm
Physik

Materie – Feld – Struktur
von R. Starkl

Plasmaphysik
von R. Goldston und P. H. Rutherford

Physik und Umwelt
von E. Boeker und R. van Grondelle

vieweg

Sergeij I. Molokovski
Anatoli D. Suschkov

Intensive Elektronen- und Ionenstrahlen

Quellen – Strahlenphysik – Anwendungen

Aus dem Russischen
übersetzt von Günter Zschornack

Der deutschen Übersetzung liegt die 2. russische Auflage mit dem Titel „Intensive Elektronen- und Ionenstrahlen", erschienen im Verlag Energoatomizdat, zugrunde.

1. Auflage 1999

Softcover reprint of the hardcover 1st edition 1999

Der Verlag Vieweg ist ein Unternehmen der Bertelsmann Fachinformation GmbH.

http://www.vieweg.de

Umschlaggestaltung: Ulrike Weigel, Niedernhausen

Gedruckt auf säurefreiem Papier

ISBN-13: 978-3-322-83137-8 e-ISBN-13: 978-3-322-83136-1
DOI: 10.1007/978-3-322-83136-1

Aus dem Vorwort zur ersten russischen Auflage[1]

Intensive Elektronen- und Ionenstrahlen, die bis vor kurzem nur in speziellen UHF-Anlagen und in Beschleunigern geladener Teilchen genutzt wurden, sind inzwischen leistungsstarke Instrumente für die thermische Bearbeitung und die Verbindung schwerschmelzender Metalle, für die Auftragung von Beschichtungen, für den Erhalt neuer Strukturen und Materialien und sogar Treibstoff in elektrostatischen Raketentriebwerken geworden.

Die Optik intensiver Strahlen geladener Teilchen entwickelt sich sehr schnell. Viele Probleme sind bereits gut ausgearbeitet und in einer Reihe von Monographien systematisiert, jedoch hält der Entwicklungsprozeß mit hohem Tempo an. Es werden immer neue, vervollkommnete elektronen- und ionenoptische Systeme bekannt, es erweitern sich der Anwendungsbereich und die Spezifik der Anwendung entsprechender Systeme und es werden neue Berechnungsmethoden für diese Systeme ausgearbeitet bzw. erfolgt eine Vervollkommnung bekannter Methoden. Dies alles erfordert eine fortlaufende Verarbeitung der bekanntwerdenden Informationen sowie ihre Systematisierung und Verallgemeinerung.

Mit Ausnahme einiger Berechnungsformeln wird im vorliegenden Buch durchgängig das SI-System verwendet. Das beschränkte Volumen des Buches erlaubte es nicht, mit gleicher Vollständigkeit alle Besonderheiten intensiver Strahlen und der damit verbundenen Fragen darzustellen. Aus diesem Grund fanden Methoden der analogen Strahlmodellierung keine Berücksichtigung.

Die Autoren

---

[1] Anmerkung des Übersetzers: Die erste russische Auflage erschien 1972 in Moskau im Verlag Energoatomizdat.

Vorwort zur zweiten russischen Auflage

In der seit der ersten Ausgabe des Buches (1972) vergangenen Zeit wurde die Entwicklung der Optik intensiver Strahlen geladener Teilchen durch eine bedeutende Erweiterung der Anwendungsbereiche dieser Strahlen charakterisiert, ebenso durch die Entwicklung neuer Klassen von Elektronen- und Ionenstrahlanlagen, von technologischen Prozessen und von Beschleunigern geladener Teilchen. Davon zeugen insbesondere auch das Erscheinen einiger Monographien der letzten Jahre, die intensiven Elektronen- und Ionenstrahlen gewidmet sind [8, 15, 12, 18].

In diesen Monographien wird ein großer Kreis von Fragen betrachtet, die mit physikalischen Prozessen des Erhalts, der Modellierung und der verschiedenartigsten Anwendungen von Strahlen geladener Teilchen verbunden sind. Jedoch werden dabei Fragen der Projektierung von elektronen- und ionenoptischen Sytemen und der Formierung, des Transports und der Fokussierung intensiver Strahlen praktisch nicht behandelt. Daher werden in der zweiten Auflage des vorliegenden Buches neben der Darlegung der theoretischen Grundlagen der Optik intensiver Strahlen geladener Teilchen, darunter auch relativistischer Strahlen, eine große Vielfalt von elektronen- und ionenoptischen Geräten und Systemen sowie Methoden ihrer Berechnung und Projektierung betrachtet.

Besondere Aufmerksamkeit gilt hier Methoden der automatischen Projektierung mit Computerprogrammen für die Synthese, Analyse und Optimierung von elektronen- und ionenoptischen Systemen. Darüber hinaus enthält die vorliegende Ausgabe Material über experimentelle Methoden der Untersuchung von Elektronenstrahlen.

Die Kapitel 2 bis 5, 7 bis 10 und der Anhang wurden von S.I.Molokovski und die Kapitel 1, 6 und 12 von A.D.Suschkov geschrieben[2].

Die Autoren

---

[2] Anmerkung des Übersetzers: Als Kapitel 11 wurde ein zusätzliches Kapitel in die deutsche Übersetzung eingefügt, welches von S.I.Molokovski geschrieben wurde. Damit ändert sich die Numerierung von Kapitel 11 im Originaltext in Kapitel 12 in der vorliegenden Übersetzung. Die zweite (hier übersetzte und ergänzte) Auflage erschien 1991 in Moskau im Verlag Energoatomizdat.

Inhaltsverzeichnis

Kapitel 1

Systeme zur Formierung und Fokussierung intensiver Elektronen- und Ionenstrahlen

1.1 Grundlegende Strahlparameter und Klassifikation von elektronen- und ionenoptischen Systemen

In den zwanziger und dreißiger Jahren wurden Elektronen- und Ionenstrahlen nur in hochspezialisierten Elektronenstrahlanlagen (Oszillographenröhren, Elektronenmikroskope u.a.) und in Beschleunigern geladener Teilchen genutzt. Beginnend mit den vierziger Jahren fanden Elektronenstrahlen Eingang in vielfältige und unterschiedlichste Hochfrequenzbaugruppen (Klystrons, Wanderwellenröhren u.a.). Gegenwärtig werden Elektronen- und Ionenstrahlen in einem breiten Spektrum kommerzieller technologischer Anlagen für die Erwärmung, Bedampfung und Strukturveränderung verschiedenster Materialien und für physikalische Untersuchungen eingesetzt.

Mit Veränderungen in den Anwendungsbereichen von Elektronen- und Ionenstrahlen änderten sich auch deren Funktionen und die Anforderungen, welche an Strahlen in elektronenoptischen Systemen gestellt werden. In Elektronenstrahlgeräten, die zur Sichtbarmachung einer Abbildung auf einem Bildschirm dienen und in Elektronenmikroskopen sind die grundlegenden Anforderungen mit der Qualität der Abbildung verbunden, d.h. mit dem Kontrast, der Brightness und dem Auflösungsvermögen. Zur Gewährleistung einer hohen Bildqualität soll der Strahl in der Schirmebene minimale Helligkeitsschwankungen mit scharf abgebildeten Randzonen aufweisen, ebenso hinreichend hohe Elektronenkonzentrationen und eine hohe Energie. Gewöhnlich weisen solche Strahlen Ströme in der Größenordnung von einigen Zehn oder Hunderten von Mikroampere auf und die Beschleunigungsspannungen betragen einige Zehn, oftmals Hunderte Kilovolt.

Die Raumladung in solchen Strahlen ist außerordentlich gering. Daher wird bei der Berechnung von elektronenoptischen Systemen der Einfluß der Raumladung vernachlässigt und die Untersuchungen konzentrieren sich auf die Minimierung von Aberrationen und auf den Einfluß thermischer Geschwindigkeiten, welche den erreichbaren minimalen Strahlquerschnitt im Fokus bestimmen und damit das Auflösungsvermögen des Gerätes.

Fragen der Formierung der Fokussierung und Steuerung solcher Strahlen bilden die Grundlage der *geometrischen Elektronenoptik*. Diese sind heute gut ausgearbeitet und werden in einer Reihe grundlegender Arbeiten behandelt [1, 2, 3, 4].

In elektronischen Hochfrequenzgeräten werden Elektronenstrahlen zur Umwandlung der Energie äußerer Spannungsquellen in Energie von Hochfrequenzschwingungen genutzt und alle Anforderungen an derartige Geräte sind mit der Gewährleistung eines möglichst effektiven Umwandlungsprozesses verbunden, d.h. mit dem Erhalt einer hohen Schwingungsleistung, eines hohen Wirkungsgrades, eines hohen Verstärkungskoeffizienten usw. Im Zusammenhang mit diesen Forderungen werden in Hochfrequenzgeräten Elektronenstrahlen mit Strömen genutzt, die um Größenordnungen höher als die Ströme in Elektronenstrahlröhren sind. Dies bewirkt, daß die Raumladung des Strahles stark wächst und beginnt, den Charakter der Elektronenbewegung merklich zu beeinflussen.

Elektronenstrahlen, bei deren Berechnung die Coulombschen Abstoßungskräfte berücksichtigt werden müssen, können nur bedingt intensiv genannt werden. Je höher die Raumladung des Strahles ist, um so höher ist seine Intensität. Als Parameter der Raumladung (der Strahlintensität) wird die charakteristische Leitfähigkeit P verwendet, welche gleich dem Verhältnis des Strahlstroms I zur Beschleunigungsspannung U in der Potenz 3/2 ist, d.h.

$$P = \frac{I}{U^{3/2}} .$$

Dieses Verhältnis erhielt in der Literatur die Bezeichnung *Perveanz*. Aus der Erfahrung ist bekannt, daß in Elektronenstrahlen der Einfluß der Raumladung bei einer Perveanz $P > 0,1\,\mu\text{A}/\text{V}^{3/2}$ bemerkbar wird. In Hochfrequenzanlagen und komuttierenden Elektronengeräten werden Strahlen mit einer Perveanz bis $20\,\mu\text{A}/\text{V}^{3/2}$ und höher verwendet, was die Perveanz von Elektronenstrahlröhren um vier bis fünf Größenordnungen übersteigt.

In kommerziellen Elektronen- und Ionenstrahlanlagen liegt die Perveanz der genutzten Strahlen in einem breiten Intervall. In elektronischen Schweiß- und Schneidanlagen, wo die Strahlen in der Fokalebenen einen möglichst geringen Querschnitt bei gleichzeitig hoher Leistung aufweisen sollen, liegt die Leistung bei Kilowatt und oft sogar bei einigen zehn Kilowatt. Die Perveanz beträgt dabei etwa 0,01 - 2,0 $\mu\text{A}/\text{V}^{3/2}$. In elektronischen Schmelzanlagen, in denen aufgeweitete Strahlen mit Leistungen bis zu einigen Megawatt genutzt werden, liegt die Perveanz zwischen einem bis einigen Zehn $\mu\text{A}/\text{V}^{3/2}$.

Neben den schon genannten Parametern zur Charakterisierung der Qualität des formierten Strahles, seiner regelmäßigen Struktur und der Verteilung der transversalen Geschwindigkeitskomponenten werden solche Begriffe wie die Phasencharakteristika des Strahles, die Phasenellipse und die Emittanz zur Beschreibung der Strahleigenschaften verwendet. Die Phasencharakteristika des Strahles stellen die Gesamtheit von Punkten im transversalen Phasenraum r und r' dar, wobei r und r' die Radialkoordinaten und der Anstieg jeder Trajektorie der Mannigfaltigkeit darstellen, die vom Elektronenstrahl erzeugt wird.

In Bild 1.1 sind die Phasencharakteristika für die Beschreibung der Formierung eines Elektronenstrahles angegeben. In Bild 1.1a ist der Verlauf einer Elektronentrajektorie für einen ideal formierten Elektronenstrahl dargestellt: der Strahl wird gleichmäßig komprimiert, erreicht seinen minimalen Querschnitt in der Ebene P_2 und weitet sich im weiteren infolge der Coulombkräfte wieder auf. In Bild 1.1b sind die Phasencharakteristika dieses Strahles für die Ebenen P_1, P_2 und P_3 dargestellt. Die Kurve 1 entspricht

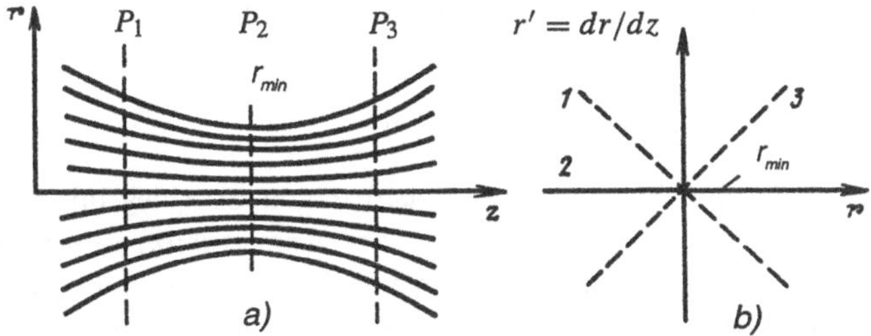

Bild 1.1: Elektronentrajektorien (a) und Phasencharakteristika (b) eines Elektronenstrahls

einem gleichmäßig in die Ebene P_1 eintretenden Strahl, wobei der Anstieg der Trajektorie $r' = dr/dz$ proportional der Radialkoordinate des Strahles ist. In der Ebene P_2 des geringsten Strahlquerschnitts sind die Strahltrajektorien parallel zur z-Achse, es gilt $r' = 0$ und die Charakteristik 2 ist auf der Achse r des Phasenraumes lokalisiert. Die Kurve 3 entspricht einem gleichmäßig auslaufenden Strahl.

Die Besonderheit der betrachteten Charakteristika besteht in ihrer Linearität, was dem Fall eines ideal formierten Elektronenstrahles entspricht. Aberrationen in Elektronenstrahlen führen zu nichtlinearen Phasencharakteristika. Ein Beispiel einer nichtlinearen Phasencharakteristik ist für die Ebene minimalen Strahlquerschnittes in Bild 1.2a gegeben. Der hier angegebene Fall entspricht einer Kreuzung von Elektronentrajektorien, d.h. ein und demselben Wert der Radialkoordinate entsprechen verschiedene Anstiegswinkel der Trajektorie.

Die Berücksichtigung der thermischen Unschärfe der Elektronengeschwindigkeiten führt dazu, daß in der Phasenebene der Elektronenstrahl nicht linear, sondern durch eine Figur mit endlicher Fläche dargestellt wird. In der Ebene geringsten Strahlquerschnittes hat diese Figur die Form einer Ellipse (Bild 1.2b). Jeder Radialkoordinate r entspricht eine Vielzahl von Werten r'. Die Fläche A der *Phasenellipse*, geteilt durch π, wird als *Strahlemittanz*

$$\varepsilon = \frac{A}{\pi}$$

bezeichnet.

Für eine Reihe von Anwendungen von Elektronenstrahlen wird als Charakteristik des formierten Elektronenstrahles die *Brightness* verwendet. Im Falle eines kompakten

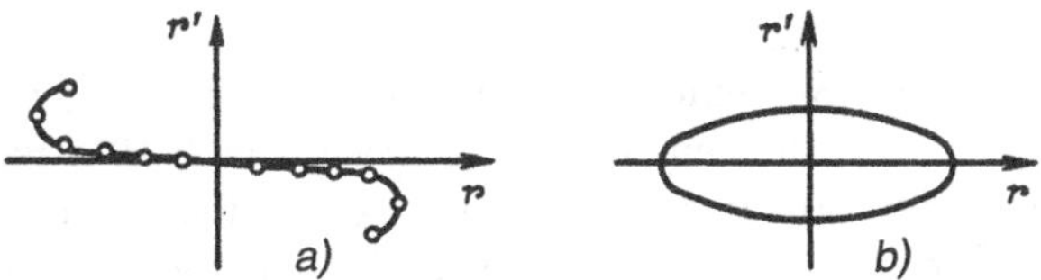

Bild 1.2: Nichtlineare Phasencharakteristika eines Elektronenstrahles: a – bei Berücksichtigung sphärischer Aberrationen der Elektronenkanone, b – bei Berücksichtigung der thermischen Unschärfe der Elektronengeschwindigkeiten

axialsymmetrischen Strahles wird dessen Brightness durch

$$B = \frac{I}{\pi r^2 \Omega}$$

berechnet. Dabei gibt I den Strom eines kreisförmigen Strahles mit dem Radius r an und Ω den Raumwinkel, der die Divergenz (oder Konvergenz) des Elektronenstrahles beschreibt. Detailliert werden die Berechnung von Emittanz und Brightness in Anhang 1 behandelt. Hohe Anforderungen an die Brightness eines intensiven Elektronenstrahles werden insbesondere für Freielektronenlaser gestellt, wo die Brightness Werte von $10^6\,\mathrm{A\,cm^{-2}\,sterad^{-1}}$ erreicht.

Zur Charakterisierung der Qualität von Elektronen- und Ionenplasmaquellen wird eine Reihe weiterer spezieller Parameter verwendet, die in Kapitel 6 behandelt werden.

Weiter soll die Klassifikation von elektronen- und ionenoptischen Systemen betrachtet werden. Bekanntermaßen erfolgt eine Klassifikation von Objekten eines beliebigen Wissensgebietes gemäß den wesentlichsten Zusammenhängen, die das verwendete System von Gesetzen widerspiegeln. In der Elektronen- und Ionenoptik, welche sich mit dem Studium und der Nutzung der Bewegungsgesetze geladener Teilchen in elektrischen und magnetischen Feldern in technischen Anlagen beschäftigt, kann die allgemeinste Klassifikation von elektronen- und ionenoptischen Systemen nach der Art der Felder und der Art ihrer Verteilungen erfolgen, welche unmittelbar das Bewegungsgesetz (die Trajektorien) geladener Teilchen bestimmen. Bezüglich der Felder können alle elektronen- und ionenoptischen Systeme unabhängig von ihrer konkreten funktionalen Bestimmung (Formierung oder Fokussierung von Strahlen geladener Teilchen) in elektrische, magnetische und elektromagnetische Systeme sowie in Systeme mit neutralisierter Strahlladung (Kompensation) eingeteilt werden. Hinsichtlich des Charakters der Feldverteilung erfolgt die Einteilung in homogene und inhomogene Felder (mit unterschiedlicher Orientierung relativ zur Achse des teilchenoptischen Systems) und in gemischte Längsfelder oder gekreuzte Felder. Ein Diagramm zur Klassifikation der elektronen- und ionenoptischen Systeme wird, ohne ins Detail zu gehen, in Bild 1.3 dargestellt.

Im weiteren werden die Arbeitsprinzipien aller genannten Systeme mit Ausnahme von Systemen zur Strahlneutralisation ausführlich betrachtet, da Strahlneutralisationssysteme in der Praxis nur beschränkte Bedeutung haben. Ihr Arbeitsprinzip besteht, wie es der Name schon sagt, in der Neutralisation (Kompensation) des Feldes der Raumladung im Strahl durch das Feld einer Raumladung umgekehrten Vorzeichens. Zu diesen Systemen zählen z.B. Elektronenkanonen in Verbindung mit einer Ionenfalle, welche es erlauben, Elektronenstrahlen mit hohem Kompressionskoeffizienten und einer Perveanz bis 9,4 $\mu\mathrm{A\,V^{-3/2}}$ zu formieren [5] sowie auch Systeme zur Ionenfokussierung des Elektronenstrahles [6].

Die Anwendung derartiger Systeme in realen Geräten und Anlagen erfordert ein vergleichsweise niedriges Vakuum (mit einem Restgasdruck von $\geq 10^{-4}$ Pa), welches für die Bildung positiver Ionen (im Ergebnis der Ionisierung von Restgasmolekülen durch den Elektronenstrahl) und für eine hinreichend schnelle Sammlung dieser Ionen im Elektronenstrahl erforderlich ist. Die wichtigsten Gründe für die beschränkte Anwendung der beschriebenen Systeme sind: die Instabilität und Unkontrollierbarkeit der Erzeugungs- und Speicherprozesse positiver Ionen und zusätzliche niederfrequente Stromfluktuationen im Elektronenstrahl infolge von Ionenschwingungen.

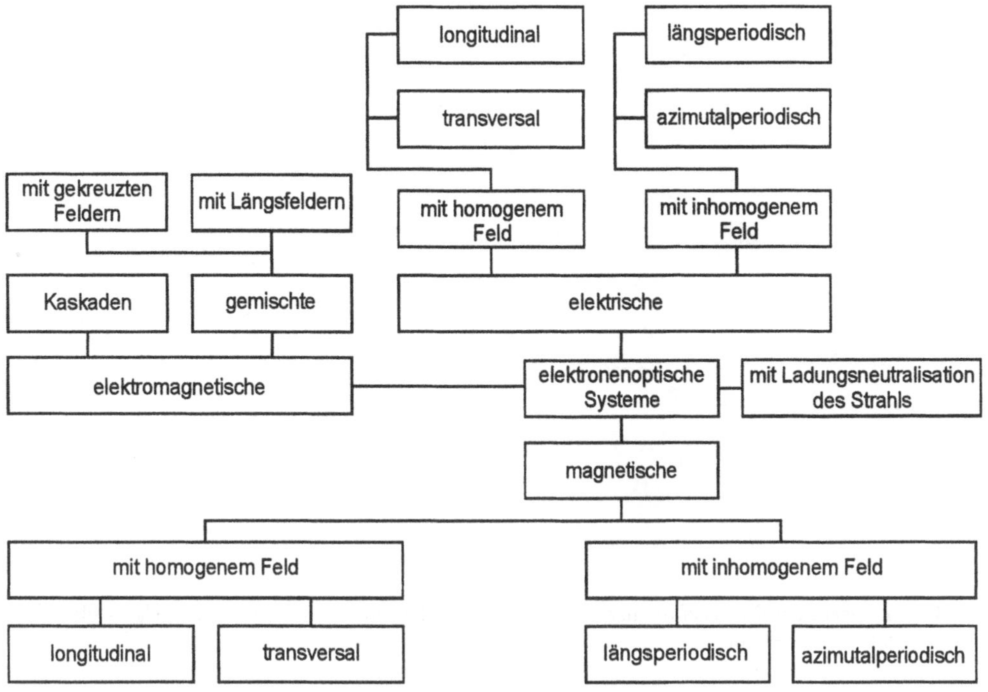

Bild 1.3: Klassifikation von elektronen- und ionenoptischen Systemen

Bei der Diskussion verschiedener elektronen- und ionenoptischer Systeme zeigt sich, daß jedes System im allgemeinen Fall aus zwei Funktionaleinheiten besteht. Der erste Teil dient der primären Formierung eines Elektronen- (Ionen-) Strahls gegebener Perveanz und Konfiguration und wird als formierende Anlage bzw. öfter als Elektronen- (Ionen-) Kanone bezeichnet. Der zweite Teil wird, unabhängig davon, daß die Bezeichnung nicht immer dem physikalischem Sinn des Terminus „Fokussierung" entspricht, welcher eine „Sammlung in einem Punkt", im Fokus, bedeutet, gewöhnlich als Fokussierungssystem oder fokussierende Anlage bezeichnet. Beispielsweise besteht in vielen radiotechnischen elektronischen Geräten (Generatoren, Verstärkern, Wandlern) die Aufgabe des zweiten Teils eines elektronenoptischen Systems in der Begrenzung (oder Erhaltung) des Querschnittes eines gegebenen, zuvor formierten Elektronenstrahls bei dem Transport des Strahls von der Kanone zum Kollektor. In der Beschleunigertechnik sind Analoga solcher Systeme Strahltransportsysteme, die den Transport beschleunigter Teilchenstrahlen oder von Sekundärstrahlen von einer Anlage zur anderen (z.B. vom Injektor zum Beschleuniger) ohne Teilchenverluste gewährleisten.

Intensiven Strahlen geladener Teilchen sind vielfältige Publikationen gewidmet, so Monographien zur Strahlphysik [7, 8, 9, 10], zur Theorie, den Modellierungsmethoden und der Berechnung von Strahlen [11, 12, 13, 14], zur Technik der Formierung und der Anwendung intensiver Strahlen [15, 16, 17, 18, 19] und zu Methoden der Berechnung und Projektierung von elektronen- und ionenoptischen Systemen.

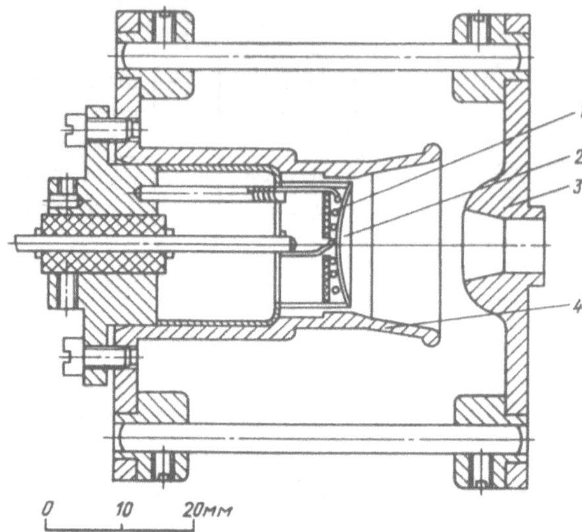

Bild 1.4: Experimentelle Ausführung einer Elektronenkanone vom Pierce-Typ (U_a = 50 kV, P = 0,5 μA/V$^{-3/2}$, C_j = 100

1.2 Systeme zur Formierung von Elektronenstrahlen in elektronischen Geräten

In den meisten modernen radiotechnischen elektronischen Geräten werden hinsichtlich der räumlichen Konfiguration verschiedene intensive (hochperveante) Elektronenkanonen eingesetzt.

In elektrodynamisch gesteuerten Geräten (Klystrons, Wanderwellenröhren u.a.) ist, basierend auf der Nutzung der langen Aufenthaltsdauer der Elektronen im Arbeitsbereich, diese Besonderheit unmittelbar mit dem Prinzip der Stromsteuerung verbunden. In Geräten mit quasistatischer Steuerung ist die Anwendung von Elektronenströmen als scharf begrenzte Strahlen nicht prinzipiell erforderlich, eröffnete aber neue Möglichkeiten bei der Ausarbeitung von Hochleistungstrioden und -tetroden. Somit ist die Formierung und Fokussierung von intensiven Elektronenstrahlen eine der grundlegenden Aufgaben, die bei der Entwicklung moderner elektronischer Geräte gelöst werden müssen.

In der Regel sind die Methoden der Formierung und Fokussierung von Elektronenstrahlen mit dem Prinzip ihrer Steuerung verbunden, besonders in Geräten, bei denen Elemente des elektronenoptischen Systems unmittelbar in die Konstruktion von Schwingungs- oder Abbremssystemen eingehen. Darüber hinaus existiert eine Reihe allgemeiner Anforderungen, zu deren Verdeutlichung die grundlegenden Typen von elektronenoptischen Systemen, die in radiotechnischen elektronischen Geräten angewandt werden, betrachtet werden sollen. Begonnen wird diese Betrachtung mit Elektronenkanonen als Systeme zur primären Formierung von Elektronenstrahlen.

Wie oben bereits ausgeführt, besteht die grundlegende Aufgabe einer Elektronenkanone in der Formierung eines intensiven Elektronenstrahls bestimmter Konfiguration mit gegebenen Werten des Stroms und der Geschwindigkeiten und mit möglichst laminarer Elektronenbewegung. Versuche, derartige Strahlen mit Elektronenkanonen zu erhalten, wie sie in Elektronenstrahlröhren und Mikroskopen genutzt werden, führten nicht zum Erfolg. Daher war die Entwicklung von radiotechnischen Elektronenstrahlgeräten eng mit der Suche nach neuen formierenden und fokussierenden Systemen verbunden.

Ein wesentlicher Beitrag wurde von Pierce [11] geleistet, der eine Methode zur Formierung geradliniger laminarer Elektronenstrahlen einfacher Konfigurationen vorschlug: bandförmige, zylindrische und kegelförmige. Auf der Grundlage dieser Methode wurden hocheffektive Elektronenkanonen entwickelt, welche unter der Bezeichnung *Pierce-Kanonen* bekannt sind.

Für große Hochfrequenzleistungen werden ohne wesentliche Verringerungen der Katodenlebensdauer in Klystrons und Wanderwellenröhren des O-Typs oft axialsymmetrische Elektronenstrahlen mit einer Stromdichte verwendet, welche die zulässige Stromdichte für die Katode überschreitet. Deratige Strahlen können beispielsweise mit einer Pierce-Kanone (Bild 1.4) erhalten werden. Ihr Aufbau besteht aus einer konkaven, sphärischen Äquipotentialkatode 2, einem Heizer 1, einer weit geöffneten, katodennahen Elektrode 4 und einer Anode 3 mit zentraler Öffnung. Gewöhnlich weist die katodennahe Elektrode das gleiche Potential wie die Katode auf und dies ist so verteilt, das die Potentialfläche als Fortsetzung der Katodenoberfläche angesehen werden kann. Aus diesem Grunde werden derartige Kanonen auch als *Diodenkanonen* bezeichnet.

Auf der Basis analytischer Methoden bzw. mathematischer Modellierungen werden die Elektrodenformen so berechnet, daß in der Elektronenkanone ein elektrisches Feld erzeugt wird, bei dem alle Elektronen von der Katodenoberfläche in einen engen Elektronenstrahl konvergieren, der durch die Anodenöffnung tritt.

Die Konvergenz der Elektronen wird durch den sogenannten *Konvergenzkoeffizienten* charakterisiert. Eine Unterscheidung erfolgt

- hinsichtlich der Stromdichte (oder der Fläche des Strahlquerschnittes) über den Konvergenzkoeffizienten C_j, der gleich dem Verhältnis von maximaler Stromdichte im Elektronenstrahl zur Stromdichte der aus der Katode ausgetretenen Elektronen ist und
- bezüglich des Radius über den Konvergenzkoeffizienten C_r, der durch das Verhältnis des Kathodenradius zum Radius des minimalen Strahlquerschnittes (cross-over) bestimmt wird.

Bei geringer Krümmung der Kathode gilt $C_r \approx \sqrt{C_j}$.

Bei einer Erhöhung des Konvergenzkoeffizienten wächst im Strahl die elektrostatische Abstoßung, welche einer Kompression des Strahls entgegenwirkt. Dies bedeutet, daß der Konvergenzkoeffizient von der Raumladung im formierten Strahl abhängt, der durch die Perveanz bestimmt wird.

Es sei darauf hingewiesen, daß in Pierce-Diodenkanonen, die gewöhnlich im Raumladungsregime arbeiten, der Wert der Perveanz $P = I/U^{3/2}$ nicht von der Anodenspannung abhängt und sich, wie aus dem „hoch 3/2“-Gesetz folgt, nur aus den geometrischen Abmaßen der Kanone bestimmt. Damit bestimmt sich die Perveanz als Elektronenstrahlparameter über dessen Intensität, welche gleichzeitig ein Parameter der Kanone, d.h. ihrer Konstuktion, ist.

Mit der betrachteten Pierce-Kanone können konvergierende Elektronenstrahlen mit einer Perveanz $P \leq 1\,\mu\mathrm{A\,V}^{-3/2}$ erhalten werden. Bei kleinen Perveanzwerten kann der

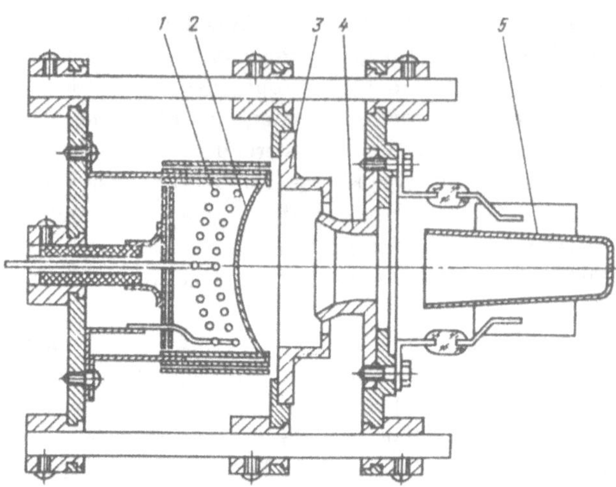

Bild 1.5: Experimentell modifizierte Pierce-Kanone. ($U_a = 20$ kV, $P = 3\ \mu$A V$^{-3/2}$, $C_j = 6$): 1 - Heizer; 2 - Kathode; 3 - kathodennahe Elektrode; 4 - Anode; 5 - Kollektor

Konvergenzkoeffizient C_j den Wert 100 und höher erreichen, wie z.B. mit einer Kanone, welche im V.I.Uljanov (Lenin)-Laboratorium für radiotechnische Elektronik LETI konstruiert wurde (siehe Bild 1.4). Bei hohen Werten von P beträgt der Konvergenzkoeffizient gewöhnlich mehrere Einheiten.

Für die Erzeugung konvergierender Ströme höherer Perveanz werden verschiedene Modifikationen von Pierce-Kanonen eingesetzt (Bild 1.5). Diese sind durch vergleichsweise geringe Abstände Kathode - Anode und durch die Verwendung kathodennaher Elektroden charakterisiert (siehe Bild 1.5). Mit derartigen Elektroden können die elektrischen Felder der Kanone die transversale defokussierende Raumladung effektiver kompensieren, die bei wachsender Perveanz ebenfalls wächst. Dies gewährleistet die Formierung hochperveanter konvergierender Strahlen bei minimalen Kathodenstromverlusten an der Anode (nicht mehr als 1-2%). Infolge des Einflusses der Anodenöffnung der Kanone wird das Feld im Zentrum der Kathode merklich geschwächt und wirkt als Streulinse mit sphärischer Aberration. Die so formierten Strahlen sind nichtlaminar und weisen eine inhomogene Stromdichteverteilung bezüglich des Strahlradius auf.

Die physikalischen Prinzipien, auf denen die Pierce-Kanone basiert, werden nicht nur zur Formierung voller konvergierender (konischer) Elektronenstrahlen verwendet, sondern auch zur Formierung zylindrischer, ebener (bandförmiger und keilförmiger) und röhrenförmiger (hohler) Strahlen.

Das Prinzip einer Elektronenkanone, welche für die Formierung eines keilförmigen Strahles vorgesehen ist, kann man sich z.B. leicht vorstellen, wenn der Querschnitt der Pierce-Kanone aus Bild 1.4 als Querschnitt einer symmetrischen Kanone angenommen wird, deren Ausdehnung (Breite) senkrecht zur Zeichenebene durch die Abmaße in der Ebene gegeben ist. Eine solche Kanone kann eine beliebige Breite in Abhängigkeit von den zu lösenden Aufgaben und entsprechend eine beliebige Perveanz haben, da der formierte Elektronenstrahl sich linear mit der Breite der Kanone ändert. Für die Beschreibung

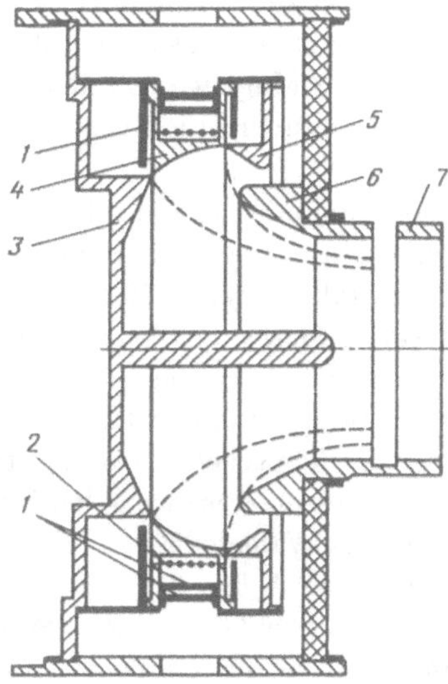

Bild 1.6: Elektronenkanone mit elektrostatischer Fokussierung eines Hohlstrahles. $U_a = 100$ kV, $P = 15$ μA V$^{-3/2}$, $C_j = 25$: 1 – Wärmeschirme; 2 – Heizer; 3 – innere kathodennahe Elektrode; 4 – Kathode; 5 – äußere kathodennahe Elektrode; 6 – Anode; 7 – Driftröhre

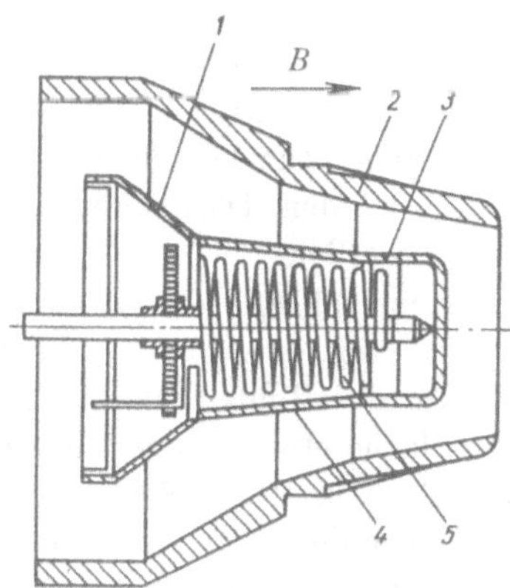

Bild 1.7: Axialsymmetrische Magnetron-Kanone mit $P = 10$ μA V$^{-3/2}$. 1 – hintere kathodennahe Elektrode; 2 – Anode; 3 – vordere fokussierende Elektrode; 4 – Kathode; 5 – Heizung; B – Vektor der magnetischen Induktion

der Charakteristika von Kanonen, welche ebene (bandförmige oder keilförmige) Strahlen erzeugen, wird der Begriff *Perveanz pro Längeneinheit* eingeführt, welche gleich dem Verhältnis der Strahlperveanz zur Kathodenbreite ist.

Wird der Querschnitt der beschriebenen axialsymmetrischen Pierce-Kanone relativ zu einer Achse gedreht, die parallel zur Symmetrieachse der ursprünglichen Kanone bzw. unter einem Winkel zu dieser Achse verläuft, kann eine toroidale Kanone erhalten werden, welche einen zylindrischen oder konischen Hohlstrahl formieren kann. In Bild 1.6 ist die Modifikation einer solchen Kanone abgebildet, die für elektronische Hochleistungsgeräte ausgearbeitet wurde [19].

Einen besonderen Platz nehmen Magnetron-Kanonen im Gerätebau ein. In solchen Kanonen zur Formierung von Elektronenstrahlen unterschiedlicher Konfiguration (eben, zylindrisch und röhrenförmig) werden gekreuzte elektrische und magnetische Felder eingesetzt. Unterschieden werden zwei Typen von Magnetron-Kanonen zur Formierung axialsymmetrischer Strahlen: gewöhnliche (oder normale) und konvertierte. Hinsichtlich ihrer Konstruktion stellen beide Typen zylindrische Dioden (analog zu Magnetrons mit nicht aufgeschnittener Anode) dar. Im ersten Fall ist die Kathode eine innere Elektrode (Bild 1.7) und im zweiten - eine äußere Elektrode.

Gewöhnlich wird die Magnetron-Kanone in ein homogenes magnetisches Längsfeld eingebracht, dessen Stärke den kritischen Wert etwas übersteigt. Unter diesen Bedingungen verlassen die Elektronen die Kathode unter dem Einfluß des inhomogenen elektrischen Anodenfeldes und vollführen eine vorwärtsgerichtete Rotationsbewegung in Richtung des Kanonenaustritts unter Bildung eines hohlen Elektronenstrahls. In einer normalen Magnetron-Kanone mit homogenen axialem Magnetfeld entspricht der innere Durchmesser des formierten Hohlstrahles dem kleinsten Durchmesser der konischen Kathode und der äußere Strahldurchmesser dem maximalen Kathodendurchmesser, was durch den Einfluß der Raumladung des Teilchenflusses begründet ist. Durch die Wahl des Konuswinkels Θ als Winkel zwischen der seitlichen Kathodenoberfläche und ihrer Achse, der Stärke des Magnetfeldes und der Stromdichte des Kathodenstromes können zwei Grenzfälle erreicht werden. Im ersten Fall ist der äußere Strahldurchmesser und somit auch seine Dicke nahezu vollständig durch die Stromdichte des Strahles bestimmt. Im zweiten Fall ist die Form der Katode und der Verlauf der Magnetfeldlinien bestimmend und die Abhängigkeit von der Stromdichte ist nur gering ausgeprägt.

Die Konstruktion einer Magnetron-Kanone ermöglicht es, die Flugzeit der Elektronen durch die Kanone in weiten Bereichen zu variieren. Die Flugzeit bestimmt wesentlich die Rauschfluktuationen von elektronischen Geräten und ebenso den Rückfluß von Elektronen auf die Katode, der die stärkste Rauschquelle darstellt. Zur Verringerung von Rauschbeiträgen sollte die Flugzeit möglichst klein gehalten werden. Dies kann am einfachsten durch eine Vergrößerung des Konuswinkels erreicht werden.

In einer MIG können eine große Konvergenz des Elektronenstrahls für den Strahlquerschnitt und eine hohe Strahlperveanz erhalten werden. In erster Näherung kann davon ausgegangen werden, daß in Strahlen, bei denen die Breite des Hohlstrahls nicht von der Raumladung abhängt, die Konvergenz bezüglich der Fläche etwa proportional zum inversen Wert des Konuswinkels ist, wenn dieser 15° nicht überschreitet. Bei sehr kleinen Konuswinkeln und für den Grenzfall einer zylindrischen Kathode hängt die Breite des emittierten Strahls stark von der Raumladung und den thermischen Elektronengeschwindigkeiten ab. Praktisch sind Kompressionswerte von $C_j = 200$ erreichbar.

Die Perveanz einer Magnetron-Kanone kann im Verhältnis zu verschiedenen Potentialen bestimmt werden. Erfolgt dies im Verhältnis zum Anodenpotential U_a, ergibt sich die *Anodenperveanz.* Diese charakterisiert den Strahl nur näherungsweise, da die Elektronen, welche sich im hochkritischen Feld bewegen, die Anode nicht erreichen und somit nicht bis U_a beschleunigt werden. Deren Gesamtenergie wird durch das Potential $U < U_a$ bestimmt. Daher ist es in einigen Fällen sinnvoll, die Perveanz zu dem sogenannten Gesamtpotential U als *Gesamtperveanz* zu bestimmen.

Bei dem Betrieb von Magnetron-Kanonen in Klystrons und Wanderwellenröhren ist die Komponente der kinetischen Energie des Elektronenstrahles von Bedeutung, die mit der longitudionalen Elektronenbewegung verbunden ist. Wird diese Komponente durch ein gewisses Potential der longitudionalen Bewegung ausgedrückt, so kann im Verhältnis zu diesem Potential ebenfalls die Perveanz als *longitudionale Perveanz* bestimmt werden.

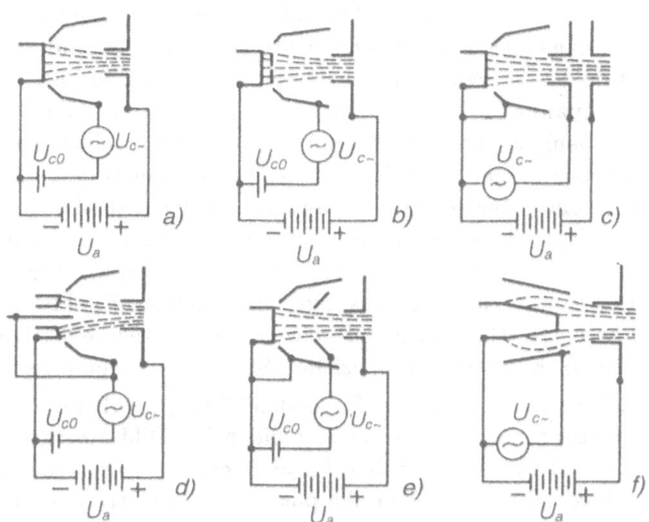

Bild 1.8: Schematische Darstellung von Elektronenkanonen mit Steuerelektroden: a – mit kathodennaher Steuerelektrode; b – mit Steuergitter; c – mit primärer Anode (dickes Diaphragma); d – mit Stift; e – mit dünnem Diaphragma; f – Magnetron-Kanone mit modulierender Anode; U_{c0} – Gleichspannung der Steuerelektrode; $U_{c\sim}$ – Wechselspannung; U_a – Anodenspannung

Weiter kann die Perveanz des durch die Magnetron-Kanone geformten Strahls auch im Verhältnis zu dem Wechselwirkungspotential des Gerätes (Oszillatorsystem des Klystrons oder Verzögerungssystem in Wanderwellenröhren) als *Wechselwirkungsperveanz* berechnet werden, wobei das Wechselwirkungspotential das Anodenpotential der Kanone wesentlich übersteigen kann.

Abschließend sei hier bemerkt, daß das Verhältnis zwischen den einzelnen aufgeführten Perveanzen von den konkreten Betriebsbedingungen abhängt und für verschiedene Kanonen verschiedene Werte annehmen kann. In [20] wird eine Magnetron-Kanone mit zylindrischer Anode beschrieben, welche eine hohlen zylindrischen Strahl mit einem Kompressionskoeffizienten $C_r = 220$, einer Anodenperveanz von 19 μA V$^{-3/2}$ und eine berechnete Gesamtperveanz von etwa 28 μA V$^{-3/2}$ erzeugt.

Hinsichtlich der Eigenschaften der Magnetron-Kanone muß darauf hingewiesen werden, daß diese keine Vorteile im Vergleich zu gewöhnlichen Elektronenkanonen aufweist, wenn die Kanone sich in einem homogenen Magnetfeld befindet [14]. Im magnetischen Randfeld weist die Magnetron-Kanone für Elektronenstrahlen jedoch eine natürliche Konvergenz auf. Wird eine Verringerung der Stromdichte an der Katode gefordert, erlaubt eine solche Konstruktion eine Vergrößerung des Kathodendurchmessers ohne Vergrößerung des Strahldurchmessers. Die Methodik der Berechnung von Magnetron-Kanonen wird in Kapitel 5 beschrieben.

Für Klystrons oder Wanderwellenröhren wird bei Bedarf eine Niedrigspannungsmodulation des Stroms der Elektronenkanone vorgenommen, indem Kanonen mit Steuerelektroden verwendet werden. Die einfachste Variante ist hier die gewöhnliche Pierce-Kanone, bei der die kathodennahe Elektrode von der Kathode isoliert ist und als Steuerelektrode verwendet wird (Bild 1.8 a). Wie Untersuchungen gezeigt haben, ist jedoch die Strahlsteuerung über die Spannung der kathodennahen Elektrode insbesondere bei Strahlen mit hoher Perveanz wenig effektiv [21]. Beispielsweise wird für einen Strahl der Perveanz 1 μA $V^{-3/2}$ für das vollständige „Abschalten" des Elektronenstrahls, d.h. das Verschwinden des Kathodenstroms, eine negative Spannung an die kathodennahe Elektrode von $U_{c,\max} \approx 0,46\, U_a$ gelegt; für eine Kanone mit einer Perveanz von 3,6 μA $V^{-3/2}$ wird eine Spannung von $U_{c,\max} \approx 1,5\, U_a$ benötigt. Eine Verringerung der Steuereffektivität mit wachsender Perveanz erklärt sich aus dem zunehmenden Einfluß des Anodenpotentials auf das Feld an der Kathode. Eine hinreichend hohe Steuereffektivität wird für den Elektronenstrahl nur in Kanonen mit speziellen Steuerelektroden erreicht.

In Kanonen mit durch die zentrale Kathodenöffnung geführtem metallischen Stift, welcher mit der fokussierenden Elektrode verbunden ist (Bild 1.8 d), wurde eine Strahlperveanz von (0,9 ... 1,0) μA $V^{-3/2}$ bei $U_c = 0$ erreicht. Das vollständige Abschalten des Strahls erfolgt dabei bei einer Amplitude der negativen Impulsspannung von $U_{c,\max} = 0,12 \ldots 0,14 U_a$. Eine solche Steuerung ist nur im Schaltregime der Kanone sinnvoll, da bei kontinuierlicher Stromregelung eine starke Defokussierung des Strahles und eine Abscheidung von Teilchen auf der Anode beobachtet werden.

Wesentlich bessere Steuerparameter werden für Kanonen mit Steuergitter erreicht (Bild 1.8 b). In einer solchen Kanone, welche als Diodensystem mit einer Perveanz 3,5 μA $V^{-3/2}$ durch Anlöten eines Gitters an die untere Kante der katodennahen Elektrode ausgeführt war, wurde die Perveanz mit einem geringen positiven Gitterpotential ($U_c < 0$) erreicht. Eine vollständige Auslöschung des Strahls erfolgte durch Umschalten des Gitterpotentials auf einen negativen Wert mit einem Spannungsimpuls $U_{c,\max} \approx -0,05\, U_a$. Durch die Verwendung von Gittern geringeren Durchgriffs kann die Effektivität der Steuerung weiter erhöht werden, d.h. das Verhältnis $U_{c,\max}/U_a$ wird verringert. Dabei erhöht sich jedoch der Anteil des Stromes, der vom positiv geladenen Gitter aufgefangen wird. Dieser Mangel kann behoben werden, wenn in der Kanone nicht ein, sondern zwei gleiche Gitter (Bild 1.9) verwendet werden, wobei das kathodennahe Gitter mit der Kanone verbunden wird. Damit erfolgt die Aufnahme des Strahlstromes durch das zweite Steuergitter bei gleichen positiven Potentialen und kann bis auf 0,1% reduziert werden [22]. Derartige Kanonen werden als Kanonen mit Schattennetzen bezeichnet. Die Konstruktion dieser Kanonen wird für einige Muster in [23, 24] beschrieben.

Die betrachteten Kanonen mit Steuerelektroden, d.h. Trioden-Kanonen, erlauben es, im Vergleich zu Dioden-Kanonen Elektronenstrahlen mit höherer Ausgangsperveanz $P = I/U_a^{3/2}$ zu formieren. Dies hängt damit zusammen, daß die Existenz von zwei Elek-

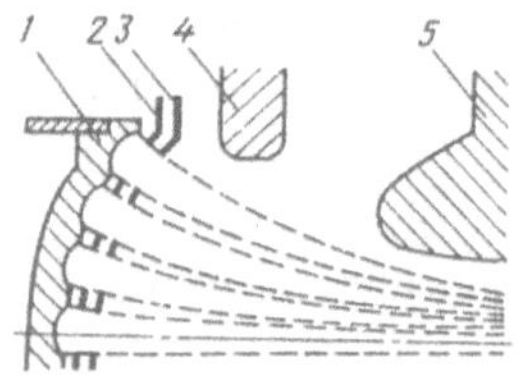

Bild 1.9: Schema einer Elektronenkanone mit Schattengitter: 1 – Kathode; 2 – Schattengitter; 3 – Steuergitter; 4 – kathodennahe Elektrode; 5 – Anode

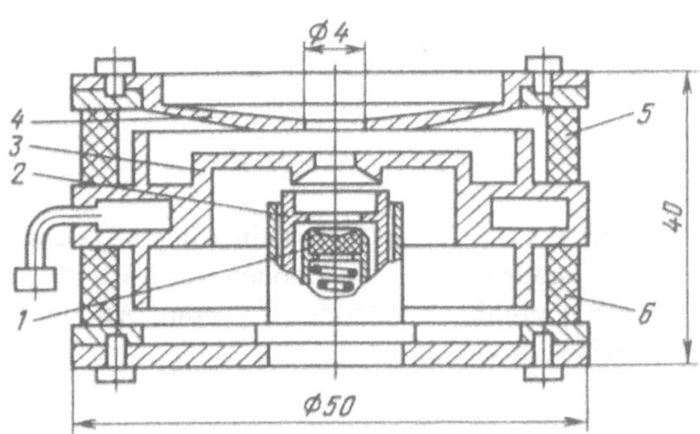

Bild 1.10: Darstellung einer experimentellen Elektronenkanone zur longitudionalen Strahlkompression: 1 – Katode; 2 – kathodennahe Elektrode; 3 – primäre Anode; 4 – sekundäre Anode; 5 – Isolatoren

troden mit den Steuerpotentialen U_c und U_a es prinzipiell ermöglicht, in weiten Bereichen nicht nur den Strom I zu variieren, sondern auch die durch den Wert von U_a bestimmte Energie des Elektronenstrahles am Ausgang der Kanone. Änderungen von I und U_a können dabei praktisch unabhängig voneinander erfolgen, daher kann von zwei Regimen der Regulierung der Perveanz einer Trioden-Kanone gesprochen werden. Diese beiden Regime können hinreichend einfach in Kanonen mit Primäranode bzw. dickem Diaphragma realisiert werden (Bild 1.8 c), bei denen infolge des außerordentlich schwachen Durchgriffes des Annodenfeldes in den Kathodenbereich der Strom der Elektronenkanone praktisch nur von U_c beeinflußt wird. Daher kann das Potential U_a unabhängig vom Strom entsprechend den Anforderungen an die Ausgangsperveanz des Strahls geändert werden.

Die Formierung des Elektronenstrahls erfolgt in den beschriebenen Kanonen bei gegebener Perveanz in zwei Etappen. Zuerst wird im ersten Elektrodenzwischenraum wie in einer gewöhnlichen Pierce-Diodenkanone (bzw. in ihren Modifikationen) ein Strahl mit bestimmten Ausgangswerten der Perveanz (Primärperveanz) $IU_c^{-3/2}$ und gegebener Konvergenz C_j formiert. Anschließend wird der Strahl im zweiten Zwischenraum bis zu der Energie abgebremst bzw. beschleunigt, welche dem Potential U_a entspricht und erhält so eine Ausgangsperveanz $IU_a^{-3/2}$. Alle anderen Strahlparameter bleiben dabei praktisch unverändert. Aus dem Gesagten folgt, daß die Änderung der Strahlperveanz im zweiten Abschnitt durch das Verhältnis $(U_c/U_a)^{3/2}$ bestimmt wird, welches als Koeffizient der Änderung der Ausgangsperveanz für den Fall angegeben wird, daß in diesem Bereich keine Stromverluste auftreten. Der Maximalwert dieses Koeffizienten wird durch den Beginn der Elektronenreflexion im Bereich geringsten Potentials in der Nähe der zweiten Anode bestimmt und hängt letztlich von der Konstruktion der Kanone ab.

Triodenkanonen, in denen zur Erhöhung der Strahlperveanz eine Abbremsung des Strahls zwischen der ersten und zweiten Anode erfolgt, werden in der Literatur als *Kanonen mit longitudionaler Kompression* bezeichnet [25, 26]. In Bild 1.10 ist die experimentelle Ausführung einer solchen Kanone dargestellt [26], welche für die Formierung von axialsymmetrischen Elektronenstrahlen mit einem Strahldurchmesser von weniger als 4 mm ausgelegt ist. In dieser Kanone werden eine Lanthan-Bor-Heizkathode, eine sich in einer wassergekühlten Fassung befindliche primäre Molybdänanode und eine sekundäre Anode ohne Zwangskühlung verwendet. Bei einem Potential von 7 kV an der primären Anode beträgt der Kathodenstrom etwa 1 A, was einer Strahlperveanz von $1,5 \cdot 10^{-6}\,\mu\text{A}\,\text{V}^{-3/2}$ entspricht. Bei einem Potential von 1,5 kV an der sekundären Anode ändert sich der Strom praktisch nicht, so daß der Stromtransmissionskoeffizient 99% beträgt. Die Strom-

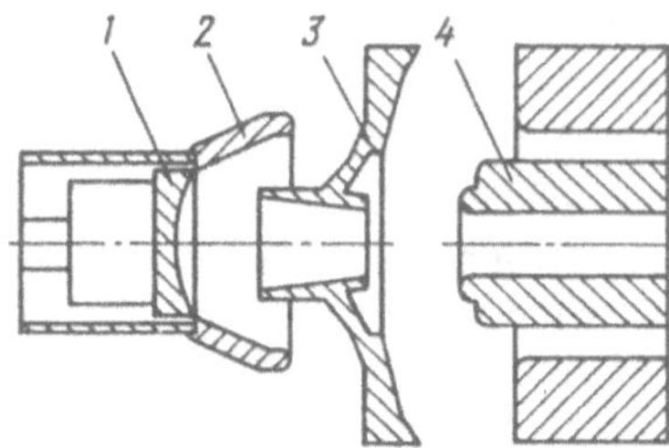

Bild 1.11: Prinzipschema einer leistungsstarken Zweianodenelektronenkanone: 1 – Kathode; 2 – kathodennahe Elektrode; 3 – erste Anode; 4 – zweite Anode

perveanz wächst dabei jedoch um eine Größenordnung bis etwa 15 μA $V^{-3/2}$. Es existieren Arbeitsregime, bei denen am Kanonenausgang eine Strahlperveanz bis zu 50 μA $V^{-3/2}$ erhalten werden kann. Kanonen mit longitudionaler Elektronenstrahlkompression können in verschiedenen Bereichen eingesetzt werden, insbesondere aber in technologischen Elektronenstrahlanlagen.

In Bild 1.11 ist das Konstruktionsschema eines weiteren Typs einer Triodenelektronenkanone (Zweikathodenelektronenkanone) dargestellt, welche für die Formierung eines leistungsstarken hochenergetischen Elektronenstrahls für den Einsatz in Freielektronenlasern vorgesehen ist [27]. In dieser Kanone wird eine Kathode mit 8,8 cm Durchmesser verwendet, welche es bei ihrer normalen Arbeitstemperatur ermöglicht, einen Kathodenstrom von nicht weniger als 20 A cm^{-2} im Impuls zu erhalten. Auf die erste Kanonenanode wird eine Beschleunigungsspannung in der Größenordnung von einigen Hundert Kilovolt gegeben, auf die zweite Anode Spannungen bis 1 MV. Unter diesen Bedingungen formiert die Kanone einen schwachkonvergenten Elektronenstrahl mit einem Strom von 1000 A und einer Brightness von 10^6 A cm^{-2} steread^{-1} bei einer Impulslänge von 40 ns.

In *Freielektronenlasern* werden werden auch Vielanodenkanonen verwendet, welche eine mehrstufige Beschleunigung des Elektronenstrahls erlauben. Zur Formierung von Strahlen mit minimaler Transversalenergie (weniger als 0,01% der Strahlenergie) werden Photo- und autoemittierende Kathoden und magnetische Längsfelder verwendet [28].

Am Ende des Abschnitts sollen spezielle Versionen von gesteuerten Trioden- und Tetroden-Elektronenkanonen betrachtet werden, die in modernen Leistungsgeneratoren und Modulatoren eingesetzt werden.

Ständige Bemühungen, die elektrischen Parameter und die Zuverlässigkeit von Geräten mit quasistatischer Steuerung zu verbessern, führten zu einer breiten Entwicklung von zwei Konstruktionsrichtungen für leistungsstarke Trioden und Tetroden, welche auf der Nutzung spezieller Prinzipien der Elektronenoptik beruhen: der elektrostatischen und magnetischen Elektronenfokussierung. Die Konstruktion solcher Geräte wird als eine Gesamtheit parallel angeordneter gleicher elektronenoptischer Trioden- oder Tetroden-Module bzw. entsprechender Sektionen ausgeführt (Tabelle 1.1). Jedes dieser Module formiert einen Elektronenstrahl und steuert diesen durch den Strom [5].

Das Gemeinsame der Konstruktion elektrostatischer Linsen besteht in der Verwendung einer Stabkathode aus thoriertem Wolframkarbid und einer gerippten kathodennahen Elektrode, in deren Nuten sich die Kathode befindet. In verschiedenen Anwendungen hat die kathodennahe Elektrode eine unterschiedliche Bedeutung. In den Schemata A1, A2 und B2 besitzt diese Kathodenpotential und ist daher eine fokussierende Elektrode F.

Tabelle 1.1: Schemen elektronenoptischer Module von Generatoren und Modulatoren

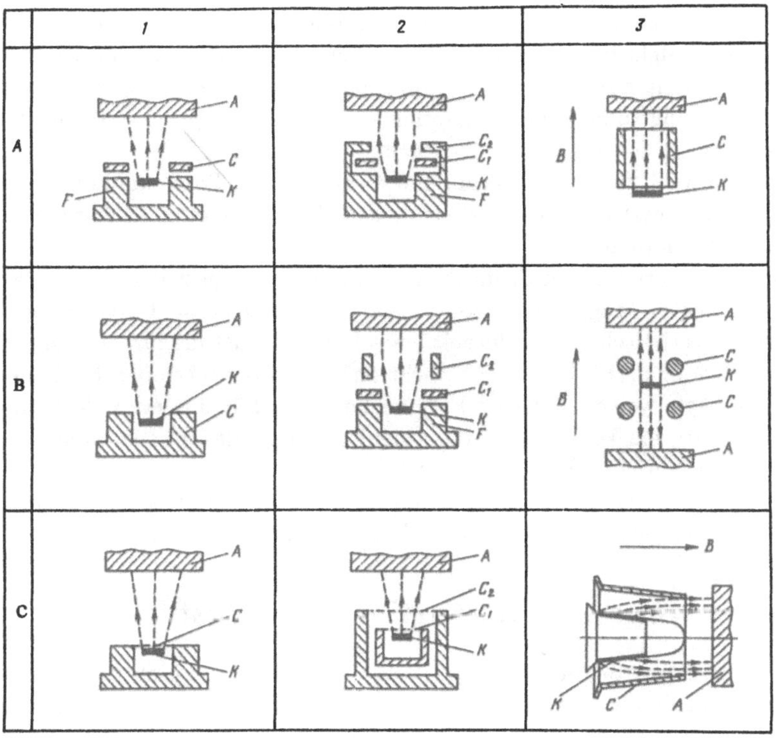

	1	2	3
A	A, C, K, F	A, C_2, C_1, K, F	B, A, C, K
B	A, K, C	A, C_2, C_1, K, F	B, A, C, K, C, A
C	A, C, K	A, C_2, C_1, K	B, K, C, A

In den anderen Schemata wirkt die gerippte Elektrode auch als Steuerelektrode (C oder C_1), an die konstante oder veränderliche Potentiale gelegt werden können.

Zur Erhöhung der Effektität der Stromsteuerung der Elektronenkanone, was insbesondere in UHF-Geräten von Bedeutung ist, wird in den Schemata C1 und C2 auf die gerippte Oberfläche der Steuerelektrode ein leitendes Gitter aufgewickelt und angepreßt. Elektronenstromverluste an den Windungen und der Oberfläche dieser Elektrode treten nur dann nicht auf, wenn das Elektrodenpotential während der gesamten Periode der Steuerspannung negativ im Verhältnis zum Kathodenpotential ist.

Die abschirmenden Elektroden C_2 unterscheiden sich in den verschiedenen Schemata auch durch ihre Konstruktion und ihre Potentiale. Im Schema A2 ist die abschirmende Elektrode unmittelbar mit der fokussierenden Elektrode verbunden und liegt auf Kathodenpotential. Im Schema B2 kann die Elektrode C_2 ein beliebiges konstantes positives Potential in den Grenzen von Null bis zum Anodenpotential annehmen. Im Schema C2 ist das Potential der Elektrode C_2 immer positiv und hat Werte ähnlich dem konstanten Anodenpotential.

Bei der Betrachtung einzelner Schemata elektronenoptischer Module mit Magnetfeld ist zu bemerken, daß diese sich voneinander erheblich mehr unterscheiden.

Das Schema A3 illustriert die Konstruktion einer Vakuumfeldtriode, bei der die Steuerelektrode in Form von zwei zueinander parallelen Platten (oder Röhrenstücken mit rechtwinkligen Querschnitt) ausgeführt ist, die rechtwinklig zu den Oberflächen von Kathode und Anode lokalisiert sind. Dabei ist wesentlich, daß die Durchlässigkeit der Steuerelektrode für das Anodenfeld immer Null ist. Damit ist die Formierung und Stromsteuerung eines Elektronenstrahls nur für positive Potentiale an der Steuerelektrode möglich. Die Verwendung eines longitudionalen Magnetfeldes vermeidet nahezu vollständig mögliche Elektronenverluste an der genannten Elektrode.

Im Schema B3 wird die Konstruktion eines zweiseitigen Triodenmoduls gezeigt, welches zwei entgegengesetzt gerichtete Elektronenstrahlen formiert und dabei ebenfalls ein longitudionales Magnetfeld verwendet.

Schema C3 illustriert schließlich die Konstruktion einer speziellen Triode, welche auf der Basis einer Injektor-Magnetronkanone arbeitet und welche die Bezeichnung *Injektron* erhielt. Die charakteristische Besonderheit eines Injektrons ist die für Trioden ungewöhnliche Anodenposition, deren Ebene senkrecht zur Rotationsachse der Kathode und der Steuerelektrode liegt, welche konische Formen besitzen. Für das normale Funktionieren eines Injektrons wird ein konstantes Magnetfeld benötigt, dessen Richtungsvektor längs der Geräteachse ausgerichtet ist.

In modernen Konstruktionen von Leistungsstrahltrioden und -tetroden kann die Anzahl der oben betrachteten elektronenoptischen Module bis zu 100 betragen.

1.3 Fokussierende (transportierende) Systeme

Wie bereits bemerkt wurde, bewirken die Abstoßungskräfte im Elektronenstrahl bei seiner Formierung eine Strahlaufweitung, eine Änderung der Konfiguration und führen letztlich zu Stromverlusten an den Elektrodenwänden, welche den Strahl umgeben. Daher ist der Transport des Elektronenstrahls mit minimalen Verlusten durch den Raum zwischen den Elektroden des einen oder anderen Gerätes ausschließlich infolge der fokussierenden Eigenschaften der Elektronenkanone nur in den Fällen möglich, wenn der Zwischenraum zwischen den Elektroden vergleichsweise klein ist und wenn der Elektronenstrahl eine relativ geringe Perveanz aufweist. In der Praxis werden diese Bedingungen für Trioden und Tetroden erfüllt, ebenso für Klystrons mit maximal drei Resonatoren und geringer Leistung, welche die Verwendung von Gittern an den Enden der Flugstrecke erlaubt.

In elektronischen Hochleistungsgeräten der UHF-Technik, in denen die Länge der Flugstrecke einige zig-mal ihren Durchmesser übersteigt, können intensive Elektronenstrahlen wegen der fokussierenden Eigenschaften der Elektronenkanone diese ohne Verluste bzw. mit minimalen Stromverlusten nicht durchqueren. Um dieses Ziel zu erreichen, sind zusätzliche magnetische oder elektrostatische fokussierende Systeme erforderlich, die den gewünschten Strahlquerschnitt in den vorgegebenen Grenzen auf der ganzen Länge erhalten.

Systeme mit homogenen Magnetfeld. Am einfachsten können die transversalen Strahlabmessungen eines Elektronenstrahls mit Systemen begrenzt werden, die ein homogenes magnetisches Längsfeld besitzen. Als solche Systeme können ein langer Solenoid, welcher unmittelbar auf das elektronische Gerät montiert ist, ein System koaxialer kurzer Magnetspulen oder Permanentmagnete bzw. ein System mit magnetischen Polschuhen, die dem Permanentmagnet oder dem Elektromagnet hinzugefügt werden, dienen.

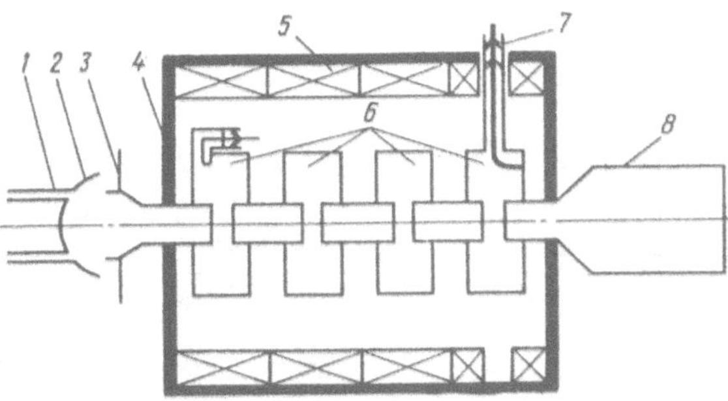

Bild 1.12: Konstruktionsschema eines leistungsstarken verstärkenden Klystrons: 1 – Kathode; 2 – kathodennahe Elektrode; 3 – Anode; 4 – magnetische Abschirmung; 5 – Solenoid; 6 – Resonatoren; 7 –Ausgang für die UHF-Energie; 8 – Kollektor

Die optischen Eigenschaften derartiger Systeme hängen wesentlich davon ab, ob sich die Elektronenkanone im Magnetfeld befindet oder von diesem abgeschirmt wird.

Die Abschirmung der Elektronenkanone erfolgt praktisch auf zwei Wegen: Entweder durch die Anwendung magnetischer Abschirmungen mit Öffnungen für den Stromdurchlaß (Bild 1.12) oder durch den Einsatz einer kathodennahen speziellen Magnetspule, welche koaxial zur Kanone im System angeordnet ist. In jeden dieser Fälle gelangt der durch das elektrische Feld der Kanone geformte Elektronenstrahl in ein magnetisches Längsfeld und durchläuft einen sogenannten Übergangsbereich, in dem neben Komponenten des magnetischen Längsfeldes auch transversale Magnetfeldkomponenten existieren. Im Ergebnis der Wechselwirkung des Elektronenstrahls mit dem Feld beginnt der Strahl in diesem Bereich Rotationsbewegungen um eine Achse zu vollführen, deren Richtung mit der Symmetrieachse des Magnetsystems zusammenfällt. Einerseits führt die Strahlrotation zum Auftreten von Zentrifugalkräften, welche gemeinsam mit den Raumladungskräften eine transversale Aufweitung des Stromes bewirken, andererseits tritt eine radiale, zur Strahlachse gerichtete Kraftkomponente des Magnetfeldes auf, die bei entsprechender Wahl des Magnetfeldes und der Systemparameter die genannten Kräfte paralysieren kann. Im Ergebnis wird der Strahl eine Gleichgewichtsbewegung vollführen, bei der auf der gesamten Länge der primäre Strahldurchmesser erhalten bleibt.

In der Praxis gelingt es in keinem Fall, einen solchen idealen Strahl - einen Brillouin-Strom - zu erhalten, da die erforderlichen Bedingungen (Homogenität und Laminarität der Bewegung) am Ausgang im magnetischen Längsfeld nicht zu realisieren sind. Daher ändert sich der Stahldurchmesser längs des Weges periodisch (pulsierend) und - dies ist äußerst wichtig - diese Änderungen können nicht durch eine Erhöhung der magnetischen Feldstärke beseitigt werden. Dies ist nur in Systemen mir nichtabgeschirmter Elektronenkanone möglich, wenn die magnetischen Kraftlinien die Kathode kreuzen.

Ein wichtiges Detail eines solchen Systems ist die kathodennahe Magnetspule, die in weiten Grenzen eine Regelung der Verteilung des konstanten Magnetfeldes im Bereich der Elektronenkanone und somit eine Optimierung der Formierung des Elektronenstrahls ermöglicht, ebenso die Bedingungen des Strahleintritts in das homogene Magnetfeld. Mit Hilfe einer entsprechenden Spule zwischen Kanonenkathode und -anode wird insbesondere die Vereinigung der magnetischen Feldlinien und der Elektronentrajektorien, welche

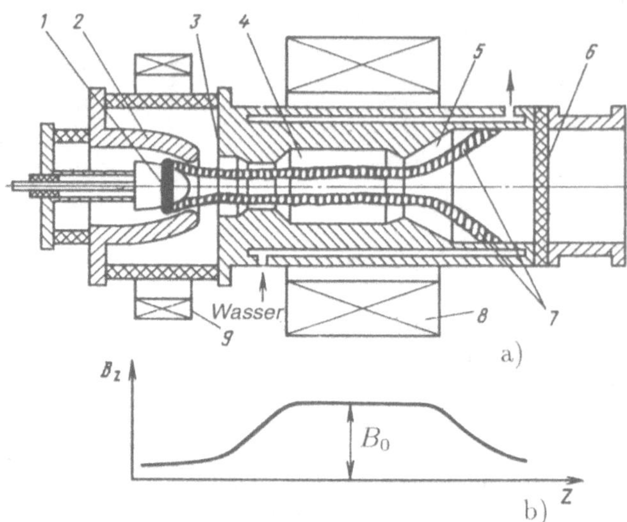

Bild 1.13: Konstruktionsschema eines Giromonotrons (a) und der Verteilung der Induktion des magnetischen Längsfeldes B_z längs der Geräteachse z (b): 1 – emittierender Kathodengürtel; 2 – erste Anode; 3 – zweite Anode; 4 – offener Resonator; 5 – Ausgangswellenleiter und Elektronenkollektor; 6 – keramisches Austrittsfenster; 7 – Elektronenstrahl; 8 – Basissolenoid; 9 – kathodennahe magnetische Spule; B_0 –maximaler Wert der magnetischen Induktion auf der Achse

aus der Kathode normal zu deren Oberfläche austreten, gewährleistet, es kommt zur magnetischen Führung der Elektronen.

In Bild 1.13 wird das Schema eines *Giromonotrons* (UHV-Schwingungsgenerators) angegeben, welches ein fokussierendes Magnetsystem mit partiell abgeschirmter Elektronenkanone nutzt. Hier kreuzen die magnetischen Feldlinien die Kathode praktisch nicht, daher erhalten alle Elektronen, welche die Kathode verlassen, sofort eine rotatorische Bewegungskomponente. Diese bleibt nicht nur in der Elektronenkanone, wo gekreuzte Felder vorhanden sind, erhalten, sondern auch bei der weiteren Bewegung. Nach dem Austritt aus der Kanone bewegen sich die Elektronen in einem anwachsendem Magnetfeld, dessen Verlauf in Bild 1.13 dargestellt ist. Die Orbitalgeschwindigkeit $v_\perp$ der Elektronen wächst dabei gemäß

$$\frac{v_\perp}{v_{\perp k}} = \sqrt{\frac{B}{B_k}}$$

mit $v_{\perp k}$ als anfängliche Orbitalgeschwindigkeit und B_k als magnetische Induktion an der Kathode.

Ein Parameter, welcher fokussierende Systeme charakterisiert, ist die *Steifigkeit.*

Die Steifigkeit der Fokussierung ist ein quantitatives Maß der Fähigkeit eines elektronenoptischen Systems, den Einfluß von Abweichungen der Anfangsbedingungen von den optimalen Werten zu kompensieren und den Strahldurchmesser in den gegebenen Grenzen zu halten. Sie bestimmt sich als Verhältnis des Ausgangswinkels der Abweichung der Strahlgrenze von der Systemachse zur maximalen Abweichung des Strahlradius von

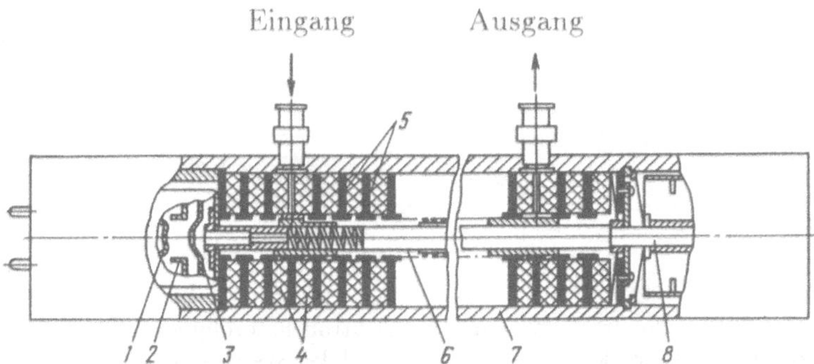

Bild 1.14: Konstruktion einer verstärkenden Wanderwellenröhre mit periodisch fokussierenden Magnetsystem: 1 – Kathode; 2 – kathodennahe Elektrode; 3 – Anode; 4 – Permanentmagnete; 5 – Magnetschirme; 6 – Spirale; 7 – metallischer Vakuumtank; 8 – Kollektor

seinem Gleichgewichtswert. Eine Erhöhung der Steifigkeit der Fokussierung bedeutet entweder eine Verringerung der Amplitude der Strahlpulsation bei gegebenem Anfangswinkel der Strahlgrenze (primäre Transversalgeschwindigkeit der Elektronen) oder die Erhaltung der Amplitude der Strahlpulsation bei wachsenden Werten der primären Transversalgeschwindigkeiten.

Die Mängel eines magnetischen Längsfeldes bei nichtabgeschirmter Elektronenkanone sind die große Masse der Elektromagnete, ihr großer Leistungsbedarf und die Notwendigkeit einer präzisen Zentrierung des elektronischen Gerätes im Magnetfeld.

Systeme mit homogenen transversalen magnetischem Feld. Derartige Systeme werden oft in verschiedenen zyklischen Beschleunigern geladener Teilchen (Zyklotrons, Mikrotrons u.a.) angewandt. In diesen Beschleunigern wird die bekannte Gesetzmäßigkeit der Bewegung geladener Teilchen im homogenen transversalen Magnetfeld genutzt, nach der die Umlaufperiode der Teilchen in diesem Feld nach der Gleichung

$$T = \frac{2\pi m_0}{eB\sqrt{1-\left(\frac{v}{c}\right)^2}}$$

bestimmt wird. Dabei bedeuten e die Teilchenladung, m_0 die Teilchenruhemasse, B die Induktion des magnetischen Feldes, v die Teilchengeschwindigkeit und c die Lichtgeschwindigkeit. Für $(v/c)^2 \ll 1$ hängt die Umlaufperiode der Teilchen im transversalen Magnetfeld nicht von seiner Geschwindigkeit ab.

Systeme mit inhomogenem Magnetfeld. Neben den oben betrachteten fokussierenden Magnetsystemen werden in der UHF-Technik in breitem Umfange auch Systeme mit inhomogenen Magnetfeld angewandt, zu denen vor allem längs der Achse periodische Systeme zur Fokussierung von Elektronenstrahlen gehören. Solche Systeme sind als eine Gesamtheit koaxialer magnetischer Linsen (Bild 1.14) ausgeführt. Am häufigsten werden die Linsen aus metallischen oder keramischen Ringmagneten aufgebaut. Gewöhnlich sind diese direkt auf das Gerät aufgesetzt. Die Anlage selbst und die Befestigung für die Magnete wird mit metallischen Ringen aufgebaut, die gleichzeitig als magnetische Abschirmungen (Eisenkerne) dienen.

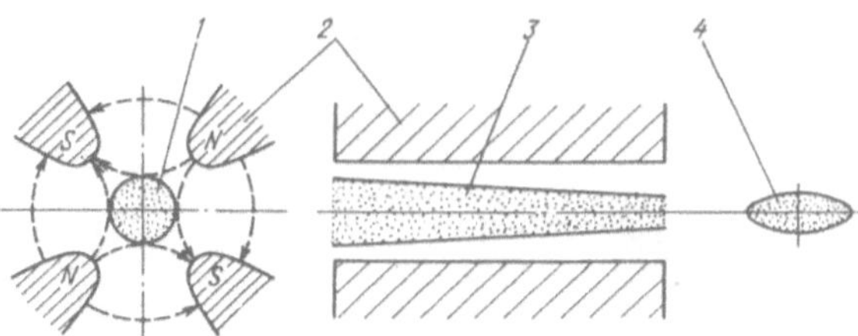

Bild 1.15: Magnetisches Quadrupolsystem: 1 – Elektronenstrahlquerschnitt am Eingang des Systems; 2 – Magnetpole; 3 – Elektronenstrahl im Kanal des Systems; 4 – Strahlquerschnitt beim Austritt aus dem System

Fokussierende Systeme mit längs der Achse periodisch fokussierenden Magnetsystemen werden oft in Abhängigkeit von der Magnetfelverteilung längs der Achse in zwei Gruppen unterteilt. Systeme, in denen sich nur die Stärke des Magnetfeldes, nicht aber sein Vorzeichen, ändert, werden häufig als *einfache periodische Systeme* bezeichnet. Systeme, bei denen sich Stärke und Vorzeichen (Richtung) des Magnetfeldes ändern, werden als *reversive periodische Systeme* bezeichnet. Reversive Systeme können genutzt werden, da hier die radiale fokussierende magnetische Kraft durch das Quadrat der Induktion bestimmt wird und somit nicht von der Feldrichtung abhängt.

Neben längsperiodischen fokussierenden Systemen gehören zur Gruppe der Systeme mit inhomogenen Magnetfeld auch solche, die azimutalperiodische Magnetfelder nutzen (z.B. magnetische Quadrupolsysteme). In Bild 1.15 ist ein solches System schematisch dargestellt, welches aus vier symmetrisch gelegenen Polen wechselnder Polarität besteht. Die Verteilung des Magnetfeldes wird für den Querschnitt des Systems durch gestrichelte Pfeillinien dargestellt. Wie aus dem Bild ersichtlich ist, hat das Feld in verschiedene Richtungen der Systemachse die gleiche Konfiguration, aber entgegengesetzte Vorzeichen. Längs der Achse ändert sich das Magnetfeld nicht. Ein axialsymmetrischer Strahl, der sich längs der Achse ausbreitet, wird in der vertikalen Ebene komprimmiert und divergiert in der horizontalen Ebene. Wird nach dem betrachteten Quadrupolsystem koaxial ein weiteres, bezüglich der Achse um 90° gedrehtes System positioniert, erhält Elektronenstrahl nach dem Durchgang durch dieses zweite System die Ausgangsform seines Querschnittes. Es sei hier bemerkt, daß der Charakter der Elektronenverteilung im magnetischen Quadrupolsystem, wie es im Bild 1.15 dargestellt ist, von den Anfangsbedingungen beim Strahleintritt in das System abhängt. Weist beispielsweise ein dünner Elektronenstrahl beim Strahleintritt bezüglich der vertikalen Ebene relativ zur Achse Abweichungen nach oben oder unten auf, so wird er sich auf einer „zick-zack"-Kurve ausbreiten, man spricht dann von einem *Mäandersystem* [6]. Ein solcher oszillierender Elektronenstrahl kann z.B. für die Anregung von UHF-Schwingungen in einem Resonator genutzt werden.

In [29] wird die Konstruktion eines Vakkumrohrleiters beschrieben, der für den Transport eines relativistischen Elektronenstrahls hoher Leistung vorgesehen ist und in dem eine magnetische Quadrupol-Spiralstruktur genutzt wird. In ihm sind alle Pole als magnetische Bänder ausgeführt und bilden eine viergängige zylindrische Spirale. In diesen Rohrleiter tritt der axialsymmetrische Elektronenstrahl ein, nachdem er eine Rotation um seine Achse erhalten hat, die er auf der gesamten Länge des Rohrleiters beibehält.

Abschließend sei bemerkt, daß der grundlegende Vorteil periodischer Magnetsysteme im Vergleich zu homogenen Längsfeldern in der Verringerung des Gewichts des Systems besteht. Bei gleicher fokussierender Wirkung ist die Masse eines periodischen Systems auf der Basis von Permanentmagneten eine Größenordnung geringer als die Masse eines Magnetsystems mit homogenen Feld. Dies gilt besonders, wenn die Magnete aus Samarium-Kobalt oder anderen Magnetmaterialien ausgeführt sind, welche eine hohe Koerzitivkraft und eine hohe maximale magnetische Energie aufweisen.

Systeme mit homogenen elektrischen Feld. In der Literatur sind hinreichend viele elektrisch fokussierende Systeme beschrieben, darunter Systeme mit homogenen Längs- und Querfeldern. Ein Beispiel für ein Systems mit elektrischen Längsfeld ist die schon genannte Elektronenkanone mit mehreren Anoden. In ihr ist die Fokussierung des Elektronenstrahls mit seiner Beschleunigung verbunden. Da das elektrische Längsfeld nur schwach fokussierend wirkt, werden bei der Formierung von hochperveanten Elektronenstrahlen oft nicht nur die erste Anode, sondern auch die folgenden Anoden nicht eben ausgebildet, wodurch die Felder zwischen den Anoden nicht mehr streng homogen sind. Dies bewirkt eine zusätzliche fokussierende Kraftkomponente, die eine vollständigere Kompensation der transversalen Coulombkräfte des Elektronenstrahls erlaubt und die den Erhalt der Strahlabmessungen in vorgegebenen Grenzen ermöglicht. In einigen Fällen wird zur Erhöhung der Steifigkeit der Fokussierung in Vielanodenkanonen zusätzlich ein homogenes magnetisches Längsfeld verwendet.

In Systemen mit homogenen elektrischen Querfeld wurde das Problem der Erhöhung der Steifheit der Fokussierung dadurch gelöst, daß dem Elektronenstrahl eine Rotationsbewegung überlagert wird. Derartige Systeme erhielten die Bezeichnung *zentrifugal-elektrostatische Fokussierung* [30]. Die Grundlage solcher Systeme ist ein zylindrischer Kondensator bestimmter Länge, zwischen dessen Elektroden eine gewisse Potentialdifferenz angelegt ist (das größte Potential hat die innere Elektrode). Wird in den Raum zwischen den Elektroden koaxial mit ihm ein um die Achse rotierender dünner röhrenförmiger Elektronenstrahl eingeführt (der sowohl azimutale als auch axiale Geschwindigkeitskomponenten besitzt), dann ist bei einer bestimmten fokussierenden Potentialdifferenz die Stärke des radialen Feldes im Kondensator hinreichend, um die Zentrifugalkraft und die transversale Coulombkraft der Raumladung zu kompensieren und so eine gleichmäßige und stabile Bewegung des Elektronenstrahls zu gewährleisten. Die Steifigkeit der Fokussierung hängt von den Gleichgewichtskräften ab. Je stärker diese Kräfte sind, umso stärker ist die Fokussierung und um so schwerer kann die Gleichgewichtsbewegung der Elektronen verletzt werden.

Die ursprüngliche Rotationsbewegung des Elektronenstrahls in den betrachteten Systemen wird durch spezielle Konstruktionen der Elektronenkanonen erreicht. In einer solchen Kanone [30] haben alle Elektroden Spiralform (oder spiralförmige Einschnitte), durch die die Elektronen sofort nach dem Austritt aus der Katode schon innerhalb der Kanone ein rotatorisches Moment erhalten. In einer anderen Konstruktion [31] haben die Kathode und die fokussierenden Elektroden Ringform und sind im Innern eines hohlen Anodenmoduls mit ringförmigen Spalt für den Durchgang des Elektronenstrahls angebracht. Dieses Modul wirkt gleichzeitig als Magnetsystem, das im Anodenspalt ein magnetisches Querfeld erzeugt. Der im Innern der Elektronenkanone formierte röhrenförmige Elektronenstrahl tritt aus dieser durch den Anodenspalt aus, wechselwirkt mit dessen

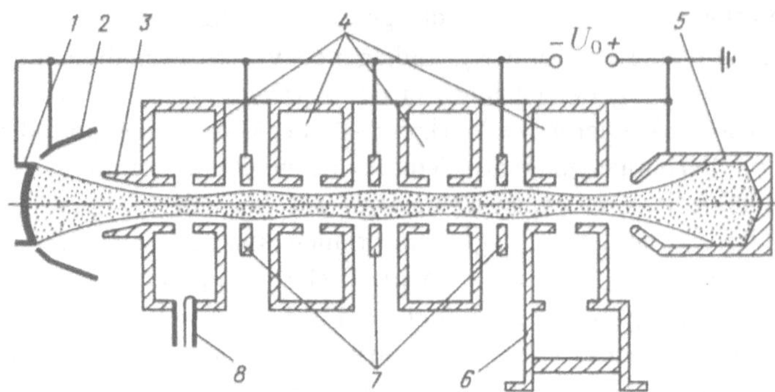

Bild 1.16: Schema eines Klystrons mit periodischer elektrostatischer Fokussierung: 1 – Kathode; 2 – kathodennahe Elektrode; 3 – Anode; 4 – Resonatoren; 5 – Kollektor; 6 – UHF-Ausgang; 7 – Diaphragmenlinsen; 8 – UHF-Eingang

Magnetfeld und erhält so eine azimutale Geschwindigkeitskomponente, wodurch eine Rotation des Strahls um seine Achse bewirkt wird.

Vorzüge der zentrifugalen elektrostatischen Fokussierung des Elektronenstrahls sind u.a. ein nicht zusätzlich erforderlicher Leistungseintrag zur Strahlfokussierung und der Schutz der Kathode vor Ionenbeschuß, da die positiv geladenen Ionen unter der Wirkung des elektrischen Querfeldes auf die äußere Elektrode des Kondensators gelenkt werden. Zu den Nachteilen dieses Systems zählen die Fokussierung eines nur röhrenförmigen Elektronenstrahls und die schwierige Konstruktion des Systems als ganzem (einschließlich der Elektronenkanone). Das betrachtete Fokussierungssystem wird in speziellen Wanderwellenröhren wie Spiratrons, Heliotrons, magnetfreien Magnetrons und einigen anderen elektronischen Geräten angewandt [32].

Systeme mit inhomogenen elektrischen Feld. Die bekanntesten derartigen Systeme sind solche mit längsperiodischer elektrostatischer Fokussierung des Elektronenstrahls. In Klystrons wird dies in Form von mehreren Äquipotentiallinsen realisiert, die zwischen den Resonatoren in Form von speziellen Elektroden (Diaphragmen) mit Potentialen, die gewöhnlich dem Kathodenpotential entsprechen, lokalisiert sind (Bild 1.16). In einem solchem System wird die Einhüllende des Elektronenstrahls durch die abwechselnde Wirkung entgegengesetzt gerichteter Kräfte bestimmt: durch die Kräfte der elektrostatischen Linsen, die den Elektronenstrahl komprimieren und durch die Coulombkräfte, die den Strahl aufweiten.

In dem betrachteten System können dichte axialsymmetrische Elektronenstrahlen mit einer Perveanz bis 1 μA $V^{-3/2}$ und höher formiert werden. Die Anwendung von Klystrons mit elektrostatischer Fokussierung erlaubt es, die Masse des Verstärkerblockes, welcher das Klystron und die Spannungsversorgung enthält, im Vergleich zu einem Klystron mit magnetischer Fokussierung um eine Größenordnung zu reduzieren. Für Wanderwellenröhren können Verzögerungsleitungen die Funktionen des Systems der längsperiodischen elektrostatischen Fokussierung übernehmen. In Wanderwellenröhren mit bifiliaren (zweigängigen) Spiralen [5] werden elektrische Linsen, die einen dichten zylindrischen Elektronenstrahl fokussieren, zwischen den Windungen der Spirale durch Anlegen verschiedener Potentiale erzeugt. Die Größe der Potentiale bestimmt die mittlere Elektro-

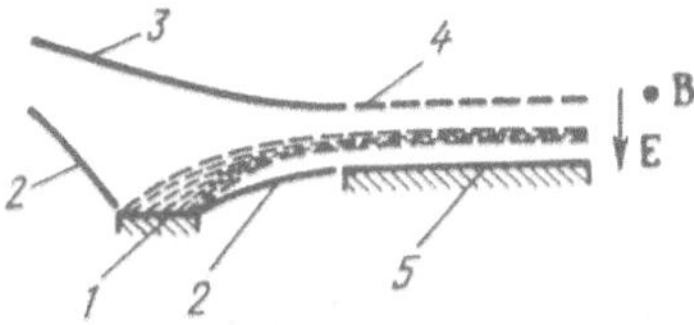

Bild 1.17: System mit gekreuzten Feldern: 1 – Kathode; 2 – kathodennahe Elektrode; 3 – Anode; 4 – abbremsende Struktur; 5 – negative Elektrode; $\vec{E}$ und $\vec{B}$ – Vektoren des elektrischen Feldes und der magnetischen Induktion

nengeschwindigkeit, die mit der Ausbreitungsgeschwindigkeit der Welle des verstärkten Signals übereinstimmen muß. In der beschriebenen Röhre wurde am Kollektor ein Strom von 50 mA bei Spiralenpotentialen von 2650 V und 740 V gemessen, was 97% des Kathodenstroms entsprach.

Ein anderes, periodisch elektrostatisch fokussierendes System ist das sogenannte *Slalomsystem* [6], welches in Wanderwellenröhren genutzt wird. Dieses System ist für die Fokussierung bandförmiger Elektronenstrahlen vorgesehen und besteht aus zwei parallelen metallischen Platten (Streifen) und einer Reihe von Stäben, welche gleichmäßig in einer mittleren Ebene zwischen den Platten und den Mantellinien eines äquidistanten Gitters positioniert sind. Zur Fokussierung des Elektronenstrahls werden an die Platten und Stäbe konstante positive Potentiale angelegt, gleiche Potentiale an die Platten und ein höheres Potential an die Stäbe (Gitter). Wird in ein solches System zwischen die Stäbe und unter einem bestimmten Winkel zur Achse ein bandförmiger Elektronenstrahl eingeführt und breitet sich dieser auf wellenförmigen Trajektorien aus, so werden diese periodisch durch die Stäbe nach oben und unten abgelenkt. Damit sind im Slalomsystem die Prinzipien der periodischen und der zentrifugalen elektrostatischen Fokussierung von Elektronenstrahlen vereint. Dieses System ist auch dadurch interessant, daß es wie im bereits erwähnten Mäandersystem nicht nur die Fokussierung eines ausgedehnten Elektronenstrahls gewährleistet, sondern auch die Art der Energieübertragung auf den Strahl durch das im System angeregte Hochfrequenzfeld bestimmt.

Systeme mit azimutal periodischen elektrischen Feldern, zu den vor allen elektrische Quadrupolsysteme gehören, besitzen stark fokussierende Eigenschaften. Mit diesen Systemen können Aberrationen beseitigt werden, welche mit längsperiodischen elektrischen Systemen verbunden sind. Daher finden elektrische Quadrupolsysteme breiteste Anwendung in Elektronen-Ionen-Strahlanlagen, Linearbeschleunigern geladener Teilchen u.a. [4]. In elektronischen UHF-Geräten werden sie dagegen selten angewandt.

Systeme mit gekreuzten elektrischen und magnetischen Feldern. Einen besonderen Platz nehmen in der Vakuum- und Plasmaelektronik Systeme mit gekreuzten Feldern ein, in denen gleichzeitig senkrecht zueinander gerichtete elektrostatische und magnetostatische Felder genutzt werden. Diese Systeme werden oft zur Formierung und Fokussierung (Transport) von Strahlen geladener Teilchen verwendet. Ein Beispiel ist die schon betrachtete elektronische Magnetron-Kanone, welche einen axialsymmetrischen Strahl erzeugt. Bedeutend häufiger werden Systeme mit gekreuzten Feldern für die Formierung und Fokussierung ebener Elektronenstrahlen in Magnetrons genutzt.

In Bild 1.17 ist das Schema einer typische Konstruktion solcher Systeme abgebildet, in dem eine Wanderwellenröhre des M-Typs verwendet wird. Das konstante elektrische Feld ist in der Röhre von oben nach unten gerichtet und das Magnetfeld senkrecht zur Zeichenebene. Unter diesen Bedingungen beschreiben die Elektronen, die aus der Ka-

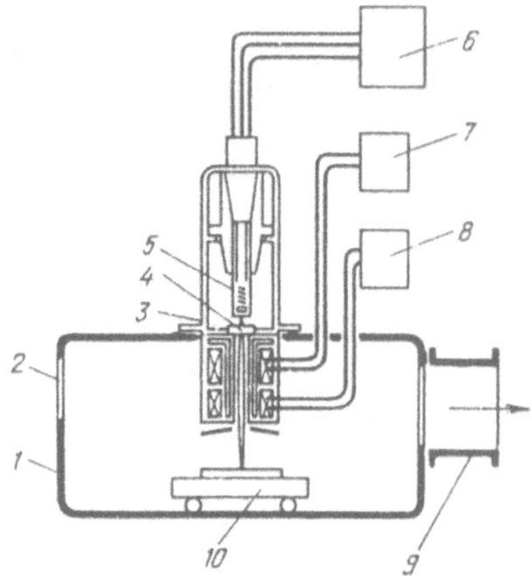

Bild 1.18: Schema einer Anlage zum Elektronenstrahlschweißen: 1 – Vakuumkammer; 2 – Sichtfenster; 3 – elektronenoptisches System; 4 – Kanonenanode; 5 – Kathode und kathodennahe Elektrode; 6 – Hochspannungsgleichrichter; 7 – Spannungsquelle des fokussierenden Magnetsystems; 8 – Spannungsquelle des Systems der elektromagnetischen Strahlablenkung; 9 – zur Vakuumpumpe; 10 – Positionierungsmechanismus für das zu schweißende Erzeignis

thode in Richtung Anode austreten, eine halbe Zykloide und treten in den Arbeitskanal des Gerätes (einen Spalt zwischen der abbremsenden Struktur und der negativen Elektrode) in Form eines formierten und komprimmierten ebenen Elektronenstrahls ein. Für die weitere geradlinige Bewegung des Strahls längs des Kanals muß ein Kräfteggleichgewicht herrschen: $Ev = ev_{||}B$, wobei E und B das elektrische Feld und die magnetische Induktion, $v_{||}$ die longitudionale Elektronengeschwindigkeit und e die Elektronenladung beschreiben. In der Praxis gelingt es jedoch nicht, alle erforderlichen Anfangsbedingungen am Eingang des Kanals zu erfüllen, daher hat der Elektronenstrahl im Kanal keine ebene und geradlinige Form, sondern stellt eher einen pulsierenden Strahl dar.

1.4 Elektronenoptische Systeme in technologischen Elektronenstrahlanalgen

Mit der Entwicklung der Atomenergetik, des Raketenbaus, der Elektronik und anderer Industriezweige begann eine intensive Suche nach neuen, effektiven Methoden der Erhitzung schwerschmelzender Materialien (Wolfram, Molybdän, Niobium, Tantal), was zur breiten Anwendung von zwei neuen Heizungsquellen führte: Elektronenstrahlen und Gasentladungsplasmen. Ein Elektronenstrahl übertrifft durch seine spezifische energetische Leistung, seine Effektivität und Lokalität der Aufheizung alle bekannten Quellen. Durch diese Eigenschaften ergaben sich Anwendungen in der Metallurgie, im Maschinenbau, der Elektronik, dem Gerätebau für Schmelzen, Schweißen, Bohren, Fräsen und andere technologische Bearbeitungen verschiedener Materialien. Die größte Verbreitung fanden in der Industrie das Elektronenstrahlschweißen und das Elektronenstrahlschmelzen.

Das Schema einer typischen Elektronenstrahlschweißanlage wird in Bild 1.18 gezeigt. Während des Schweißens wird in der Kammer ein Vakuum von $10^{-2} \dots 10^{-3}$ Pa erzeugt. Das elektronenoptische System der Anlage besteht aus einer Elektronenkanone, welche die primäre Formierung des Elektronenstrahls und dessen Intensitätssteuerung gewährleistet, einem magnetisch fokussierenden System, was den zu erhitzende Bereich bestimmt und einem elektromagnetischen System der Strahlablenkung, welches es periodisch oder kontinuierlich ermöglicht, das Zentrum der Erhitzung mit der Schweißnaht in Übereinstimmung zu bringen. Dies ist dann von Bedeutung, wenn die Schweißnaht von der geometrischen Achse des elektronenoptischen Systems abweicht oder bei Schweißvorgängen mit komplizierten Konturen. In Abhängigkeit von der konkreten Bestimmung der Schweißanlage können die Anforderungen an das elektronenoptische System variieren. Unabhängig davon muß in jedem Fall gewährleistet sein:

1. eine maximal erreichbare Energiedichte im Schweißzentrum bei gegebener Beschleunigungsspannung;
2. zeitlich stabile Parameter des Elektronenstrahls und ihre Reproduktion nach Kanonenwechsel;
3. Steuerung der Strahlparameter und der Strahlposition relativ zur Schweißnaht.

Elektronenstrahlschweißanlagen und Anlagen der formgebenden Materialbearbeitung arbeiten sowohl im kontinuierlichen als auch im Impulsregime. Das Impulsregime erlaubt es, die Gesamterhitzung der Erzeugnisse und die Zone des thermischen Einflusses deutlich zu reduzieren. Damit wird die Wärme neben Wärmeleitfähigkeitsverlusten vornehmlich für das Schmelzen (beim Schweißen) bzw. für die Verdampfung (bei der formgebenden Bearbeitung) von Materialien aufgewandt. Um einheitliche mittlere Leistungen bei verschiedenen Modulationsregimen zu erreichen, ist eine weitgehende Stromregulierung des Elektronenstrahls im Impuls erforderlich, was den Einsatz von Triodenkanonen notwendig macht.

Elektronenstrahl-Vakuumschmelzanlagen (Öfen) sind bezüglich ihres allgemeinen Schemas analog der schon betrachteten Schweißanlage. Sie arbeiten bereits bei Drücken um 10^{-2} Pa. Hinsichtlich ihrer Konstruktion und bezüglich der Charakteristika und den Arbeitsbedingungen der Elektronenkanonen unterscheiden sich diese Anlagen von Schweißanlagen. Es werden intensivere Elektronenstrahlen genutzt (was in der großen Masse des zu bearbeitenden Metalls begründet ist) und der Druck in der Vakuumkammer schwankt infolge möglicher intensiver Gasabscheidungen und durch Verdampfung des zu schmelzendem Metalls beträchtlich. Gleichzeitig sind die Anforderungen an die Fokussierung des Elektronenstrahls geringer, da die Zone des thermischen Einwirkens groß ist und divergierende Elektronenstrahlen verwendet werden können. Oft sind in Schmelzöfen mehrere gleiche Elektronenkanonen installiert, womit das Temperaturregime der Öfen in weiten Grenzen variiert werden kann und wodurch einzelne Kanonen gewechselt werden können, ohne die gesamte Anlage abschalten zu müssen.

Elektronenkanonen mit Thermokathoden. Betrachtet werden sollen elektronenoptische Systeme und vor allem Elektronenkanonen, welche in Anlagen für das Elektronenstrahlschweißen, die formgebende Bearbeitung und für das Schmelzen genutzt werden. In Tabelle 1.2 werden einige Charakteristika von Elektronenkanonen und von Strahlen industrieller Schweißanlagen zusammengestellt [33]. Nach der Beschleunigungsspannung können diese in drei Klassen unterteilt werden:

- Niederspannungskanonen (20 kV bis 30 kV);
- Kanonen mit intermediärer Spannung (40 kV bis 80 kV);
- Hochspannungskanonen (100 kV bis 200 kV).

Die Strahlperveanzen betragen hier nicht mehr als 0,2 μA $V^{-3/2}$ und die Strahlleistungen nicht mehr als 100 kW.

Tabelle 1.2: Parameter von Elektronenkanonen und Elektronenstrahlen in Schweißanlagen: P_{spez} – spezifische Leistung im Schweißzentrum auf dem Werkstück; d – Strahldurchmesser auf dem Werkstück

U_B/kV	Strahlstrom/mA	d/mm	P_{spez}/kW mm^{-2}	Kathodentyp
20	150	0,6...0,8	10	Lanthanborid
25	500	1,2...1,3	5	Lanthanborid
30	150, 200, 500, 1000	0,5...1,2	5	metallisch
40	50	0,25...0,3	30	Lanthanborid
50	500	–	–	metallisch
60	35	0,6...0,7	5...7	metallisch
80	0,3; 0,6	0,03	32, 64	metallisch
100	15	0,1	150	metallisch
150	1	0,01[1]	2000	metallisch
150	20	0,1	300	metallisch

1) bei formgebender Bearbeitung

In den betrachteten Anlagen werden im wesentlichen Triodenkanonen verwendet, in denen als Steuerelektrode die fokussierende (kathodennahe) Elektrode fungiert (Bild 1.19 a). Als Emitter werden vorzugsweise rein metallische Thermokathoden (Wolfram oder Tantal) und seltener Lanthanboridkathoden (LaB_6) verwendet. In elektronischen Vakuumgeräten oft eingesetzte Oxidkathoden werden in den betrachteten Anlagen nicht angewandt, da diese wegen des nicht hinreichenden Vakuums während des Schweißprozesses und durch teilweise Hermetisierungsverluste der Schweißkammer oft schnell unbrauchbar werden.

In Präzisionsschweißanlagen und Zuschnittanlagen, in denen die Elektronenstrahlen Perveanzen von $10^{-3} - 10^{-2}\,\mu\text{A}\,\text{V}^{-3/2}$ aufweisen, unterscheidet sich die Konstruktion von Diodenkanonen praktisch nicht von sogenannten Scheinwerferkonstruktionen von Elektronenstrahlröhren. Stromstarke Schweißkanonen vom Pierce-Typ werden gewöhnlich bei einem optimalen Verhältnis von Kathoden- und Anodenkrümmungsradius von 2,5 ausgeführt. Bei diesem Verhältnis ergibt sich ein hinreichend kleines Cross-over des Strahls und eine kleine Anodenappertur der Kanone. Wegen der schwierigen Fertigung von sphärischen Elektroden erhalten diese oft einfachere zylindrische oder ebene Formen.

Die spezifischen Bedingungen, unter denen Elektronenkanonen in Schweißanlagen arbeiten, führen zu einer Reduktion und zu Instabilitäten der Vakuumisolation zwischen Kathode und Anode und somit zu unvermeidlichen elektrischen Durchschlägen bei Anodenspannungen oberhalb von 30 kV bis 50 kV. Daher werden zur Erzeugung hochenergetischer Elektronenstrahlen oft Triodenelektronenkanonen mit zusätzlichen Vielelektrodenbeschleunigungsröhren mit homogenen elektrischen Längsfeldern verwendet (Bild 1.19 b). Solche elektronenoptische Systeme werden auch als *Gradientenelektronenkanonen* bezeichnet [33]. In diesen bewirkt das elektrische Längsfeld neben der Beschleunigung des Elektronenstrahls eine zusätzliche Fokussierung. Dies ist jedoch oft unzureichend für das Erreichen des erforderlichen Brennflecks des Elektronenstrahls auf dem zu schweißenden

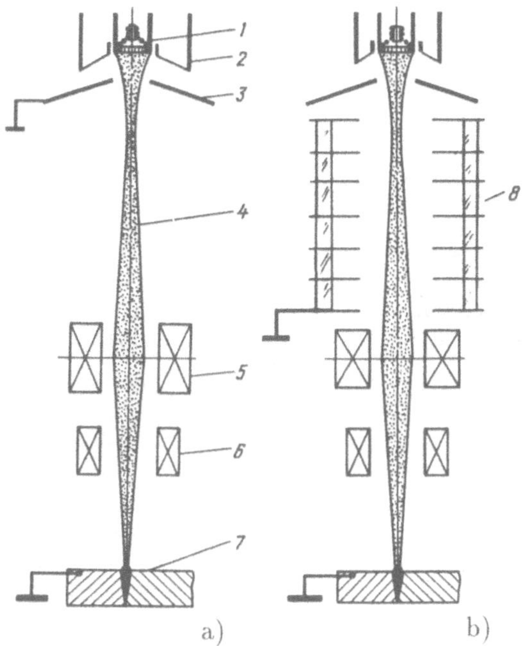

Bild 1.19: Elektronenoptik von Schweißanlagen: 1 – Thermokathode; 2 – kathodennahe Elektrode; 3 – Anode; 4 – Elektronenstrahl; 5 – magnetisch fokussierende Linse (Solenoid); 6 – ablenkende Magnetspulen; 7 – zu schweißendes Erzeugnis; 8 – Vielelektroden-Beschleunigungsröhre

Erzeugnis. Daher besitzen elektronenoptische Systeme in Schweißanlagen auch ein magnetisch fokussierendes System in Form eines oder einiger Solenoiden (siehe Bild 1.19). Dies ist der Grund, daß hier auch von kombinierten elektronenoptischen Kaskadensystemen technologischer Elektronenstrahlanlagen gesprochen wird.

Analog zur Situation bei Schweißanlagen können auch die elektronenoptischen Systeme von Schmelzöfen in drei grundlegende Typen unterteilt werden:

- Elektronenkanonen ohne eigene Anode;
- Kathoden mit eigenen Anoden;
- elektronenoptische Systeme mit axialer Pierce-Kanone, magnetischen Linsen und elektromagnetischen Strahlablenkungssystem.

Der erste Typ, bei dem als Anode eine Opferelektrode und die Wanne mit flüssigem Metall dient, zeichnet sich eine einfache Konstruktion aus und wird bis heute in industriellen Öfen eingesetzt. Jedoch weist dieser Typ ernste Mängel auf, die mit der Nähe der Kathode zur Schmelze verbunden sind und die eine Empfindlichkeit gegenüber Druckänderungen in der Schmelzzone, Anfälligkeiten gegenüber Ionenbombardements, einer schnellen Verunreinigung durch kondensierende Dämpfe und ein Herausspritzen des geschmolzenen Metalls bewirken. Die Lebensdauer der Kathode in einer solchen Kanone beträgt gewöhnlich nicht mehr als 15 Stunden.

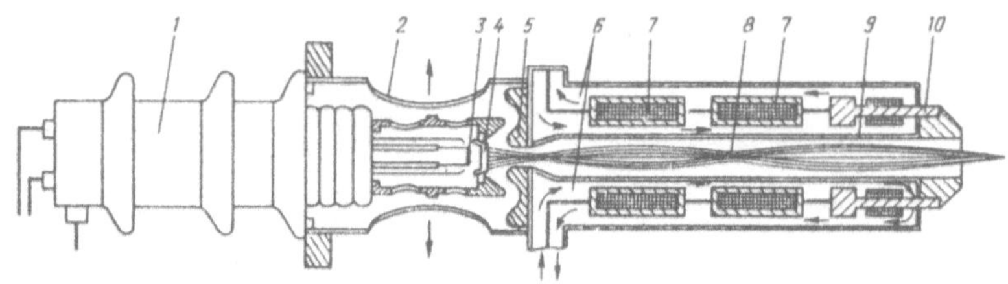

Bild 1.20: Konstruktion des elektronenoptischen Systems eines Schmelzofens: 1 – Isolator; 2 – Spalt zum Abpumpen; 3 – geradkanalige (primäre) Kathode; 4 – Hauptkathode mit Elektronenvorheizung; 5 – Kanonenanode; 6 – Wasserkühlung; 7 – fokussierende magnetische Linse (Solenoid); 8 – Elektronenstrahl; 9 – Flugröhre; 10 – magnetisches Ablenksystem

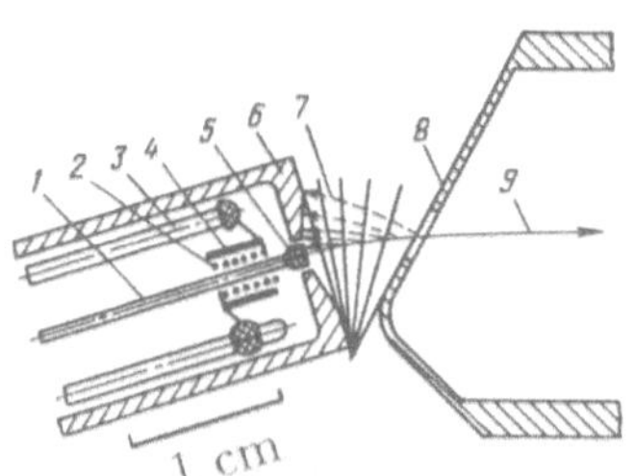

Bild 1.21: Bas-Elektronenkanone mit gekrümmter Optik: 1 – metallischer Kathodenstift; 2 – primäre geradkanalige Wolframkathode; 3 – Traversen; 4 – Schirm; 5 – Tantalemitter; 6 – kathodennahe Elektrode; 7 – Trajektorien positiver Ionen; 8 – Anode; 9 – Elektronenstrahltrajektorie

Der zweite Kanonentyp mit eigener Anode kann als Pierce-Kanone ausgeführt sein. Eine dieser Kanonen mit Ringkathode, die für den Einsatz in Elektronenstrahlöfen bei Leistungen im Megawattbereich vorgesehen ist, liefert bei einer Beschleunigungsspannung von 15 kV einen röhrenförmigen Strahl mit einer Nominalleistung von 300 kW ([34], S.182).

Elektronenoptische Systeme mit axialer Pierce-Kanone ähneln einerseits sehr Systemen, welche in Schweißanlagen Anwendung finden, unterscheiden sich aber andererseits durch bedeutend höhere Leistungen, die infolge der Perveanzerhöhung des Elektronenstrahls erhalten werden. In Bild 1.20 wird der Aufbau eines dieser Systeme gezeigt ([34], S.149). Konstruktive Besonderheiten sind hier eine massive Kathode in Form einer Tantalscheibe mit Elektronenheizung, eine fokussierende Elektrode, eine wassergekühlte Anode, zwei magnetische Linsen und Spulen für die elektromagnetische Ablenkung. Die maximale Leistung des durch die Kanone formierten Elektronenstrahls beträgt 100 kW bei einer Beschleunigungsspannung von 20 kV. Dieses System ist eine separate Konstruktionseinheit des Ofens und kann einzeln gewechselt werden. Für den Kathodenwechsel genügt es, den Isolator zu demontieren, an dem der gesamte emittierende Teil befestigt ist. Gegenwärtig existieren elektronenoptische Systeme dieses Typs mit einer Leistung bis 1,7 MW bei einer Beschleunigungsspannung von 28 kV.

Bei der Konstruktion von Kanonen und des elektronenoptischen Systems insgesamt ist es wichtig, die emittierende Kathodenoberfläche und die gesamte Kanone vor Ionenbeschuß, chemisch aktiven Mitteln und vor dem Bedampfen mit Metallen zu schützen. Zum Schutz der Kathode vor Ionenbeschuß werden verschiedene Methoden angewandt, die auf der Verbiegung von Elektronentrajektorien innerhalb und außerhalb der Kanone beruhen. In diesem Zusammenhang ist die Bas-Kanone (Bild 1.21) von Interesse, bei der eine unter einem bestimmten Winkel zur Anodenoberfläche positionierte metallische Stiftkathode mit elektronischer Vorheizung eingesetzt wird [35].

Das inhomogene elektrische Feld beeinflußt die Trajektorien der zur Anode fliegenden Elektronen unterschiedlich, ebenso die der positiven Ionen, welche in der Kanone gebildet werden und die zur Kathodenseite fliegen (im Bild die gestrichelten Linien). Ein großer Teil der Ionen kann nicht auf die Kathode gelangen, wenn die Geometrie der Kanonenelektroden und ihre Position so gewählt wird, daß die Trajektorie des Elektronenstrahls jenseits der Anodenebene mit der Achse des folgenden fokussierenden Systems zusammenfällt.

Für den Schutz von Elektronenkanonen gegenüber dem Einfluß aktiver chemischer Substanzen, einer gerichteten Gasabgabe aus dem Schweißprozeß oder aus der Schmelzwanne und vor Metallbedampfung, die eine Unbrauchbarmachung der Kathode und ein Versagen der Kanone bewirken, werden in Elektronenstrahlanlagen verschiedene konstruktive Maßnahmen ergriffen. Dies betrifft zuerst eine möglichst große Entfernung der Kanone von der Wanne oder vom zu bearbeitenden Material, wobei zum Erreichen eines entsprechenden Brennfleckes gewöhnlich zusätzliche fokussierende Magnetsysteme eingesetzt werden. Zweitens erfolgt ein differentielles Abpumpen des Kanonenbereiches, was ein stabiles, hohes Vakuum bei starken Schwankungen des Druckes im Bereich des Schweißens bzw. Schmelzens der Metalle gewährleistet. Drittens betrifft dies eine Verbiegung der Achse des elektronenoptischen Systems hinter der Kanone.

Elektronenkanonen mit Plasmaemittern. Bei der Anwendung von Elektronenkanonen mit Gasentladungs-(Plasma-)Elektronenquellen werden zwei Richtungen unterschieden. Eine Richtung betrifft Kanonen, die Plasmaelektronenquellen (mit kalten und Glühkathoden) verwenden, die nahezu vollständig von der Vakuumkammer der Elektronenstrahlanlage isoliert sind. Solche Kanonen sind in der Regel konvertierbar, d.h. sie erlauben den Erhalt intensiver Elektronen- und auch Ionenstrahlen. Ihr Aufbau und einige konstruktive Besonderheiten werden in Kapitel 6 betrachtet. Eine weitere Richtung betrifft Kanonen mit kalter Kathode und einer Gasentladung unmittelbar in der Arbeitskammer der technologischen Anlage.

In Unterschied zu Thermokathoden werden metallische Kaltkathoden nicht durch Vergiftungen geschädigt und sind unempfindlich gegenüber Ionenbombardement. Daher sind sie bei aggressiven Dämpfen und bei kurzzeitigen Druckerhöhungen einsetzbar. Dies hat zur Folge, daß Elektronenkanonen mit solchen Quellen eine äußerst einfache Konstruktion haben. Sie können direkt in die Arbeitskammer der Schweiß- oder Schmelzanlage eingebracht sein und in einer Gasatmosphäre arbeiten, die durch die Kammer bei vergleichsweise niedrigen Drücken geleitet wird. Ein Beispiel einer solchen Elektronenkanone ist eine von der Firma Martin (USA) für Schweißanlagen auf der Grundlage einer Hochspannungsentladung mit Hohlkathode entwickelte Kanone [33]. Letztere ist in Form einer abgestumpften Hohlkugel als Netzkonstruktion ausgeführt. Darunter befindet sich ein fokussierender Ring, der an der Anode mit drei Stiften befestigt ist. Als Anode dient das zu schweißende Erzeugnis. Die Kanone arbeitet bei einem Druck des Arbeitsgases (welches Luft sein kann) von 0,1 Pa bis 10 Pa.

Das Arbeitsregime der beschriebenen Kanone wird durch zwei Besonderheiten charakterisiert:

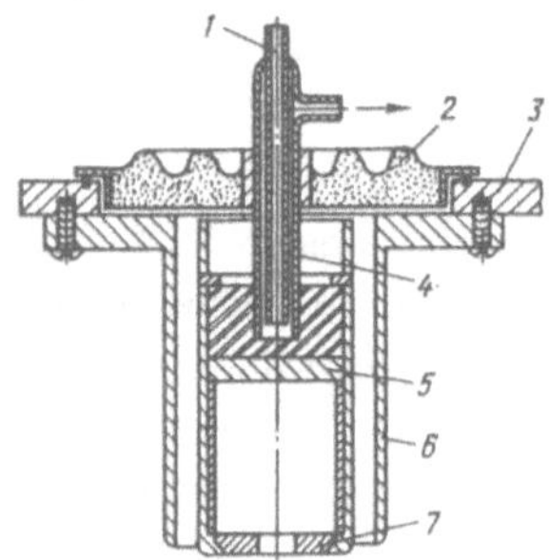

Bild 1.22: Abgeschirmte Niederspannungs-Gasentladungskanone für Schweißanlagen: 1 – Wasserkühlung; 2 – Isolator; 3 – Flansch; 4 – Kathodenhalter; 5 – Hohlkathodenkörper; 6 – Abschirmung; 7 – Diaphragma

- eine beinahe vollständige Kompensation der negativen Raumladung des Elektronenstrahls durch positive Ionen, wodurch ohne zusätzliche fokussierende Systeme lange parallele Elektronenstrahlen erhalten werden und somit die Elektronenquelle hinreichend weit vom Ort des Schweißens weg lokalisiert werden kann und
- eine starke Zerstäubung der Hohlkathode, welche eine ständige „Selbstreinigung" bewirkt.

Die Funktion der Kanone wird bei Gasabgabe, Abdampfung von Rückständen, Druckschwankungen und anderen den Schweißprozeß begeitenden Phänomenen nicht gestört. Die maximale Leistung des formierten Elektronenstrahls erreichte 4,6 kW bei Beschleunigungsspannungen von 15 kV und weniger bei einem Strahldurchmesser von 0,8 mm bis 7,5 mm. Die Position des Strahlfokus ist für jede konkrete Schweißaufgabe fixiert und kann im Bedarfsfall durch einen Wechsel des fokussierenden Rings verändert werden. Ein Mangel einer solchen Kanone ist der relativ geringe Wirkungsgrad (30% bis 50%), da ein großer Teil der Energie der Entladung durch den durch die Seitenwände der Netzkathode fließenden Elektronenfluß fortgetragen wird.

Weitere Arbeiten waren auf eine Erhöhung des Wirkungsgrades und auf die Stabilität der Gasentladungskanonen konzentriert. Dazu wurde die Hohlkathode nicht als Netz ausgeführt, sondern als hohler, in einem gewissen Abstand auf Anodenpotential umschlossener Schirm (siehe Bild 1.22). Dies ermöglichte es, den Wirkungsgrad um das Anderhalbfache zu erhöhen. Eine abgeschirmte Kanone mit einem Kathodendurchmesser von 30 mm hatte z.B. einen Wirkungsgrad von 50% bis 70%. Bei großen Kathodenabmessungen erhöht sich die Effektivität der in die Entladung eingebrachten Energie weiter. In [33] werden Daten anderer ähnlicher Gasentladungselektronenkanonen höherer Leistung und für Energien bis 100 keV und höher angegeben.

1.5 Ionenoptische Systeme

Ionenströme unterschiedlicher Intensität finden breite Anwendung in verschiedenen Bereichen der Wissenschaft, der Technik und der Technologie. Genutzt werden sie in Massenspektrometern, Ionenmikroskopen, Teilchenbeschleunigern, in Ionenraketentriebwerken, Anlagen zur elektromagnetischen Isotopentrennung, zur Plasmadiagnostik, zur Legierung von Halbleitern, der formgebenden Bearbeitung von Metallen u.a. Zur Ionener-

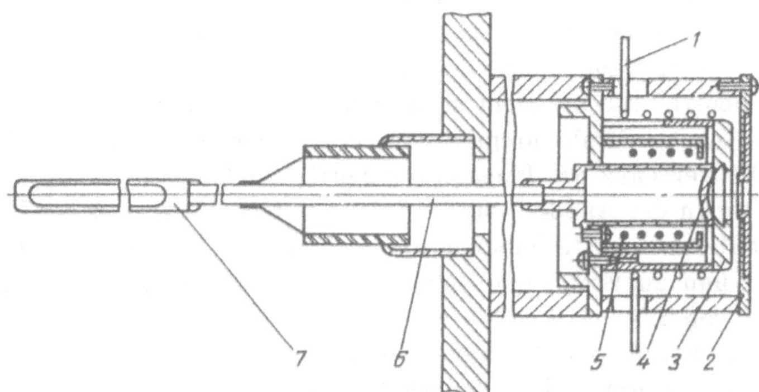

Bild 1.23: Konstruktionsschema einer (Zäsium-) Ionenkanone: 1 – Röhre zur Wasserkühlung der kathodennahen Elektrode; 2 – Beschleunigungselektrode (Anode); 3 – kathodennahe Elektrode; 4 – Emitter; 5 – Emitterheizer; 6 – Zäsiumeinspeisung; 7 – Zäsiumverdampfer

zeugung werden verschiedene Wege der Ionisation von Atomen und Molekülen genutzt: Elektronen- und Ionenbeschuß sowie Oberflächenionisation. Positive Ionen können ebenfalls aus der Ionenemission spezieller Festkörperkathoden erhalten werden. Praktisch ist die Nutzung von Ionisationsverfahren am verbreitesten.

Zu den Quellen mit Elektronenbeschuß gehören alle Gasentladungsquellen. Zu den intensivsten Quellen gehören hier Glühkathodenquellen, die eine Bogenentladung im Magnetfeld (mit bzw. ohne Elektronenoszillationen) nutzen und Duoplasmatrons. Zur Erzeugung von stromschwachen Ionenströmen können einfache Hochfrequenzquellen genutzt werden. Wesentliche praktische Vorteile weisen Kaltkathoden-Plasmaionenquellen auf. Diese arbeiten bei Drücken des Arbeitsgases bzw. bei Dampfdrücken von mindest 10^{-1} Pa und besitzen spezifische Besonderheiten, die bei der Konstruktion entsprechender Ionenkanonenkanonen beachtet werden müssen. Daher werden Details, die sich auf diese Kanonen beziehen, in einem separaten Kapitel (Kapitel 6) behandelt. Hier sollen Quellen und Kanonen auf der Grundlage der Oberflächenemission von Alkalimetallen und des Elektronenbeschusses von Gasen bei Drücken nicht höher als 10^{-2} Pa behandelt werden.

Oberflächenionisationsquellen können in elektrostatischen Raketenantrieben geringer Schubkraft verwendet werden. In diesem Zusammenhang wurden zur effektiven Arbeit des Ionisators umfangreiche theoretische und experimentelle Untersuchungen durchgeführt, welcher in Analogie zu einer metallischen Thermoelektronenkathode in Form eines porösen Metalleinsatzes mit hoher Austrittsarbeit (z.B. Wolfram) ausgeführt war. In einem solchen Ionisator treten die Alkalimetalldämpfe von der Innenseite einer Röhre durch die Poren der vorgeheizten Einlage und werden dabei ionisiert. Im Ergebnis werden von der äußeren Oberfläche der Einlage, die als aktive Oberfläche des Emitters dient, positive Ionen emittiert, welche in Ionenstrahlen gesammelt werden können. Auf der Grundlage solcher Ionisatoren wurden Dioden- und Triodenionenkanonen entwickelt, die in ihrer Konstruktion der von Pierce-Elektronenkanonen nahekommen.

In Bild 1.23 wird als Beispiel das Schema einer mit Zäsium arbeitenden Diodenkanone gezeigt. Hier wird ein Ionisator aus porösem Wolfram der Dicke 1,0 mm genutzt, der als spärisches Segment mit 1,7 cm Durchmesser ausgebildet ist. Die Heizung des Ionisators erfolgt mit einem speziellen Heizer bis zu Temperaturen von 1600 K. Messungen haben gezeigt, daß eine solche Kanone einen gleichmäßig konvergierenden Ionenstrahl liefert, in dem sich die Ionentrajektorien nicht schneiden. Der Ort minimalen Strahlquerschnitts befindet sich bei einem Strahldurchmesser von 0,58 cm hinter der Anode im Abstand von 1,02 cm. Die Perveanz des Ionenstrahls beträgt dabei $2,8 \cdot 10^{-3}\,\mu\mathrm{A\,V}^{-3/2}$ und die Ionentromverluste an der Anode betragen 0,1% des Gesamtstromes der Kanone. Detaillierte Daten zur Herstellungstechnologie solcher Kanonen, zu den Berechnungsmethoden ihrer Parameter und zu Ergebnisse umfassender experimenteller Untersuchungen sind in den Arbeiten von I.N.Petrik ([36], S.333) und von Hasman ([36], S.355) enthalten. Insbesondere folgt aus diesen Arbeiten, daß die besten Resultate mit Ionisatoren aus porösem Wolfram bestimmter Struktur erhalten werden können. Ionenkanonen mit einer emittierenden Oberfläche von 1 cm^2 und Abständen zwischen den Elektroden von 5 mm erzeugten hier bei einer Temperatur des Ionisators von 1500 K und einer Temperatur des Zäsiumdampfes von 565 K homogene Ionenstrahlen mit einer Dichte von $3\,\mathrm{mA\,cm}^{-2}$ und einer Perveanz von $1,60 \cdot 10^{-3}\,\mu\mathrm{A\,V}^{-3/2}$. Der Ionisationskoeffizient des Zäsiums betrug dabei bis 90%. Die Kanonen arbeiteten in Vakua der Größenordnung 10^{-4} Pa und hatten eine Lebensdauer bis 30 Stunden.

Eine wichtige Charakteristik der betrachteten Kanonen ist die Abhängigkeit des Ionenstroms von der Beschleunigungsspannung. Für gut justierte Elektrodensysteme war diese Abhängigkeit nahe der „hoch 3/2“ Gesetzmäßigkeit, solange die Emission sich nicht im Sättigungsbereich befand. Wie auch bei Diodenelektronenkanonen ist somit die Strahlperveanz zugleich die Perveanz der Ionenkanone, d.h. ihre konstruktive Charakteristik. Bei dem Vergleich der Perveanzen P und P_i von Elektronen- und Ionenkanonen muß berücksichtigt werden, daß sie sich entsprechend des Massenunterschiedes zwischen den verwendeten geladenen Teilchen (Elektronen der Masse m und Ionen der Masse M) unterscheiden müssen. Bei gleichen geometrischen Abmaßen der Kanonenelektroden beträgt das Verhältnis der Perveanzen

$$\frac{P}{P_i} = \sqrt{\frac{M}{m}}\,.$$

Für Zäsiumionen gilt $(M/m)^{1/2} = 2,03 \cdot 10^3$. Dies bedeutet, daß eine Kanone, welche einen (Zäsium-) Ionenstrahl mit der Perveanz $2,8 \cdot 10^{-3}\,\mu\mathrm{A\,V}^{-3/2}$ erzeugt, nach Auswechslung der Ionenquelle in der Kanone durch eine Thermoelektronenkathode gleicher Abmessungen einen Elektronenstrahl mit der Perveanz $P = 2,03 \cdot 10^3 \cdot 2,8 \cdot 10^{-3}\,\mu\mathrm{A\,V}^{-3/2} = 5,8\,\mu\mathrm{A\,V}^{-3/2}$ erzeugen würde. Aus der Erfahrung ist bekannt, daß ein solcher Perveanzwert einer gewöhnlichen (Dioden-) Pierce-Elektronenkanone überaus groß, nahe der praktisch erreichbaren Grenze ist. Somit ist auch die oben angegebene Perveanz der Ionenkanone im Grenzbereich.

Für die weitere Erhöhung der Perveanz von Zäsiumionenstrahlen können die gleichen Prinzipien Verwendung finden, wie sie bei der Ausarbeitung hochperveanter elektronischer Systeme genutzt wurden. Dies betrifft insbesondere den Übergang zu Triodenkanonen mit Längskompression und Vielstrahlionensysteme. Unter Nutzung dieser Prinzipien arbeiteten Ernstin u.a. ([36], S.125) Ionenantriebe mit 7 und 19 Strahlen aus. Eine Vorstellung über die ionenoptischen Systeme dieser Antriebe gibt das in Bild 1.24 dargestellte Schema. Als Ionenquelle dienen für jeden Strahl in diesen Systemen poröse Wolframio-

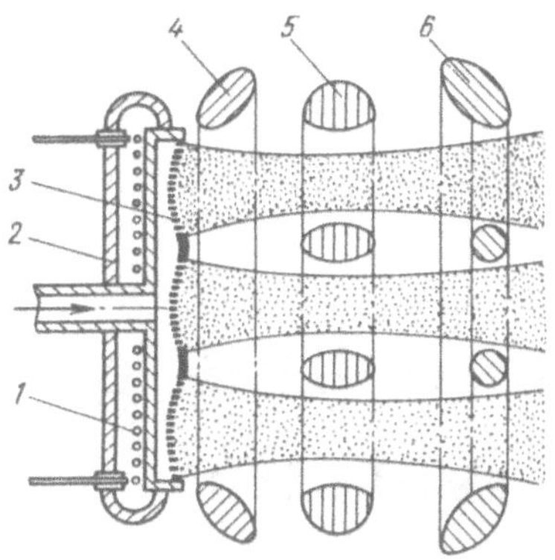

Bild 1.24: Schema einer (Zäsium-) Vielstrahl-Trioden-Ionenkanone: 1 – Heizer; 2 – Wärmeschirm; 3 – Emitterblock aus porösem Wolfram; 4 – kathodennahe Elektrode; 5 – Beschleunigungselektrode (erste Anode); 6 – abbremsende Elektrode (zweite Anode)

nisatoren mit 6,35 mm Durchmesser für den siebenstrahligen Antrieb und mit 3,17 mm Durchmesser für den neunzehnstrahligen Antrieb, die in einem Emitterblock zusammengefaßt sind. Dieser befindet sich gemeinsam mit der fokussierenden Elektrode, dem Zäsiumreservoir und den Verteilungsventilen auf hohem positiven Potential U_0. Die mittlere (oder beschleunigende) und die letzte (abbremsende) Elektrode sind als Diaphragmen mit Öffnungen ausgeführt, deren Durchmesser gleich dem Durchmesser der Ionisatoren ist. Auf die letzte Elektrode wird ein Nullpotential und auf die mittlere Elektrode ein hohes negatives Potential U_1 gegeben. Somit werden die Ionen zuerst durch das Potential U_0+U_1 beschleunigt, weiter dann durch das auf U_1 verringerte Potential und verlassen die Kanone mit einer Energie, die durch das Potential U_0 bestimmt wird. Die realen Abmaße dieser Systeme betragen für den Durchmesser der letzten (abbremsenden) Elektrode in der siebenstrahligen Variante 25 mm und in der neunzehnstrahligen Variante 22,2 mm. Die Perveanz betrug $9,4 \cdot 10^{-3}\,\mu\mathrm{A\,V}^{-3/2}$, in einigen Fällen sogar $(2\ldots3)\cdot 10^{-2}\,\mu\mathrm{A\,V}^{-3/2}$.

Ein gewisses Interesse finden UHV-Ionenquellen, welche auf der Grundlage der Elektronenstoßionisation in Gasen ohne Bildung eines Plasmas bei Drücken im Bereich von 10^{-3} Pa bis 10^{-4} Pa arbeiten und es ermöglichen, Ströme bis einige Zehn Mikroampere zu erhalten. In [5] werden Konstruktionsschemen für zwei Typen solcher Quellen beschrieben. Eine dieser Quellen wurde auf der Basis einer Triodenelektronenkanone mit Längskompression, die andere auf der Basis einer zylindrischen Diode mit gekreuzten elektrischen und magnetischen Feldern ausgearbeitet.

Kapitel 2

Methoden der Feldberechnung elektronenoptischer Systeme

2.1 Grundlegende Gleichungen für das elektrostatische Feld

Im Vakuum wird das elektrostatische Feld bei der Anwesenheit von Raumladungen durch die Poissongleichung beschrieben

$$\nabla^2 U = \frac{\varrho}{\varepsilon_0} \tag{2.1}$$

mit U – Feldpotential; ϱ – Raumladungsdichte; ε_0 – dielektrische Permeabilität des Vakuums. Die Form des Laplace-Differentialoperators ∇^2 hängt von der Wahl des Koordinatensystems ab.

In kartesischen Koordinaten x, y und z gilt

$$\nabla^2 = \frac{\partial^2}{\partial x^2} + \frac{\partial^2}{\partial y^2} + \frac{\partial^2}{\partial z^2}$$

und in Zylinderkoordinaten r, Θ und z

$$\nabla^2 = \frac{1}{r}\left[\frac{\partial}{\partial r}\left(r\frac{\partial}{\partial r}\right) + \frac{\partial}{\partial \Theta}\left(\frac{1}{r}\frac{\partial}{\partial \Theta}\right) + r\frac{\partial}{\partial z}\left(\frac{\partial}{\partial z}\right)\right] .$$

In allgemeinen orthogonalen Koordinaten q_1, q_2 und q_3 gilt

$$\nabla^2 = \frac{1}{h_1 h_2 h_3}\left[\frac{\partial}{\partial q_1}\left(\frac{h_2 h_3}{h_1}\frac{\partial}{\partial q_1}\right) + \frac{\partial}{\partial q_2}\left(\frac{h_3 h_1}{h_2}\frac{\partial}{\partial q_2}\right) + \frac{\partial}{\partial q_3}\left(\frac{h_1 h_2}{h_3}\frac{\partial}{\partial q_3}\right)\right]$$

mit h_1, h_2 und h_3 als Lamekoeffizienten.

In von Raumladungen freien Bereichen wird das elektrostatische Feld durch die Laplacegleichung

$$\nabla^2 U = 0 \tag{2.2}$$

beschrieben.

Die Stärke des elektrischen Feldes wird durch den Potentialgradienten $\vec{E} = -\nabla U$ ausgedrückt, wobei ∇ ebenfalls einen Differentialoprator darstellt, dessen Form durch das gewählte Koordinatensystem bestimmt wird.

In kartesischen Koordinaten gilt

$$\nabla = \vec{i}_x \frac{\partial}{\partial x} + \vec{i}_y \frac{\partial}{\partial y} + \vec{i}_z \frac{\partial}{\partial z}$$

mit $\vec{i}_x$, $\vec{i}_y$ und $\vec{i}_z$ als Einheitsvektoren des Koordinatensystems.

In Zylinderkoordinaten hat der Nablaoperator die Form

$$\nabla = \vec{i}_r \frac{\partial}{\partial r} + \vec{i}_\Theta \frac{1}{r} \frac{\partial}{\partial \Theta} + \vec{i}_z \frac{\partial}{\partial z}$$

mit $\vec{i}_r$, $\vec{i}_\Theta$ und $\vec{i}_z$ als Einheitsvektoren der lokalen Basis des Koordinatensystems.

In allgemeinen orthogonalen Koordinaten gilt

$$\nabla = \vec{i}_1 \frac{1}{h_1} \frac{\partial}{\partial q_1} + \vec{i}_2 \frac{1}{h_2} \frac{\partial}{\partial q_2} + \vec{i}_3 \frac{1}{h_3} \frac{\partial}{\partial q_3}$$

mit $\vec{i}_1$, $\vec{i}_2$ und $\vec{i}_3$ als die die lokale Basis bildenden Einheitsvektoren.

Die Berechnung der Felder von elektronenoptischen Systemen führt in der Mehrzahl der Fälle für die Laplace- und Poissongleichungen zur Lösung des Dirichlet-Problems und des Cauchy-Problems für die Laplacegleichung.

2.2 Berechnung elektrostatischer Felder. Das Dirichlet-Problem

Als bekannt werden die Geometrie der Elektroden des elektronenoptischen Systems, die Elektrodenpotentiale und die Dichteverteilung der Raumladung im durch die Elektrodenkontur begrenzten Bereich angenommen. Zur Lösung des Problems werden verschiedene analytische, numerische und analoge Methoden ([38] bis [48]) angewandt.

Methode der Variablenseparation. Die Besonderheiten der Methode sollen am Beispiel der Laplacegleichung diskutiert werden, die in Zylinderkoordinaten für ein rotationssymmetrisches Feld ($\partial/\partial\Theta = 0$) formuliert ist

$$\nabla^2 U = \frac{1}{r} \frac{\partial}{\partial r} \left(r \frac{\partial U}{\partial r} \right) + \frac{\partial^2 U}{\partial z^2} = 0 \; . \tag{2.3}$$

Das Wesen der Methode besteht darin, daß die Lösung von Gleichung (2.3) als Produkt von zwei Funktionen gesucht wird, wobei jede dieser Funktionen nur von einer Variablen abhängt

$$U(r,z) = R(r)\, Z(z) \; . \tag{2.4}$$

Das Einsetzen von (2.4) in (2.3) führt zur Zerlegung der Ausgangsgleichung in zwei gewöhnliche Differentialgleichungen zweiter Ordnung für beide Variable

$$\frac{d^2 Z}{dz^2} + k^2 Z = 0; \quad \frac{1}{r} \frac{d}{dr} \left(r \frac{dR}{dr} \right) - k^2 R = 0 \; .$$

Die in diese Gleichungen eingehende Konstante k kann sowohl eine reelle als auch eine imaginäre Größe sein, was den Charakter der Lösung bestimmt.

$$\left.\begin{aligned} Z &= A_k \sin kz + B_k \cos kz \\ R &= C_k I_0(kr) + D_k K_0(kr) \end{aligned}\right\} k - \text{reelle Größe} \; ;$$

$$\left.\begin{array}{rl} Z = & A_k \,\mathrm{sh}\, \kappa z + B_k \,\mathrm{ch}\, \kappa z \\ R = & C_k J_0(\kappa r) + D_k N_0(\kappa r)\ . \end{array}\right\} k = i\kappa - \text{imaginäre Größe.}$$

Hier sind A_k, B_k, C_k und D_k willkürliche Konstanten, $J_0(\kappa r)$ und $N_0(\kappa r)$ Besselfunktionen erster und zweiter Art der nullten Ordnung sowie $I_0(kr)$ und $K_0(kr)$ modifizierte Besselfunktionen erster und zweiter Art.

Wegen der Linearität der Laplacegleichung sind deren Lösungen ebenfalls Summen, die aus den folgenden Lösungen erzeugt werden:

$$U(r,z) = \sum_k (A_k \sin kz + B_k \cos kz)\,[C_k I_0(kr) + G_k K_0(kr)]\ ; \tag{2.5}$$

$$U(r,z) = \int_k (A(k) \sin kz + B(k) \cos kz)\,[C(k) I_0(kr) + D(k) K_0(kr)]\, dk\ ; \tag{2.6}$$

$$U(r,z) = \sum_\kappa (A_\kappa \,\mathrm{sh}\, \kappa z + B_\kappa \,\mathrm{ch}\, \kappa z)\,[C_\kappa J_0(\kappa r) + D_\kappa N_0(\kappa r)]\ ; \tag{2.7}$$

$$U(r,z) = \int_\kappa (A(\kappa) \,\mathrm{sh}\, \kappa z + B(\kappa) \,\mathrm{ch}\, \kappa z)\,[C(\kappa) J_0(\kappa r) + D(\kappa) N_0(\kappa r)]\, d\kappa\ . \tag{2.8}$$

Die letzten beiden Ausdrücke können unter Berücksichtigung der hyperbolische und exponentielle Funktionen verbindenden Relationen in äquivalenter Form dargestellt werden:

$$U(r,z) = \sum_\kappa (A_\kappa e^{-\kappa z} + B_\kappa e^{\kappa z})\,[C_\kappa J_0(\kappa r) + D_\kappa N_0(\kappa r)]\ ; \tag{2.9}$$

$$U(r,z) = \int_\kappa [A(\kappa) e^{-\kappa z} + B(\kappa) e^{\kappa z}]\,[C(\kappa) J_0(\kappa r) + D(\kappa) N_0(\kappa r)]\, d\kappa\ . \tag{2.10}$$

Die in diese Lösungen eingehenden willkürlichen Konstanten ergeben sich aus den Randbedingungen und anderen physikalischen Bedingungen (z.B. Symmetrien), welche die konkrete Aufgabe charakterisieren. Schließt der Bereich, für den eine Lösung existiert, die Symmetrieachse ein, dann muß der Koeffizient D zu Null ($D_\kappa = D_k = 0$) gewählt werden, da sonst das Potential auf der Symmetrieachse ($r = 0$) gegen Unendlich geht.

Methode der Greenschen Funktion. In der Elektrostatik stellt die Greensche Funktion ein Potential dar, welches von einer Ladung in einem willkürlichen Punkt $M_0(x_0, y_0, z_0)$ im Volumen V erzeugt wird, das von einer geerdeten, leitenden Oberfläche S begrenzt ist:

$$G(M, M_0) = \frac{1}{4\pi\varepsilon_0 R} + g\ .$$

Der erste Summand ist hier das Potential der Ladung im freien Raum und der zweite Summand das Potential des Feldes der Ladungen, welche auf der leitenden Oberfläche erzeugt werden:

$$g = \int_S \frac{\sigma\, ds}{R_i}\ .$$

Hier bedeuten σ – die Oberflächendichte der induzierten Ladungen; R – den Abstand von der Position der Probeladung $M_0(x_o, y_0, z_0)$ zum Beobachtungspunkt $M(x, y, z)$;

$$R = \sqrt{(x - x_0)^2 + (y - y_o)^2 + (z - z_0)^2}\ ;$$

$$R_i = \sqrt{(x - x_i)^2 + (y - y_i)^2 - (z - z_i)^2}$$

als Abstand vom Oberflächenelement dS mit den Koordinaten x_i, y_i, z_i bis zum Beobachtungspunkt $M(x, y, z)$.

Mit einer gewissen Greenschen Funktion wird die Laplacegleichung mit Ausnahme des Punktes M_0 im gesamten von der Oberfläche S begrenzten Volumen V befriedigt und geht auf der Oberfläche S gegen Null.

Die Greensche Funktion ist bezüglich ihrer Argumente symmetrisch, d.h. $G(M, M_0) = G(M_0, M)$. Die Kenntnis der Greenschen Funktion ermöglicht die Lösung des Dirichletschen Problems [40, 41]

$$U(M_0) = -\varepsilon_0 \int_S U_S(M) \frac{\partial G(M, M_0)}{\partial n} \, dS + \int_V \varrho(M) \, G(M, M_0) \, dV$$

mit U_S als Potentialverteilung auf der Oberfläche S und ϱ als Dichteverteilung der Raumladung im Volumen V.

Die Integration erfolgt nach den Koordinaten x, y, z des Punktes M, wobei U_S, $\partial G/\partial n$ und ϱ als bekannte Funktionen dieser Koordinaten angenommen werden. Unter Berücksichtigung der Symmetrie der Funktion G bezüglich ihrer Argumente kann als Alternative das Potential als Funktion des Punktes M ausgedrückt werden [42]:

$$U(M) = -\varepsilon_0 \int_S U_S(M_0) \frac{\partial G(M, M_0)}{\partial n} \, dS + \int_V \varrho(M_0) \, G(M, M_0) \, dV \; .$$

In diesem Fall erfolgt die Integration nach den Koordinaten x_0, y_0, z_0 des Punktes M_0.

Beispiel 2.1. Unter Verwendung der Greenschen Funktion wird das Potential berechnet, welches in einer metallischen Röhre des Radius a durch einen Elektronenstrahl des Radius b erzeugt wird. Es wird angenommen, daß die Ladungsdichte nur eine Funktion der z-Koordinate sei:

$$\varrho = \varrho(z_0) = \varrho_0 + \varrho_m \cos \frac{2\pi}{L} z_0 \; ,$$

mit ϱ_0 und ϱ_m als konstanter Anteil und Amplitude des variablen Anteils der Ladungsdichte. Im axialsymmetrischen Fall hat die Greensche Funktion für den zylindrischen Bereich die Form:

$$G = \frac{1}{2\pi\varepsilon_0 a^2} \sum_{i=1}^{\infty} \frac{J_0(\lambda_i r/a) J_0(\lambda_i r_0/a)}{\lambda_i/a[J_1(\lambda_i)]^2} \; ,$$

mit J_0 und J_1 als Besselfunktionen erster Art nullter und erster Ordnung und λ_i als Lösungen für die Besselfunktionen nullter Ordnung.

Das gesuchte Potential wird durch die Gleichung

$$U = \int_V \varrho(r_0 z_0) \, G(r, z, r_0, z_0) \, 2\pi r_0 \, dr_0 \, dz_0$$

bestimmt, wobei die Integration über das von der Raumladung eingenommene Volumen erfolgt. Wird in das Integral der Ausdruck für die Greensche Funktion eingesetzt, folgt

$$U = \frac{1}{\varepsilon_0 a} \sum_{i=1}^{\infty} \frac{J_0(\lambda_i r/a)}{\lambda_i [J_1(\lambda_i)]^2} \int_V \left(\varrho_0 + \varrho_m \cos \frac{2\pi}{L} z_o \right) r_0 \, dr_0 \, dz_0 \; .$$

Erfolgt die Integration nach r_0 in den Grenzen von 0 bis b und nach z_0 in den Grenzen von $-\infty$ bis $+\infty$, ergibt sich

$$U = \frac{2ab}{\varepsilon_0} \sum_{i=1}^{\infty} \frac{J_0(\lambda_i r/a) J_1(\lambda_i b/a)}{\lambda_i^3 [J_1(\lambda_i)]^2} \left[\varrho_0 + \varrho_m \frac{1}{1+(2\pi a/L\lambda_i)^2} \cos\frac{2\pi}{L} z \right] .$$

Die Verwendung der Greenschen Funktion ist besonders effektiv bei der Berechnung von Feldern, welche zeitliche Veränderungen der Raumladungsverteilung aufweisen. In diesem Falle erfolgt die Berechnung in quasistatischer Näherung nach der Gleichung

$$U(M,t) = \int_V \varrho(M_0,t)\, G(M,M_0)\, dV$$

mit $\varrho(M_0,t)$ als die sich in Raum und Zeit ändernde Dichte der Volumenladung und $G(M,M_0)$ als Größe, die nur von den Koordinaten und der Raumgeometrie im Bereich der Greenschen Funktion abhängt.

Methode der Integralgleichungen. Unter Anwendung des Greenschen Theorems kann gezeigt werden, daß die Lösung des Dirichlet-Problems für die Poissongleichung in der Form

$$U(x,y,z) = \frac{1}{4\pi\varepsilon_0} \int_V \frac{\varrho\, dV}{R_0} + \frac{1}{4\pi\varepsilon_0} \int_S \frac{\sigma\, dS}{R_i} \tag{2.11}$$

dargestellt werden kann.

Das erste Integral erstreckt sich hier über das Volumen V, welches von der Oberfläche S eingeschlossen wird und stellt ein Potential von Raumladungen dar, die willkürlich im Volumen V mit der Dichte $\varrho(x_0, y_0, z_0)$ verteilt sind. R_0 ist der Abstand vom Beobachtungspunkt mit den Koordinaten x, y, z zur Position der Raumladungen, die variable Koordinaten x_0, y_0, z_0 besitzen. Es gilt

$$R_0 = \sqrt{(x-x_0)^2 + (y-y_0)^2 + (z-z_0)^2} .$$

Das zweite Integral beschreibt das Potential der auf der Oberfläche S verteilten Oberflächenladungen mit der Oberflächendichte σ. Bei der Berechnung von Feldern elektronenoptischer Systeme wird unter der Fläche S die das System bildende Elektrodenoberfläche verstanden. R_i beschreibt den Abstand zu den Raumladungspunkten, welche die veränderlichen Koordinaten x_i, y_i, z_i aufweisen

$$R_i = \sqrt{(x-x_i)^2 + (y-y_i)^2 + (z-z_i)^2} .$$

Für zweidimensionale Felder hat die integrale Lösung die Form

$$U(y,z) = \frac{1}{2\pi\varepsilon_0} \int_{V_1} \varrho \ln\frac{1}{R_0}\, dV + \frac{1}{2\pi\varepsilon_0} \int_{S_1} \sigma \ln\frac{1}{R_i}\, dS .$$

Hier bedeuten

$$R_0 = \sqrt{(y-y_0)^2 + (z-z_0)^2}$$

und

$$R_i = \sqrt{(y-y_i)^2 + (z-z_i)^2} .$$

Die Integration erfolgt über das Einheitsvolumen V_1 und die Oberfläche S_1, welche die gleichen Einheitsausdehnungen in Richtung der x-Achse besitzen, d.h. es folgt $dV = dy_0\, dz_0 \cdot 1$ und $dS = dC \cdot 1$ mit dC als Konturenbogenelement der Elektroden. Unter Berücksichtigung dieses Sachverhaltes kann das Potential umgeschrieben werden:

$$U(y,z) = \frac{1}{2\pi\varepsilon_0} \int\limits_F \ln \frac{1}{R_o}\, dF + \frac{1}{2\pi\varepsilon_0} \int\limits_C \sigma \ln \frac{1}{R_i}\, dC \ , \tag{2.12}$$

wobei sich das erste Integral über die Fläche F erstreckt, die durch die Raumladungen eingenommen wird ($dF = dy\, dz$). Das zweite Integral erstreckt sich über die Elektrodenkontur C.

Im Falle axialsymmetrischer Felder folgt aus Gleichung (2.11), wenn zylindrische Koordinaten r, Θ, z eingeführt werden und nach der Koordinate Θ integriert wird

$$U(r,z) = \frac{1}{2\pi^2\varepsilon_0} \int\limits_V \frac{\varrho K(t_0)\, dV}{\sqrt{(r+r_0)^2 + (z-z_0)^2}} + \frac{1}{2\pi^2\varepsilon_0} \int\limits_S \frac{\sigma K(t_i)\, dS}{\sqrt{(r+r_i)^2 + (z-z_i)^2}} \ .$$

Die Koordinaten (r_o, z_o) und (r_i, z_i) sind die Ortskoordinaten der Volumen- und Oberflächenladungen und $K(t)$ ist ein elliptisches Integral erster Art:

$$K(t) = \int\limits_0^{\pi/2} \frac{d\beta}{\sqrt{1 - t^2 \sin^2\beta}} \ .$$

Weiter gilt

$$t_0 = \frac{2\sqrt{r r_o}}{\sqrt{(r+r_o)^2 + (z-z_0)^2}} \ ;$$

$$t_i = \frac{2\sqrt{r r_i}}{\sqrt{(r+r_i)^2 + (z-z_i)^2}} \ ;$$

$$dV = 2\pi r_0\, dr_0\, dz_0 \ ; \quad dS = 2\pi r_i\, dC$$

mit dC als Konturenbogen der Elektroden C.

Der Ausdruck für $K(t)$ kann auch in äquivalenter Form geschrieben werden:

$$U(r,z) = \frac{1}{\pi\varepsilon_0} \int\limits_F \frac{\varrho r_0 K(t_0)\, dF}{\sqrt{(r+r_0)^2 + (z-z_0)^2}} + \frac{1}{\pi\varepsilon_0} \int\limits_C \frac{\sigma r_i K(t_i)\, dC}{\sqrt{(r+r_i)^2 + (z-z_i)^2}} \ . \tag{2.13}$$

Hier erfolgt die Integration über den Bereich F, der zur Meridianebene Θ =const gehört und der durch die Raumladung ausgefüllt ist, und über die Elektrodenkontur C.

Die in die vorhergehende Gleichung eingehende Raumladungsdichte ϱ wird bei der Berechnung der Felder des elektronenoptischen Systems als bekannte Funktion der Koordinaten angenommen. Da die Verteilung der Raumladungsdichte σ in der Mehrzahl der Fälle bei der Berechnung nicht bekannt ist, wird aus diesem Grunde eine vorläufige Annahmen über die Verteilung der Oberflächendichte getroffen. Dazu wird der Beobachtungspunkt längs der Oberfläche (Kontur) der Elektroden verschoben und der linke Teil der Gleichung wird zu einer bekannten Funktion der Koordinaten, wobei ein beliebiger der

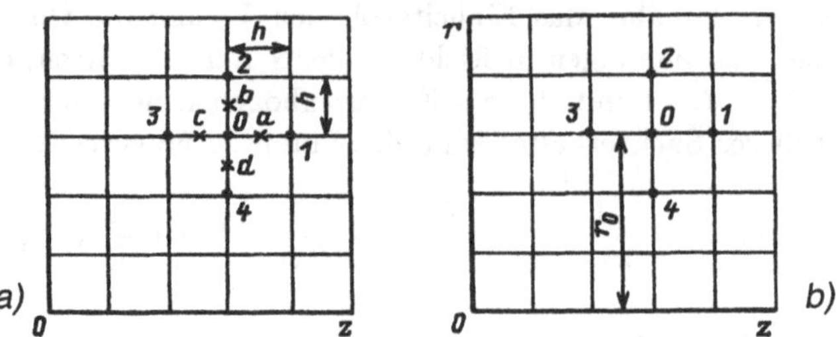

Bild 2.1: Zur Feldberechnung mit dem Differenzenverfahren

oben angegebenen Ausdrücke als Integralgleichung hinsichtlich der unbekannten Funktion σ angesehen werden kann. Die Lösung dieser Gleichungen kann numerisch erfolgen (siehe § 2.4).

Differenzenverfahren. Das Wesen der Methode besteht darin, die Differentialgleichung durch eine entsprechende Gleichung für das Differenzenverfahren auszuwechseln, die durch die Ersetzung der Ableitungen durch genäherte Ausdrücke erhalten wird. Es werde angenommen, daß das berechnete Feld die zweidimensionale Poissongleichung befriedigt

$$\frac{\partial^2 U}{\partial y^2} + \frac{\partial^2 U}{\partial z^2} = -\frac{\varrho}{\varepsilon_0} . \tag{2.14}$$

Die zweiten Ableitungen des Potentials am Punkt 0 des betrachteten Bereichs können durch die Werte der ersten Ableitungen an den benachbarten Punkten a, b, c, d dargestellt werden (Bild 2.1a):

$$\frac{\partial^2 U}{\partial z^2} \approx \frac{1}{h}\left[\left(\frac{\partial U}{\partial z}\right)_a - \left(\frac{\partial U}{\partial z}\right)_c\right] , \quad \frac{\partial U^2}{\partial y^2} \approx \frac{1}{h}\left[\left(\frac{\partial U}{\partial y}\right)_b - \left(\frac{\partial U}{\partial y}\right)_d\right] . \tag{2.15}$$

Die hier eingehenden ersten Ableitungen können ebenfalls durch finite Differenzen ausgedrückt werden:

$$\begin{aligned} \left(\frac{\partial U}{\partial z}\right)_a &\approx \frac{1}{h}(U_1 - U_0) , & \left(\frac{\partial U}{\partial z}\right)_c &\approx \frac{1}{h}(U_o - U_3) , \\ \left(\frac{\partial U}{\partial y}\right)_b &\approx \frac{1}{h}(U_2 - U_0) , & \left(\frac{\partial U}{\partial y}\right)_d &\approx \frac{1}{h}(U_0 - U_4) . \end{aligned} \tag{2.16}$$

Die Größen U_1, U_2, U_3, U_4 beschreiben die Potentiale an den Punkten 1, 2, 3 ,4 (Bild 2.1a).

Durch Einsetzen von (2.16) in (2.15) folgt

$$\frac{\partial^2 U}{\partial z^2} \approx \frac{1}{h^2}\left[(U_1 - U_0) - (U_0 - U_3)\right] ;$$

$$\frac{\partial^2 U}{\partial y^2} \approx \frac{1}{h^2}\left[(U_2 - U_0) - (U_0 - U_4)\right]$$

und

$$\frac{\partial^2 U}{\partial y^2} + \frac{\partial^2 U}{\partial z^2} \approx \frac{1}{h^2}(U_1 + U_2 + U_3 + U_4 - 4U_0) .$$

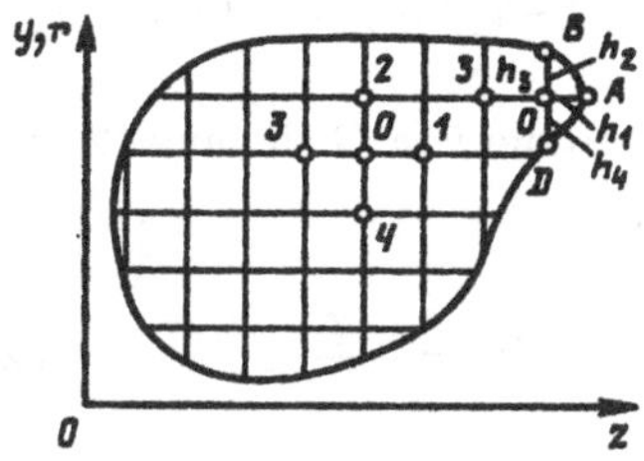

Bild 2.2: Schema zur Illustration der Position eines grenznahen Knotens und der zu ihm gehörenden Stützpunkte A, B, D

Hieraus ergibt sich ein Analogon zur Poissongleichung:

$$U_1 + U_2 + U_3 + U_4 - 4U_0 = -\frac{h^2 \varrho}{\varepsilon_0} .$$

Für die zweidimensionale Laplacegleichung folgt entsprechend

$$U_1 + U_2 + U_3 + U_4 - 4U_0 = 0 .$$

Entsprechend kann ein Analogon für die Poissongleichung in zylindrischen Koordinaten erhalten werden:

$$\frac{\partial U}{\partial r^2} + \frac{1}{r}\frac{\partial U}{\partial r} + \frac{\partial^2 u}{\partial z^2} = -\frac{\varrho}{\varepsilon_0} ;$$

$$U_1 + U_2 + U_3 + U_4 - 4U_0 + \frac{h}{2r_0}(U_2 - U_4) = -\frac{h^2 \varrho}{\varepsilon_0} \tag{2.17}$$

mit r_0 als Abstand von der Symmetrieachse bis zum betrachteten Punkt (Bild 2.1b).

Für auf der Symmetrieachse liegende Punkte folgt mit (2.17)

$$U_1 + U_3 + 4U_2 - 6U_0 = -\frac{h^2 \varrho}{\varepsilon_0} .$$

Die oben aufgeschriebenen Gleichungen verbinden die Werte des Potentials in den einzelnen Punkten. Daher wird der Bereich, für den eine Lösung für die Feldberechnung gesucht wird, mit einem quadratischen Gitter der Schrittweite h ausgefüllt (Bild 2.2). Für jeden Knoten, welcher innerhalb des betrachteten Bereichs liegt, werden finite Differenzen bestimmt, die das Potential des Knotens mit dem der vier benachbarten Knoten des Gitters verbinden. Dabei werden den Knoten, welche mit der Bereichsgrenze zusammenfallen, feste Potentialwerte zugeschrieben, die den Potentialen der entsprechenden Grenzpunkte entsprechen.

Schwierigkeiten treten bei der Aufstellung der finiten Gleichungen grenznaher Punkte auf, wenn die zugehörigen Nachbarpunkte hinter den Grenzen des betrachteten Bereichs liegen. In diesem Fall werden als Stützpunkte Kreuzungspunkte der Gitterlinien mit den Bereichsgrenzen herangezogen (Punkte A, B, D in Bild 2.2). Da diese Punkte sich in verschiedenen, gegenüber der Gitterschrittweite h nicht äquidistanten Abständen vom entsprechenden Knoten befinden, wird bei der Aufstellung der Gleichungen von der allgemeinen Gleichung ausgegangen, welche unter Berücksichtigung der nichtsymmetrischen Lage benachbarter Knoten formuliert wird:

$$\frac{2}{h_1 + h_3}\left(\frac{U_1}{h_1} + \frac{U_3}{h_3}\right) + \frac{2}{h_2 + h_4}\left(\alpha\frac{U_2}{h_2} + \beta\frac{U_4}{h_4}\right) - \left(\frac{2}{h_1 h_2} + \frac{2}{h_2 h_4} + \gamma\right) U_0 = -\frac{\varrho}{\varepsilon_0} \tag{2.18}$$

mit $\alpha = \beta = 0$ und $\gamma = 1$ für planparallele Felder sowie $\alpha = 1 + h_4/2r_0, \beta = 1 - h_2/2r_0, \gamma = 1/h_2 r_0 - 1/h_4 r_0$ für axialsymmetrische Felder.

Für auf der Symmetrieachse liegende Knoten sollte an Stelle von Gleichung (2.18) die folgende Gleichung verwendet werden:

$$\frac{2}{h_1 + h_3}\left(\frac{U_1}{h_1} + \frac{U_3}{h_3}\right) + \frac{4U_2}{h_2^2} - \left(\frac{2}{h_1 h_3} + \frac{4}{h_2^2}\right) U_0 = -\frac{\varrho}{\varepsilon_0} \,. \qquad (2.19)$$

Endliche finite Differenzen, die für die Knotenpunkte des Gitters aufgeschrieben wurden, bilden ein System linearer algebraischer Gleichungen, deren Anzahl gleich der Zahl der Unbekannten ist. Daher führt die Lösung der Randwertaufgabe zur Lösung des algebraischen Gleichungssystems. Die Randbedingungen gehen hier neben den Potentialen der Grenzknoten und der Stützpunkte in die Lösung ein.

Zur Reduktion der Fehler, die mit der Substitution der Differentialgleichung durch das Differenzenverfahren verbunden sind, muß der Schritt des Netzes verringert werden, was einer Erhöhung der Knotenzahl entspricht und damit einer Erhöhung der Ordnung des Gleichungssystems. In konkreten Rechnungen kann die Knotenzahl einige Tausend erreichen, wodurch eine unmittelbare Lösung des Gleichungssystems unmöglich werden kann. Zur Lösung wird dann die Methode der sukzessiven Approximationen verwendet, d.h. es wird iteriert. Gegenwärtig wird diese vielfach angewandte Methode zur Feldberechnung auf Computern herangezogen. Einzelheiten der Berechnungsmethodik werden in Paragraph 2.4 beschrieben.

2.3 Berechnung elektrostatischer Felder. Das Cauchy-Problem

In der Elektronenoptik entsteht oft das Problem, Felder aus den Werten des Potentials und seiner Ableitungen zu berechnen, die für eine Grenzkurve gegeben sind. Eine typische Aufgabe ist hier die Berechnung der Feldverteilung außerhalb der Achse aus der Verteilung auf der Symmetrieachse. Für eine solche Aufgabe führt dies zur Lösung des Cauchy-Problems für die Laplacegleichung, die wegen der Instabilität der Lösung bezüglich geringfügiger Änderungen der Anfangsbedingungen nicht exakt ist. Die Instabilität selbst stellt kein Hindernis für das Auffinden einer Lösung dar, wenn die Anfangsbedingungen im analytischer Form gegeben sind und die Aufgabe eine analytische Lösung zuläßt. Eine andere Situation liegt vor, wenn die Anfangsbedingungen genähert gegeben sind und die Aufgabe mit Näherungsmethoden gelöst wird. In diesem Fall kann die Instabilität der Lösung zu wesentlichen Fehlern des Endresultates führen und es ist sinnvoll, Regularisierungsmethoden für das nichtexakte Problem anzuwenden [48].

Methode der analytischen Fortsetzung. Eine effektive Methode zur Lösung des Cauchy-Problems ist eine Methode, welche auf der analytischen Fortsetzung von Funktionen basiert, die die Potentialverteilung und die normale Ableitung in die komplexe Ebene fortsetzen [14].

Planparalleles Feld. Betrachtet werden drei Fälle.

A. Die Potentialverteilung ist für eine Gerade gegeben, deren normale Ableitung Null ist. Es werde angenommen, daß die gegebene Gerade die reelle Achse der Ebene der komplexen Variablen $\xi = z + iy$ ist. Dann können die Anfangsbedingungen in der Form

$$U|_{y=0} = f(z) , \quad \left.\frac{\partial U}{\partial y}\right|_{y=0} = 0$$

geschrieben werden. In diesem Fall ergibt sich das Potential außerhalb der Achse als Ergebnis der analytischen Fortsetzung der Funktion $f(z)$ in die komplexe Ebene:

$$U(y, z) = \Re f(z + iy) = \frac{1}{2} [f(z + iy) + f(z - iy)] . \tag{2.20}$$

Wegen der bekannten Eigenschaften von Funktionen komplexer Variabler befriedigt dieser Ausdruck die Laplacegleichung und darüber hinaus die erste und zweite Randbedingung.

Eine Taylorentwicklung von $f(z + iy)$ ergibt:

$$f(z + iy) = f(z) + iyf'(z) + \frac{(iy)^2}{2!} f'' + \ldots + \frac{(iy)^n}{n!} f^{(n)}(z)$$

wobei die Striche eine Differentation nach z bedeuten.

Dann ergibt sich für $U(y, z)$ die Reihe

$$U(z, y) = f(z) - \frac{y^2}{2!} f''(z) + \ldots + \frac{(-1)^n y^{2n}}{n!} f^{2n}(z) . \tag{2.21}$$

Diese Reihe stellt eine selbständige Lösung dar, welche besonders günstig für die Beschreibung des Feldes im achsennahen Bereich verwendet werden kann.

B. Auf einer Geraden gegebene Potentialverteilung mit einer normalen Ableitung verschieden von Null. Wie auch im vorangegangenen Fall wird angenommen, daß die Gerade mit der reellen Achse der Ebene der komplexen Variablen $\xi = z + iy$ zusammenfalle. Als Anfangsbedingungen für das Cauchy-Problem gelten

$$U|_{y=0} = f_1(z) ; \quad \left.\frac{\partial U}{\partial y}\right|_{y=0} = f_2(z) .$$

Es sei bemerkt, daß die Bedingung $U = f_1(z)$ der Bedingung $\partial U/\partial y|_{y=0} = f_3(z)$ entspricht.

Weiter werde das komplexe Potential $W(\xi) = U(z, y) + iV(z, y)$ eingeführt. Seine Ableitung hat die Form:

$$\varphi(\xi) = \frac{dW}{d\xi} = \frac{\partial U}{\partial z} - i\frac{\partial U}{\partial y} .$$

Es folgt, daß auf der Geraden $y = 0$ die Größe $\varphi(\xi)$ ebenfalls durch die oben aufgeschriebenen Anfangsbedingungen $\varphi(\xi)_{y=0} = f_3(z) - if_2(z)$ bestimmt werden kann. Dann kann für einen beliebigen Punkt der komplexen Ebene die Ableitung des komplexen Potentials durch die analytische Fortsetzung der Funktionen f_3 und f_2 in der komplexen Ebene gefunden werden:

$$\frac{dW}{d\xi} = f_3(z + iy) - if_2(z + iy) = f_3(\xi) - if_2(\xi) , \tag{2.22}$$

woraus folgt

$$W = \int [f_3(\xi) - i f_2(\xi)]\, d\xi + C \ . \tag{2.23}$$

Die Verteilung des elektrostatischen Potentials wird entsprechend zu

$$U = \Re W = \Re\, f_1(\xi) + \Im \int f_2(\xi)\, d\xi + C \tag{2.24}$$

gefunden.

C. Die Potentialverteilung und ihre normale Ableitung sind auf einer gewissen Kurve gegeben. Es werde angenommen, daß die gegebene Kurve in der Ebene der komplexen Variablen $\xi = z + iy$ liegt und in parametrischer Form $\xi = F_1(u) + iF_2(u)$ gegeben ist, wobei u ein variabler Parameter ist.

Die Lösung dieser Aufgabe führt zur Lösung der vorangehenden Aufgabe, wenn mit Hilfe einer konformen Abbildung die Kurve auf die reelle Achse einer neuen komplexen Ebene $\Phi = u + iv$ abgebildet wird. Um die Funktion zu finden, welche die geforderte Transformation vollzieht, wird die Funktion $\xi = F_1(\Phi) + iF_2(\Phi)$ betrachtet. Es ist leicht nachzuvollziehen, daß die gegebene Funktion die Abbildung der Achse u der Ebene Φ auf die betrachtete Kurve der Ebene ξ erzeugt, wofür in den Ausdrücken $\Phi = u$ eingesetzt wird. Die inverse Funktion erzeugt dann die gesuchte Transformation. Mit der erhaltenen Transformationsfunktion kann die Potentialverteilung und ihre normale Ableitung auf der reellen Achse der Ebene Φ gefunden werden.

Der weitere Verlauf der Berechnung unterscheidet sich nicht von dem weiter oben dargelegten.

Axialsymmetrisches Feld. Für Berechnungen axialsymmetrischer Felder mit einer gegebenen Potentialverteilung auf der Symmetrieachse wird eine Methode verwendet, die ihrem Wesen nach ebenfalls auf der analytischen Fortführung der Funktionen der axialen Verteilung beruht.

Gefordert werden soll die axialsymmetrische Lösung der dreidimensionalen Laplacegleichung

$$\frac{\partial^2 U}{\partial x^2} + \frac{\partial^2 U}{\partial y^2} + \frac{\partial^2 U}{\partial z^2} = 0 \ , \tag{2.25}$$

welche auf der z-Achse die folgenden Anfangsbedingungen erfüllen soll:

$$U = f(z) \quad \text{und} \quad \frac{\partial U}{\partial x} = \frac{\partial U}{\partial y} = \frac{\partial U}{\partial z} = 0 \ . \tag{2.26}$$

Man kann sich unmittelbar davon überzeugen, daß Gleichung (2.25) die spezielle Lösung $U(x, y, z) = f(ix\cos\gamma + iy\sin\gamma + z)$ hat, welche die erste der beiden Anfangsbedingungen erfüllt. Durch Einführung von Zylinderkoordinaten r, Θ und z folgt $x = r\cos\Theta$ und $y = r\sin\Theta$ und die Lösung kann zu

$$U = f[z + ir\cos(\gamma - \Theta)] \tag{2.27}$$

mit γ als willkürliche Konstante umgeschrieben werden.

Es ist ersichtlich, daß die gegebene Lösung vom Azimutalwinkel Θ abhängt. Die axialsymmetrische Lösung kann dann durch Superposition von Lösungen der Art (2.27) erhalten werden:

$$U = \frac{1}{2\pi} \int\limits_{\Theta}^{\Theta+2\pi} f[z + ir\cos(\gamma - \Theta)]\, d\gamma \ .$$

Bei der Integration ändert sich das Argument der trigonometrischen Funktionen in den Grenzen von 0 bis 2π unabhängig vom Wert des Winkels Θ. Daher hängt der Wert des Integrals und somit auch die Lösung als Ganzes nicht vom Azimutalwinkel ab. Durch Einführung des Winkels $\alpha = \gamma - \Theta$ ergibt sich

$$U = \frac{1}{2\pi} \int_0^{2\pi} f(z + ir \cos\alpha)\, d\alpha \,. \tag{2.28}$$

Diese Lösung befriedigt die erste Anfangsbedingung und wegen

$$\frac{\partial U}{\partial r} = \frac{1}{2\pi} \int_0^{2\pi} f'(z + ir\cos\alpha) \cos\alpha \, d\alpha|_{r=0} = 0$$

auch die zweite Randbedingung (2.26).

Wird die Funktion im Integranden in eine Taylorreihe entwickelt und dann integriert, folgt

$$U = f(z) - \frac{r^2}{2^2} f''(z) + \ldots + \frac{(-1)^n}{(n!)^n} \left(\frac{r}{2}\right)^{2n} f^{2n}(z) \,. \tag{2.29}$$

Diese Reihe ist eine eigenständige Form der Lösung des Cauchy-Problems, die häufig für elektronenoptische Aufgaben verwendet wird.

Beispiel 2.2 Gesucht wird die Feldverteilung für eine auf der Symmetrieachse z gegebene periodische Potentialverteilung $U = U_0 + U_m \cos(2\pi/L)z$. Unter Berücksichtigung, daß auf der Symmetrieachse $dU/dr = 0$ gilt, kann für die Berechnung des Feldes außerhalb der Achse Gleichung (2.28) mit den Größen $Z = 2\pi z/L$ und $R = 2\pi r/L$ verwendet werden:

$$U = U_0 + \frac{U_m}{2\pi} \int_0^{2\pi} \cos(Z + iR\cos\alpha)\, d\alpha \,.$$

Es gilt

$$U = U_0 + \frac{U_m}{2\pi} \left[\int_0^{2\pi} \cos Z \cos(iR\cos\alpha)\, d\alpha - \int_0^{2\pi} \sin Z \sin(iR\cos\alpha)\, d\alpha \right] .$$

Das zweite Integral in diesem Ausdruck ist gleich Null, daher folgt

$$U = U_0 + U_m \cos Z \frac{1}{2\pi} \int_0^{2\pi} \mathrm{ch}\,(R\cos\alpha)\, d\alpha = U_0 + U_m \cos Z \frac{2}{\pi} \int_0^{2\pi} \mathrm{ch}\,(R\cos\alpha)\, d\alpha \,.$$

Wegen

$$\frac{2}{\pi} \int_0^{\pi/2} \mathrm{ch}\,(R\cos\alpha)\, d\alpha = I_0(R)$$

ergibt sich

$$U = U_0 + U_m I_0 \left(\frac{2\pi}{L} r\right) \cos\frac{2\pi}{L} z \,. \tag{2.30}$$

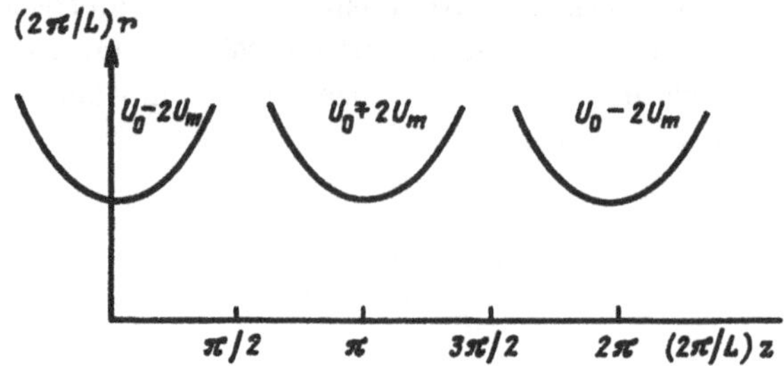

Bild 2.3: Elektrodengeometrie zur Realisierung des Kosinus-Gesetzes der Potentialverteilung auf der Achse

Dieser Ausdruck ermöglicht es, das Potential außerhalb der Symmetrieachse zu berechnen und die Elektrodenform zu bestimmen, welche die entsprechende Potentialverteilung auf der Achse realisiert (Bild 2.3).

Lösung des Cauchois-Problems für die Poissongleichung. Diese Gleichung hat im zylindrischen Koordinatensystem r, Θ, z bei Berücksichtigung der axialen Symmetrie ($\partial/\partial\Theta = 0$) die Form

$$\frac{1}{r}\frac{\partial}{\partial r}\left(r\,\frac{\partial U}{\partial r}\right) + \frac{\partial^2 U}{\partial z^2} = -\frac{\varrho(r,z)}{\varepsilon_0} \ .$$

Die Ausgangsdaten für die Lösung des Problems sind die Potentialverteilung und seine normale Ableitung auf der Symmetrieachse $U = f_0(z)$ und $\partial U/\partial r = 0$ sowie die räumliche Verteilung der Ladungsdichte $\varrho(r,z)$. Eine formelle Lösung des Problems kann über die Darstellung des Potentials und der Raumladungsdichte als Potenzreihen erhalten werden:

$$U(r,z) = f_0(z) + f_2(z)\,r^2 + f_4(z)\,r^4 + \ldots + f_{2n}(z)\,r^{2n} \ ;$$

$$\varrho(r,z) = \varrho_0(z) + \varrho_2(z)\,r^2 + \varrho_4(z)\,r^4 + \ldots + \varrho_{2n}\,r^{2n} \ .$$

Das Einsetzen dieser Reihen in die Ausgangsgleichung und das Gleichsetzen der Glieder, die in die rechte und linke Seite der Gleichung eingehen und welche die gleiche Potenz von r beinhalten, führt zu einer Lösung in Form der folgenden Reihe [49]:

$$U(r,z) = f_0(z) - \frac{r^2}{4}\left[f_0''(z) + \frac{\varrho_0(z)}{\varepsilon_0}\right] + \frac{r^4}{16}\left[\frac{1}{4}\left(f_0^{IV}(z) + \frac{\varrho_0''(z)}{\varepsilon_0}\right) - \frac{\varrho_2(z)}{\varepsilon_0}\right] + \ldots \quad (2.31)$$

mit $f_0(z)$ als Funktion, welche die Potentialverteilung auf der Achse bestimmt und $f_0''(z)$ und $f_0^{IV}(z)$ als ihre zweite und vierte Ableitung sowie $\varrho_0''(z)$ als zweite Ableitung von $\varrho_0(z)$.

Für praktische Berechnungen elektronenoptischer Systeme ist es günstiger, die Lösung des betrachteten Problems als Superposition zweier Funktionen darzustellen [50]:

$$U = U_1 + U_2$$

Eine dieser Funktionen genügt der Gleichung

$$\frac{1}{r}\frac{\partial}{\partial r}\left(r\frac{\partial U_1}{\partial r}\right) + \frac{\partial^2 U_1}{\partial z^2} = 0 \quad (2.32)$$

und nimmt auf der Achse die Werte des Potentials $U_1 = f_0(z)$ an. Die andere Funktion ist eine inhomogene Gleichung

$$\frac{1}{r}\frac{\partial}{\partial r}\left(r\frac{\partial U_2}{\partial r}\right) + \frac{\partial U_2}{\partial z^2} = -\frac{\varrho(r,z)}{\varepsilon_0}$$

und ergibt auf der Symmetrieachse $U_2 = 0$. Für eine gegebene axiale Verteilung $U_1 = f_0(z)$ folgt die räumliche Verteilung $U_1(r,z)$ als Ergebnis der Lösung von Gleichung (2.32) entsprechend (2.28) und (2.29).

Die Bestimmung der Funktion U_2 erfordert im allgemeinen Fall die Lösung einer inhomogenen Gleichung. Oft jedoch kann in dieser Gleichung das Glied $\partial^2 U_2/\partial z^2$ vernachlässigt werden, was zur Berechnung von U_2 in der folgenden Form führt:

$$U_2(r,z) = \frac{1}{2\pi\varepsilon_0}\int_0^r \frac{q(r,z}{r}\,dr\ ; \tag{2.33}$$

$$q(r,z) = -2\pi\int_0^r \varrho(r,z)r\,dr\ .$$

Besitzt die Raumladungswolke eine scharfe Grenze $R(z)$, so daß bei $r > R$ $\varrho(r,z) = 0$ gilt, ergeben sich mit den angegebenen Gleichungen die Ausdrücke:

$$U_2(r,z) = \frac{1}{2\pi\varepsilon - 0}\int_o^r \frac{\varrho(r,z)}{r}\,dr \quad \text{für} \quad r \le R\ ;$$

$$U_2(r,z) = U_2(R,z) + \frac{q(R,z)}{2\pi\varepsilon_0}\ln\frac{r}{R} \quad \text{für} \quad r \ge R$$

mit $U_2(R,z)$ als Wert der Funktion U_2 an der Grenze der Raumladungswolke $r = R$, der nach Gleichung (2.33) berechnet wurde. Als obere Grenze wird hier $r = R$ angenommen und es gilt

$$q(R,z) = -2\pi\int_o^R \varrho(r,z)r\,dr$$

als Ladung der Raumladungswolke pro Längeneinheit.

2.4 Computergestützte Berechnung elektrostatischer Felder

Differenzenverfahren. Weiter oben wurde darauf hingewiesen, daß die Anwendung des Differenzenverfahrens die Lösung eines Systems finiter Gleichungen erfordert. Die Lösung wird mit iterativen Methoden erhalten, die den Lösungsprozeß auf eine vielfache Wiederholung elementarer Operationen zurückführen und daher gut für die Realisierung auf einen Rechner geeignet ist. Bekannt ist eine Reihe unterschiedlicher Iterationsmethoden, d.h. von Iterationsschemata, welche zur Feldberechnung auf einen Rechner angewandt werden können.

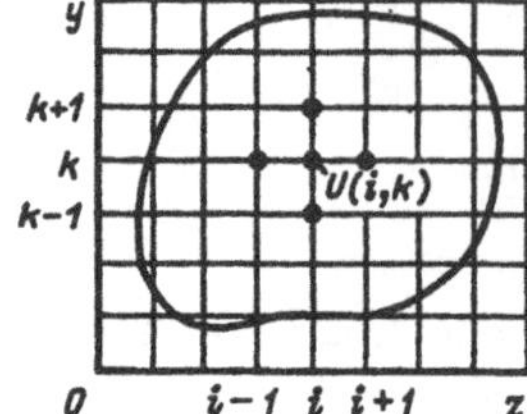

Bild 2.4: Zur Feldberechnung mit dem Differenzenverfahren: Markierung der Knoten des finiten Netzes

Einfache Iteration. Es wird davon ausgegangen, daß eine Funktion U die Poissongleichung $\nabla^2 U = f$ befriedige. Das verallgemeinerte finite Äquivalent dieser Gleichung kann in der Form

$$U(i,k) = C_a U(i+1,k) + C_b U(i,k+1) + C_d U(i-1,k) + C_e U(i,k-1) + C_f U(i,k) \quad (2.34)$$

geschrieben werden. $U(i,k)$ ist hier das Potential im zentralen Punkt, welcher durch die Indizes i,k beschrieben wird und die die Position dieses Punktes im betrachteten Bereich charakterisieren (Bild 2.4). $U(i+1,k)$, $U(i,k+1)$, usw. sind hier die Potentiale an den entsprechenden Gitterpunkten und C_a, C_b, C_d, C_e und C_f sind Koeffizienten, welche im allgemeinen Fall von der Art der Gleichung, der Form der Netzmaschen und von der Position des Knotens bezüglich der Symmetrieachse abhängen. Zur iterativen Berechnung der Funktion U müssen Anfangswerte dieser Funktion an den Netzknoten $U^0(i,k)$ vorgegeben werden (nullte Näherung). Diese Werte können willkürlich sein, jedoch konvergiert das Problem schneller bei der Vorgabe von Werten, die nahe der Realität sind.

Danach wird nacheinander an jedem Knoten eine Berechnung neuer, „verbesserter“ Werte $U(i,k)$ mit Hilfe der Gleichung (2.34) vorgenommen:

$$U^1(i,k) = C_a U^0(i+1,k) + C_b U^0(i,k+1) + C_d U^0(i-1,k) + C_e U^0(i,k-1) + C_f f(i,k) \,.$$

Wird dieser Prozeß wiederholt, werden die Funktionswerte in zweiter Näherung gefunden usw. Bei einer mehrfachen Wiederholung der Berechnung der Funktionswerte wird sich das Ergebnis immer weniger vom vorhergehenden Iterationszyklus unterscheiden, was von der Konvergenz des Prozesses zeugt. Die Berechnung wird fortgesetzt, solange nicht alle Knoten die Bedingung

$$\left|U^n(i,k) - U^{n-1}(i,k)\right| \leq \varepsilon$$

erfüllen. Die Größe ε beschreibt dabei ein vorgegebenes Abbruchkriterium, welches die geforderte Präzision der Berechnung bestimmt.

Seidel-Verfahren. Dieses Verfahren unterscheidet sich von einer einfachen Iteration dadurch, daß bei der Berechnung einer gegebenen Näherung nicht nur Werte verwendet werden, die in der vorangegangenen Näherung berechnet wurden, sondern auch neue Werte, die in der gegebenen Näherung gefunden wurden. Zum Beispiel soll die Auswahl der Netzknoten durch eine Verschiebung längs einer Vertikalen von unten nach oben und der Übergang von einer Vertikalen zu einer anderen durch die Erhöhung der entsprechenden Indizes erfolgen. Für diesen Fall erfolgt die Berechnung der Funktion im Knoten (i,k) in der n-ten Näherung nach der Gleichung

$$\begin{aligned} U^n(i,k) = \; & C_a\, U^{n-1}(i+1,k) + C_b\, U^{n-1}(i,k+1) \\ & + C_d\, U^n(i-1,k) + C_e\, U^n(i,k-1) + C_f\, f(i,k) \end{aligned}$$

mit $U^n(i-1,k)$ und $U^n(i,k-1)$ als Werte der Funktion U an den beiden angegebenen Knoten, die in der gegebenen Näherung gefunden wurden.

Damit unterscheidet sich das Seidel-Verfahren von einer einfachen Iteration, wenn die Berechnung nach der Gleichung

$$\begin{aligned} U^n(i,k) = \; & C_a U^{n-1}(i+1,k) + C_b U^{n-1}(i,k+1) \\ & + C_d U^{n-1}(i-1,k) + C_e U^{n-1}(i,k-1) + C_f f(i,k) \end{aligned}$$

erfolgt.

Das Seidelsche Verfahren besitzt im Vergleich zu einer einfachen Iteration eine wesentlich höhere Konvergenzgeschwindigkeit.

Relaxationsverfahren. In diesem Falle erfolgt die Berechnung der Funktion an den Gitterpunkten nach der Gleichung

$$\begin{aligned} U^n(i,k) = \; & w\,[C_a U^{n-1}(i+1,k) + C_b U^{n-1}(i,k+1) + C_d U^n(i-1,k) \\ & + C_e U^n(i,k-1) + C_f f(i,k)] + (1-w)\,U^{n-1}(i,k)\,. \end{aligned}$$

Die Größe w beschreibt hier den Relaxationsparameter, welcher stark die Konvergenzgeschwindigkeit des Iterationsprozesses beeinflußt. Der Wert von w liegt zwischen 1 und 2, wobei für jede spezielle Aufgabe ein optimaler Wert von w existiert. Bezüglich der Konvergenzgeschwindigkeit ist das Relaxationsverfahren bedeutend schneller als die anderen Verfahren und wird daher oft in Computerprogrammen angewandt.

Der Fehler bei dem Differenzenverfahren setzt sich aus zwei Komponenten zusammen. Die erste Komponente ist mit der Approximation der Differentialgleichung durch Differenzen (Fehler der Methode) verbunden, die zweite Komponente ist im genäherten Charakter der Lösung des Gleichungssystems (Rechenfehler) begründet. Bei symmetrischer Lage der Gitterpunkte übersteigt der Fehler bei der Approximation der Differentialgleichung durch das Differenzenverfahren nicht $M_4 h^2 \varrho^2/24$ [43]. Dabei bedeuten M_4 den maximalen absoluten Wert der Ableitungen vierter Ordnung der exakten Lösung und ϱ den Radius der Umgebung, in dem der vom Feld eingenommene Bereich beschrieben wird. Der Fehler kann verringert werden, wenn die Schrittweite h des Netzes verkleinert und somit die Zahl der Gitterpunkte vergrößert wird.

Der Rechenfehler wird wachsender Iterationszahl kleiner. Die für die Verringerung des Fehlers erforderliche Anzahl von Iterationen hängt vom Typ des Iterationsprozesses und von der Schrittweite des Netzes (Zahl der Gitterpunkte) ab. Für das Seidel-Verfahren liegt die Zahl der Iterationen in der Größenordnung $1/h^2$ und für die Relaxationsmethode bei $1/h$.

Eine Erhöhung der Präzision der Rechnung kann durch eine Verringerung der Maschenweite des Netzes erreicht werden kann, was wiederum zu einer Erhöhung der Zahl der erforderlichen Iterationszyklen führt. Die notwendige Rechenzeit wird von dem Leistungsvermögen des eingesetzten Rechners, der geforderten Präzision der Rechnung und von der Struktur des verwendeten Rechenprogrammes bestimmt. Die Rechenzeit zur Berechnung elektrostatischer Felder für typische elektronenoptische Systeme (Linsen, Kanonen) beträgt auf Personalcomputern der Leistung $5 \cdot 10^5$ Operationen pro Sekunde für die Relaxationsmethode und für ein Gitter mit 10^3 Gitterpunkten etwa 30 Sekunden. Dabei wird ein mittlerer Fehler bei der Potentialberechnung von etwa 0,1% erreicht. Als Beispiel

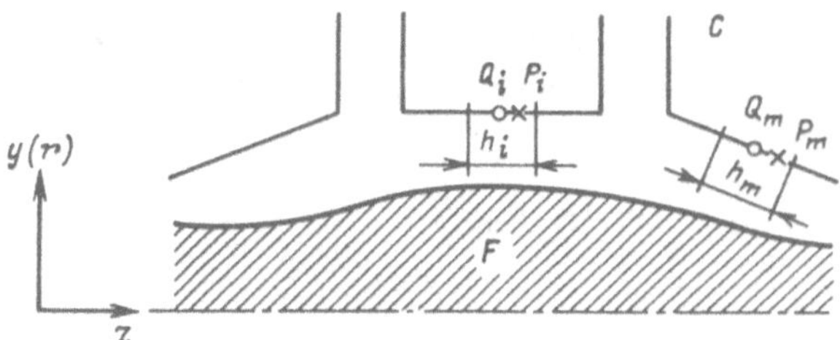

Bild 2.5: Zur Feldberechnung mit der Integralgleichungsmethode: gegenseitige Position der Lagepunkte diskreter Ladungen und Beobachtungspunkte

für die Relaxationsmethode wird in Anlage 2 ein Rechenprogramm zur Berechnung des Feldes einer elektrostatischen Immersionslinse angegeben.

Methode der Integralgleichungen. Die grundlegende Schwierigkeit bei der Feldberechnung über die Integralgleichungsmethode besteht in der Bestimmung der Dichte der Oberflächenladung σ der Elektronen. Wie in § 2.2 gezeigt wurde, erfordert die Berechnung die Lösung einer Integralgleichung

$$\int_C \sigma \, \Phi \, dC = U_C - U_\varrho \tag{2.35}$$

mit U_C als gegebenes Potential auf der Elektrodenkontur C und U_ϱ als Raumladungspotential, welches für die Punkte berechnet wird, welche auf der Bereichskontur liegen. Die Größe Φ stellt den Kern der Integralgleichung dar, dessen Form von der Art der Aufgabe abhängt (siehe Gleichungen (2.12) und (2.13).

Diese Gleichung kann numerisch gelöst werden. Dazu wird die Elektrodenkontur in n Elementarbereiche der Ausdehnung h_i zerlegt (siehe Bild 2.5) und das Integral, welches die unbekannte Oberflächenladung σ enthält, in eine Summe umgewandelt, so z.B. in [44]

$$\int_C \sigma \, \Phi \, dC = \sum_{i=1}^{n} \sigma_i h_i \Phi_i \tag{2.36}$$

mit σ_i und Φ_i als mittlere Werte von σ und Φ im i-ten Elementarabschnitt der Elektrodenkontur.

Aus physikalischer Sicht entspricht ein solches Vorgehen dem Austausch von kontinuierlich verteilten Oberflächenladungen durch diskrete. Werden auf den Konturbereich C in den Punkten Q_i mit den Koordinaten $y_i(r_i), z$ n lineare ($q_i = h_i\sigma_i$) oder ringförmige ($q_i = 2\pi r_i h_i \sigma_i$) Ladungen aufgebracht und n Beobachtungspunkte P_m mit den Koordinaten $y'_m(r'_m), z'_m$ festgelegt, kann unter Berücksichtigung von (2.35) und (2.36) ein System algebraischer Gleichungen aufgeschrieben werden, welches das Potential in den Beobachtungspunkten P_m mit den Ladungen q_i verbindet und das ein Äquivalent der Ausgangsintegralgleichung

$$\sum_{i=1}^{n} q_i \varphi_{mi} = U_m \quad (m = 1, 2, 3, \ldots, n)$$

mit $U_m = U_{Cm} - U_{\varrho m}$ als Potential in den Beobachtungspunkten P_m ist. U_{Cm} ist hier der gegebene Wert und $U_{\varrho m}$ wird für ein zweidimensionales Feld über

$$U_{\varrho m} = \frac{1}{2\pi\varepsilon_0} \int_F \varrho \ln \frac{1}{\sqrt{(y'_m - y_0)^2 + (z'_m - z_0)^2}} \, dF$$

und für ein axialsymmetrisches Feld über

$$U_{\varrho m} = \frac{1}{\pi \varepsilon_0} \int\limits_F \frac{\varrho r_0 K(t_0)\, dF}{\sqrt{(r'_m + r_o)^2 + (z'_m - z_0)^2}}$$

bestimmt. Die φ_{mi} sind Werte der Greenschen Funktion im freien Raum, die für die Beobachtungspunkte P_m und für die Ladungspositionen Q_i für ein zweidimensionales Feld zu

$$\varphi_{mi} = \frac{1}{2\pi\varepsilon_0} \ln \frac{1}{\sqrt{(y'_m - y_i)^2 + (z'_m - z_i)^2}}$$

und für ein axialsymmetrisches Feld zu

$$\varphi_{mi} = \frac{1}{2\pi^2\varepsilon_0} \frac{k(t_i)}{\sqrt{(r'_m + r_i)^2 + (z'_m - z_i)^2}}$$

berechnet werden. $K(t_0)$ und $K(t_1)$ sind vollständige elliptische Integrale erster Art,

$$t_0^2 = \frac{4r'_m r_0}{(r'_m + r_0)^2 + (z'_m - z_o)^2} \; ; \quad t_i^2 = \frac{4r'_m r_i}{(r'_m + r_i)^2 + (z'_m - z_i)^2} \; .$$

Das erhaltene lineare algebraische Gleichungssystem ist der Matrizenform

$$\left| \begin{array}{ccccccccc} \varphi_{11} & \cdot & \varphi_{1i} & \cdot & \varphi_{1j} & \cdot & \varphi_{1m} & \cdot & \varphi_{1n} \\ \ldots & \ldots & \ldots & \ldots & \ldots & \ldots & \ldots & \ldots & \ldots \\ \varphi_{i1} & \cdot & \varphi_{ii} & \cdot & \varphi_{ij} & \cdot & \varphi_{im} & \cdot & \varphi_{in} \\ \ldots & \ldots & \ldots & \ldots & \ldots & \ldots & \ldots & \ldots & \ldots \\ \varphi_{j1} & \cdot & \varphi_{ji} & \cdot & \varphi_{jj} & \cdot & \varphi_{jm} & \cdot & \varphi_{jn} \\ \ldots & \ldots & \ldots & \ldots & \ldots & \ldots & \ldots & \ldots & \ldots \\ \varphi_{m1} & \cdot & \varphi_{mi} & \cdot & \varphi_{mj} & \cdot & \varphi_{mm} & \cdot & \varphi_{mn} \\ \ldots & \ldots & \ldots & \ldots & \ldots & \ldots & \ldots & \ldots & \ldots \\ \varphi_{n1} & \cdot & \varphi_{ni} & \cdot & \varphi_{nj} & \cdot & \varphi_{nm} & \cdot & \varphi_{nn} \end{array} \right| \times \left| \begin{array}{c} q_1 \\ \cdot \\ q_i \\ \cdot \\ q_j \\ \cdot \\ q_m \\ \cdot \\ q_n \end{array} \right| = \left| \begin{array}{c} U_1 \\ \cdot \\ U_i \\ \cdot \\ U_j \\ \cdot \\ U_m \\ \cdot \\ U_n \end{array} \right| \tag{2.37}$$

äquivalent, die in Kurzform als

$$\|\varphi_{mi}\| \, \|q_i\| = \|U_m\| \tag{2.38}$$

geschrieben wird.

Diese Gleichung kann bezüglich q_i über die Inversion der Matrix $\|\varphi_{mi}\|$ gelöst werden:

$$\|q_i\| = \|\varphi_{mi}\|^{-1} \, \|U_m\| \; . \tag{2.39}$$

Die Inversion der Matrix $\|\varphi_{mi}\|$ erfolgt am Rechner mit Standardprogrammen. Da der Kern der Integralgleichung einen logarithmischen Term enthält, dominieren die Diagonalelemente φ_{ii}, φ_{jj} und die Matrix φ_{mm} ist gut bestimmt. Diese Eigenschaft der Matrix gewährleistet die Stabilität ihrer Invertierung. Im Zusammenhang damit muß darauf hingewiesen werden, daß die auf diese Weise gefundenen Ladungen wesentlich von der Wahl der relativen Positionen von Q_i und P_i abhängen. Werden diese Punkte beispielsweise unendlich genähert, dann gehen die Diagonalelemente der Matrizen

$$\varphi_{ii} = \frac{1}{2\pi\varepsilon_0} \frac{1}{\sqrt{(y'_i - y_i)^2 + (z'_i - z_i)^2}} \; ;$$

$$\varphi_{ii} = \frac{1}{2\pi^2\varepsilon_0} \frac{K(t_i)}{\sqrt{(r_i' + r_i)^2 + (z_i' - z_i)^2}}$$

gegen unendlich, da in diesem Fall $y_i' \to y_i$, $r_i' \to r_i$ und $z_i' \to z_i$ gilt und die Ladungen gegen Null gehen.

Eine Analyse zeigt, daß eine gegeneinander optimale Position für die Punkte Q und P existiert, bei der die Berechnung die präzisesten Werte für die Elementarladungen liefert. Für Elektrodenbereiche, die eine ebene Kontur ohne Krümmungen aufweisen, ist die optimale Lage der Punkte Q_i und P_i die, bei der sie sich im Abstand $\delta_i \approx 0,17\, h_i$ befinden. Nachdem die Werte der Oberflächenladungen gefunden wurden, erfolgt die Feldberechnung über die Berechnung der Integrale in den Ausdrücken (2.12) und (2.13), was numerisch ohne Schwierigkeiten erfolgen kann.

Methode der Greenschen Funktion. Die Methode der Greenschen Funktion kann zur Lösung verschiedener elektrostatischer Aufgaben herangezogen werden. Praktische Bedeutung erhielt sie im Zusammenhang mit der Berechnung von Feldern, die durch stationäre oder nichtstationäre Raumladungen erzeugt werden. Die Berechnung eines Raumladungsfeldes U_ϱ führt, wie weiter oben bereits erwähnt wurde, zur Berechnung des Volumenintegrals

$$U_\varrho(M) = \int\limits_V \varrho(M_0, t), G(M, M_0)\, dV \; .$$

Für zeitlich veränderliche Raumladungen folgt in der quasistatischen Näherung:

$$U_\varrho(M, t) = \int\limits_V \varrho(M_0, t)\, G(M, M_0)\, dV \; .$$

Eine analytische Feldberechnung ist nach dieser Gleichung beschränkt dann möglich, wenn die Greensche Funktion analytisch bekannt ist und die Raumladungsverteilung durch eine hinreichend einfache Abhängigkeit beschrieben werden kann. Die Möglichkeiten der Methode wachsen bedeutend, wenn numerische Methoden angewandt werden. Die Berechnung planparalleler und axialsymmetrischer Felder führt zur Berechnung der Integrale

$$U_\varrho(y, z, t) = \int\limits_F \varrho(y_0, z_0, t)\, G(y, z, y_0, z_0)\, dy_0\, dz_0$$

für planparallele Felder und

$$U_\varrho(r, z, t) = 2\pi \int\limits_F \varrho(r_0, z_0, t)\, G(r, z, r_0, z_0) r_0\, dr_0\, dz_0$$

für axialsymmetrische Felder. Die Integration erfolgt über die von der Raumladung eingenommenen Fläche F.

Ist die Greensche Funktion in der betrachteten Aufgabe bekannt, dann ist die numerische Berechnung möglich und führt zur Substitution der oben aufgeschriebenen Integrale durch die finiten Summen [41]:

$$U_\varrho = \sum_k \varrho_k G_k \Delta F_k \; ; \quad U_\varrho = 2\pi \sum_k \varrho_k G_k r_k \Delta F_k \; .$$

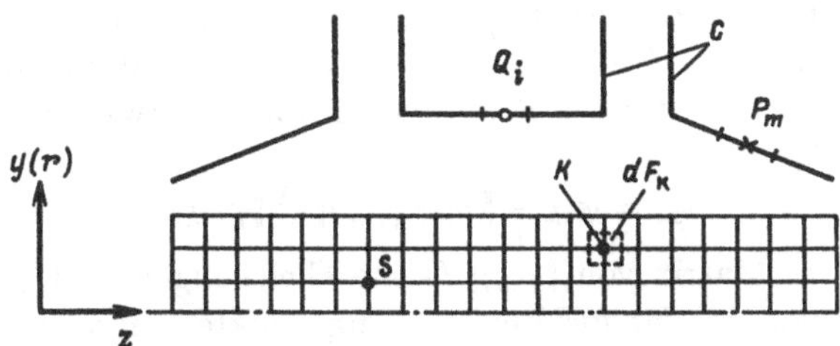

Bild 2.6: Zur Feldberechnung mit der Methode der Greenschen Funktion

Die Methode der Greenschen Funktionen wurde erfolgreich für numerische Rechnungen zum Elektronentransport in Wanderwellenröhren [51] und Magnetrons [52] angewandt, wobei in beiden Fällen für die Feldberechnung idealisierte Bereiche verwendet wurden. Dies ermöglichte es, die Greensche Funktion nach bekannten analytischen Formeln zu bestimmen. Eine solche Substitution ist jedoch nicht bei allen Fällen möglich. Bei der Feldberechnung in Bereichen mit komplizierter Grenze kann eine diskrete Greensche Funktion verwendet werden [41]. Dazu wird der Bereich, in dem das Potential $U_{\varrho s}$ berechnet wird, mit einem Gitter versehen (Bild 2.6). Das Potential an den Gitterpunkten wird durch die Gleichungen

$$U_{\varrho s} = \sum_k \varrho_k G_{sk}\, dF_k \quad \text{und} \quad U_{\varrho s} = 2\pi \sum_k \varrho_k G_{sk} r_k\, dF_k$$

bestimmt, wobei die Summation über Elementarflächen erfolgt, deren Zentren mit den Gitterpunkten zusammenfallen und die den betrachteten Bereich überdecken.

Der Wert der Greenschen Gitterfunktion G_{sk} wird näherungsweise berechnet und im Rechner gespeichert. Da $G_{sk} = G_{ks}$ gilt (Symmetrie der Greenschen Funktion), beträgt die Zahl der zu speichernden Zahlen $N^2/2$ mit N als Zahl der Gitterpunkte.

Ein effektives Verfahren für die diskrete Greensche Funktion in Bereichen mit schwieriger Grenzgeometrie, das auf der Methode der Integralgleichungen basiert, wird in [53] beschrieben (siehe auch [5]). Dieses Verfahren besteht in folgendem: In den Punkt k des betrachteten Bereiches (siehe Bild 2.6) werde eine (lineare oder ringförmige) Einheitsladung q^1 gelegt. Das Potential im Beobachtungspunkt s kann als Superposition der Potentiale

$$U_{sk} = U'_{sk} + U''_{sk}$$

betrachtet werden, wobei U'_{sk} das Potential beschreibt, welches im Punkt s durch die Einheitsladung q^1 erzeugt wird und U''_{sk} ist das von den Oberflächenladungen auf der Elektrodenkontur induzierte Potential:

$$U'_{sk} = q^1 \varphi_{sk} \ ; \quad U''_{sk} = \sum_{i=1}^{n} q_i \varphi_{si}$$

mit φ_{sk} als Greensche Funktion des freien Raumes für die Punkte k und s, q_i als Elementarladung, welche im i-ten Element des Grenzbereichs induziert wurde und φ_{si} als Greensche Funktion des freien Raumes für die Punkte s und Q_i, welche die Zentren des i-ten Elements der Bereichsgrenzen darstellen.

Die induzierten Ladungen q_i werden aus der Bedingung, daß das Elektrodenpotential an den Bereichsgrenzen gleich Null ist ($U_C = 0$), berechnet. Wird die oben beschriebene Integralgleichungsmethode für die Bestimmung von q_i verwendet, ergibt sich für die Greensche Funktion [5]

$$G_{sk} = \varphi_{sk} - \|\varphi_{si}\| \, \|\varphi_{mi}\|^{-1} \, \|\varphi_{mk}\| \tag{2.40}$$

mit $\|\varphi_{mi}\|^{-1}$ als inverse Matrix von $\|\varphi_{mi}\|$ (siehe Gleichungen (2.37) und (2.39)), $\|\varphi_{si}\|$ als Zeilenmatrix, die von der für die Beobachtungspunkte s und die Positionen der induzierten Ladungen Q_i berechneten Greenschen Funktionen gebildet wird und $\|\varphi_{mk}\|$ als Spaltenmatrix, welche die für die Punkte k und die Beobachtungspunkte P_m an der Bereichsgrenze C berechneten Greenschen Funktionen enthält. Es sei hier noch bemerkt, daß in den oben angegebenen Ausdrücken der erste Index den Beobachtungspunkt bestimmt, der zweite dagegen die Position der Ladung.

2.5 Grundlegende Gleichungen des magnetischen Feldes

Ausgangsgleichungen. Als Ausgangsgleichungen werden die Gleichungen der Magnetostatik genutzt, welche in differentieller und in integraler Form aufgeschrieben werden. In differentieller Form gilt:

$$\operatorname{rot} \vec{H} = \vec{\delta} \tag{2.41}$$

und

$$\operatorname{div} \vec{B} = 0 \; . \tag{2.42}$$

Die integrale Darstellung hat die Form:

$$\oint_l \vec{H} \, d\vec{l} = I \tag{2.43}$$

und

$$\oint_S \vec{B} \, d\vec{S} = 0 \tag{2.44}$$

mit $\vec{B}$ und $\vec{H}$ als Vektoren der magnetischen Induktion und der magnetischen Feldstärke sowie I und $\vec{\delta}$ als Strom und Stromdichte der Leiter (Windungen), die zur Erzeugung des Magnetfeldes beitragen. Diese, auf die Maxwellschen Gleichungen zurückgehenden Gleichungen werden durch sogenannte Materialgleichungen ergänzt, die den lokalen Zusammenhang zwischen $\vec{B}$ und $\vec{H}$ herstellen und die durch die Materialeigenschaften bestimmt werden.

Für das Vakuum gilt

$$\vec{B} = \mu_0 \vec{H}$$

mit μ_0 als magnetische Permeabilität des Vakuums. Für magnetische Medien gilt im allgemeinen Fall

$$\vec{B} = \mu_0 (\vec{H} + \vec{J}) \tag{2.45}$$

mit $\vec{J}$ als Magnetisierungsvektor des Mediums.

Im speziellen Fall weichmagnetischer Materialien sind die Magnetisierung und die magnetische Feldstärke über

$$\vec{J} = \kappa \vec{H} \tag{2.46}$$

verbunden. Die Größe κ beschreibt die magnetische Suszeptibilität des Materials. Unter Berücksichtigung von (2.45) und (2.46) haben die Materialgleichungen für weichmagnetische Werkstoffe dann die Form

$$\vec{B} = \mu_0 (1 + \kappa) \vec{H}$$

bzw.

$$\vec{B} = \mu \vec{H}$$

mit

$$\mu = \mu_0(1 + \kappa) \ . \tag{2.47}$$

Im allgemeinen Fall sind die Größen μ, κ und J Funktionen von $\vec{H}$ und der Zusammenhang zwischen $\vec{B}$ und $\vec{H}$ ist nichtlinear und trägt in einer Reihe von Fällen *Hysteresecharakter*. Zu dessen Beschreibung werden gewöhnlich experimentell gewonnene B-H-Charakteristika verwendet.

Magnetfeldgleichungen für das Vektorpotential. Durch die Einführung des Vektorpotentials $\vec{A}$ kann das das Magnetfeld beschreibende Gleichungssystem auf eine partielle Differentialgleichung reduziert werden. Das Vektorpotential ist dabei mit dem Vektor der magnetischen Induktion über

$$\vec{B} = \operatorname{rot} \vec{A} \tag{2.48}$$

verbunden und befriedigt die Bedingung

$$\operatorname{div} \vec{A} = 0 \ .$$

Wird $\vec{H}$, ausgedrückt durch $\vec{B}$ und $\vec{J}$, mit (2.45) in Gleichung (2.41) eingesetzt, folgt

$$\operatorname{rot} \vec{B} = \mu_0(\vec{\delta} + \operatorname{rot} \vec{J}) \ .$$

Unter Berücksichtigung von (2.48) ergibt sich

$$\operatorname{rot} \operatorname{rot} \vec{A} = \mu_0(\vec{\delta} + \operatorname{rot} \vec{J}) \ . \tag{2.49}$$

Mit $\operatorname{div} \vec{A} = 0$ und der Vektorgleichung

$$\operatorname{rot} \operatorname{rot} \vec{A} = \operatorname{grad} \operatorname{div} \vec{A} - \nabla^2 \vec{A}$$

folgt

$$\nabla^2 \vec{A} = -\mu_0(\vec{\delta} + \operatorname{rot} \vec{J}) \tag{2.50}$$

mit ∇^2 als Laplaceoperator.

Die in die rechte Seite der Gleichung eingehenden Größen $\vec{\delta}$ und $\operatorname{rot} \vec{J}$ charakterisieren die Anwesenheit von Quellen des magnetischen Feldes in Form von Spulenstromdichten $\vec{\delta}$ und der Magnetisierung des Materials $\vec{J}$. Für analytische Untersuchungen ist es günstig, $\operatorname{rot} \vec{J}$ als Dichte äquivalenter Ströme $\vec{j} = \operatorname{rot} \vec{J}$ zu betrachten, welche den Einfluß der Magnetisierung des Materials berücksichtigen. In diesem Fall hat (2.50) die Form

$$\nabla^2 \vec{A} = -\mu_0 (\vec{\delta} + \vec{j}) \ ; \tag{2.51}$$

$$\vec{j} = \operatorname{rot} \vec{J} \ . \tag{2.52}$$

Sind die Vektoren $\vec{B}$ und $\vec{H}$ durch Gleichung (2.47) verbunden, gilt für $\vec{A}$ [46]:

$$\operatorname{rot} \nu \operatorname{rot} \vec{A} = \vec{\delta} \; ; \tag{2.53}$$

$$\operatorname{rot}\operatorname{rot} \vec{A} = \mu\vec{\delta} + [\nu \operatorname{grad}\mu \times \operatorname{rot} \vec{A}]$$

oder

$$\nabla^2 \vec{A} = \mu\delta - [\nu \operatorname{grad}\mu \times \operatorname{rot} \vec{A}] \tag{2.54}$$

mit $\nu = 1/\mu$.

Der prinzipielle Unterschied zwischen den Gleichungen (2.51) und (2.53) besteht in der Art der Berücksichtigung des Einflusses des magnetischen Mediums. Im ersten Fall wird dieser Einfluß durch äquivalente Ströme beschrieben, im zweiten Fall durch einen Koeffizienten, der indirekt der Permeabilität des magnetischen Mediums proportional ist.

Die Lösung von Gleichung (2.51), die im Unendlichen gegen Null geht, kann analog zur Lösung der Poissongleichung in der Form

$$\vec{A} = \frac{\mu_0}{4\pi} \int\limits_V \frac{\vec{\delta} + \vec{j}}{R} \, dV \tag{2.55}$$

dargestellt werden, wobei über das Volumen V integriert wird, das von den Quellen eingenommen wird. R ist der Abstand vom Quellpunkt zum Beobachtungspunkt.

Gleichungen für planparallele magnetische Felder. Verwendet werde ein kartesisches Koordinatensystem x, y, z und es werde angenommen, daß das Feld nicht von von der Koordinate x abhänge, die Vektoren $\vec{A}, \vec{\delta}, \vec{j}$ dagegen nur x-Komponenten besitzen. Aus den Gleichungen (2.51) und (2.53) folgt dann

$$\frac{\partial^2 A}{\partial y^2} + \frac{\partial^2 A}{\partial z^2} = -\mu_0 (\delta + j) \; ;$$

$$\frac{\partial}{\partial y}\left(\nu \frac{\partial A}{\partial y}\right) + \frac{\partial}{\partial z}\left(\nu \frac{\partial A}{\partial z}\right) = -\delta$$

mit $j = \operatorname{rot}_x \vec{J}$ als x-Komponente des Vektors $\operatorname{rot} \vec{J}$.

Gleichungen für azimutalsymmetrische Felder. Verwendet werden Zylinderkoordinaten r, Θ und z. Unter der Annahme, daß das Feld nicht von den Koordinaten Θ abhängt und die Vektoren $\vec{a}, \vec{\delta}, \vec{j}$ nur eine Θ-Komponente besitzen, folgt aus (2.49) und (2.53)

$$\frac{\partial^2 A}{\partial r^2} + \frac{\partial}{\partial r}\left(\frac{A}{r}\right) + \frac{\partial^2 A}{\partial z^2} = -\mu_0 (\delta + j) \; ; \tag{2.56}$$

$$\frac{\partial}{\partial r}\left[\nu\left(\frac{\partial A}{\partial r} + \frac{A}{r}\right)\right] + \frac{\partial}{\partial z}\left(\nu \frac{\partial A}{\partial z}\right) = -\delta \tag{2.57}$$

mit $j = \operatorname{rot}_\Theta \vec{J}$ als Θ-Komponente des Vektors $\operatorname{rot} \vec{J}$.

Das magnetische Vektorpotential kann im Punkt (r, z) über den Fluß des magnetischen Feldes, welcher mit einer Kontur des Radius r verbunden ist, ausgedrückt werden:

$$A(r, z) = \frac{\Phi}{2\pi r}$$

mit

$$\Phi = \int_0^r B_z 2\pi r \, dr \; .$$

Die Substitution von A nach Φ in den Gleichungen (2.56) und (2.57) führt zu

$$\frac{\partial^2 \Phi}{\partial r^2} - \frac{1}{r}\frac{\partial \Phi}{\partial r} + \frac{\partial^2 \Phi}{\partial z^2} = -2\pi r \mu_0 (\delta + j) \; ; \tag{2.58}$$

$$r\frac{\partial}{\partial r}\left(\frac{\nu}{r}\frac{\partial \Phi}{\partial r}\right) + \frac{\partial}{\partial z}\left(\nu \frac{\partial \Phi}{\partial z}\right) = -2\pi r \delta \; . \tag{2.59}$$

Die Komponenten der magnetischen Induktion werden über Φ durch die folgenden Gleichungen ausgedrückt:

$$B_r = -\frac{1}{2\pi r}\frac{\partial \Phi}{\partial z} \; ; \quad B_z = \frac{1}{2\pi r}\frac{\partial \Phi}{\partial r} \; . \tag{2.60}$$

Gleichungen des magnetischen Feldes für das skalare magnetische Potential. Für die Fälle, wo die Quellen des magnetischen Feldes als Ströme fehlen und rot $\vec{H} = 0$ gilt, führt das ursprüngliche Gleichungssystem zu einer partiellen Differentialgleichung bezüglich des skalaren magnetischen Potentials U. Letzteres ist mit der magnetischen Feldstärke durch die Beziehung

$$\vec{H} = -\operatorname{grad} U \tag{2.61}$$

verbunden. Durch Einsetzen von (2.45) in (2.42) folgt div $\vec{H} = -$div $\vec{J}$ bzw. unter Berücksichtigung von (2.61) div grad $U =$ div $\vec{J}$ und $\nabla^2 U =$ div $\vec{J}$. Letztere Gleichung ist ein Analogon zur Poissongleichung und kann in der Form

$$\nabla^2 U = \varrho \tag{2.62}$$

geschrieben werden. Dabei wird $\varrho =$ div $\vec{J}$ als Dichte äquivalenter Quellen, der „magnetischen Ladungen", betrachtet.

Für weichmagnetische Medien, für die $\vec{B} = \mu \vec{H}$ gilt, ergeben sich zur Berechnung von ϱ die folgenden Gleichungen:

$$\varrho = \operatorname{div} \vec{J} = \operatorname{div}\left(\frac{\vec{B}}{\mu_0} - \vec{H}\right) = \operatorname{div}\left(\frac{\vec{B}}{\mu_0} - \frac{\vec{B}}{\mu}\right) = -\operatorname{div}\frac{\vec{B}}{\mu} \; .$$

Wird der Ausdruck div$(\vec{B}/\mu)$ über die Gleichungen der Vektoranalysis umgewandelt, ergibt sich

$$\varrho = \vec{B}\,\frac{\operatorname{grad}\mu}{\mu^2} \; . \tag{2.63}$$

In Bereichen, mit $\mu =$ const und $\varrho = 0$ befriedigt das skalare magnetische Potential die Laplacegleichung:

$$\nabla^2 U = 0 \; . \tag{2.64}$$

Darstellung des Magnetfeldes durch Reihen (axialsymmetrischer Fall). Die Verteilung der magnetischen Induktion auf der Symmetrieachse des Systems $B_{z0} = \varphi(z)$ sei bekannt. Da $B_z = -\partial U/\partial z$ gilt, ist die Verteilung des magnetischen Potentials $U = f(z)$ auf der Achse bis auf die Integrationskonstante bekannt. Die Verteilung des

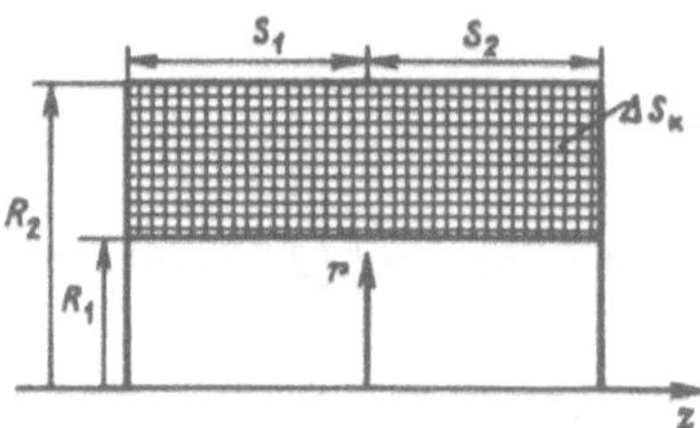

Bild 2.7: Solenoidengeometrie

magnetischen Potentials außerhalb der Achse wird als Ergebnis der Lösung des Cauchy-Problems für Gleichung (2.64) gefunden und kann als Reihe der Art (2.29) geschrieben werden:

$$U(r,z) = f(z) - \frac{r^2}{2^2} f''(z) + \ldots + \frac{(-1)^n}{(n!)^2} \left(\frac{r}{2}\right)^{2n} f^{2n}(z) \;,$$

woraus für die Komponenten der magnetischen Induktion folgt:

$$B_r = -\frac{\partial U}{\partial r} = \frac{r}{2} f'' - \ldots - \frac{(-1)^n}{(n-1)!\, n!} \left(\frac{r}{2}\right)^{2n-1} f^{(2n)}(z) \;;$$

$$B_z = -\frac{\partial U}{\partial z} = -f'(z) + \frac{r^2}{2^2} f'''(z) - \ldots - \frac{(-1)^n}{(n-1)!\, n!} \left(\frac{r}{2}\right)^{2n} f^{2n+1}(z)$$

bzw., da $f'(z) = -\varphi(z) = -B_{z0}$ und $f^{2n}(z) = -\varphi^{2n-1}(z) = -B_{z0}^{2n-1}$ gilt, folgt

$$B_z = B_{z0} - \frac{r^2}{2} B''_{z0} + \ldots + \frac{(-1)^n}{(n!)^2} \left(\frac{r}{2}\right)^{2n} B_{z0}^{(2n)} \;, \tag{2.65}$$

$$B_r = -\frac{r}{2} B'_{z0} + \frac{r^3}{2 \cdot 2^3} B'''_{z0} - \ldots + \frac{(-1)^n}{(n-1)!\, n!} \left(\frac{r}{2}\right)^{2n-1} B_{z0}^{(2n-1)} \;. \tag{2.66}$$

Für den magnetischen Fluß

$$\Phi = 2\pi \int_0^r B_z r \, dr$$

ergibt sich unter Berücksichtigung von (2.65) die Reihe:

$$\Phi = \pi r^2 \left[B_{z0} - \frac{r^2}{2 \cdot 4} B''_{z0} + \ldots + \frac{(-1)^n}{(n+1)!\, n!} \left(\frac{r}{2}\right)^{2n} B_{z0}^{(2n)} \right] \;. \tag{2.67}$$

Bei der Berechnung von durch Quellen erzeugte Magnetfelder, die sich in einer homogenen Sphäre ($\mu = \mu_0 = \text{const}$) befinden, kann für die Bestimmung des magnetischen Vektorpotentials die Lösung (2.51) in Form eines Integrals (2.55) über das von den Quellen eingenommene Volumen verwendet werden. Dann führt das Problem auf die Berechnung der entsprechenden Volumenintegrale. Als Beispiel soll die Berechnung von axialsymmetrischen Magnetfeldern betrachtet werden, die von Solenoiden und von permanenten Ringmagneten erzeugt werden.

Berechnung eines Solenoidenfeldes. Die Geometrie des Solenoiden wird in Bild 2.7 dargestellt. Das Gitter, welches über den Querschnitt des Solenoiden aufgespannt ist, unterteilt sein Volumen in eine Vielzahl elementarer Ringvolumenelemente, wobei durch jedes der Ringstrom $\Delta I_k = \delta_k \, \Delta S_k$ fließt. Die Größen δ_k und ΔS_k sind hier die Stromdichte und die Querschnittsfläche des entsprechenden Ringvolumens. Ist ΔS_k klein, so kann das durch den Strom ΔI_k erzeugte Feld als Feld einer dünnen Stromwicklung berechnet werden. Der magnetische Fluß $\Delta\Phi_k$ kann dabei durch den Strom ΔI_k, die Wicklungskoordinaten r_k, z_k und die Koordinaten des Beobachtungspunktes r, z ausgedrückt werden:

$$\Delta\Phi_k = \mu_0 \, \Delta I_k \sqrt{r r_k} \, \frac{2}{t} \left[\left(1 - \frac{t^2}{2}\right) K(t) - E(t) \right] \tag{2.68}$$

mit

$$t = \frac{2\sqrt{r r_k}}{\sqrt{(r + r_k)^2 + (z - z_k)^2}}$$

und $K(t), E(t)$ als vollständige elliptische Integrale 1. und 2. Art.

Der resultierende magnetische Fluß und die Komponenten der magnetischen Induktion werden über die Summierung der Beiträge der einzelnen Elementarströme erhalten:

$$\Phi = \mu_o \sum_k \Delta I_k \sqrt{r r_k} \, \frac{2}{t} \left[\left(1 - \frac{t^2}{2}\right) K(t) - E(t) \right] \; ; \tag{2.69}$$

$$B_r = -\frac{1}{2\pi r} \frac{\partial \Phi}{\partial z} = -\frac{\mu_0}{2\pi} \sum_k \Delta I_k \frac{z - z_k}{r \left[(r + r_k)^2 + (z - z_k)^2 \right]^{1/2}} f_1(r, r_k) \; ; \tag{2.70}$$

$$B_z = \frac{1}{2\pi r} \frac{\partial \Phi}{\partial z} = \frac{\mu_o}{2\pi} \sum_k \Delta I_k \frac{1}{\left[(r + r_k)^2 + (z - z_k)^2 \right]^{1/2}} f_2(r, r_k) \tag{2.71}$$

mit

$$f_1(r, r_k) = K(t) - \frac{r_k^2 + r^2 + (z - z_k)^2}{(r - r_k)^2 + (z - z_k)^2} E(t) \, ,$$

$$f_2(r, r_k) = K(t) + \frac{r_k^2 - r^2 - (z - z_k)^2}{(r - r_k)^2 + (z - z_k)^2} E(t) \, .$$

Für Punkte, die auf der Symmetrieachse $r = 0$ liegen, ergibt sich

$$B_z = \frac{\mu_0}{2} \sum_k \frac{\Delta I_k r_k^2}{\left[r_k^2 + (z - z_k)^2 \right]^{3/2}} \, . \tag{2.72}$$

Der Programmtext für die Berechnung des Solenoidenfeldes wird in Anlage 2 angegeben.

Berechnung des Magnetfeldes eines Ringmagneten. Es wird angenommen, daß der Magnet in Achsenrichtung magnetisiert sei. Seine magnetischen Eigenschaften werden durch den Magnetisierungsvektor $\vec{J}$ charakterisiert, welcher nur eine z-Komponente besitzen soll und als konstant ($J = \text{const}$) für das Modul über das gesamte Magnetvolumen angenommen wird. Der Wert von J hängt vom Magnetmaterial und von seinem Arbeitspunkt auf der Entmagnetisierungskurve ab. Die Methodik seiner Bestimmung wird weiter unter besprochen.

Bestimmt werden soll die Stromdichte der äquivalenten Ströme j für eine gegebene Verteilung des Magnetisierungsvektors $\vec{J}$. Entsprechend den Resultaten aus § 2.5. sind diese Größen untereinander durch die Gleichung $\vec{j} = \operatorname{rot} \vec{J}$ verbunden. Die Projektion

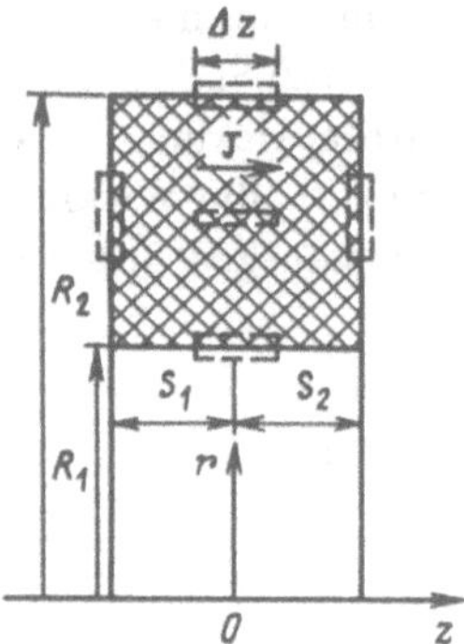

Bild 2.8: Zur Feldberechnung eines permanenten Ringmagneten

j auf eine gewisse n-te Richtung wird in der Form $j_n = \text{rot}_n \vec{J}$ geschrieben. Aus der Vektoranalysis ist bekannt, daß

$$\text{rot}_n \vec{J} = \frac{\int\limits_l \vec{J}\, d\vec{l}}{\Delta S}$$

gilt. Dabei beschreibt $\int_l \vec{J}\, d\vec{l}$ die Zirkulation des Vektors $\vec{J}$ bezüglich der Kontur l, die durch eine Fläche ΔS begrenzt ist, für die n eine Normale ist. Somit folgt

$$j_n = \frac{\int\limits_l \vec{J}\, d\vec{l}}{\Delta S} .$$

Diese Gleichung bestimmt den Algorithmus für die Berechnung der Dichtekomponenten äquivalenter Ströme. Im Magnetvolumen werden entsprechend orientierte Elementarbereiche festgelegt und es erfolgt eine Berechnung der Rotation von $\vec{J}$ bezüglich der Konturen, welche diese Bereiche begrenzen. In Bild 2.8 sind gestrichelt Elementarbereiche angegeben, die in der Meridianebene rz liegen. Bei der Berechnung der Rotation von $\vec{J}$ nach den Konturen, welche diese Bereiche begrenzen, ergibt sich, daß die azimutale Komponente des Stromdichtevektors nicht immer gleich ist:

$j_\Theta = 0$ – für Punkte im Magnetvolumen und für Punkte, die auf den Ringebenen des Magneten liegen;

$j_\Theta = \pm J\Delta z/\Delta S$ – für Punkte, die auf den inneren und äußeren zylindrischen Oberflächen des Magneten liegen.

Werden die Elementarbereiche normal zu den r- und z-Richtungen orientiert und wird die Rotation des Vektors $\vec{J}$ berechnet, folgt, daß im gesamten Volumen und an den Grenzen des Magnets $j_z = 0$ und $j_r = 0$ gilt. Damit ist im betrachteten Fall nur die Θ-Komponente der Dichte äquivalenter Ströme von Null verschieden und die Feldberechnung eines homogen magnetisierten Ringmagneten führt zur Berechnung des Feldes von zwei Strombändern, die durch die äußere und die innere Zylinderoberfläche des Magneten fließen und die einer linearen Stromdichte $\tau = j_\Theta \Delta S/\Delta z = \pm J$ entsprechen. Wird das Stromband in elementare Ringströme zerlegt und werden darüber hinaus die Gleichungen (2.70) und (2.71) berücksichtigt, ergeben sich für die Berechnung der Komponenten der

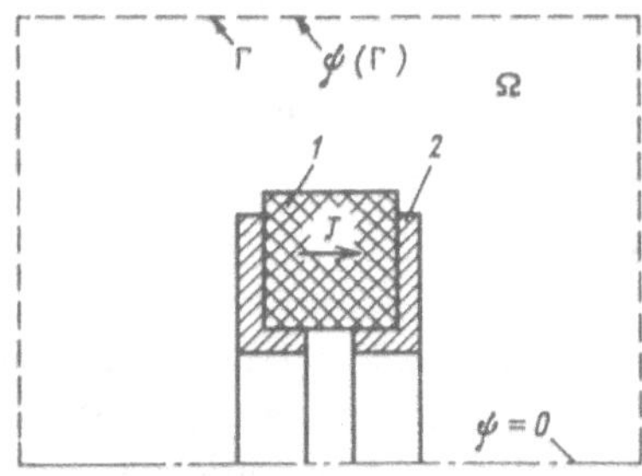

Bild 2.9: Zur Berechnung des Magnetfeldes eines Systems mit offener Grenze

magnetischen Induktion die Ausdrücke :

$$\begin{aligned} B_r &= \frac{\mu_0}{2\pi} \sum_k \Delta I_k \frac{z - z_k}{r\,[\,(r+R_2)^2 + (z-z_k)^2\,]^{1/2}}\, f_1(r, R_2, z, z_k) \\ &- \frac{\mu_0}{2\pi} \sum_k \Delta I_k \frac{z - z_k}{r\,[\,(r+R_1)^2 + (z-z_k)^2\,]^{1/2}}\, f_1(r, R_1, z, z_k)\ ; \\ B_z &= \frac{\mu_0}{2\pi} \sum_k \Delta I_k \frac{1}{[\,(r+R_1)^2 + (z-z_k)^2\,]^{1/2}}\, f_2(r, R_1, z, z_k) \\ &- \frac{\mu_0}{2\pi} \sum_k \Delta I_k \frac{1}{[\,(r+R_2)^2 + (z-z_k)^2\,]^{1/2}}\, f_2(r, R_2, z, z_k) \end{aligned}$$

mit $\Delta I_k = J \Delta z_k$ als elementarer Ringstrom.

Die Magnetisierung kann im Arbeitspunkt des Ringmagneten näherungsweise mit der Gleichung

$$J \approx \frac{1}{2}\,(J_r + |H_{CB}|\,) \tag{2.73}$$

bestimmt werden [54]. Hier bedeuten J_r die Restmagnetisierung und H_{CB} die Koerzitivkraft (bezüglich der Induktion) des gegebenen Magnetmaterials.

Analoge Rechnungen zeigen, daß die Feldberechnung eines Ringmagneten, der in radiale Richtung magnetisiert ist, zur Feldberechnung von zwei Strombändern führt, die durch die stirnseitigen Ringoberflächen fließen und eine lineare Stromdichte $\tau = \pm J$ aufweisen. Das Programm für die Feldberechnung des Ringmagneten wird in Anlage 2 angegeben.

Lösungsmethodik nichtlinearer magnetostatischer Aufgaben. Die Bestimmung von Feldern magnetischer elektronenoptischer Systeme führt in der Regel zu Berechnungen in inhomogenen Medien. Ein typisches Beispiel dafür ist eine Magnetlinse (Bild 2.9), welche aus einem Permanentmagneten 1 und magnetischen Polenden 2 gebildet wird. Die magnetischen Eigenschaften des Mediums - die magnetische Permeabilität, die magnetische Suszeptibilität und die Magnetisierung - hängen von der Stärke des magnetischen Feldes ab, was die Feldberechnung im allgemeinen Fall nichtlinear macht. Als Lösungsstrategie wird die Methode der aufeinanderfolgenden Näherungen verwendet, welche die Lösung der nichtlinearen Aufgabe auf eine Aufeinanderfolge linearer Aufgaben mit fixierten Eigenschaften des Mediums zurückführt. Die Methode der aufeinanderfolgenden Näherungen beinhaltet gewöhnlich die Bestimmung der Ausgangsnäherung und ihre darauffolgende Präzisierung auf der Grundlage eines allgemeinen Algorithmus [46, 55].

Befriedigt das magnetische Vektorpotential Gleichung (2.51), erfolgt der Prozeß unter Verwendung der Konzeption äquivalenter Ströme gemäß dem Schema

$$\nabla^2 \vec{A}^{(n+1)} = -\mu_0 (\vec{\delta} + \vec{j}^{(n)})$$

mit $\vec{A}^{(n+1)}$ als Vektorpotential in der $(n+1)$-ten Näherung und $\vec{j}^{(n)}$ als Dichte des äquivalenten Stromes, der im Ergebnis der vorhergehenden n-ten Näherung bestimmt wurde. Wird das Magnetfeld durch die Gleichung $\operatorname{rot}(\nu \operatorname{rot} \vec{A}) = \vec{\delta}$ beschrieben, ergibt sich für die iterative Lösung

$$\operatorname{rot}(\nu^{(n)} \operatorname{rot} \vec{A}^{(n+1)}) = \vec{\delta}\ ,$$

wobei $\nu^{(n)}$ aus dem Feld der vorangegangenen n-ten Lösung bestimmt wird. Zur Verbesserung des Konvergenzverhaltens der aufeinanderfolgenden Lösungen sollte die Relaxation von $\vec{j}^{(n)}$ und $\nu^{(n)}$ genutzt werden, die sich nach den Gleichungen

$$\vec{j}^{(n)} = \omega \tilde{\vec{j}}^{(n)} + (1-\omega)\vec{j}^{(n-1)}\ ;$$

$$\nu^{(n)} = \omega \tilde{\nu}^{(n)} + (1-\omega)\nu^{(n-1)}$$

mit $\tilde{\vec{j}}^{(n)}$ als Wert von j, der durch das Feld der n-ten Näherung bestimmt wird, $\vec{j}^{(n-1)}$ als Stromdichte der $(n-1)$-ten Näherung und ω als Relaxationskoeffizient mit $0 < \omega < 1$. Die Indizes für ν haben analoge Bedeutung.

Die beschriebenen Iterationsmethoden sind Methoden der einfachen Iteration und weisen eine vergleichsweise langsame Konvergenz auf. Eine hohe Konvergenzgeschwindigkeit hat das Newton-Katorovitsch-Verfahren, welches nach dem Schema [56]

$$L(\vec{A}^{(n)}) + L'_{\vec{A}^{(n)}} \left(\vec{A}^{(n+1)} - \vec{A}^{(n)}\right) = 0$$

erfolgt. Dabei gilt für den Operator der Aufgabe $L(\vec{A}) = \operatorname{rot}(\nu \operatorname{rot} \vec{A}) - \delta = 0$ und $L'_{\vec{A}^{(n)}}$ ist die Ableitung des Frechet-Operators $L(\vec{A})$ im Punkt $\vec{A}^{(n)}$.

Ein wesentlicher Mangel der Methode besteht darin, daß der Iterationsprozeß nur bei hinreichend „guten“ Anfangsannahmen konvergiert. Dazu wurde in [57] vorgeschlagen, den Iterationsprozeß [55]

$$\nabla^2 \vec{A}^{(n+1)} = \nabla^2 \vec{A}^{(n)} - \varepsilon\, L(\vec{A}^{(n)})$$

zu nutzen, wobei ε eine gewisse positive Konstante darstellt. Dieser Prozeß konvergiert mit einer willkürlichen, stetigen Näherung.

Detaillierter soll nun die Lösungsmethodik nichtlinearer Probleme am Beispiel der Berechnung zweidimensionaler axialsymmetrischer Felder betrachtet werden [58]. Das Magnetfeld wird in diesem Fall durch das folgende Gleichungssystem beschrieben, das in Zylinderkoordinaten r, Θ, z aufgeschrieben ist:

$$\frac{\partial^2 \Phi}{\partial r^2} - \frac{1}{r}\frac{\partial \Phi}{\partial r} + \frac{\partial^2 \Phi}{\partial z^2} = -2\pi r \mu_0 (\delta + j)\ ; \tag{2.74}$$

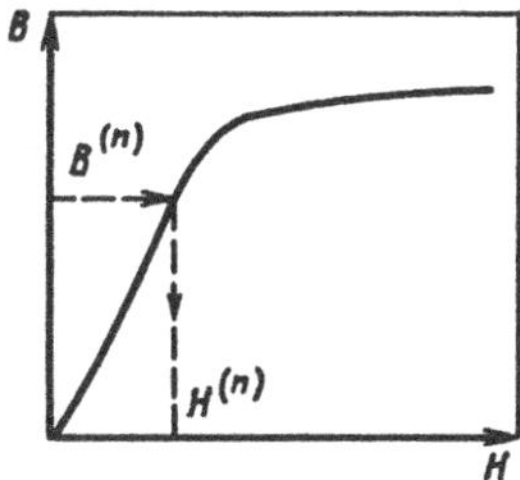

Bild 2.10: Magnetisierungskurve von weichmagnetischen Material

$$B_z = \frac{1}{2\pi r}\frac{\partial\Phi}{\partial r}\,; \quad B_r = -\frac{1}{2\pi r}\frac{\partial\Phi}{\partial z}\,;$$
$$j = \mathrm{rot}_\Theta \vec{J}\,; \quad \vec{B} = \mu_0(\vec{J} + \vec{H})$$

mit Φ als magnetischer Fluß, der mit einer kreisförmigen Kontur des Radius r verbunden ist, $\vec{J}$ als Magnetisierungsvektor und $\mathrm{rot}_\Theta \vec{J}$ als azimutale Komponente des Vektors $\mathrm{rot}\,\vec{J}$.

Für die Berechnung des Magnetfeldes wird die Approximation von (2.74) verwendet. Bei Verwendung eines Fünfpunkt-Gitterschemas und eines Gitters mit quadratischen Zellen hat das finite Analogon dieser Gleichung die Form

$$\Phi_1 + \Phi_2 + \Phi_3 + \Phi_4 - 4\Phi_0 - \frac{h}{2r_0}(\Phi_2 - \Phi_1) = -\mu_0 h^2 2\pi r_0(\delta + j)\,. \tag{2.75}$$

Die Lösung des Gleichungssystems erfolgt für den Bereich Ω unter den Randbedingungen: $\Phi = 0$ für den Grenzbereich, welcher mit der Symmetrieachse zusammenfällt und $\Phi = \Phi(\Gamma)$ im übrigen Grenzbereich (siehe Bild 2.9). Für Systeme mit offenen Grenzen, ähnlich denen, wie im Bild dargestellt, ist $\Phi(\Gamma)$ ursprünglich unbekannt. Wird die Grenze des Systems in hinreichend große Entfernung verlegt, kann der Wert von $\Phi(\Gamma)$ zu Null angenommen werden. Im entgegengesetzten Fall wird $\Phi(\Gamma)$ vorläufig aus den bekannten Werten von δ und j unter Verwendung von Gleichung (2.30) berechnet.

Die Feldberechnung erfolgt unter Verwendung des folgenden Iterationsschemas: Es werde angenommen, daß die Dichteverteilung äquivalenter Ströme in der $(n-1)$-ten Näherung $j^{(n-1)}$ bekannt sei. Dies ermöglicht es, das Magnetfeld der darauffolgenden n-ten Näherung über die Lösung der Gleichungen (2.75) zu berechnen, welche für die Gitterpunkte des Bereichs Ω aufgeschrieben wurden. Die über die Methode der aufeinanderfolgenden Relaxation erhaltene Lösung bestimmt den magnetischen Fluß $\Phi^{(n)}$ und die Komponenten der magnetischen Induktion $B_r^{(n)}$ und $B_z^{(n)}$. Diese Größen werden zur Bestimmung des Vektors der Magnetfeldstärke und seiner Komponenten in n-ter Ordnung $H_r^{(n)}$, $H_z^{(n)}$, $H^{(n)}$ über die $B-H$-Charakteristik der magnetischen Materialien verwendet. Für weichmagnetische Materialien werden Magnetisierungskurven genutzt, die es erlauben, aus der magnetischen Induktion $B^{(n)}$ die magnetische Feldstärke $H^{(n)}$ zu bestimmen (Bild 2.10).

Die Berechnung der Komponenten $H_r^{(n)}$ und $H_z^{(n)}$ erfolgt gemäß

$$H_r^{(n)} = B_r^{(n)}\frac{H^{(n)}}{B^{(n)}}\,; \quad H_z^{(n)} = B_z^{(n)}\frac{H^{(n)}}{B^{(n)}}\,.$$

Für hartmagnetische Materialien werden die B-H-Kurven des 1. und 2. Quadranten verwendet (Bild 2.11). War der Magnet ursprünglich in z-Richtung magnetisiert, so wird

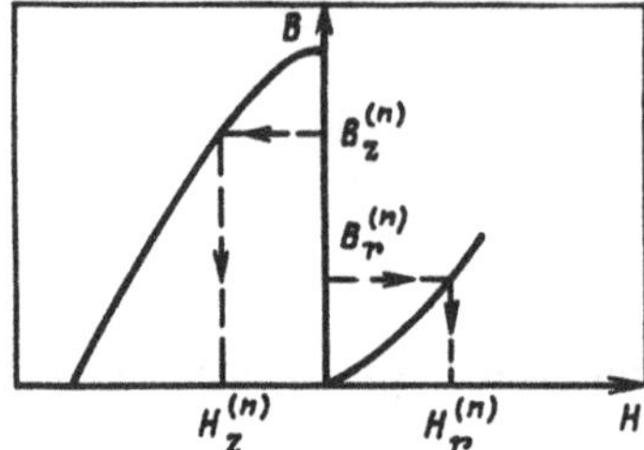

Bild 2.11: $B - H$-Kurven hartmagnetischer Materialien

der Zusammenhang zwischen $B_z^{(n)}$ und $H_z^{(n)}$ über die Kurve im 2. Quadranten gefunden (Entmagnetisierungskurve), der Zusammenhang zwischen $B_r^{(n)}$ und $H_r^{(n)}$ über die Magnetisierungskurve im 1. Quadranten. Über die gefundenen Werte von $H_z^{(n)}$, $H_r^{(n)}$ und H werden die Vektoren der Magnetisierung $\vec{J}^{(n)}$ und die Stromdichten $\vec{j}^{(n)}$ bestimmt:

$$\vec{J}^{(n)} = \frac{1}{\mu_0} \vec{B}^{(n)} - \vec{H}^{(n)} ;$$

$$\vec{j}^{(n)} = \operatorname{rot} \vec{J}^{(n)} = \frac{1}{\mu_0} \operatorname{rot} \vec{B}^{(n)} - \operatorname{rot} \vec{H}^{(n)} .$$

Da

$$\frac{1}{\mu_0} \operatorname{rot} \vec{B} = \vec{\delta} + \vec{j}^{(n-1)}$$

gilt, folgt

$$\vec{j}^{(n)} = \vec{j}^{(n-1)} - \Delta\vec{j}$$

mit $\Delta\vec{j}$ als Differenz der Dichten äquivalenter Ströme, die über den Zusammenhang

$$\Delta\vec{j} = \vec{\delta} - \operatorname{rot} \vec{H}^{(n)}$$

bestimmt wird. Es sei bemerkt, daß in dieser Gleichung $\operatorname{rot} \vec{H}^{(n)} \neq \vec{\delta}$ gilt, da $\vec{H}^{(n)}$ für die gegebene Berechnungsetappe eine Näherung darstellt. Im Verlaufe der weiteren Approximationen wird sukzessive $\operatorname{rot} \vec{H}^{(n)} \to \vec{\delta}$ erreicht und $\Delta\vec{j}^{(n)}$ wird kleiner und strebt gegen Null, was als Hinweis für die Konvergenz des Prozesses dient.

Die erste Näherung besitzt eine Reihe von Besonderheiten, die sie von den folgenden Näherungen unterscheidet. Die erste Besonderheit besteht darin, daß Permanentmagnete als Quellen des magnetischen Feldes in der ersten Näherung über äquivalente Ströme genähert werden. Ihre Bestimmung wurde weiter oben für die Feldberechnung eines Ringmagneten beschrieben. Die zweite Besonderheit der ersten Näherung ist mit der Berücksichtigung der Eigenschaften weichmagnetischer Materialien verbunden. Zur Erhöhung der Konvergenzgeschwindigkeit des Iterationsprozesses ist es sinnvoll, das Feld ausgehend von dem gewählten Wert der magnetischen Permeabilität unter Verwendung der modifizierten Gleichung, welche den Magnetfluß bestimmt [58], in der ersten Näherung für weichmagnetische Materialien zu berechnen.

Auf der Basis der beschriebenen Methoden und Algorithmen wurde ein Programmpaket „Veber“ ausgearbeitet, welches für die Analyse und Optimierung magnetischer Systeme vorgesehen ist [59]. Wie die Praxis zeigt, kann dieses erfolgreich zur Projektierung magnetischer fokussierender Systeme mit Permanentmagneten eingesetzt werden, darunter für Systeme, bei denen die Sättigung der Polschuhe aus weichmagnetischen Material stark ausgeprägt ist [60].

Abschließend sei darauf hingewiesen, daß für die Lösung nichtlinearer magnetostatischer Aufgaben die Integralgleichungsmethode verwendet werden kann, deren detaillierte Beschreibung in [45] erfolgt.

Kapitel 3

Bewegung einfach geladener Teilchen in elektrischen und magnetischen Feldern

3.1 Allgemeine Bewegungsgleichungen

Die Bewegung geladener Teilchen kann auf verschiedene Art beschrieben werden. Am verbreitetsten ist die Newtonsche Form der Bewegungsgleichungen. Darüber hinaus ist es in einer Reihe von Fällen bei der Analyse von elektronenoptischen Systemen sinnvoll, Bewegungsgleichungen in der Lagrangeschen oder Hamiltonschen Form zu verwenden.

Bewegungsgleichungen in Newtonscher Form. Auf ein geladenes Teilchen, welches sich in elektrischen und magnetischen Feldern bewegt, wirkt die *Lorentzkraft* $\vec{F} = e\vec{E} + e(\vec{v} \times \vec{B})$. Unter Berücksichtigung dieses Zusammenhangs gilt für die Bewegung eines geladenen Teilchens in Vektorform

$$m\,\frac{d\vec{v}}{dt} = e\vec{E} + e(\vec{v} \times \vec{B}) \tag{3.1}$$

mit m – Teilchenmasse, e – Teilchenladung, $\vec{v}$ – Geschwindigkeitsvektor, $\vec{E}$ - Vektor der elektrischen Feldstärke und $\vec{B}$ – Vektor der magnetischen Induktion.

Der erste Summand auf der rechten Seite von Gleichung (3.1) beschreibt die Kraft, die auf das Teilchen durch das elektrische Feld ausgeübt wird. Der zweite Summand charakterisiert die durch das magnetische Feld bewirkte Kraft und hängt von der Teilchengeschwindigkeit und von der Induktion des Magnetfeldes ab. Wird die Vektorgleichung auf die Achsen des Koordinatensystems projiziert, ergibt sich ein äquivalentes skalares Gleichungssystem, dessen Form von der Wahl des Koordinatensystems abhängt.

In kartesischen Koordinaten x, y, z gilt

$$\begin{aligned} m\ddot{x} &= eE_x + e\dot{y}B_z - e\dot{z}B_y \; ; \\ m\ddot{y} &= eE_y + e\dot{z}B_x - e\dot{x}B_z \; ; \\ m\ddot{z} &= eE_z + e\dot{x}B_y - e\dot{y}B_x \; . \end{aligned} \tag{3.2}$$

Hier sind $\dot{x}$,$\dot{y}$,$\dot{z}$,$\ddot{x}$,$\ddot{y}$ und $\ddot{z}$ die ersten und zweiten Ableitungen nach der Zeit (Geschwindigkeits- und Beschleunigungskomponenten).

In zylindrischen Koordinaten r, Θ, z gilt

$$\begin{aligned} m\left(\ddot{r}-r\dot{\Theta}^2\right) &= eE_r+e\left(r\dot{\Theta}B_z-\dot{z}B_\Theta\right) ; \\ m\frac{1}{r}\frac{d}{dt}\left(r^2\dot{\Theta}\right) &= eE_\Theta+e\left(\dot{z}B_r-\dot{r}B_z\right) ; \\ m\ddot{z} &= eE_z+e\left(\dot{r}B_\Theta-r\dot{\Theta}B_r\right) \end{aligned} \tag{3.3}$$

mit $\dot{r}, \dot{\Theta}, \dot{z}, \ddot{r}$ und $\ddot{z}$ als erste und zweite Ableitungen der Koordinaten nach der Zeit.

In allgemeinen orthogonalen Koordinaten q_1, q_2, q_3 folgt

$$\begin{aligned} m\frac{d}{dt}(h_1\dot{q}_1) &+ mh_2\dot{q}_2\left(\frac{\dot{q}_1}{h_2}\frac{\partial h_1}{\partial q_2}-\frac{\dot{q}_2}{h_1}\frac{\partial h_2}{\partial q_1}\right)+mh_3\dot{q}_3\left(\frac{\dot{q}_1}{h_3}\frac{\partial h_1}{\partial q_3}-\frac{\dot{q}_3}{h_1}\frac{\partial h_3}{\partial q_1}\right) \\ &= eE_1+e(h_2\dot{q}_2B_3-h_3\dot{q}_3B_2) ; \\ m\frac{d}{dt}(h_2\dot{q}_2) &+ mh_1\dot{q}_1\left(\frac{\dot{q}_2}{h_1}\frac{\partial h_2}{\partial q_1}-\frac{\dot{q}_1}{h_2}\frac{\partial h_1}{\partial q_2}\right)+mh_3\dot{q}_3\left(\frac{\dot{q}_2}{h_3}\frac{\partial h_2}{\partial q_3}-\frac{\dot{q}_3}{h_2}\frac{\partial h_3}{\partial q_2}\right) \\ &= eE_2+e(h_3\dot{q}_3B_1-h_1\dot{q}_1B_3) ; \\ m\frac{d}{dt}(h_3\dot{q}_3) &+ mh_1\dot{q}_1\left(\frac{\dot{q}_3}{h_1}\frac{\partial h_3}{\partial q_1}-\frac{\dot{q}_1}{h_3}\frac{\partial h_1}{\partial q_3}\right)+mh_2\dot{q}_2\left(\frac{\dot{q}_3}{h_2}\frac{\partial h_3}{\partial q_2}-\frac{\dot{q}_2}{h_3}\frac{\partial h_2}{\partial q_3}\right) \\ &= eE_3+e(h_1\dot{q}_1B_2-h_2\dot{q}_2B_1) ; \end{aligned}$$

Hier sind die $\dot{q}_i$ (i=1,2,3) die Ableitungen der verallgemeinerten Koordinaten nach der Zeit (verallgemeinerte Geschwindigkeiten); E_i und B_i sind Komponenten des elektrischen und magnetischen Feldes und die h_i Lame-Koeffizienten.

Energieerhaltungssatz. Unter Verwendung der Bewegungsgleichung (3.1) folgt der Energieerhaltungssatz für Teilchen, die sich in stationären elektrischen und magnetischen Feldern bewegen. Werden die rechte und linke Seite von (3.1) mit $\vec{v}$ multipliziert, ergibt sich

$$m\vec{v}\frac{d\vec{v}}{dt}=e\vec{v}\vec{E}+e\vec{v}(\vec{v}\times\vec{B}) . \tag{3.4}$$

Da

$$\vec{v}\frac{d\vec{v}}{dt}=\frac{d}{dt}\left(\frac{\vec{v}^2}{2}\right) , \quad \vec{v}(\vec{v}\times\vec{B})=0 \quad \text{und} \quad \vec{E}=-\operatorname{grad}U$$

gelten, resultiert

$$\frac{d}{dt}\left(\frac{mv^2}{2}\right)=-e\vec{v}\operatorname{grad}U=-e\frac{dU}{dt} ,$$

woraus

$$\frac{mv^2}{2}+eU=\text{const.} \tag{3.5}$$

folgt.

Diese Gleichung sagt aus, daß die Gesamtenergie E eines Teilchens, die gleich der Summe aus kinetischer Energie $T=mv^2/2$ und potentieller Energie $V=eU$ ist, sich bei der Bewegung des Teilchens in stationären elektrischen und magnetischen Feldern nicht verändert.

Der Energieerhaltungssatz (3.5) kann in der folgenden äquivalenten Form formuliert werden:

$$\frac{mv^2}{2} - \frac{mv_a^2}{2} = -e(U - U_a) \tag{3.6}$$

mit v_a und U_a als Geschwindigkeiten und Potential an einem gewissen Anfangspunkt.

Hieraus folgt, daß die Änderung der kinetischen Energie während der Teilchenbewegung gleich der Änderung der Potentialenergie mit umgekehrten Vorzeichen ist. Für den Fall, daß ein Teilchen aus einer potentialfreien Quelle mit der Anfangsgeschwindigkeit Null emittiert wird, hat der Energieerhaltungssatz die Form:

$$\frac{mv^2}{2} = -eU \ .$$

Da die linke Seite der Gleichung positiv ist, können die Teilchen nur die Feldbereiche mit $-eU > 0$ erreichen.

Wird dies berücksichtig, folgt

$$\frac{mv^2}{2} = |eU| \quad \text{und} \quad v = \sqrt{\frac{2|eU|}{m}} \ . \tag{3.7}$$

Lagrange-Bewegungsgleichung. In allgemeinen orthogonalen Koordinaten q_i hat die Lagrangegleichung die Form

$$\frac{d}{dt}\frac{\partial L}{\partial \dot{q}_i} - \frac{\partial L}{\partial q_i} = 0 \ , \quad i = 1,2,3 \tag{3.8}$$

mit L als Lagrangefunktion. Für den Fall rein elektrostatischer Felder ist die Lagrangefunktion gleich der Differenz zwischen der kinetischen und der potentiellen Energie

$$L = T - V = \frac{m}{2}\sum_i h_i^2\dot{q}_i^2 - eU \ . \tag{3.9}$$

Für die Bewegung eines Teilchens in magnetischen oder kombinierten magnetischen und elektrostatischen Feldern hat die Lagrangefunktion die Form [61]

$$L = T - V + e(\vec{A}\vec{v})$$

mit $\vec{A}$ als magnetisches Vektorpotential und $\vec{v}$ als Geschwindigkeitsvektor;

$$L = \frac{m}{2}\sum_i h_i^2\dot{q}_i^2 - eU(q_i) + e\sum_i A_i h_i \dot{q}_i \ . \tag{3.10}$$

Hamiltonsche Bewegungsgleichung. Betrachtet werde die Hamiltonsche Funktion $H = \sum_i p_i\dot{q}_i - L$ mit $p_i = \partial L/\partial \dot{q}_i$ als verallgemeinerten Impuls. Wird die Wirkung über

$$S = \int_{t_0}^{t} L(q_i\dot{q}_i)\, dt$$

ausgedrückt und das Prinzip der minimalen Wirkung (HAMILTONsches Prinzip) angewandt, ergibt sich die Hamiltonsche Bewegungsgleichung [62]:

$$\dot{p}_i = -\frac{\partial H}{\partial q_i}\,, \quad \dot{q}_i = \frac{\partial H}{\partial p_i}\,. \tag{3.11}$$

Es kann leicht gezeigt werden, daß die Funktion H zahlenmäßig gleich der Gesamtteilchenenergie E ist: $H = E = T+V$. Dieser Umstand erlaubt es, die Hamiltonsche Funktion H ausgehend von der Gesamtenergie E zu bilden, wenn die Hamiltonsche Funktion über die verallgemeinerten Koordinaten und die verallgemeinerten Impulse ausgedrückt wird.

Für kombinierte elektrische und magnetische Felder wird die Gesamtenergie über

$$E = T + V = \frac{m}{2}\sum_i h_i^2\dot{q}_i^2 + eU(q_i) \tag{3.12}$$

beschrieben.

Unter Verwendung von Gleichung (3.10) folgt der Ausdruck für den verallgemeinerten Impuls von Teilchen, die sich in kombinierten elektrischen und magnetischen Feldern bewegen, zu

$$p_i = \frac{\partial L}{\partial \dot{q}_i} = mh_i^2\dot{q}_i + eA_ih_i\,.$$

Daraus resultiert

$$\dot{q}_i = \frac{1}{mh_i^2}\left(p_i - eA_ih_i\right)\,.$$

Wird dieser Ausdruck in (3.12) eingesetzt, ergibt sich der gesuchte Ausdruck für die Hamiltonsche Funktion:

$$H = \frac{1}{2m}\sum_i \frac{1}{h_i^2}\left(p_i - eA_ih_i\right)^2 + eU(q_i)\,. \tag{3.13}$$

Hamilton-Jacobi-Gleichung. In der analytischen Mechanik wird gezeigt, daß der verallgemeinerte Impuls über die Wirkung S ausgedrückt werden kann [62]:

$$p_i = \frac{\partial S}{\partial q_i}\,. \tag{3.14}$$

Wird dieser Ausdruck in die Gleichung für die Gesamtenergie eingesetzt, welche bei der Bewegung von Teilchen in stationären Feldern konstant ist, führt dies zu einer Bewegungsgleichung, die als *Hamilton-Jacobi-Gleichung* bekannt ist:

$$\frac{1}{2m}\sum \frac{1}{h_i^2}\left(\frac{\partial S}{\partial q_i} - eA_ih_i\right)^2 + eU(q_i) = E = const. \tag{3.15}$$

3.2 Bewegung von Teilchen in axialsymmetrischen Feldern

Das Studium von Gesetzmäßigkeiten der Bewegung geladener Teilchen in axialsymmetrischen Feldern ist von besonderem Interesse, da diese Felder in den meisten elektronischen Geräten und Anlagen genutzt werden. Eine Analyse der Teilchenbewegung kann in diesem Fall vorteilhaft in Zylinderkoordinaten erfolgen.

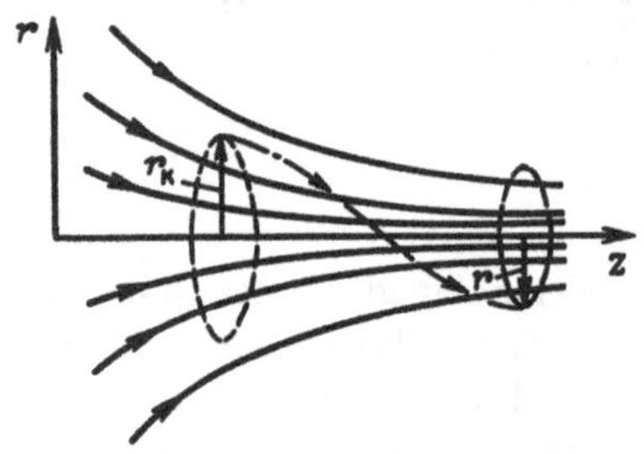

Bild 3.1: Zur Ableitung des Theorems von Busch für ein axialsymmetrisches Magnetfeld

Bewegungsgleichung in Newtonscher Form. Diese Gleichungen folgen aus den in Zylinderkoordinaten aufgeschriebenen allgemeinen Bewegungsgleichungen, wenn verschwindende azimutale Komponenten $E_\Theta = B_\Theta = 0$ angenommen werden:

$$m(\ddot{r} - r\dot{\Theta}^2) = eE_r + er\dot{\Theta}B_z \ ; \tag{3.16}$$

$$m\frac{1}{r}\frac{d}{dt}\left(r^2\dot{\Theta}\right) = e\dot{z}B_r - e\dot{r}B_z \ ; \tag{3.17}$$

$$m\ddot{z} = eE_z - er\dot{\Theta}B_r \ . \tag{3.18}$$

Theorem von Busch. Werden in (3.17) die Magnetfeldkomponenten B_r und B_z durch den magnetischen Strom Ψ (siehe § 2.5) ausgedrückt, folgt:

$$B_r = -\frac{1}{2\pi r}\frac{\partial\Psi}{\partial z} \ ; \quad B_z = \frac{1}{2\pi r}\frac{\partial\Psi}{\partial r} \ .$$

Es gilt

$$\frac{d}{dt}\left(r^2\dot{\Theta}\right) = -\frac{e}{2\pi m}\left(\dot{z}\frac{\partial\Psi}{\partial z} + \dot{r}\frac{\partial\Psi}{\partial r}\right) = -\frac{e}{2\pi m}\frac{d\Psi}{dt} \ ,$$

woraus

$$r^2\dot{\Theta} + \frac{e}{2\pi m}\Psi = \text{const.} \tag{3.19}$$

folgt.

Werden die Anfangswerte der hier eingehenden Größen mit „n" charakterisiert, ergibt sich

$$r^2\dot{\Theta} - r_n^2\dot{\Theta}_n = -\frac{e}{2\pi m}(\Psi - \Psi_n) \ . \tag{3.20}$$

Dieser Zusammenhang wird auch durch das Theorem von Busch ausgedrückt. Dies zeigt, daß die Änderung des Momentes eines sich in axialsymmetrischen Feldern bewegenden Teilchens durch eine Änderung der mit den Kreiskonturen verbundenen magnetischen Flüsse bestimmt wird, wobei die entsprechenden Konturenradien gleich der aktuellen und der anfänglichen Radialkoordinate sind (Bild 3.1).

Wird als Trajektorienanfangspunkt ein auf der Kathode liegender Punkt angenommen, dann hat Ψ_n die Bedeutung eines magnetischen Flusses Ψ_k, der mit einer Kreiskontur des Radius r_k verbunden ist und $\dot{r}\,\Theta_k$ ist dann die azimutale Anfangsgeschwindigkeit. Für $\dot{\Theta}_k = 0$ vereinfacht sich Gleichung (3.20) zu

$$\dot{\Theta} = -\frac{e}{2\pi m}\frac{\Psi - \Psi_k}{r^2} \ .$$

Modifizierte Bewegungsgleichungen Unter Verwendung der letzten Gleichung kann das Gleichungssystem (3.16) bis (3.18) modifiziert werden:

$$m\ddot{r} = -e\frac{\partial U}{\partial r} - \frac{e^2}{4\pi^2 m}\frac{\Psi - \Psi_k}{r}\left(2\pi B_z - \frac{\Psi - \Psi_k}{r^2}\right) ; \tag{3.21}$$

$$m\ddot{z} = -e\frac{\partial U}{\partial z} - \frac{e^2}{4\pi^2 m}\frac{\Psi - \Psi_k}{r^2}\frac{\partial \Psi}{\partial z} ; \tag{3.22}$$

$$\dot{\Theta} = -\frac{e}{2\pi m}\frac{\Psi - \Psi_k}{r^2} . \tag{3.23}$$

Die Besonderheit dieser Gleichungen besteht darin, daß die auf das Teilchen wirkenden Kraftkomponenten unmittelbar durch Parameter der elektrischen und magnetischen Felder ausgedrückt werden. Dies erlaubt es, Schlüsse hinsichtlich der Besonderheiten der Teilchenbewegung in axialsymmetrischen Feldern zu ziehen. Beispielsweise folgt aus (3.21), daß die Radialkraft, die auf das Teilchen von Seiten des Magnetfeldes wirkt, nicht nur durch die Induktion des Magnetfeldes im gegebenen Punkt bestimmt wird, sondern daß diese auch von der Differenz $\Psi - \Psi_k$ der magnetischen Flüsse abhängt. Daher geht diese Kraft gegen Null, wenn $\Psi - \Psi_k \to 0$ gilt.

Aus (3.22) folgt, daß ein sich längs der z-Achse änderndes Magnetfeld ($\partial\Psi/\partial z \neq 0$) eine z-Komponente der magnetischen Kraft erzeugt, die zur Abbremsung oder Beschleunigung des Teilchens in diese Richtung führt.

Äquivalentes Potential. Die Gleichungen (3.21) bis (3.23) können auch in der folgenden Form geschrieben werden:

$$m\ddot{r} = -e\frac{\partial U}{\partial r} - \frac{e^2}{8\pi^2 m}\frac{\partial}{\partial r}\left(\frac{\Psi - \Psi_k}{r}\right)^2 ;$$

$$m\ddot{z} = -e\frac{\partial U}{\partial r} - \frac{e^2}{8\pi^2 m}\frac{\partial}{\partial z}\left(\frac{\Psi - \Psi_k}{r}\right)^2 ;$$

$$\dot{\Theta} = -\frac{e}{2\pi m}\frac{\Psi - \Psi_k}{r^2} .$$

Daraus folgt, daß die Bewegung eines geladenen Teilchens in der Meridianebene (Ebene rz) als Bewegung in einem Potentialfeld betrachtet werden kann, welches das äquivalente Potential

$$Q = U + \frac{e}{8\pi^2 m}\left(\frac{\Psi - \Psi_k}{r}\right)^2 ; \tag{3.24}$$

$$m\ddot{r} = -e\frac{\partial Q}{\partial r} ; \tag{3.25}$$

$$m\ddot{z} = -e\frac{\partial Q}{\partial z} \tag{3.26}$$

besitzt.

Trajektoriengleichung. Die Trajektoriengleichungen von Teilchen in der Meridianebene ergeben sich, wenn aus den letzten beiden Gleichungen die Zeit eliminiert wird:

$$\frac{d^2 r}{dz^2} = \left(\frac{\partial Q}{\partial r} - \frac{\partial Q}{\partial z}\frac{dr}{dz}\right)\left[1 + \left(\frac{dr}{dz}\right)^2\right]\frac{1}{2Q} . \tag{3.27}$$

Paraxiale Bewegungsgleichungen. Betrachtet werde die Bewegung paraxialer (achsennaher) Elektronen, die sich in kleinen Abständen von der Symmetrieachse bewegen. Werden die in die Bewegungsgleichung eingehenden Potentiale und magnetischen Flüsse durch Potenzreihen der Radialkoordinaten (siehe (2.21), (2.29), (2.67)) ausgedrückt und nur die ersten Glieder dieser Reihen berücksichtigt, ergibt sich

$$\frac{\partial U}{\partial z} \approx \frac{\partial U_0}{\partial z} = U_0' \; ; \quad \frac{\partial U}{\partial r} \approx -\frac{r}{2} U_0'' \; ;$$

$$B_z \approx B_{z0} \quad B_r \approx -\frac{r}{2} B_{z0}' \; ;$$

$$\Psi \approx \pi r^2 B_{z0} \; ; \quad \Psi_k \approx \pi r_k^2 B_{z0k}$$

mit B_{z0k} als Komponente der Induktion des Magnetfeldes auf der Achse in der Kathodenebene.

Werden diese Ausdrücke in die Bewegungsgleichungen (3.21) bis (3.23) eingesetzt, folgen näherungsweise Gleichungen, die die Bewegung achsennaher Elektronen beschreiben und die auch unter der Bezeichnung *paraxiale Gleichungen* bekannt sind:

$$\ddot{r} = \frac{e}{2m} r U_0'' - \frac{1}{4}\left(\frac{e}{m}\right)^2 r B_{z0}^2 \left[1 - \left(\frac{r_k^2 B_{z0k}}{r^2 B_{z0}}\right)^2\right] \; ; \tag{3.28}$$

$$\ddot{z} = -\frac{e}{m} U_0' - \frac{1}{4}\left(\frac{e}{m}\right)^2 r^2 B_{z0}' B_{z0} \left[1 - \frac{r_k^2 B_{z0k}}{r^2 B_{z0}}\right] \; ; \tag{3.29}$$

$$\dot{\Theta} = -\frac{e}{2m} B_{z0} \left[1 - \frac{r_k^2 B_{z0k}}{r^2 B_{z0}}\right] . \tag{3.30}$$

Bei dem verwendeten Gleichungssystem wird oft in (3.29) der zweite Summand der rechten Seite, der r^2 enthält, vernachlässigt. Wird aus diesen Gleichungen die Zeit eliminiert und werden die Glieder, die r^2 und $(dr/dz)^2$ enthalten, vernachlässigt, ergeben sich die paraxialen Trajektoriengleichungen

$$\frac{d^2 r}{dz^2} + \frac{U_0'}{2U_0}\frac{dr}{dz} + \frac{U_0''}{4U_0} r - \frac{e}{8m} r \frac{B_{z0}^2}{U_0}\left[1 - \left(\frac{r_k^2 B_{z0k}}{r^2 B_{z0}}\right)^2\right] = 0 . \tag{3.31}$$

Lagrange- und Hamiltongleichungen. Diese Gleichungen resultieren aus den oben angegebenen allgemeinen Gleichungen, wenn die folgenden Werte der verallgemeinerten Koordinaten, Impulse, Lamekoeffizienten und der Komponenten des Vektorpotentials eingesetzt werden:

$$\begin{array}{lllll} q_1 = r \, , & h_1 = 1 \, , & \dot{q}_1 = \dot{r} \, , & p_1 = p_r \, , & A_1 = A_2 = 0 \; ; \\ q_2 = \Theta \, , & h_2 = r \, , & \dot{q}_2 = \dot{\Theta} \, , & p_2 = p_\Theta \, , & A_2 = A_\Theta = A \; ; \\ q_3 = z \, , & h_3 = 1 \, , & \dot{q}_3 = \dot{z} \, , & p_3 = p_z \, , & A_3 = A_z = 0 \; ; \end{array}$$

$$\left. \begin{array}{l} \dfrac{d}{dt}\left(\dfrac{\partial L}{\partial \dot{r}}\right) - \dfrac{\partial L}{\partial r} = 0 \; ; \quad \dfrac{d}{dt}\left(\dfrac{\partial L}{\partial \dot{\Theta}}\right) - \dfrac{\partial L}{\partial \Theta} = 0 ; \quad \dfrac{d}{dt}\left(\dfrac{\partial L}{\partial \dot{z}}\right) - \dfrac{\partial L}{\partial z} = 0 \; ; \\ L = \dfrac{m}{2}\left[\dot{r}^2 + r^2\dot{\Theta}^2 + \dot{z}^2\right] + e\, r\, \dot{\Theta} A - eU(r,z) \end{array} \right\} \tag{3.32}$$

und

$$\left.\begin{aligned}
\dot{p}_r &= -\frac{\partial H}{\partial r}\,; \qquad \dot{p}_\Theta = -\frac{\partial H}{\partial \Theta}\,; \qquad \dot{p}_z = -\frac{\partial H}{\partial z}\,;\\
\dot{r} &= \frac{\partial H}{\partial p_r}\,; \qquad \dot{\Theta} = \frac{\partial H}{\partial p_\Theta}\,; \qquad \dot{z} = \frac{\partial H}{\partial p_z}\,;\\
H &= \frac{1}{2m}\left[p_r^2 + \frac{1}{r^2}\,(p_\Theta - erA)^2 + p_z^2\right] + eU(r,z)\,.
\end{aligned}\right\} \tag{3.33}$$

Es sei darauf verwiesen, daß das weiter oben angeführte Theorem von Busch ein Ergebnis der Hamiltonschen Gleichungen ist. Da die Hamiltonsche Funktion für den betrachteten Fall Θ explizit nicht enthält, gilt $\dot{p}_\Theta = -\partial H/\partial\Theta = 0$. Dies bedeutet, daß der azimutale Impuls zeitunabhängig ist, d.h. $p_\Theta = \text{const.}$ Gleichzeitig gilt

$$\dot{\Theta} = \frac{\partial H}{\partial p_\Theta} = \frac{1}{mr^2}\,(p_\Theta - erA)$$

und entsprechend

$$p_\Theta = mr^2\,\dot{\Theta} + erA = \text{const.}$$

Diese Gleichung ist der weiter oben erhaltenen Gleichung (3.19) äquivalent.

Hamilton-Jacobi-Gleichung. Für den betrachteten Fall axialsymmetrischer Felder erhält die Hamilton-Jacobische-Gleichung unter Berücksichtigung der oben angegebenen Ausdrücke für die Hamiltonfunktion die Form

$$\frac{1}{2m}\left[\left(\frac{\partial S}{\partial r}\right)^2 + \frac{1}{r^2}\left(\frac{\partial S}{\partial \Theta} - erA\right)^2 + \left(\frac{\partial S}{\partial z}\right)^2\right] + eU(r,z) = E = \text{const.} \tag{3.34}$$

3.3 Bewegung von Teilchen in planparallelen Feldern

Newtonsche Bewegungsgleichung. In kartesischen Koordinaten x, y, z ergibt sich für den Fall, daß die x-Komponenten Null sind ($E_x = B_x = 0$), ein Gleichungssystem, welches die Bewegung von Teilchen in überlagerten elektrischen und magnetischen Feldern beschreibt:

$$\begin{aligned}
m\ddot{x} &= e\dot{y}B_z - e\dot{z}B_y\,;\\
m\ddot{y} &= eE_y - e\dot{x}B_z\,;\\
m\ddot{z} &= eE_z + e\dot{x}B_y\,.
\end{aligned}$$

Lagrange- und Hamiltongleichungen. Diese Gleichungen resultieren aus weiter oben angegebenen allgemeinen Gleichungen, wenn in diese die verallgemeinerten Koordinaten, Impulse, Lamekoeffizienten und Komponenten des magnetischen Vektorpotentials eingesetzt werden:

$$\begin{aligned}
&q_1 = x\,, \quad h_1 = 1\,, \quad \dot{q}_1 = \dot{x}\,, \quad p_1 = p_x \quad A_1 = A_x = A\,;\\
&q_2 = y\,, \quad h_2 = 1\,, \quad \dot{q}_2 = \dot{y} \quad p_2 = p_y\,, \quad A_2 = A_y = 0\,;\\
&q_3 = z\,, \quad h_3 = 1\,, \quad \dot{q}_3 = \dot{z}\,, \quad p_3 = p_z\,, \quad A_3 = A_z = 0\,.
\end{aligned}$$

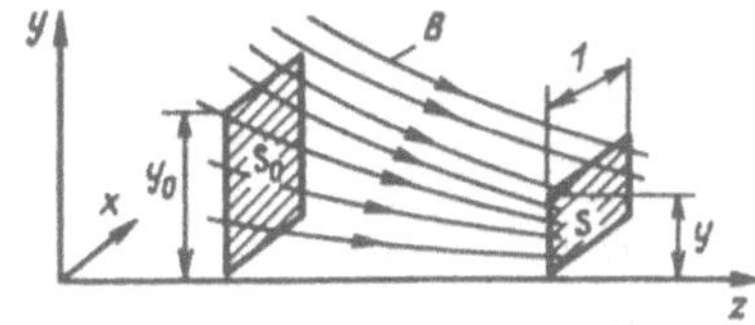

Bild 3.2: Zur Ableitung des Analogons zum Theorem von Busch für ein plansymmetrisches Magnetfeld

Die Lagrange- und Hamiltonfunktionen haben für den betrachteten Fall die Form:

$$L = \frac{m}{2}\left(\dot{x}^2 + \dot{y}^2 + \dot{z}^2\right) + eA\dot{x} - eU(y,z)\ ;$$

$$H = \frac{1}{2m}\left[(p_x - eA)^2 + p_y^2 + p_z^2\right] + eU(y,z)$$

mit $A = A_x(y,z)$ als einzige Komponente des magnetischen Vektorpotentials.

Analogon zum Theorem von Busch. Für Teilchen, die sich in planparallelen Feldern bewegen, kann ein Theorem hergeleitet werden, welches ein Analogon zum Theorem von Busch darstellt. Für die Herleitung werden die Hamiltonschen Gleichungen herangezogen. Da die Hamiltonsche Funktion nicht von der Koordinate x abhängt, gilt $\dot{p}_x = -\partial H/\partial x = 0$ und entsprechend p_x =const.

Gleichzeitig gilt $p_x = \partial L/\partial \dot{x} = m\dot{x} + eA$. Damit folgt $m\dot{x} + eA$ =const bzw. in äquivalenter Form

$$m\dot{x} - m\dot{x}_0 = -e(A - A_0) \tag{3.35}$$

mit $\dot{x}_0$ und A_0 als Geschwindigkeit und Vektorpotential an einem bestimmten Trajektorienausgangspunkt.

Besitzt das Magnetfeld eine Symmetrieebene ($y = 0$), so kann das magnetische Vektorpotential an einem beliebigen Punkt durch den magnetischen Fluß des Feldes ausgedrückt werden. In unserem Fall gilt $A = \Psi$ und $A_0 = \Psi_0$ mit Ψ und Ψ_0 als Flüsse des magnetischen Feldes, die durch Flächen der Einheitsbreite $\Delta x = 1$, d.h. $S_0 = y_0 \cdot 1$ und $S = y \cdot 1$, hindurchfließen, die den Trajektorienanfangspunkt bzw. einen gewissen aktuellen Punkt enthalten (siehe Bild 3.2). Dann kann der Ausdruck (3.35) in der Form

$$m\dot{x} - m\dot{x}_0 = -e(\Psi - \Psi_0)$$

geschrieben werden.

Diese Gleichung ist ein Analogon zum Theorem von Busch für axialsymmetrische Felder.

3.4 Numerische Berechnungsmethoden für Trajektorien geladener Teilchen

Die Bewegung geladener Teilchen in elektrischen und magnetischen Feldern wird durch gewöhnliche Differentialgleichungen zweiter Ordnung beschrieben. Für ihre numerische Integration können sowohl Standardmethoden wie die Taylorreihenmethode, Einschrittmethoden des Runge-Kutta-Typs und Mehrschrittmethoden des Adams-Stürmer-Typs und auch spezialisierte Methoden verwendet werden, welche die Spezifik der zu integrierenden Gleichungen berücksichtigen.

Taylorreihenmethode. Hier soll sich auf den Fall zweidimensionaler Trajektorien in elektrostatischen Feldern beschränkt werden. Die Bewegungsgleichungen in kartesischen Koordinaten y, z haben dann die Form

$$\frac{d^2y}{dt^2} = \frac{e}{m} E_y \; ; \quad \frac{d^2z}{dt^2} = \frac{e}{m} E_z \; .$$

Wird angenommen, daß die Koordinaten y_0, z_0 und die Geschwindigkeiten $\dot{y}_0, \dot{z}_0$ für einen gewissen Trajektorienanfangspunkt bekannt seien, dann werden die Koordinaten y, z und $\dot{y}, \dot{z}$ in der Umgebung dieses Punktes durch eine Taylorreihe dargestellt:

$$y = y_0 + \dot{y}_0 \, \Delta t + \frac{1}{2} \, \ddot{y}_0 t^2 + \frac{1}{6} \frac{d^3 y_0}{dt^3} \, \Delta t^3 + \ldots \; ;$$

$$z = z_0 + \dot{z}_0 \, \Delta t + \frac{1}{2} \, \ddot{z}_0 t^2 + \frac{1}{6} \frac{d^3 z_0}{dt^3} \, \Delta t^3 + \ldots \; ;$$

$$\dot{y} = \dot{y}_0 + \ddot{y}_0 \, \Delta t + \frac{1}{2} \frac{d^3 y_0}{dt^3} \, \Delta t^2 + \ldots \; ;$$

$$\dot{z} = \dot{y}_0 + \ddot{z}_0 \, \Delta t + \frac{1}{2} \frac{d^3 z_0}{dt^3} \, \Delta t^2 + \ldots \; ,$$

wobei die Punkte Ableitungen der Koordinaten nach der Zeit bedeuten, die für den Startpunkt berechnet wurden. Ist der Integrationsschritt Δt klein und werden in der Reihe Potenzen von Δt höher als quadratische vernachlässigt, ergibt sich das folgende Gleichungssystem für die Berechnung der Koordinaten und Geschwindigkeiten am Ende des Zeitschrittes:

$$y_1 = y_0 + \dot{y}_0 \, \Delta t + \frac{1}{2} \, \ddot{y}_0 \, \Delta t^2 \; , \quad z_1 = z_0 + \dot{z}_0 \, \Delta t + \frac{1}{2} \, \ddot{z}_0 \, \Delta t^2 \; ,$$

$$\dot{y}_1 = \dot{y}_0 + \ddot{y}_0 \, \Delta t + \frac{1}{2} \frac{d^3 y_0}{dt^3} \, \Delta t^2 \; , \quad \dot{z}_1 = z_0 + \ddot{z}_0 \, \Delta t + \frac{1}{2} \, \Delta t^2 \; .$$

Die in diese Gleichungen eingehenden zweiten und dritten Ableitungen nach der Zeit ergeben sich aus den Bewegungsgleichungen:

$$\ddot{y}_0 = \frac{e}{m} (E_y)_0 \; , \quad \frac{d^3 y_0}{dt^3} = \frac{e}{m} \left[\left(\frac{\partial E_y}{\partial y} \right)_0 \dot{y}_0 + \left(\frac{\partial E_y}{\partial z} \right)_0 \dot{z}_0 \right] \; ,$$

$$\ddot{z}_0 = \frac{e}{m} (E_z)_0 \; , \quad \frac{d^3 z}{dt^3} = \frac{e}{m} \left[\left(\frac{\partial E_z}{\partial y} \right)_0 \dot{y}_0 + \left(\frac{\partial E_z}{\partial z} \right)_0 \dot{z}_0 \right] \; ,$$

wobei die Feldkomponenten und ihre Ableitungen am Anfangspunkt mit den Koordinaten y_0, z_0 berechnet werden.

Die gefundenen Werte $y_1, z_1, \dot{y}_1, \dot{z}_1$ dienen als Ausgangsdaten für die Bestimmung der Koordinaten und der Geschwindigkeiten für den nächsten Zeitschritt usw. Somit erfolgt mit der betrachteten Methode die Berechnung der Trajektorien nach dem folgendem Schema:

$$y_{n+1} = y_n + \dot{y}_n \, \Delta t + \frac{1}{2} \, \ddot{y}_n \, \Delta t^2 \; , \quad z_{n+1} = z_n + \dot{z}_n \, \Delta t + \frac{1}{2} \, \ddot{z}_n \, \Delta t^2 \; ;$$

$$\dot{y}_{n+1} = \dot{y}_n + \ddot{y}_n \, \Delta t + \frac{1}{2} \frac{d^3 y}{dt^3} \Delta t^2 \ , \dot{z}_{n+1} = \dot{z}_n + \ddot{z}_n \, \Delta t + \frac{1}{2} \frac{d^3 z}{dt^3} \Delta t^2 \ ;$$

$$\ddot{y}_n = \frac{e}{m} (E_y)_n \ , \quad \frac{d^3 y}{dt^3} = \frac{e}{m} \left[\left(\frac{\partial E_y}{\partial y} \right)_n \dot{y}_n + \left(\frac{\partial E_y}{\partial z} \right)_n \dot{z}_n \right] \ ;$$

$$\ddot{z}_n = \frac{e}{m} (E_z)_n \ , \quad \frac{d^3 z}{dt^3} = \frac{e}{m} \left[\left(\frac{\partial E_z}{\partial y} \right)_n \dot{y}_n + \left(\frac{\partial E_z}{\partial z} \right)_n \dot{z}_n \right] .$$

Die Runge-Kutta-Methode vierter Ordnung. Betrachtet werde die Integration der paraxialen Trajektoriengleichung (3.31). Verbleibt auf der linken Seite der Gleichung nur d^2r/dz^2 und werden alle übrigen Glieder auf die rechte Seite der Gleichung gebracht und die Ausdrücke

$$r' = \frac{dr}{dz} \ ; \quad F(r,z,r') = -\frac{U_0'}{2U_0} \frac{dr}{dz} - \frac{U_0''}{4U_0} r + \frac{e}{8m} r \frac{B_{z0}^2}{U_0} \left[1 - \left(\frac{r_k^2 B_{z0k}}{r^2 B_{z0}} \right)^2 \right]$$

eingeführt, dann nimmt die Gleichung die Form

$$\frac{d^2 r}{dz^2} = F(r,z,r')$$

an. Diese Differentialgleichung 2. Ordnung, deren Lösung mit der Runge-Kutta-Methode den Fehler $\varepsilon \sim h^5$ hat, wird auf folgendem Wege realisiert [63]:

$$r_{n+1} = r_n + h \left[r_n' + \frac{1}{6} (k_1 + k_2 + k_3) \right] \ ;$$

$$r_{n+1}' = r_n' + \frac{1}{6} (k_1 + k_2 + k_3 + k_4)$$

mit h als Integrationsschritt. Die Werte k_1, k_2, k_3, k_4 werden wie folgt berechnet:

$$k_1 = h \, F(z_n, r_n, r_n') \ ;$$

$$k_2 = h \, F(z_n + \frac{h}{2}, r_n + \frac{h}{2r_n'} + \frac{h}{8k_1}, r_n' + \frac{k_1}{2}) \ ;$$

$$k_3 = h \, F(z_n + \frac{h}{2}, r_n + \frac{h}{2r_n'} + \frac{h}{8k_1}, r_n' + \frac{k_2}{2}) \ ;$$

$$k_4 = h \, F(z_n + h, r_n + hr_n' + \frac{h}{2k_3}, r_n' + k_3) \ .$$

Für die Berechnung des ersten Schrittes werden als Ausgangswerte gegebene Anfangswerte z_0, r_0, r_0' verwendet.

Eine spezielle Methode der Integration der Bewegungsgleichungen. Bei Trajektorienberechnungen auf Computern wird oft eine Integrationsmethode der Bewegungsgleichungen verwendet, die auf Gleichungen beruht, die eine einfache physikalische Interpretation erlauben. Für zweidimensionale elektrostatische Felder haben diese Gleichungen die Form

$$y_{n+1} = y_n + \dot{y}_{n+1/2} \, \Delta t \ , \quad z_{n+1} = z_n + \dot{z}_{n+1/2} \, \Delta t \ ;$$

$$\dot{y}_{n+1/2} = \dot{y}_{n-1/2} + \frac{e}{m} (E_y)_n \, \Delta t \ , \quad \dot{z}_{n+1/2} = \dot{z}_{n-1/2} + \frac{e}{m} (E_z)_n \, \Delta t \ .$$

Aus diesen Gleichungen folgt, daß der Zuwachs der Koordinaten als Produkt der entsprechenden Geschwindigkeitskomponenten und des Zeitintegrationsschrittes Δt bestimmt wird, die Zunahme der Geschwindigkeiten dagegen als Produkt der Beschleunigung und von Δt. Die Besonderheit dieser Gleichungen besteht darin, daß bei der Berechnung der Zuwächse Geschwindigkeits- und Beschleunigungswerte verwendet werden, die für die mittleren Punkte der Zeitschritte ausgerechnet wurden. Diese Methode kann auch für den Fall der Teilchenbewegung in gemischten elektrischen und magnetischen Feldern verallgemeinert werden.

Ein Vergleich verschiedener numerischer Methoden der Trajektorienberechnung hinsichtlich der Präzision, der Stabilität und der Effektivität erfolgt in [12, 13].

3.5 Elektrostatische Linsen

Ein in seiner Ausdehnung begrenztes axialsymmetrisches elektrostatisches Feld bildet eine elektrostatische Linse, die ähnlich einer optischen Linse einen durchgehenden Strahl geladener Teilchen sammeln (fokussieren) oder streuen kann. Sämtliche elektrostatischen Linsen können in drei grundlegende Typen unterteilt werden. Das wichtigste Kriterium, nach dem die Linsen unterschieden werden können, ist die Potentialverteilung längs der Symmetrieachse der Linse.

Zum ersten Typ zählen Linsen, bei denen das Potential am Linsenrand einem konstanten Wert zustrebt, der für die rechte und linke Grenze gleich ist. Solche Linsen werden als *Einzellinsen* bezeichnet. Beispiele für Einzellinsen und entsprechende axiale Potentialverteilungen werden in Bild 3.3a-c gezeigt.

Der zweite Typ sind *Immersionslinsen.* Für diese Linsen ist eine Feldverteilung charakteristisch, bei der das Potential an beiden Seiten der Linse konstant ist, sich aber hinsichtlich seines Wertes unterscheidet (Bild 3.3d-f).

Der dritte Typ sind *Diaphragmenlinsen*, für die ein homogenes elektrisches Feld von einer oder von beiden Seiten der Linse charakteristisch ist (Bild 3.4a-c). Diaphragmenlinsen sind gewöhnlich Elemente komplizierter elektronenoptischer Systeme.

Brechung von Elektronentrajektorien. Die fokussierenden Eigenschaften von Feldern elektrostatischer Linsen können mit Hilfe der Gleichungen untersucht werden, welche die Trajektorien geladener Teilchen in elektrostatischen Feldern beschreiben. Gewöhnlich wird dafür die paraxiale Trajektoriengleichung verwendet, die sich aus (3.31) ergibt, wenn $B_{z0} = B_{z0k} = 0$ gesetzt wird:

$$\frac{d^2r}{dz^2} + \frac{U_0'}{2U_0}\frac{dr}{dz} + \frac{U_0''}{4U_0}r = 0 \, . \tag{3.36}$$

Die Ergebnisse einer solchen Analyse stellen Näherungswerte dar und gelten nur für nahezu paraxiale Strahlen. Ihre Anwendung auf breitere Elektronenstrahlen führt zum Auftreten von Fehlern, welche unter dem Begriff *Aberrationen von elektronenoptischen Systemen* bekannt sind.

Für eine weitere Analyse ist es günstig, Gleichung (3.36) in der folgenden Form zu schreiben:

$$\frac{d}{dz}\left(\sqrt{U_0}\frac{dr}{dz}\right) = -\frac{r}{4}\frac{U_0''}{\sqrt{U_0}} \, .$$

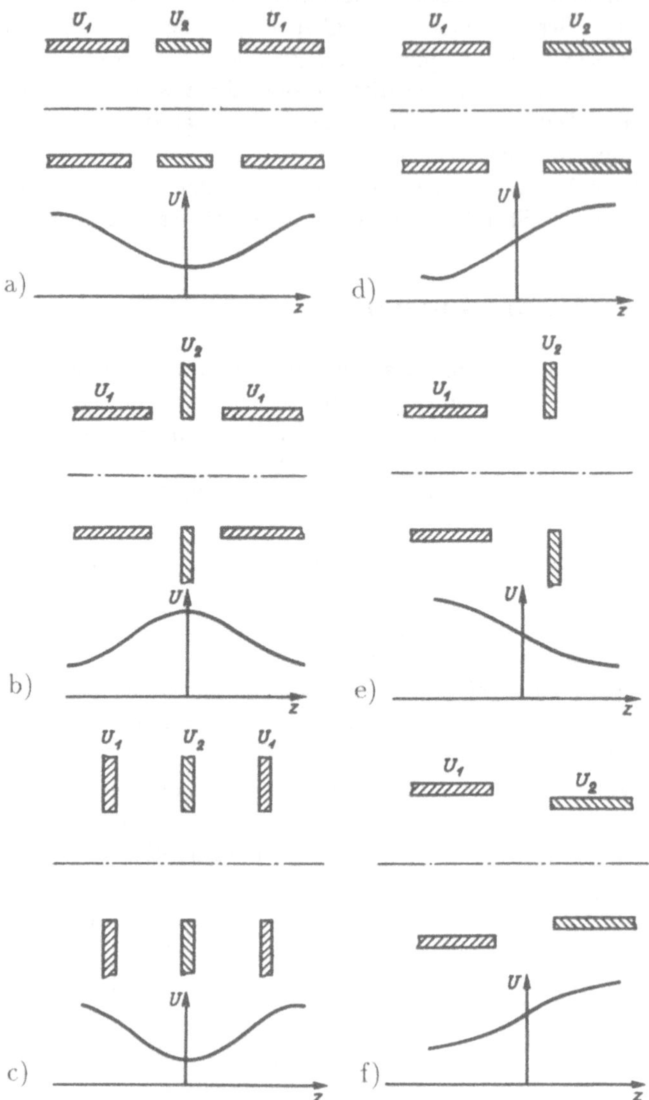

Bild 3.3: Typen elektrostatischer Linsen

Wird angenommen, daß der Linsenbereich auf der z-Achse auf das Intervall $z_1 - z_2$ begrenzt ist (Bild 3.5), wird die Gleichung in den entsprechenden Grenzen integriert:

$$\sqrt{U_0}\,\frac{dr}{dz}\bigg|_{z_1}^{z_2} = -\int\limits_{z_1}^{z_2} \frac{r}{4}\,\frac{U_0''}{\sqrt{U_0}}\,dz\,.$$

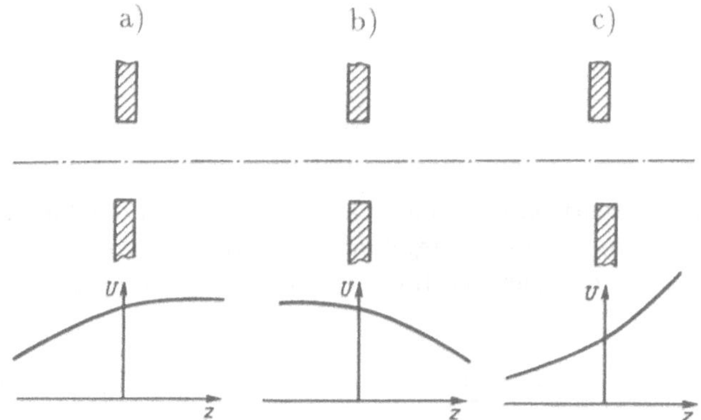

Bild 3.4: Verteilung des axialen Potentials für Diaphragmenlinsen

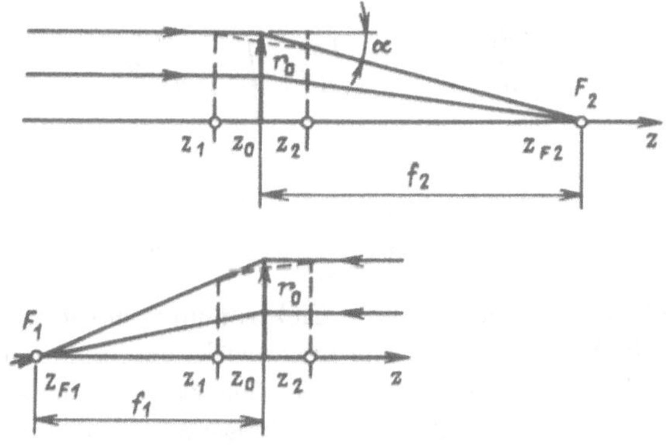

Bild 3.5: Zur Bestimmung des Brennpunktes einer dünnen Linse

woraus

$$\sqrt{U_{02}} \left(\frac{dr}{dz}\right)_2 - \sqrt{U_{01}} \left(\frac{dr}{dz}\right)_1 = - \int\limits_{z_1}^{z_2} \frac{r}{4} \frac{U_0''}{\sqrt{U_0}} \, dz \tag{3.37}$$

folgt.

Hier sind $(dr/dz)_1$ und $(dr/dz)_2$ der Tangens des Anstiegswinkels der Trajektorie am Eingang und Ausgang der Linse. Somit beschreibt der gegebene Ausdruck die Brechung der Trajektorien geladener Teilchen bei deren Durchgang durch die Linse.

Dünne Linse. Eingeführt werden soll der Begriff einer *dünnen Linse*, welche praktisch den Abstand der Trajektorie von der Achse nicht ändert, jedoch aber sprunghaft den Anstieg der Trajektorie. Für diesen Fall folgt, wenn in (3.37) $r \approx r_o$ =const eingesetzt und integriert wird, ergibt sich

$$\sqrt{U_{02}} \left(\frac{dr}{dz}\right)_2 - \sqrt{U_{01}} \left(\frac{dr}{dz}\right)_1 = - \frac{r_0}{4} \left[\frac{U_0'}{\sqrt{U_0}}\right]_{z_1}^{z_2} - \frac{r_0}{8} \int\limits_{z_1}^{z_2} \frac{(U_0')^2}{U_0^{3/2}} \, dz$$

beziehungsweise

$$\sqrt{U_{02}}\left(\frac{dr}{dz}\right)_2 - \sqrt{U_{01}}\left(\frac{dr}{dz}\right)_1 = -\frac{r_0}{4}\frac{U_{02}'}{\sqrt{U_{02}}} + \frac{r_0}{4}\frac{U_{01}'}{\sqrt{U_{01}}} - \frac{r_0}{8}\int_{z_1}^{z_2}\frac{(U_0')^2}{U^{3/2}}\,dz \tag{3.38}$$

mit U_{02}' und U_{01}' als Potentialgradienten rechts und links von der Linse.

Wird $(dr/dz)_1 = 0$ angenommen, ergibt sich eine Gleichung, die den Anstieg der Elektronentrajektorien am Linsenausgang für Elektronen bestimmt, die in die Linse parallel zur Achse eintreten:

$$\left(\frac{dr}{dz}\right)_2 = \frac{r_0}{4}\left[\frac{U_{01}'}{\sqrt{U_{01}}} - \frac{U_{02}'}{\sqrt{U_{02}}} - \frac{1}{2}\int_{z_1}^{z_2}\frac{(U_0')^2}{U_0^{3/2}}\,dz\right] .$$

Ist rechts und links der Linse das Feld gleich Null, so gilt $U_{01}' = U_{02}' = 0$ und die Gleichung vereinfacht sich zu

$$\left(\frac{dr}{dz}\right)_2 = -\frac{r_0}{8\sqrt{U_{02}}}\int_{z_1}^{z_2}\frac{(U_0')^2}{U_0^{3/2}}\,dz \tag{3.39}$$

beziehungsweise

$$\left(\frac{dr}{dz}\right)_2 = -\frac{r_0}{8U_{02}^2}\int_{z_1}^{z_2}\frac{(U_0')^2}{(U_0/U_{02})^{3/2}}\,dz .$$

Aus der letzten Gleichung folgt, daß die Elektronentrajektorien am Linsenausgang in Richtung Achse abgelenkt werden und die Linse wirkt als Sammellinse.

Ein analoges Resultat ergibt sich auch für Elektronen, welche die Linse von rechts nach links durchqueren, wobei der Anstieg am Linsenausgang über

$$\left(\frac{dr}{dz}\right)_1 = \frac{r_0}{8\sqrt{U_{01}}}\int_{z_1}^{z_2}\frac{(U_0')^2}{U_0^{3/2}}\,dz$$

bestimmt ist.

Somit sind Linsen, für die die weiter oben angegebene Bedingung $U_{01}' = U_{02}' = 0$ gilt, immer *Sammelllinsen.* Dazu gehören Einfachlinsen und Immersionslinsen. Im Unterschied dazu können Diaphragmenlinsen sowohl sammelnd als auch streuend wirken.

Wird ein dünnes Diaphragma angenommen und strebt das Integrationsintervall in (3.38) gegen Null ($z_2 \to z_1$), so ergeben sich für den Anstieg der Teilchentrajektorie, die in die Linse parallel zur Achse eintritt, die folgenden Ausdrücke:

$$\left(\frac{dr}{dz}\right)_2 = \frac{r_0}{4\sqrt{U_0}}\left(\frac{U_{01}'}{\sqrt{U_0}} - \frac{U_{02}'}{\sqrt{U_0}}\right) = \frac{r_0}{4U_0}\left(U_{01}' - U_{02}'\right) ; \tag{3.40}$$

$$\left(\frac{dr}{dz}\right)_1 = -\frac{r_0}{4U_0}\left(U_{01}' - U_{02}'\right) \tag{3.41}$$

mit U_0 als Potential im Zentrum des Diaphragmas.

Aus den angegebenen Gleichungen folgt, daß das Vorzeichen des Neigungswinkels der Trajektorie vom Verhältnis der Feldgradienten links und rechts des Diaphragmas abhängt. Dies bedeutet auch, daß Linsendiaphragmen sowohl fokussierend als auch streuend wirken können.

Brennweiten dünner Linsen. Für eine dünne Linse werden unter der Brennweite die Abstände vom Linsenzentrum bis zu den Brennpunkten der Trajektorien verstanden, welche achsenparallel in die Linse eintreten (siehe Bild 3.5):

$$f_1 = z_{F1} - z_0 \,, \quad f_2 = z_{F2} - z_0 \,.$$

Zuerst soll ein Teilchen betrachtet werden, das die Linse von links nach rechts durchtritt. Wird angenommen, daß die Brechung der Trajektorie in der zentralen Linsenebene ($z = z_0$) erfolgt, ergibt sich eine Gleichung, die die Elektronentrajektorie im Bereich hinter der Linse bestimmt:

$$r = r_0 + \left(\frac{dr}{dz}\right)_2 (z - z_0)$$

mit r_0 als Radialkoordinate des Teilchens in der zentralen Linsenebene und $(dr/dz)_2$ als Tangens des Austrittswinkels des Teilchens aus der Linse. Daraus ergibt sich für die Brennweite

$$f_2 = z_{F2} - z_0 = -\frac{r_0}{\left(\dfrac{dr}{dz}\right)_2} \,. \tag{3.42}$$

Wird in diesen Ausdruck der Wert von $(dr/dz)_2$ aus (3.39) eingesetzt, resultiert für Einzel- und Immersionslinsen

$$\frac{1}{f_2} = \frac{1}{8\sqrt{U_{02}}} \int_{z_1}^{z_2} \frac{(U_0')^2}{U_0^{3/2}}\, dz \,. \tag{3.43}$$

Analog können die Gleichungen für die Brennweite erhalten werden:

$$f_1 = z_{F1} - z_0 = -\frac{r_0}{\left(\dfrac{dr}{dz}\right)_1} \,; \tag{3.44}$$

$$\frac{1}{f_1} = -\frac{1}{8\sqrt{U_{01}}} \int_{z_1}^{z_2} \frac{(U_0')^2}{U_0^{3/2}}\, dz \,. \tag{3.45}$$

Wird (3.43) in (3.45) eingesetzt, gilt

$$\frac{f_1}{f_2} = -\frac{\sqrt{U_{02}}}{\sqrt{U_{01}}} \,.$$

Hieraus folgt, daß die Brennweiten f_1 und f_2 für Einzellinsen mit $U_{01} = U_{02}$ gleich, aber für Immersionslinsen verschieden sind.

Unter Verwendung der Gleichungen (3.42) und (3.44), die die Brennweiten bestimmen, ergeben sich unter Berücksichtigung von (3.40) und (3.41) Ausdrücke für die Brennweiten dünner Linsendiaphragmen:

$$\frac{1}{f_2} = -\frac{1}{4U_0}(U_{01}' - U_{02}') \,; \tag{3.46}$$

$$\frac{1}{f_1} = \frac{1}{4U_0}(U'_{01} - U'_{02}) \; ; \tag{3.47}$$

Für dünne Linsen sind die Brennweiten f_1 und f_2 Parameter, die deren elektronenoptischen Eigenschaften in der paraxialen Näherung vollständig bestimmen.

Matrixgleichungen für dünne Einzellinsen. Der Verlauf der Elektronentrajektorien in einer elektrostatischen Linse wird in der paraxialen Näherung durch eine lineare Differentialgleichung (3.36) beschrieben. Dies ermöglicht es, die Linse als eine Vorrichtung zu betrachten, die eine lineare Transformation der Anfangswerte der Koordinaten r_1 und der Trajektorienneigungswinkel $(dr/dz)_1$ in die Endwerte r_2 und $(dr/dz)_2$ vollzieht. Beschrieben werden kann dieser Prozeß durch Matrizen.

Entsprechend ihrer Bestimmung verändert eine dünne Linse nicht den Abstand der Teilchentrajektorie von der Achse, jedoch aber den Wert der Neigung der Trajektorie. Daher gilt für die Anfangs- und Endkoordinaten

$$r_1 = r_2 = r_0 \; . \tag{3.48}$$

Der Zusammenhang für die Trajektorienneigungswinkel am Eingang und am Ausgang der Linse ergibt sich aus (3.38), wenn $U_{02} = U_{01} = U_0$ und $U'_{02} = U'_{01} = 0$ angenommen werden. Nach Einführung der Größen $(dr/dz)_1 = r'_1$ und $(dr/dz)_2 = r'_2$ folgt

$$r'_2 = r'_1 - \frac{r_0}{8\sqrt{U_0}} \int\limits_{z_1}^{z_2} \frac{(U'_0)^2}{U_0^{3/2}}\, dz \; . \tag{3.49}$$

Da für eine Einzellinse

$$\frac{1}{8\sqrt{U_0}} \int\limits_{z_1}^{z_2} \frac{(U'_0)^2}{U_0^{3/2}}\, dz = \frac{1}{f_2}$$

gilt, kann Gleichung (3.49) in der Form

$$r'_2 = r'_1 - \frac{r_0}{f} \tag{3.50}$$

geschrieben werden.

Unter Berücksichtigung von (3.48) und (3.50) gilt für eine dünne Einzellinse die folgende Matrizengleichung:

$$\left\| \begin{matrix} r_2 \\ r_2{}' \end{matrix} \right\| = M \left\| \begin{matrix} r_1 \\ r_1{}' \end{matrix} \right\|$$

mit $M = \left\| \begin{matrix} 1 & 0 \\ -\dfrac{1}{f} & 1 \end{matrix} \right\|$ als Matrix einer dünnen Einzellinse.

Brechungswinkel von Elektronentrajektorien für dünne Einzellinsen. Für die Elektronenoptik intensiver Ströme ist es günstig, als Parameter, der die fokussierende Wirkung der Linse beschreibt, den *Brechungswinkel* der Elektronentrajektorien einzuführen. Für kleine Neigungswinkel, wenn der Tangens des Winkels durch sein Argument ausgedrückt werden kann, folgt aus (3.50) eine genäherte Gleichung für den

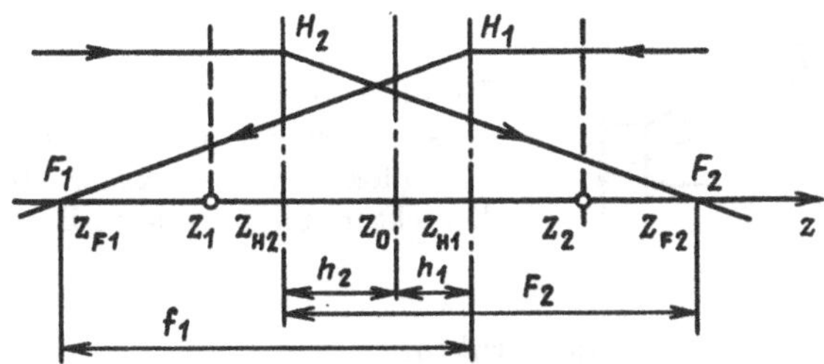

Bild 3.6: Zur Bestimmung der Parameter einer dicken Linse: z_0 – Koordinate der Zentralebene; z_1 und z_2 – Koordinaten der Ebenen, die den Linsenbereich begrenzen; z_{H1} und z_{H2} – Koordinaten der Ebenen der Linsen H_1, H_2; z_{F1} und z_{F2} – Koordinaten der Linsenbrennpunkte F_1 und F_2

absoluten Wert des paraxialen Brechungswinkels: $\alpha = r_0/f$ mit f als absoluten Wert der Brennweite der dünnen Einzellinse $f = f_2 = |f_1|$:

$$\frac{1}{f} = \frac{1}{8\sqrt{U_0}} \int\limits_{z_1}^{z_2} \frac{(U_0')^2}{U_0^{3/2}}\, dz \; .$$

Hieraus folgt, daß der Brechungswinkel der Trajektorie in einer dünnen Einzellinse nicht vom Neigungswinkel der Trajektorien beim Linseneintritt abhängt und zahlenmäßig gleich dem Brechungswinkel von Trajektorien ist, die in die Linse parallel zur z-Achse eintreten.

Brechung von Elektronentrajektorien in einer dicken Linse. Eine dicke Linse unterscheidet sich von einer dünnen Linse durch eine relativ große Ausdehnung des Feldes (die Ausdehnung des Feldes ist mit den Brennweiten vergleichbar). Die Wirkung einer dicken Linse kann ebenfalls auf die Brechung von Elektronentrajektorien zurückgeführt werden. Im Unterschied zu einer dünnen Linse ist die Brechung hier nicht mit der zentralen Linsenebene verbunden, sondern mit Ebenen, die gegenüber dem Zentrum verschoben sind und die die Bezeichnung *Hauptlinsenebenen* (H_1 und H_2 in Bild 3.6) tragen. Dementsprechend werden die fokussierenden Eigenschaften einer dicken Linse in der paraxialen Näherung durch vier Parameter bestimmt: durch die Brennweiten f_1 und f_2 und durch die Abstände h_1 und h_2, welche die Lage der Hauptebenen bestimmen. Bei Kenntnis dieser Größen kann die Änderung der Teilchentrajektorien berechnet werden, wie sie als Ergebnis des Durchgangs durch eine dicke Linse auftritt. Die Matrixschreibweise der Transformationsgleichung hat die Form

$$\left\| \begin{matrix} r_2 \\ r_2' \end{matrix} \right\| = M \left\| \begin{matrix} r_1 \\ r_1' \end{matrix} \right\| . \tag{3.51}$$

Die konkrete Form der Transformationsmatrizen hängt vom Linsentyp ab. Beispielsweise hat die Transformationsmatrix einer einfach symmetrischen Linse für Bereiche, die durch

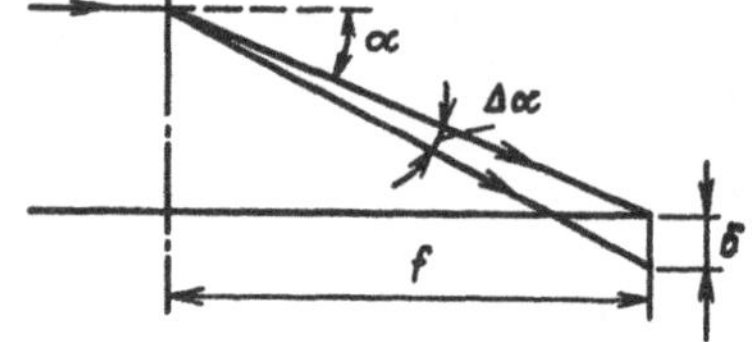

Bild 3.7: Brechung von Teilchentrajektorien in einer Linse mit sphärischen Aberrationen: f – paraxialer Linsenfokus; α – paraxialer Brechungswinkel; $\Delta\alpha$ – Korrektur zum paraxialen Brechungswinkel

die Hauptebenen begrenzt sind, die Struktur

$$M = \left\| \begin{array}{cc} 1 - \dfrac{s}{f} & 2s - \dfrac{s^2}{f} \\ -\dfrac{1}{f} & 1 - \dfrac{s}{f} \end{array} \right\| \tag{3.52}$$

mit $f = f_2 = |f_1|$, $s = 2h$ und $h = h_1 = |h_2|$.

Sphärische Linsenaberrationen. Die Verwendung der paraxialen Gleichung zur Berechnung von Elektronentrajektorien führt in breiten Elektronenstrahlen zu Fehlern: zu *elektronenoptischen Aberrationen.*

Bei der Berechnung von fokussierenden Systemen, die zur Fokussierung intensiver Ströme dienen, sind *sphärische Linsenaberrationen* von größter praktischer Bedeutung. Verstanden wird darunter, daß bei großem Abstand von der Achse Trajektorien stärker gebrochen werden als wie aus der paraxialen Theorie folgt (Bild 3.7). Quantitativ wird die sphärische Linsenaberration durch die radiale Abweichung δ der Trajektorie vom paraxialen Brennpunkt F oder durch den sphärischen Aberrationskoeffizienten C_s beschrieben, der mit δ über

$$C_s = \frac{\delta}{\alpha^3} \tag{3.53}$$

verbunden ist. α ist hier der Absolutwert des paraxialen Brechungswinkels.

Eine Korrektur $\Delta\alpha$ zum paraxialen Brechungswinkel kann über die Linsenparameter f und C_s ausgedrückt werden [5]:

$$\Delta\alpha \approx \frac{C_s}{f}\,\alpha^3 \cos^2\alpha\ . \tag{3.54}$$

Der Brechungswinkel einer nichtparaxialen Trajektorie wird entsprechend über den Ausdruck

$$\alpha' = \alpha + \Delta\alpha = \alpha + \frac{C_s}{f}\,\alpha^3 \cos^2\alpha \tag{3.55}$$

bestimmt. Wird für kleine Werte des Brechungswinkels $\alpha \simeq r_0/f$ und $\cos^2\alpha \simeq 1$ angenommen, kann diese Gleichung in der Form

$$\alpha' = \frac{r_0}{f}\,(1 + C_\alpha r_0^2) \tag{3.56}$$

geschrieben werden. Dabei ist $C_\alpha = C_s/f^3$ ein Winkelkoeffizient der sphärischen Aberrationen, der eine Korrektur zum paraxialen Brechungswinkel darstellt:

$$\frac{\Delta\alpha}{\alpha} = C_\alpha\, r_0^2\ . \tag{3.57}$$

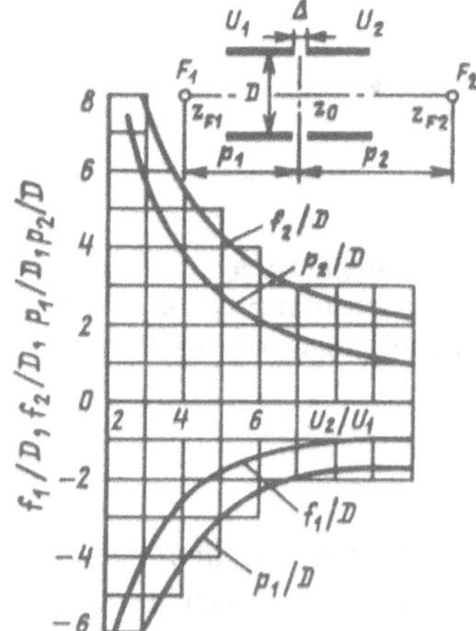

Bild 3.8: Abhängigkeit der Parameter von Immersionslinsen von den Elektrodenpotentialen

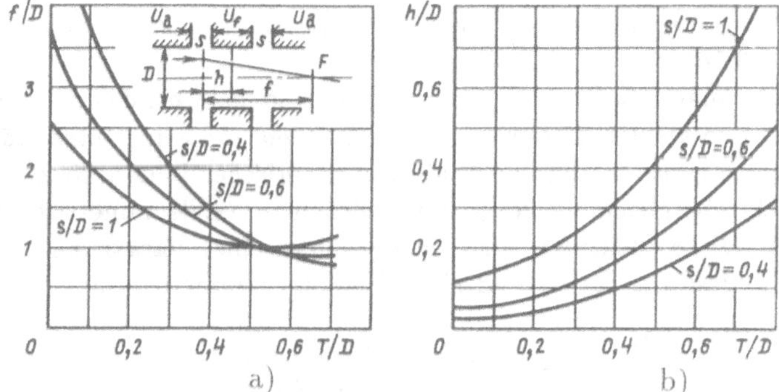

Bild 3.9: Abhängigkeit der Parameter einer Einzellinse von ihrer Geometrie: a – Abhängigkeit der Brennweite f von der Breite T der mittleren Linsenelektrode; b – Abhängigkeit des die Lage der Hauptebenen der Linse bestimmenden Abstandes h von der Breite T der mittleren Linsenelektrode

Parameter einiger elektrostatischer Linsen Ein häufiges Element elektronenoptischer Systeme ist die *Immersionslinse*, die aus zwei Zylindern gleichen Durchmessers besteht. In Bild 3.8 sind die Abhängigkeiten der Brennweiten f_1 und f_2 und der Abstände $p_2 = z_{F2} - z_0$ und $p_1 = z_{F1} - z_0$, welche die Positionen der Fokusse F_2 und F_1 zur mittleren Linsenebene $z = z_0$ angeben, als Funktion des Verhältnisses U_2/U_1 der Linsenelektrodenpotentiale dargestellt. Unter Verwendung der Grafik kann die Position der Fokusse und der Hauptebenen für konkrete Linsen bestimmt werden, für die das Verhältnis der Elektrodenpotentiale bekannt ist.

In Bild 3.9 sind die Abhängigkeiten der elektronenoptischen Parameter einer symmetrischen Einzellinse, die durch Zylinder gleichen Durchmessers gebildet wird, von ihrer Geometrie für den Fall dargestellt, daß das Potential der mittleren Linsenelektrode gleich dem Kathodenpotential ist ($U_f = U_k = 0$) [64].

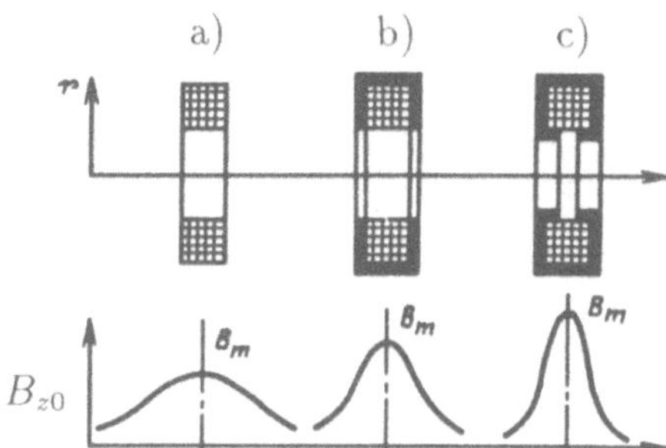

Bild 3.10 Typen magnetischer Solenoidenlinsen: a – nicht abgeschirmter Solenoid; b, c – Solenoiden mit magnetischen Schirm

3.6 Magnetische Solenoidlinsen

Magnetische axialsymmetrische Felder besitzen analog zu elektrostatischen Feldern die Eigenschaft, den Strahl geladener Teilchen beim Durchgang zu sammeln (zu streuen) und können wie magnetische Linsen behandelt werden. Für Solenoidlinsen sind die Quellen des magnetischen Feldes die durch die Windungen des Solenoiden fließenden Ströme. Der Anregungsstrom der Solenoiden bestimmt die magnetische Induktion, die axiale Verteilung der Induktion B_{z0} und hängt von der Geometrie und Konstruktion des magnetischen Systems ab (Bild 3.10).

Die Anwendung magnetischer Abschirmungen ermöglicht es, das magnetische Feld in einem vergleichsweise kleinen Bereich zu konzentrieren und seine Intensität zu erhöhen. Die fokussierenden Eigenschaften von Feldern magnetischer Linsen können mit Hilfe der paraxialen Trajektoriengleichung geladener Teilchen in axialsymmetrischen Feldern beschrieben werden. Diese Gleichung wird aus der allgemeinen paraxialen Gleichung (3.31) erhalten, wenn in diese U_0 =const und $U_0' = U_0'' = 0$ eingesetzt wird:

$$\frac{d^2r}{dz^2} - \frac{e}{8m}\frac{rB_{z0}^2}{U_0}\left[1 - \left(\frac{r_k^2 B_{z0k}}{r^2 B_{z0}}\right)^2\right] = 0 \ . \tag{3.58}$$

Befindet sich die Teilchenquelle (Kathode) außerhalb des Magnetfeldes ($B_{z0k} = 0$), vereinfacht sich (3.58) zu:

$$\frac{d^2r}{dz^2} - \frac{e}{8m}\frac{rB_{z0}^2}{U_0} = 0 \ . \tag{3.59}$$

Die Lösung $r = \varphi(z)$ von (3.59) bestimmt die Elektronentrajektorie im Linsenfeld.

Dünne magnetische Linse. Wird angenommen, daß das Linsenfeld in einem engen Intervall $z_2 - z_1$ der z-Achse lokalisiert ist (Bild 3.5) und $r = r_0$ =const gelte, so folgt nach Integration von (3.59):

$$\left(\frac{dr}{dz}\right)_2 - \left(\frac{dr}{dz}\right)_1 = \frac{er_0}{8mU_0}\int_{z_1}^{z_2} B_{z0}^2\, dz \ . \tag{3.60}$$

Diese Gleichung bestimmt die Brechung einer Elektronentrajektorie in einer dünnen Linse. Ihr rechter Teil kann in der Form

$$\frac{er_0}{8mU_0}\int_{z_1}^{z_2} B_{z0}^2\, dz = -\frac{e^2 r_0}{8m|eU_0|}\int_{z_1}^{z_2} B_{z0}^2\, dz \tag{3.61}$$

dargestellt werden. Gemeinsam mit (3.60) ergibt sich

$$\left(\frac{dr}{dz}\right)_2 - \left(\frac{dr}{dz}\right)_1 = -\frac{e^2 r_0}{8m|eU_0|} \int_{z_1}^{z_2} B_{z0}^2 \, dz \tag{3.62}$$

Für Teilchen, die links in die Linse mit Neigungswinkeln $(dr/dz)_1 = 0$ eintreten, folgt

$$\left(\frac{dr}{dz}\right)_2 = -\frac{e^2 r_0}{8m|eU_0|} \int_{z_1}^{z_2} B_{z0}^2 \, dz \,. \tag{3.63}$$

Dies bedeutet, daß eine dünne magnetische Linse die Teilchentrajektorie zur Symmetrieachse hin ablenkt und daß sie somit sammelnd wirkt. Eine analoge Wirkung hat die Linse auch auf Teilchen, die durch die Linse in umgekehrter Richtung treten. Ihre Neigung am Linsenausgang wird durch den Ausdruck

$$\left(\frac{dr}{dz}\right)_1 = \frac{e^2 r_0}{8m|eU_0|} \int_{z_1}^{z_2} B_{z0}^2 \, dz \tag{3.64}$$

bestimmt. Somit ist eine magnetische Kurzlinse eine Sammellinse, die unabhängig vom Vorzeichen der Ladung eines Teilchens und der Richtung des Magnetfeldes sammelnd wirkt.

Brennpunkte einer dünnen Linse. Wird die in Abschnitt 3.5 angegebene Bestimmung der Brennweiten verwendet, folgt:

$$f_2 = z_{F2} - z_0 = -\frac{r_0}{\left(\frac{dr}{dz}\right)_2} \; ; \quad f_1 = z_{F1} - z_0 = -\frac{r_0}{\left(\frac{dr}{dz}\right)_1} \,.$$

Werden hier die Werte $(dr/dz)_2$ und $(dr/dz)_1$ aus (3.63) und (3.64) eingesetzt, ergeben sich für die Brennweiten einer dünnen magnetischen Linse:

$$\frac{1}{f_1} = -\frac{e^2}{8m|eU_0|} \int_{z_1}^{z_2} B_{z0}^2 \, dz \; ; \tag{3.65}$$

$$\frac{1}{f_2} = \frac{e^2}{8m|eU_0|} \int_{z_1}^{z_2} B_{z0}^2 \, dz \,. \tag{3.66}$$

Hieraus folgt, daß die Absolutwerte der Brennweiten einer magnetischen Linse gleich sind.

Brechungswinkel von Elektronentrajektorien. Bei der Beschränkung auf kleine Trajektorienneigungswinkel, bei denen der Tangens des Winkels durch sein Argument ausgedrückt werden kann, ergibt sich aus (3.62) für den Absolutwert des Brechungswinkels von Elektronen in einer dünnen Linse

$$\alpha = \frac{e^2 r_0}{8m|eU_0|} \int_{z_1}^{z_2} B_{z0}^2 \, dz \tag{3.67}$$

bzw. $\alpha = r_0/f$ mit $f = f_2 = |f_1|$.

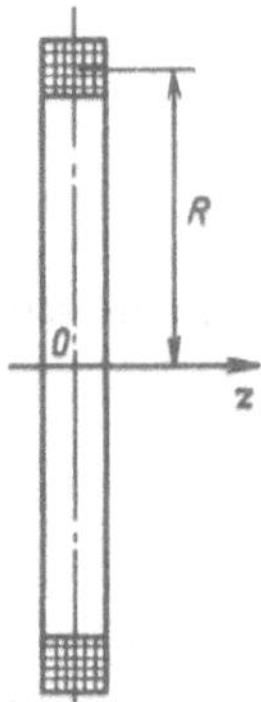

Bild 3.11: Dünne magnetische Spule ohne Abschirmung

Azimutale Verschiebung. Beim Durchgang durch eine magnetische Linse wirken auf ein Teilchen neben radialen Kräften, welche es in Bezug zur Symmetrieachse ablenken, auch azimutal gerichtete Kräfte, die zu einer azimutalen (Winkel-) Verschiebung des Teilchens führen. Ausgehend von Gleichung (3.30) wird diese Verschiebung mit $B_{z0k} = 0$ und für die Substitution der zeitlichen Ableitung durch eine Ableitung nach der Koordinate z gefunden:

$$\dot{\Theta} = \frac{d\Theta}{dt} = \frac{d\Theta}{dz}\frac{dz}{dt} .$$

Wird näherungsweise $dz/dt = v_z \approx \sqrt{2|eU_0|/m}$ angenommen, folgt

$$\frac{d\Theta}{dz} = -\frac{e}{\sqrt{8m|eU_0|}} B_{z0} ,$$

woraus sich

$$\Theta = -\frac{e}{\sqrt{8m|eU_0|}} \int_{z_1}^{z_2} B_{z0}\, dz$$

ergibt.

Der Winkelversatz hängt somit vom Vorzeichen der Teilchenladung und von der Richtung des Magnetfeldes ab.

Dicke magnetische Linse. Ist die Ausdehnung der Linse vergleichbar mit ihrer Brennweite, wird die Linse als *dicke Linse* bezeichnet. Zur Beschreibung ihrer Eigenschaften müssen neben der Brennweite die Lagen der Hauptebenen angegeben werden, wie dies für eine dicke elektrostatische Linse in Abschnitt 3.5 erfolgt ist. Die Matrixgleichung einer dicken symmetrischen Magnetlinse hat die gleiche Form wie (3.52).

Parameter einiger magnetischer Linsen. *Dünne Spule ohne Abschirmung* (Bild 3.11). Ist der Querschnitt der Spulenwicklung bedeutend geringer als der mittlere Radius R, kann die axiale Verteilung der magnetischen Induktion über die Gleichung für eine ringförmige Stromwindung beschrieben werden:

$$B_{z0} = \frac{1}{2}\frac{R^2 I N \mu_0}{(z^2 + R^2)^{3/2}}$$

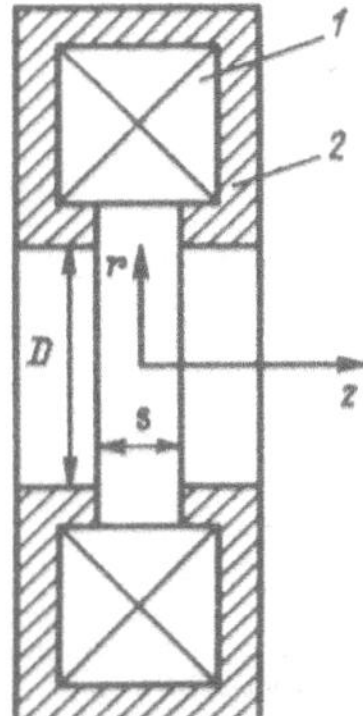

Bild 3.12: Abgeschirmter Solenoid; 1 – Wicklungen; 2 – Abschirmung

mit I als Spulenstrom und N als Windungszahl. IN ist die magnetisch treibende Kraft der Spule.

Wird dieser Ausdruck in die Gleichungen (3.65) und (3.66) für die Brennweiten einer dünnen Magnetlinse eingesetzt und für die Integrationsgrenzen $z_1 = -\infty$ und $z_2 = +\infty$ gewählt, folgt

$$\frac{1}{f} \approx \frac{3\pi e^2 \mu_0^2}{16^2 m |eU_0|} \frac{(IN)^2}{R} .$$

Hier gilt $f = f_2 = |f_1|$.

Abgeschirmter Solenoid. (Bild 3.12) Der Wert der magnetischen Induktion und seine axiale Verteilung hängen von der treibenden magnetischen Kraft (der Anregung) IN des Solenoiden und von der Geometrie des magnetischen Schirms ab. Liegt keine Sättigung des Schirmmaterials vor und gilt $0,5 \leq D/s \leq 2$, kann die axiale Verteilung der magnetischen Induktion durch die Gleichung [65]

$$B_{z0} = \frac{1,257 \cdot 10^{-4} IN}{2s} \left[\frac{z + \frac{s}{2}}{\sqrt{\left(\frac{D}{3}\right)^2 + (z + \frac{s}{2})^2}} - \frac{z - \frac{s}{2}}{\sqrt{\left(\frac{D}{3}\right)^2 + (z - \frac{s}{2})^2}} \right]$$

mit B_{z0} – magnetische Induktion [T], N – Windungszahl des Solenoiden, I – der die Windungen durchfließende Strom [A] und s, D, z – lineare Abmaße [cm] beschrieben werden. Im allgemeinen Fall werden die optischen Parameter einer solchen magnetischen Linse über eine numerische Integration der Trajektoriengleichung (3.59) erhalten. Für $s/D < 1$ kann eine glockenförmige Approximation der axialen Induktionsverteilung (*Glaserlinse*) erhalten werden

$$B_{z0} = \frac{B_m}{1 + (\frac{z}{d})^2} .$$

und die Brennweite ergibt sich in der Näherung einer dünnen Linse zu:

$$\frac{1}{f} = \frac{e^2}{8m|eU_0|} \int_{-\infty}^{+\infty} \frac{B_m}{1 + \left(\frac{z}{d}\right)^2} dz = \frac{e^2}{8m|eU_0|} \frac{\pi B_m^2 d}{2} = \frac{\pi k^2}{2d}$$

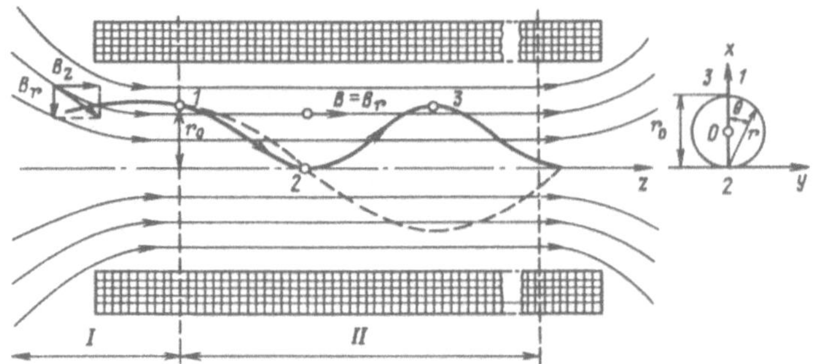

Bild 3.13: Lange magnetische Linse mit Feldlinien und Teilchentrajektorien

mit $k^2 = e^2 B_m^2 d^2/(8m|eU_0|)$ als Parameter, der die Brechkraft der Linse beschreibt.

Die in die obigen Gleichungen eingehenden Größen d und B_m werden durch die geometrischen Abmaße der magnetischen Abschirmung und durch die magnetisch treibende Kraft der Linse bestimmt:

$$d \cong 0,48\sqrt{s^2 + 0,45\,D^2}\,, \quad B_m = \mu_0\,\frac{NI}{\pi d}\,.$$

Für Elektronen gilt $k^2 = 2,2 \cdot 10^6 B_m^2 d^2/U_0$, wobei B_m in Tesla angegeben wird, d in Zentimetern und U_0 in Volt. Eine genäherte Abschätzung des Winkelkoeffizienten der sphärischen Aberrationen kann mit Hilfe der Gleichung

$$C_\alpha \approx \frac{1,25}{Ds}$$

erfolgen, wobei D und s die geometrischen Abmessungen der magnetischen Abschirmung (in Zentimetern) darstellen.

Lange magnetische Linse. Eine *lange magnetische Linse* wird durch das Feld eines gleichmäßig gewickelten Solenoiden erzeugt, dessen Länge bedeutend größer als sein Durchmesser ist (Bild 3.13). Das Feld eines solchen Systems ist mit Ausnahme der Randbereiche annähernd homogen $B = B_z$ =const. Das Randfeld besitzt sowohl eine radiale Komponente B_r als auch eine axiale Komponente B_z.

Betrachtet werde die Bewegung geladener Teilchen in einem solchen System unter der Randbedingung, daß sich die Teilchenquelle außerhalb des Solenoidenfeldes befinde. In diesem Fall erhält ein Teilchen, das sich durch das Randfeld bewegt, infolge der Wechselwirkung mit den axialen und radialen Feldkomponenten eine azimutale Geschwindigkeit, deren Wert über das Theorem von Busch gefunden werden kann:

$$r\dot{\Theta} = -\frac{e}{2m}\,B_z r\,.$$

Die Teilchenbewegung im regulären Bereich homogenen Feldes wird durch das Gleichungssystem

$$\ddot{r} = -\frac{e^2}{4m^2}\,B_z^2 r\,; \quad \ddot{z} = 0\,; \quad \dot{\Theta} = -\frac{e}{2m}\,B_z$$

beschrieben, welches sich aus den Gleichungen (3.28) bis (3.30) ergibt, wenn $\Psi_k = 0$ und $\partial U/\partial r = \partial U/\partial z = 0$ angenommen wird. Die Integration dieser Gleichungen nach der Zeit ergibt:

$$r = r_0 \cos \omega_L t + \left(\frac{\dot{r}_0}{\omega_L}\right) \sin \omega_L t \ ;$$

$$z = z_0 + \dot{z}_0 t \ ;$$

$$\Theta = \Theta_0 + \dot{\Theta} t = \Theta_0 - \frac{e}{2m} B_z t$$

mit $r_0, \Theta_0, \dot{r}_0$ und $\dot{z}_0$ als Anfangskoordinaten und Anfangsgeschwindigkeiten der Teilchen beim Eintritt in den Bereich homogenen Feldes sowie $\omega_L = |eB_z|/2m$ als einen *Larmorfrequenz* genannten Parameter.

Wird der Einfachheit halber $z_0 = \Theta_0 = 0$ und $\dot{r}_0 = 0$ angenommen und wird die Zeit durch die Koordinaten und Geschwindigkeiten über $t = z/\dot{z}_0$ und $t = \Theta/\dot{\Theta}$ ausgedrückt, ergeben sich Gleichungen, welche die Projektionen der Trajektorien auf die Meridianebene rz, die mit der Winkelgeschwindigkeit $\dot{\Theta} = -eB_z/2m$ rotiert, und auf die azimutale Ebene $r\Theta$ beschreiben:

$$r = r_0 \cos\left(\omega_L \frac{z}{\dot{z}_0}\right) \ ; \tag{3.68}$$

$$r = r_0 \cos\left(\omega_L \frac{\Theta}{\dot{\Theta}}\right) = r_0 \cos\Theta \ . \tag{3.69}$$

Es werde ein kartesisches Koordinatensystem x, y, z so eingeführt, daß die Systemachse z mit der z-Achse im zylindrischen Koordinatensystem zusammenfalle. Die alten und neuen Koordinaten sind dann über $z = z$, $x = r\cos\Theta$ und $y = r\sin\Theta$ verknüpft. Wird von den Gleichungen (3.68) und (3.69) ausgegangen, ergeben sich für die Projektionen der Teilchentrajektorien auf die Ebenen xy und xz die Gleichungen (siehe Bild 3.13):

$$\left(x - \frac{r_0}{2}\right)^2 + y^2 = \left(\frac{r_0}{2}\right)^2 \ ;$$

$$x = r_0 \cos^2 \omega_L t = \frac{r_0}{2}\left(1 + \cos 2\omega_L t\right) = \frac{r_0}{2}\left(1 + \cos 2\omega_L \frac{z}{\dot{z}_0}\right) \ .$$

Aus den erhaltenen Ergebnissen folgt, daß das Teilchen außer der Eintrittsgeschwindigkeit längs der z-Achse zusätzlich eine Rotationsbewegung vollführt. Dabei ist die Winkelgeschwindigkeit der Rotationsbewegung $\dot{\varphi}$, berechnet bezüglich des Rotationszentrums - dem Punkt 0 - gleich der „Zyklotronfrequenz" $\omega_c = |eB_z|/m$:

$$\dot{\varphi} = 2\omega_L = \omega_c \ .$$

Zur Illustration des Gesagten sind in Bild 3.13 die Magnetfeldlinien und die Teilchentrajektorien einer langen magnetischen Linse dargestellt. Dabei werden der inhomogene und der homogene Feldbereich durch I und II bezeichnet. Die durchgezogene Linie gibt die Trajektorie eines Teilchens an, welches in den homogenen Feldbereich im Punkt 1 im Abstand r_0 von der Achse eintritt. Die Projektion dieser Trajektorie auf die Ebene $r\Theta$ (oder xy) ist eine Kreislinie mit dem Rotationszentrum im Punkt 0 (Bild 3.13, rechte

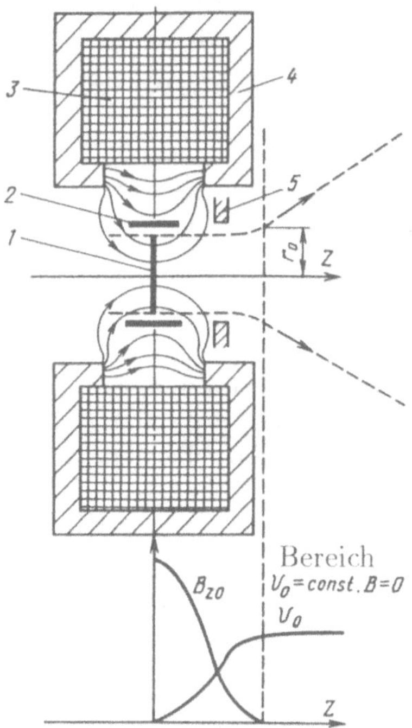

Bild 3.14: Magnetische Streulinse: 1 – Emitter; 2 – fokussierende Elektrode; 3 – Solenoid; 4 – Abschirmung; 5 – beschleunigende Elektrode; gestrichelte Linien mit Pfeilen – Elektronentrajektorien. In der unteren Graphik sind die Kurven für die Verteilung der magnetischen Induktion B_{z0} und des beschleunigenden Potentials U_0 auf der Linsenachse angegeben.

Grafik). Die gestrichelte Linie zeigt die Projektion der gleichen Trajektorie auf die Meridianebene rz, welche mit der Winkelgeschwindigkeit $\dot{\Theta}$ dreht. Die Teilchentrajektorie schneidet die z-Achse in den Punkten, die durch die Ausdrücke

$$2\omega_L \frac{z}{\dot{z}_0} = n\pi \; ; \quad z = \dot{z}_0 \frac{n\pi}{2\omega_L} \tag{3.70}$$

gegeben sind ($n = 1, 3, 5, \ldots$).

Die Lage dieser Punkte hängt nur von der Längskomponente der Geschwindigkeit $\dot{z}$ ab. Tritt ein dünner Teilchenstrahl in eine lange magnetische Linse ein, für den die Längsgeschwindigkeit annähernd konstant ist ($\dot{z}_0 \approx$const), so wird dieser Strahl in Punkten längs der z-Achse gesammelt, welche durch die Gleichung (3.70) bestimmt werden.

Tritt in die Linse ein breiter Teilchenstrahl ein, so hängen die longitudionalen Geschwindigkeitskomponenten der Teilchen stark von den Anfangskoordinaten r_0 ab, was unmittelbar aus der Energieerhaltung folgt:

$$\dot{z}_0^2 = 2\,\frac{|eU_0|}{m} - \left(r_0\dot{\Theta}\right)^2 - \dot{r}_0^2 \,.$$

Im Ergebnis werden achsenferne Teilchentrajektorien die z-Achse eher kreuzen als Trajektorien achsennaher Teilchen. Somit tritt bei der Fokussierung breiter Teilchenstrahlen durch eine lange magnetische Linse ein dem Effekt sphärischer Aberrationen analoger Effekt auf.

Magnetische Streulinse. Eine magnetische Streulinse entsteht, wenn der Emitter (Kathode) mit endlichem Querschnitt in ein stark fallendes Magnetfeld eingebracht wird (Bild 3.14). In diesem Fall besitzt das geladene Teilchen, welches sich in einen Bereich schwachen magnetischen Feldes bewegt, eine azimutale Geschwindigkeitskomponente, die nach dem Theorem von Busch bestimmt wird:

$$v_\Theta = r\dot{\Theta} = -\frac{e}{2\pi m}\frac{\Psi - \Psi_k}{r}\ .$$

An der Bereichsgrenze, wo das magnetische Feld praktisch zu Null angenommen werden kann ($\Psi = 0$), beträgt die azimutale Geschwindigkeit

$$v_{\Theta 0} = \frac{e}{2\pi m}\frac{\Psi_k}{r_0}$$

mit r_0 als radiale Teilchenkoordinate am Ausgang im feldfreien Bereich.

Nach Eintritt in einen von magnetischen und elektrischen Feldern freien Bereich ($B = 0, U_0 =$const) wird das Teilchen sich im weiteren geradlinig bewegen und sich schrittweise von der Symmetrieachse entfernen. Dabei bleibt die transversale Teilchengeschwindigkeit $v_{r\Theta} = \sqrt{v_r^2 + v_\Theta^2}$ konstant und beträgt

$$v_{r\Theta} = v_{\Theta 0} = \frac{e}{2\pi m}\frac{\Psi_k}{r_0}\ .$$

3.7 Magnetische Linsen aus Permanentmagneten

In diesen magnetischen Linsen sind die Quellen des magnetischen Feldes Permanentmagnete. In Bild 3.15 werden einige Varianten von magnetischen Ringlinsen und entsprechende Kurven der axialen Verteilung der magnetischen Induktion gezeigt: *a* – in Achsrichtung magnetisierter Ringmagnet (Bariumferrit), *b* – in Achsrichtung magnetisierter Ringmagnet mit Polschuhen aus weichmagnetischen Material, *c* – in radiale Richtung magnetisierter Ringmagnet.

In Achsrichtung magnetisierter Ringmagnet. Eine Konfiguration von Linien der magnetischen Induktion ist in Bild 3.16 gezeigt. Ist der Ring homogen magnetisiert, wird die Stärke und die axiale Verteilung der magnetischen Induktion nach [54]

$$B_{z0} = \frac{\mu_0 J}{2} F(z) \tag{3.71}$$

berechnet. Hier ist J die Magnetisierung des Ringes und $F(z)$ eine Funktion, die von den geometrischen Abmaßen D_1, D_2, l und der Längskoordinate z abhängt:

$$F(z) = \frac{f_1}{F_1} + \frac{f_2}{F_2} - \frac{f_3}{F_3} - \frac{f_4}{F_4} \tag{3.72}$$

mit

$$F_1 = \sqrt{1+f_1}\ ; \quad F_2 = \sqrt{1+f_2}\ ; \quad F_3 = \sqrt{1+f_3}\ ; \quad F_4 = \sqrt{1+f_4}\ ;$$
$$f_1 = \frac{l-2z}{D_1}\ ; \quad f_2 = \frac{l+2z}{D_1}\ ; \quad f_3 = \frac{l+2z}{D_2}\ ; \quad f_4 = \frac{l-2z}{D_2}\ .$$

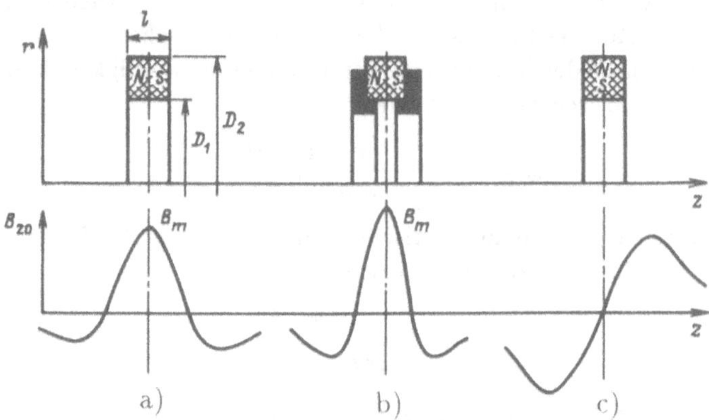

Bild 3.15: Typen magnetischer Linsen auf der Basis von Permanentmagneten: *a* – in Achsrichtung magnetisierter Ringmagnet; *b* – Ringmagnet mit magnetischer Abschirmung; *c* – in radialer Richtung magnetisierter Ringmagnet

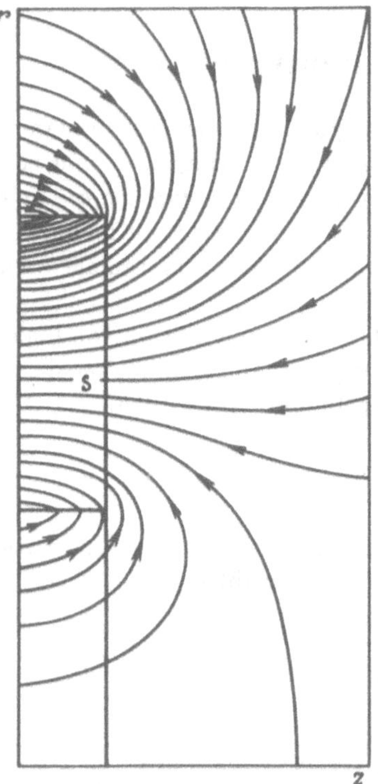

Bild 3.16: Feldlinien der magnetischen Induktion eines Ringmagneten, der in axialer Richtung magnetisiert ist

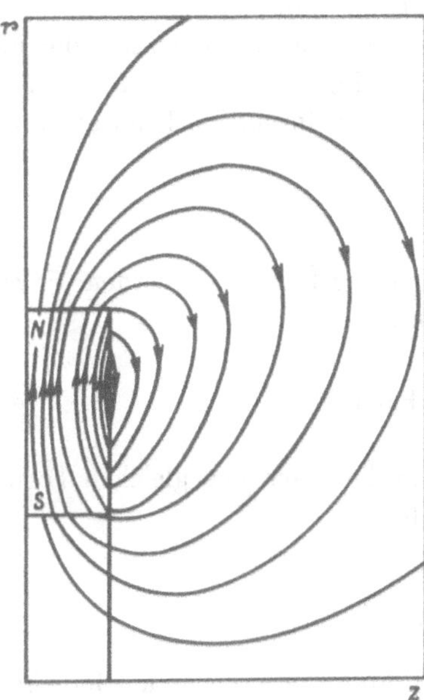

Bild 3.17: Feldlinien der magnetischen Induktion eines in radialer Richtung magnetisierten Ringmagneten

Die Ringmagnetisierung im Arbeitspunkt kann nach $J \cong (J_r + |H_{CB}|)/2$ berechnet werden, wobei J_r die Restmagnetisierung des Magnetmaterials und H_{CB} die Koerzitivfeldstärke sind.

Gilt $l/D_2 \leq 0,2$ und $D_1/D_2 \geq 0,3$, so kann die axiale Verteilung der magnetischen Induktion der Ringlinse näherungsweise über

$$B_{z0} = B_m \frac{1 - 2Z^2}{(1 + Z^2)^{5/2}} \tag{3.73}$$

berechnet werden [66]. Dabei gilt $Z = z/R$ – axiale Koordinate, die vom Linsenzentrum aus gerechnet und bezüglich des mittleren Radius $R = (D_1 + D_2)/4$ normiert wird. Wird (3.73) in den Ausdruck für die Brennweite einer dünnen Linse eingesetzt und numerisch integriert, so ergibt sich für Elektronenstrahlen

$$\frac{1}{f} = \frac{1,43 \cdot 10^6 B_m^2 R}{U_0} \tag{3.74}$$

mit B_m – maximaler Wert der Induktion [T], R – mittlerer Radius [cm] und U_0 – Beschleunigungsspannung [V]. Unter Verwendung der Näherung (3.73) kann näherungsweise auch der Winkelkoeffizient der sphärischen Aberrationen berechnet werden:

$$C_\alpha \cong \frac{2,5}{R^2} .$$

Ringmagnet mit Polschuhen. Die Einführung von Polschuhen aus weichmagnetischen Materialien (Bild 3.15b) führt zu einer Konzentration des Magnetfeldes im Zentrum der Linse und zu einem Anwachsen der magnetischen Induktion B_m. Die Brechkraft der

Linse wächst dabei. Die Berechnung des Magnetfeldes und der Parameter der Ringlinse mit Polschuhen erfolgt numerisch mit entsprechenden Programmpaketen.

In radialer Richtung magnetisierter Ringmagnet. Die Konfiguration der Feldlinien der magnetischen Induktion eines entsprechenden Magneten wird in Bild 3.17 gezeigt. Die Stärke und die axiale Verteilung der magnetischen Induktion kann nach [54]

$$B_{z0} = \frac{\mu_0 J}{2} F(z)$$

mit J als Magnetisierung des Magneten in radialer Richtung berechnet werden. $F(z)$ ist eine Funktion der Ringgeometrie und der Koordinaten z:

$$F(z) = \frac{1}{F_1} - \frac{1}{F_2} - \frac{1}{F_3} + \frac{1}{F_4} + \ln |F_5| \, . \tag{3.75}$$

Die hier eingehenden Funktionen F_1, F_2, F_3 und F_4 werden nach den gleichen Formeln berechnet wie die analogen Werte in (3.72). Für F_5 gilt

$$F_5 = \frac{(1+f_3)(1+f_2)}{(1+f_1)(1+f_4)} \, .$$

Die optischen Parameter einer solchen Linse werden über die numerische Berechnung der Teilchentrajektorien bestimmt.

Kapitel 4

Transport von Strömen geladener Teilchen

4.1 Besonderheiten des Transportes geladener Teilchen

Einfluß von Coulombfeldern und Geschwindigkeitsunschärfe. Auf die Bewegung intensiver Ströme geladener Teilchen haben die Coulombwechselwirkung und die Änderung des Raumladungspotentials, die durch die summarische Ladung des durch den Raum fließenden Stromes hervorgerufen wird, entscheidenden Einfluß. Diese Effekte führen zu erheblich verschiedenen Teilchentrajektorien des ursprünglich einheitlichen Flusses bei der Bewegung in gleichen äußeren Feldern und zu einer Begrenzung des Stromes (der Stromdichte) im Strahl.

Reale Teilchenflüsse verlassen die Emitteroberfläche mit verschiedenen Geschwindigkeiten und Emissionsrichtungen. Dies führt zu verschiedenen Verläufen der Teilchentrajektorien, die von einem Punkt des Emitters mit verschiedenen Geschwindigkeiten ausgesandt werden und dazu, daß an einem beliebigen Punkt des vom Teilchenfluß eingenommenen Raumes sich Teilchen befinden können, die verschiedene Beträge und Richtungen des Geschwindigkeitsvektors aufweisen.

Eine exakte Beschreibung von Flüssen geladener Teilchen muß sowohl Coulombwechselwirkungseffekte als auch durch die Geschwindigkeitsverteilung hervorgerufene Effekte berücksichtigen.

Methode des selbstkonsistenten Feldes. Die Teilchenwechselwirkung kann in Stoßwechselwirkungen und in kollektive (integrale) Wechselwirkungen unterteilt werden. Letztere sind Wechselwirkungen eines Teilchens mit allen anderen, den Strahl bildenden Teilchen.

Wie Vlasov [67] zeigte, spielen in einem Teilchenstrahl *kollektive Wechselwirkungen* die grundlegende Rolle. Sie können durch ein summarisches, von den Teilchen erzeugtes Feld berücksichtigt werden. Dieses Feld stellt eine Superposition von Feldern der Ladungen der einzelnen, den Strahl bildenden Teilchen und von Feldern der in den den Strahl umgebenden Elektroden induzierten Ladungen dar.

Bei Berücksichtigung kollektiver Wechselwirkungen kann dieses Feld durch das Feld einer homogen verteilten Raumladung der Dichte $\varrho(x, y, z) = en(x, y, z)$ ersetzt werden (mit e – Teilchenladung; n – Dichte (Konzentration) im Koordinatenraum).

Das Feld befriedigt die Poissongleichung[1]

$$\nabla^2 U = -\frac{\varrho}{\varepsilon_0} \, . \tag{4.1}$$

Da das gegebene Feld einerseits durch den Charakter der Bewegung der geladenen Teilchen (über $n(x,y,z)$) bestimmt wird und aber andererseits diese Bewegung bestimmt, wird es *selbstkonsistent* genannt.

Erhaltungssätze im Phasenraum. In einem Teilchen unterschiedlicher Geschwindigkeiten enthaltenden Strahl existieren in beliebigen, vom Strahl eingenommenen Bereichen Teilchen mit unterschiedlichen Geschwindigkeiten. Für diesen Fall kann ein geschlossenes Gleichungssystem zur Beschreibung des Teilchenflusses angegeben werden, wenn ein sechsdimensionaler *Phasenraum* eingeführt wird und die Erhaltungssätze verwendet werden, die den Inhalt des Theorems von Liouville [68] ausmachen.

Erhaltung der Teilchendichte im Phasenraum. Bei dem Fehlen von Stößen ändert sich die Teilchendichte im Phasenraum in der Umgebung eines gegebenen Teilchens während seiner Bewegung nicht:

$$\frac{d}{dt} f(x,y,z,v_x,v_y,v_z) = 0 \tag{4.2}$$

mit $f(x,y,z,v_x,v_y,v_z)$ als Teilchendichte im Phasenraum und d/dt als vollständige Ableitung nach der Zeit.

Ausführlich schreibt sich (4.2)

$$\frac{df}{dt} + v\nabla f + \frac{dv}{dt} \nabla_v f = 0 \tag{4.3}$$

mit

$$\nabla f = \vec{i}_x \frac{\partial f}{\partial x} + \vec{i}_y \frac{\partial f}{\partial y} + \vec{i}_z \frac{\partial f}{\partial z}$$

als Dichtegradient im Koordinatenraum und

$$\nabla_v f = \vec{i}_x \frac{\partial f}{\partial v_x} + \vec{i}_y \frac{\partial f}{\partial v_y} + \vec{i}_z \frac{\partial f}{\partial v_z}$$

als Dichtegradient im Geschwindigkeitsraum.

Für den Fall, daß die geladenen Teilchen sich in magnetischen und elektrischen Feldern bewegen, wird die in (4.3) eingehende Beschleunigung durch die *Lorentzkraft* ausgedrückt:

$$\frac{dv}{dt} = \frac{e}{m} \left(\vec{E} + \vec{v} \times \vec{B} \right) \, . \tag{4.4}$$

Wird (4.4) in (4.3) eingesetzt, folgt

$$\frac{\partial f}{\partial t} + v\nabla f + \frac{e}{m} \left(\vec{E} + \vec{v} \times \vec{B} \right) \nabla_v f = 0 \, . \tag{4.5}$$

Beinhaltet das $\vec{E}$-Feld auch das Eigencoulombfeld des Strahls, so wird die Gleichung (4.5) als selbstkonsistente kinetische Feldgleichung oder *Vlassov-Gleichung* bezeichnet.

[1] Das magnetische Eigenfeld des Stromes werde wegen der Annahme $v^2 \ll c^2$ vernachlässigt.

Sie berücksichtigt die Fernwirkungen der Teilchen über das selbstkonsistente Feld. Für stationäre Ströme in den Gleichungen (4.3) und (4.5) gilt $\partial f/\partial t = 0$.

Aus Gleichung (4.2) folgt, daß eine spezielle Lösung dieser Gleichung und damit auch von (4.3) und (4.5) eine willkürliche Funktion der Bewegungsintegrale ist. Darunter werden Größen verstanden, die die Bewegung beschreiben und welche während der Bewegung konstant bleiben. Gilt $f = f(J)$ mit $J = J(t)$ =const als Integral der Bewegung, so befriedigt eine solche Form Gleichung (4.2). Für die Bewegung in statischen Feldern ist das Energieintegral

$$\frac{mv^2}{2} + eU = \text{const} \tag{4.6}$$

ein Integral der Bewegung, das zur Konstruktion der Funktion f verwendet werden kann. Seine Form wird so gewählt, daß die gefundene Lösung die physikalischen Bedingungen der konkreten Aufgabe befriedigt, so z.B. die Anfangsbedingungen für die Funktion f.

Erhaltung des Phasenraumvolumens. Nimmt eine Gesamtheit von Teilchen zur Zeit t_0 das Phasenraumvolumen $\Delta\tau_0 = dx_0\, dy_0\, dz_0\, dv_{x0}\, dv_{y0}\, dv_{z0}$ ein, so nimmt es zu einem beliebigen späteren Moment das Volumen $\Delta\tau = dx\, dy\, dz\, dv_x\, dv_y\, dv_z$ ein, welches gleich dem Ausgangsvolumen ist:

$$\Delta\tau = \Delta\tau_0 \; . \tag{4.7}$$

Dieses Resultat folgt, wenn die eine Gruppe bildende Teilchenzahl dN durch die Phasenraumdichte und das Phasenraumvolumen $dN = \Delta\tau_0 f_0 = \Delta\tau f$ ausgedrückt wird. Wegen $f = f_0$ gilt auch $\Delta\tau = \Delta\tau_0$. Bei der Bewegung der betrachteten Teilchengruppe kann sich das Elementarvolumen deformieren, aber seine Größe bleibt erhalten. Für ein allgemeines orthogonales Koordinatensystem q_1, q_2, q_3 bezieht sich das Gesetz der Erhaltung des Phasenraumvolumens auf das Volumen, das durch den Zuwachs dieser Koordinaten und der verallgemeinerten Geschwindigkeiten gebildet wird:

$$\Delta\tau = dq_1\, dq_2\, dq_3\, d\dot{q}_1\, d\dot{q}_2\, d\dot{q}_3 = \text{const} \; .$$

Die Invarianz des Phasenraumvolumens kann auch auf den Fall eines endlichen Phasenraumvolumens verallgemeinert werden [69]:

$$\tau = \int dx\, dy\, dz\, dv_x\, dv_y\, dv_z = \text{const} \; .$$

Eine wichtige Besonderheit der Teilchenbewegung im Phasenraum ist das Fehlen von Kreuzungen der Phasenraumtrajektorien der Teilchen. Im Ergebnis dieses Sachverhaltes wandelt sich eine zum Zeitpunkt t_0 eine Gruppe von Teilchen enthaltende geschlossene Oberfläche in eine diese Teilchengruppe zum Zeitpunkt t enthaltende geschlossene Oberfläche um. Teilchen, die sich in diesem Volumen befinden, treten nicht durch die begrenzende Oberfläche. Dies ermöglicht es, bei der Untersuchung der Teilchengruppe, die zu dem entsprechenden Volumen gehört, nur die Teilchen zu betrachten, die sich auf der Grenzoberfläche befinden.

Transversaler Phasenraum. Für die Mehrzahl elektronenoptischer Systeme, die für den Transport und die Fokussierung (Konzentration) von Strahlen geladener Teilchen vorgesehen sind, kann die Bewegung in longitudionaler Richtung, die mit der Richtung der optischen Achse des Systems zusammenfällt, und die Bewegung in der transversalen Ebene als unabhängig voneinander betrachtet werden. In diesen Fällen kann für die

Beschreibung der transversalen Bewegung ein vierdimensionaler Phasenraum verwendet werden, dessen Koordinaten die transversalen Koordinaten und Geschwindigkeiten x, y, v_x, v_y sind.

In einer Reihe von Fällen kann die transversale Bewegung in zwei zueinander senkrechten Richtungen als voneinander unabhängig angesehen werden und zur Beschreibung der Bewegung werden zwei Phasenraumdichten verwendet, deren Koordinaten Paare entsprechender räumlicher Koordinaten und Geschwindigkeitskomponenten x, v_x und y, v_y sind. Oft werden als Phasenraumkoordinaten Paare von räumlichen Koordinaten und von normalisierten Geschwindigkeitskomponenten $x, x' = dx/dz = v_x/v_z$ und $y, y' = dy/dz = v_y/v_z$ verwendet.

Emittanz. Die Emittanz bestimmt sich als Fläche der Projektion des Phasenraumvolumens des Teilchenstrahls auf die durch die transversale Ausdehnung und den Neigungswinkel der Trajektorie gebildete Ebene, geteilt durch π:

$$\varepsilon = \frac{A}{\pi} .$$

Die grundlegenden, weiter oben genannten Besonderheiten der Teilchenbewegung im vieldimensionalen Phasenraum gelten auch für die Phasenraumdichte. Für eine konstante transversale Geschwindigkeit v_z =const gilt insbesondere die Invarianz der durch eine geschlossene Kurve eingeschlossenen Fläche und entsprechend die Invarianz der Emittanz. Mit der Berechnung der Emittanz verbundene Fragen werden detailliert in Anlage 1 behandelt.

Gleichungssystem für einen stationären Fluß im selbstkonsistenten Feld. Ein Gleichungssystem, welches die Bewegung eines unterschiedliche Teilchengeschwindigkeiten beinhaltenden Strahls beschreibt, kann durch verschiedene Kombinationen von Gleichungen beschrieben werden: die Bewegungsgleichung (4.4), deren Integral (4.6), die Gleichungen zum Erhalt der Phasenraumdichte (4.2), (4.3), (4.5) oder dazu äquivalente Gleichungen zum Erhalt des Phasenraumvolumens (4.7) und Gleichungen des selbstkonsistenten Feldes (4.1). Zu diesen Gleichungen werden Ausdrücke hinzugefügt, welche die Dichte der Raumladung und die Stromdichte über die Phasenraumdichte der Teilchen ausdrücken:

$$\varrho(x, y, z) = e \int f \, dv \; ; \tag{4.8}$$

$$j(x, y, z) = e \int v f \, dv \tag{4.9}$$

mit $dv = dv_x \, dv_y \, dv_z$. Dieses Gleichungssystem beschreibt die Teilchenbewegung in selbstkonsistenten Feldern am vollständigsten und wird für die Beschreibung von Gleichgewichtszuständen intensiver Strahlen und für deren Transportsysteme [70, 71, 72] verwendet. Bei der praktischen Anwendung entstehen Schwierigkeiten rechnerischen Charakters. Daher ist es in vielen Fällen sinnvoll, vereinfachte physikalische Modelle von Teilchenflüssen anzunehmen, die eine einfachere mathematische Beschreibung ermöglichen.

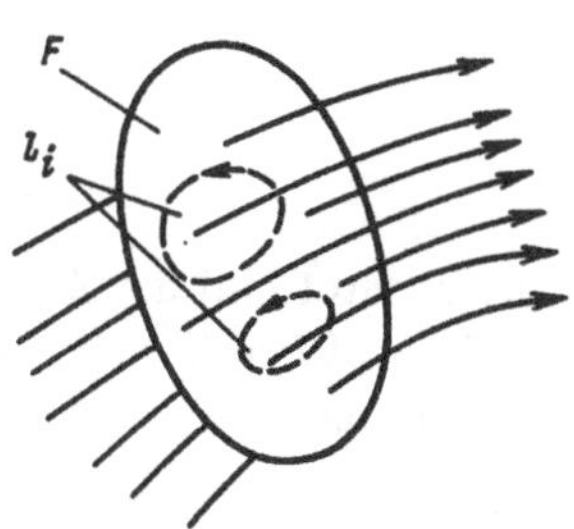

Bild 4.1: Zur Bestimmung der normalen Kongruenz: F – willkürliche, die Kongruenz kreuzende Oberfläche; l_i – willkürliche Konturen zur Berechnung der Rotation

4.2 Vereinfachte physikalische Modelle von Strömen geladener Teilchen

Besonderheiten der Bewegung monoenergetischer Strahlen. Bei der Aufstellung vereinfachter Modelle von Teilchenflüssen, die aus einem Emitter austreten, werden die Teilchengeschwindigkeiten üblicherweise zu Null bzw. als endlich, aber gleich für alle Teilchen und als normal zur Emitteroberfläche gerichtet, angenommen. Diese vereinfachenden Annahmen sind für Fälle gültig, bei denen die mittlere Anfangsenergie, welche die Teilchen bei der Emission erhalten, bedeutend niedriger als die Energie ist, die die Teilchen während der Beschleunigung erhalten. Für Systeme, bei denen die Anfangsenergie bestimmend ist (z.B. in elektronischen Thermowandlern), gilt diese Vereinfachung nicht.

In der analytischen Mechanik und in der Elektronenoptik [73, 74] ergibt sich aus allgemeiner Gesetzmäßigkeiten, welche die Bewegung materieller Teilchen in Kraftfeldern bestimmen, daß, wenn die Teilchen die Quelle mit vernachlässigbar kleiner Energie verlassen, ihre Trajektorien eine *Kongruenz* bilden. Letztere stellt eine zweiparametrige Gesamtheit von Kurven dar, für die durch jeden Punkt eine und nur eine Trajektorie aus dieser Gesamtheit verlaufen kann. Dies gilt mit Ausnahme einiger spezieller Kurven, durch deren Punkte eine einparametrige Gesamtheit von Kurven verlaufen kann, für besondere Punkte, durch die die Gesamtheit der Trajektorien verlaufen kann. Neben der Gesamtheit der Trajektorien wird die Bewegung der Teilchenströme durch Vektorfelder der Geschwindigkeiten $\vec{v}$ und durch die Gesamtimpulse $\vec{P} = m\vec{v} + e\vec{A}$ charakterisiert. $\vec{A}$ ist dabei das magnetische Vektorpotential.

Die oben erwähnte Ordnung der Trajektoriengesamtheit führt zu einer Ordnung der Vektorfelder und insbesondere folgt daraus die mit Ausnahme einiger besonderer Kurven und Punkte überall geltende Eindeutigkeit der Felder $\vec{v}$ und $\vec{P}$. Die Trajektorienkongruenz wird *normal* genannt, wenn das Vektorfeld der Impulse ein Gradientenfeld ist: $\vec{P} = \operatorname{grad} S$ mit S als eine skalare Funktion, die die Bedeutung einer allgemeinen Wirkungsfunktion für alle Teilchen, die den Strahl bilden, hat. Die Vektoren $\vec{P}$ sind in diesem Fall normal zu den Oberflächen äquivalenter Wirkung (S =const), was auch die Bezeichnung „normale Kongruenz" beinhaltet [74].

Damit normale Kongruenz vorliegt, ist es notwendig und hinreichend, daß die Normalkomponente von rot $\vec{P}$ bezüglich einer willkürlichen Oberfläche F gleich Null ist, welche die Kongruenz kreuzt. Diese Bedingung ist der Forderung äquivalent, daß die Rotation des Vektors $\vec{P}$ bezüglich einer beliebigen Kontur l_i einer willkürlichen Oberfläche F, die

die Kongruenz kreuzt, gleich Null ist (Bild 4.1):

$$\oint_{l_1} \vec{P}\, d\vec{l} = 0 \; .$$

Als Beispiel werde eine willkürliche Oberfläche eines Emitters[2] betrachtet und die Zirkulation des Vektors $\vec{P}$ längs einer Kontur l_k dieser Oberfläche berechnet. Wird berücksichtigt, daß auf dem Emitter für die tangentiale Geschwindigkeitskomponente $v_t = 0$ gilt, folgt

$$\oint_{l_k} \vec{P}\, d\vec{l} = \oint_{l_k} e\vec{A}\, d\vec{l} \; .$$

Wird das Stokessche Theorem angewandt, ergibt sich

$$\oint_{l_k} \vec{A}\, d\vec{l} = \int_{F_k} \operatorname{rot} \vec{A}\, d\vec{S} = \int_{F_k} \vec{B}\, d\vec{S} = \Psi_k$$

mit F_k als von der Kontur l_k begrenzte Emitteroberfläche und Ψ_k als Fluß des magnetischen Feldes durch F_k.

Im Ergebnis folgt

$$\oint_{l_k} \vec{P}\, d\vec{l} = \Psi_k \; .$$

Daraus ergibt sich, daß die Gesamtheit der Trajektorien eine normale Kongruenz darstellt, wenn der Fluß des magnetischen Feldes durch die Kathodenoberfläche gleich Null ist. Im entgegengesetzten Fall gilt $\vec{P} \neq \operatorname{grad} S$ und die Gesamtheit der Trajektorien bildet eine *indirekte Kongruenz.*

Es ist offensichtlich, daß in rein elektrostatischen Feldern ($\vec{A} \equiv 0$) die Gesamtheit der Teilchentrajektorien eine normale Kongruenz bildet, wobei für diesen Fall das Feld der Geschwindigkeiten ein Gradientenfeld ist: $m\vec{v} = \operatorname{grad} S$. Die weiter oben aufgeführten Besonderheiten der geordneten Bewegung von monoenergetischen Flüssen liefern die Begründung für ihre Beschreibung in hydrodynamischer Näherung, deren Wesen in der Substitution diskreter Teilchen durch den Strom einer geladenen Flüssigkeit besteht.

Hydrodynamisches (laminares) Flußmodell. Hier wird ein Fluß geladener Teilchen im Ganzen (in seinem gesamten Volumen) als einheitlicher laminarer Fluß einer geladenen Flüssigkeit betrachtet. Laminar bedeutet hier das Fehlen von sich vermischenden Schichten; das Geschwindigkeitsfeld eines laminaren Flusses ist eine eindeutige Funktion für jeden betrachteten Punkt. Die Bewegung des Teilchenflusses wird in der hydrodynamischen Näherung durch ein im folgenden angegebenes Gleichungssystem beschrieben.

Die Bewegungsgleichung eines Elementarvolumens der geladenen Flüssigkeit, die in ihrer Form mit der Bewegungsgleichung eines einzelnen Teilchens zusammenfällt, lautet

$$\frac{d\vec{v}}{dt} = \frac{e}{m}\left(\vec{E} + \vec{v} \times \vec{B}\right) \; . \tag{4.10}$$

Die Feldgleichungen haben die Form:

$$\nabla^2 U = -\frac{\varrho}{\varepsilon_0} \; , \quad E = -\operatorname{grad} U = -\nabla U \; ; \tag{4.11}$$

[2]Hier und im weiteren wird angenommen, daß die Emitteroberfläche eine Äquipotentialfläche sei.

$$\vec{B} = \operatorname{rot} \vec{A} = \nabla \times \vec{A} \; . \tag{4.12}$$

Für die Kontinuitätsgleichung eines stationären laminaren Flusses einer geladenen Flüssigkeit gilt:

$$\operatorname{div} \varrho\vec{v} = \nabla(\varrho\vec{v}) = 0 \; . \tag{4.13}$$

Werden die aus der Vektoranalysis und der Hydrodynamik bekannten Ausdrücke verwendet, die sich auf das Geschwindigkeitsfeld beziehen

$$\frac{d\vec{v}}{dt} = (\vec{v}\nabla)\,\vec{v} = \frac{1}{2}\nabla(v^2) - \vec{v} \times (\nabla \times \vec{v}) \; ,$$

kann die Bewegungsgleichung in eine andere, in der Literatur ebenfalls anzutreffende Form transformiert werden

$$\frac{1}{2}\nabla(v^2) - \vec{v} \times (\nabla \times \vec{v}) = -\frac{e}{m}\nabla U + \frac{e}{m}(\vec{v} \times \vec{B}) \; ,$$

woraus

$$\vec{v} \times \left(\nabla \times \vec{v} + \frac{e}{m}\vec{B}\right) = \nabla\left(\frac{v^2}{2} + \frac{e}{m}U\right) \; , \tag{4.14}$$

oder in anderer Darstellung

$$\vec{v} \times \left(\operatorname{rot} \vec{v} + \frac{e}{m}\vec{B}\right) = \frac{1}{m}\operatorname{grad}\left[\frac{mv^2}{2} + eU\right] \; . \tag{4.15}$$

folgt.

Die in quadratischen Klammern stehende Größe beschreibt die Gesamtenergie des Teilchens. Für Strahlen mit Teilchen unterschiedlicher Geschwindigkeitskomponenten ist diese Energie für alle Teilchen gleich und somit ihr Gradient exakt gleich Null. Wird dies berücksichtigt, hat die Bewegungsgleichung die Form

$$\vec{v} \times \left(\operatorname{rot} \vec{v} + \frac{e}{m}\vec{B}\right) = 0 \; .$$

Wird in diesen Ausdruck $\vec{B} = \operatorname{rot} \vec{A}$ eingesetzt, folgt $\vec{v} \times \operatorname{rot}(m\vec{v} + e\vec{A}) = 0$, bzw.

$$\vec{v} \times \operatorname{rot} \vec{P} = 0 \; . \tag{4.16}$$

Gleichung (4.16) gilt insbesondere, wenn $\operatorname{rot} \vec{P} = 0$ gesetzt wird. Flüsse, für die diese Bedingung gilt, werden *normale* oder *reguläre Flüsse* genannt.

Für einen äquipotentionalen Emitter ist eine hinreichende und notwendige Bedingung für die Existenz regulärer Flüsse das Fehlen eines magnetischen Flusses durch die Emitteroberfläche. In rein elektrostatischen Feldern sind die Flüsse regulär und wirbelfrei bezüglich des Geschwindigkeitsfeldes:

$$m\vec{v} = \operatorname{grad} S = \nabla S \; . \tag{4.17}$$

Im Falle von Potentialflüssen kann das Gleichungssystem (4.10), (4.11) und (4.13) durch eine Differentialgleichung bezüglich der partiellen Ableitungen der Funktion S substituiert werden. Wird das erste Integral der Bewegungsgleichung, das Energieintegral, verwendet, ergibt sich $U = -mv^2/(2e)$. Wird $v^2 = \vec{v}\vec{v} = m^{-2}(\nabla S)^2$ substituiert, finden wir:

$$U = -\frac{1}{me}\frac{(\nabla S)^2}{2} . \tag{4.18}$$

Bei Berücksichtigung dieses Ausdruckes folgt aus der Poissongleichung

$$\varrho = \frac{\varepsilon_0}{2me}\nabla^2(\nabla S)^2 .$$

Werden in (4.13) der gefundene Wert von ϱ und $\vec{v} = \nabla S$ eingesetzt, ergibt sich die gesuchte Gleichung [75]

$$\nabla\left[\nabla^2(\nabla S)^2\nabla S\right] = 0 , \tag{4.19}$$

die auch als *Spangenberggleichung* bezeichnet wird.

Die Verwendung des hydrodynamischen Modells ist hinreichend begründet und folgerichtig für die Lösung von Aufgaben, die mit der Beschreibung von elektronenoptischen Systemen verbunden sind, wenn eine laminare Struktur des Flusses angenommen wird und äußere Bedingungen vorliegen, für die ein solcher Fluß realisiert werden kann.

Das hydrodynamische Modell wird in einer Reihe von Fällen für die Behandlung intensiver Flüsse in äußeren Feldern angewandt. Korrekte Resultate können jedoch in diesem Falle nicht garantiert werden, da in hydrodynamischen Modellen die Vermischung der Flußschichten nicht berücksichtigt wird, was aber bei der Bewegung von Strahlen in äußeren Feldern möglich ist.

Quasihydrodynamisches (diskretes) Flußmodell. Hier verteilt sich ein Teilchenfluß in eine endliche Anzahl von Schichten (Röhren). Es werde angenommen, daß die Teilchengeschwindigkeit, die zu einer gegebenen Schicht gehört, eine eindeutige Funktion für den betrachteten Punkt ist. Die Bewegung einer jeden Schicht kann damit im Rahmen der hydrodynamischen Näherung unter Verwendung der Gleichungen (4.10) bis (4.13) bzw. über dazu äquivalente Gleichungen beschrieben werden. Das Modell erlaubt die Kreuzung einzelner Schichten und damit die Berücksichtigung nichtlaminarer Effekte, die in realen Flüssen auftreten können. Entsprechende Angaben zu verschiedenen diskreten Modellen, die zur Beschreibung intensiver Strahlen verwendet werden, sind in [12, 13] gegeben.

4.3 Lösung von Gleichungssystemen in hydrodynamischer Näherung

Methode der allgemeinen orthogonalen Koordinaten. Bei der Methode der allgemeinen orthogonalen Koordinaten wird angenommen, daß die Teilchentrajektorien (genauer die Trajektorien der Elementarvolumina der geladenen Flüssigkeit) mit einer der Koordinatenlinien zusammenfallen oder auf einer Koordinatenoberfläche eines gewissen orthogonalen allgemeinen Koordinatensystems liegen [76, 77]. In diesem Fall ist das Gleichungssystem, welches die Bewegung des Teilchenstroms in der hydrodynamischen Näherung beschreibt, ein gewöhnliches Differentialgleichungssystem 2. Ordnung.

Auf einfachem Wege können Gleichungen für zweidimensionale ebene und axialsymmetrische Flüsse hergeleitet werden, die sich in elektrostatischen Feldern bewegen. Es seien allgemeine orthogonale Koordinaten q_1, q_2, q_3 eingeführt und es werde angenommen, daß die Teilchentrajektorien mit Koordinatenlinien zusammenfallen, die Schnittlinien der Kreuzung der Korrdinatenoberflächen q_2 =const und q_3 =const sind. Wegen der axialen Symmetrie werde angenommen, daß alle Größen unabhängig von den Koordinaten q_3 sind ($\partial/\partial q_3 = 0$). In einem so eingeführten Koordinatensystem besitzt die Teilchengeschwindigkeit nur eine Komponente $\vec{v} = \vec{i}_1 v_1 = \vec{i}_1 h_1 \dot{q}_1$, die über die Wirkungsfunktion ausgedrückt wird:

$$v = v_1 = \frac{1}{mh_1}\frac{\partial S}{\partial q_1}\ ; \quad \left(\frac{\partial S}{\partial q_2} = \frac{\partial S}{\partial q_3} = 0\right) .$$

Die Strömungsgleichung hat im gegebenen orthogonalen allgemeinen Koordinatensystem die Form:

Integral der Bewegungsgleichung

$$U = -\frac{m}{2e}\left(\frac{1}{mh_1}\frac{\partial S}{\partial q_1}\right) , \tag{4.20}$$

Poissongleichung

$$\frac{1}{h_1h_2h_3}\left[\frac{\partial}{\partial q_1}\left(\frac{h_2h_3}{h_1}\frac{\partial U}{\partial q_1}\right) + \frac{\partial}{\partial q_2}\left(\frac{h_3h_1}{h_2}\frac{\partial u}{\partial q_2}\right)\right] = -\frac{\varrho}{\varepsilon_0} , \tag{4.21}$$

Kontinuitätsgleichung

$$\frac{\partial}{\partial q_1}\left(h_2h_3\varrho v_1\right) = 0 . \tag{4.22}$$

Aus der letzten Gleichung folgt, daß die in Klammern stehende Größe nicht von der Koordinate q_1 abhängt und nur eine gewisse Funktion der Koordinate q_2 sein kann:

$$h_2h_3\varrho v_1 = F(q_2) . \tag{4.23}$$

Wird der Ausdruck (4.20) und der aus (4.23) gefundene Wert von ϱ in (4.21) eingesetzt, ergibt sich

$$\frac{\varepsilon_0 m}{2eh_1^2} Q \left\{\frac{\partial}{\partial q_1}\left[\frac{h_2h_3}{h_1}\frac{\partial}{\partial q_1}\left(\frac{Q}{h_1}\right)^2\right] + \frac{\partial}{\partial q_2}\left[\frac{h_3h_1}{h_2}\frac{\partial}{\partial q_2}\left(\frac{Q}{h_1}\right)^2\right]\right\} = F \tag{4.24}$$

mit

$$Q = Q(q_1) = \frac{1}{m}\frac{dS}{dq_1} .$$

Gleichung (4.24) erhält nach Umwandlung die Form

$$Q\left[f_1\frac{d^2Q^2}{dq_1^2} + \frac{\partial f_1}{\partial q_1}\frac{dQ^2}{dq_1} + f_3Q^2\right] = \frac{2e}{\varepsilon_0 m}F \tag{4.25}$$

mit

$$f_1 = \frac{h_2h_3}{h_1^5}, \quad f_3 = \frac{h_2h_3}{h_1}\nabla^2\left(\frac{1}{h_1^2}\right) .$$

Die Einführung eines allgemeinen orthogonalen Koordinatensystems erlaubt es, das ursprüngliche Gleichungssystem, welches die Bewegung eines intensiven Flusses im selbstkonsistenten Feld beschreibt, auf ein gewöhnliches Differentialgleichungssystem 2.Ordnung zurückzuführen.

Flüsse geladener Teilchen, die sich in Richtung einer der Koordinaten des allgemeinen orthogonalen Koordinatensystems ausbreiten, werden als *einkomponentige Flüsse* bezeichnet. Die Realisierung einkomponentiger Flüsse in verschiedenen Koordinatensystemen wird in [78] behandelt. Dabei wird gezeigt, daß nur eine begrenzte Anzahl orthogonaler Koordinatensysteme solche Flüsse zuläßt.

Beispiel 4.1. Es werde die Methode der allgemeinen orthogonalen Koordinaten für die Berechnung des Elektronenflusses in einer sphärischen Diode angewandt. Der radiale Fluß im sphärischen Koordinatensystem wird durch die Relationen $q_1 = \bar{r}, q_2 = \theta, q_3 = \varphi, h_1 = 1, h_2 = \bar{r}, h_3 = \bar{r}\sin\Theta, v_1 = v_r, v_2 = 0, v_3 = 0$ beschrieben.

Weiter werden die Koeffizienten bestimmt, die in Gleichung (4.25) eingehen:

$$f_1 = \bar{r}^2 \sin\Theta \ , \quad \frac{df_1}{dq_1} = 2\bar{r}\sin\Theta \ , \quad f_3 = 0 \ , \quad F = \varrho v_r \bar{r}^2 \sin\Theta \ .$$

Werden diese Ausdrücke in (4.25) eingesetzt, ergibt sich eine Gleichung, die den radialen Fluß im sphärischen Koordinatensystem beschreibt:

$$Q\left[\bar{r}^2\frac{d^2Q^2}{d\bar{r}^2} + 2\bar{r}\frac{dQ^2}{d\bar{r}}\right] = \frac{2e}{m}\bar{r}^2\varrho v_r \ .$$

Das Produkt $\bar{r}^2\varrho v_r$ auf der rechten Seite der Gleichung kann umgeformt werden:

$$\bar{r}^2\varrho v_r = \frac{4\pi\bar{r}^2\varrho v_r}{4\pi} = \frac{I}{4\pi}$$

mit I als Gesamtstrom des sphärischen Flusses. Unter Berücksichtigung von (4.20) und (4.24) folgt, daß im betrachteten Fall $Q^2 = -(2e/m)U$ gilt. Dann kann die Gleichung für den Fluß in der folgenden Form umgeschrieben werden:

$$\frac{d}{d\bar{r}}\left(\bar{r}^2\frac{dU}{d\bar{r}}\right) = -\frac{I}{4\pi\varepsilon_0\sqrt{\dfrac{2|e|U}{m}}} \ .$$

Gilt für den elektronischen Fluß $U \geq 0$ und $I = -4\pi\bar{r}^2\varrho v_r$, folgt

$$\frac{d}{d\bar{r}}\left(\bar{r}^2\frac{dU}{d\bar{r}}\right) = \frac{I}{4\pi\varepsilon_0\sqrt{\dfrac{2|e|U}{m}}} \ .$$

Die Lösung dieser Gleichung im Falle der für die Kathode gegebenen Anfangsbedingungen $\bar{r} = r_k, U = 0, dU/dr = 0$ führt zu den radialen Elektronenfluß charakterisierenden Beziehungen:

$$I = \frac{16\pi\varepsilon_0}{9}\sqrt{2\frac{|e|}{m}}\,\frac{U^{3/2}}{(-\alpha)^2} \ ; \quad U = U_a\frac{(-\alpha)^{4/3}}{(-\alpha_a)^{4/3}}$$

mit $(-\alpha)^2$ und $(-\alpha)^{4/3}$ als tabellierte Funktionen für das Verhältnis des Radius der Kathodenkrümmung r_k zum laufenden Radius $\bar{r}$ (siehe Tabelle 5.2); $(-\alpha_a)^{4/3}$ ist der Wert der Funktion $(-\alpha)^{4/3}$ für $\bar{r}_k/\bar{r} = \bar{r}_k/\bar{r}_a$ ($\bar{r}_a$ – Krümmungsradius der Anodenelektrode).

Reihenmethode. Paraxiale Gleichung. Das Wesen der Methode soll am Beispiel eines axialsymmetrischen Flusses in einem elektrostatischen Feld betrachtet werden. Das Ausgangsgleichungssystem hat hier die Form

$$\frac{dv_r}{dt} = \frac{e}{m}E_r \ ; \quad \frac{dv_z}{dt} = \frac{e}{m}E_z \ ;$$

$$\frac{\partial^2 U}{\partial r^2} + \frac{1}{r}\frac{\partial U}{\partial r} + \frac{\partial^2 U}{\partial z^2} = -\frac{\varrho}{\varepsilon_0}\,; \quad \operatorname{div} j = \operatorname{div} \varrho v = 0\,. \tag{4.26}$$

Durch die Elimination der Zeit aus den Bewegungsgleichungen wird eine äquivalente Trajektoriengleichung (die Ableitung erfolgt wie bei der Ableitung der Trajektoriengleichung (3.29)) erhalten

$$\frac{d^2 r}{dz^2} = \left(\frac{\partial U}{\partial r} - \frac{\partial U}{\partial z}\frac{dr}{dz}\right)\left[1 + \left(\frac{dr}{dz}\right)^2\right]\frac{1}{2U}\,. \tag{4.27}$$

Das Potential und die Raumladungsdichte im Fluß werden in Reihen mit geraden Potenzen der Transversalkoordinaten entwickelt:

$$U(r,z) = U_0(z) + U_2(z)r^2 + U_4(z)r^4 + \ldots U_n(z)r^n\,;$$

$$\varrho(r,z) = \varrho_0(z) + \varrho_2(z)r^2 + \varrho_4(z)r^4 + \ldots \varrho_n(z)r^n\,.$$

Nach Einsetzen dieser Reihen in die Poissongleichung und Zusammenfassung von Gliedern gleicher Potenz in r folgt [49]

$$U(r,z) = U_0 - \frac{1}{4}\left(U_0'' + \frac{\varrho_0}{\varepsilon_0}\right)r^2 + \frac{1}{16}\left(\frac{1}{4}U_0^{IV} + \frac{1}{4}\frac{\varrho_0''}{\varepsilon_0} - \frac{\varrho_2}{\varepsilon_0}\right)r^4 - \ldots$$

Betrachtet werde ein paraxialer Strahl mit geringem Radius und kleinen Neigungswinkeln. Dementsprechend können die oben angegebenen Reihen auf Glieder beschränkt werden, die r nur bis zur zweiten Potenz enthalten. Weiter werde angenommen, daß $(dr/dz)^2 \lll 1$ gilt und die Verteilung der Raumladungsdichte über den Strahlquerschnitt homogen ist, d.h. $\varrho_2 = 0$. Unter Berücksichtigung der getroffenen Annahmen und unter Verwendung der Gleichungen (4.26) und (4.27) und der Reihenzerlegungen von U und ϱ ergibt sich die folgende paraxiale Gleichung für die Grenztrajektorien eines Strahls geladener Teilchen:

$$\frac{d^2 r}{dz^2} + \frac{1}{2U_0}\frac{dU_0}{dz}\frac{dr}{dz} + \frac{1}{4U_0}\frac{d^2 U_0}{dz^2} = \mp \frac{I}{4\pi\varepsilon_0 r\sqrt{\dfrac{2|eU_0|}{mU_0}}}$$

mit I als Strahlstrom. Das Minuszeichen auf der rechten Seite der Gleichung wird für positiv geladene Teilchen verwendet; das Pluszeichen für negativ geladene Teilchen. Das Potential U_0, welches in den angegebenen Gleichungen figuriert, ist das axiale Potential des selbstkonsistenten Feldes, das den Einfluß der Raumladung des Strahls berücksichtigt.

4.4 Genäherte Berechnung des Coulombfeldes

Das elektrische Feld kann als Summe aus einem von den Elektronen erzeugten äußeren Feld E_L und dem Coulomfeld E_ϱ dargestellt werden:

$$E = E_L + E_\varrho\,.$$

In ausgedehnten Strahlen, deren Länge die Abmaße des transversalen Querschnittes wesentlich überschreitet, hat das transversale Coulombfeld auf die Teilchenbewegung den

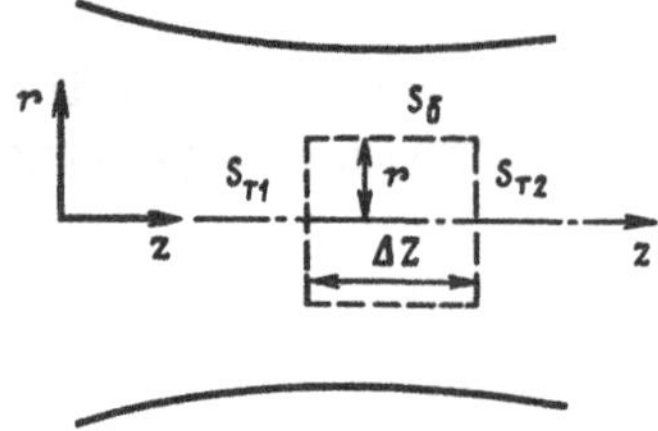

Bild 4.2: Zur Berechnung des Raumladungsfeldes über das Gaußsche Theorem

bedeutendsten Einfluß. Die Feldberechnung basiert hier auf der Verwendung des Gaußschen Theorems, entsprechend dem der Fluß des elektrischen Feldes durch eine geschlossene Oberfläche proportional der Ladung ist, die sich in dem durch diese Oberfläche begrenztem Volumen befindet.

Betrachtet werde der Fall eines axialsymmetrischen Flusses. Für ein kleines Zylindervolumen im Strahl (Bild 4.2) gilt entsprechend des Gaußschen Theorems

$$\frac{1}{\varepsilon_0} \int\limits_V \varrho 2\pi r \, dr \, dz = \int\limits_{S_\delta} E_{\varrho r} \, dS + \int\limits_{S_{\tau 1}} E_{\varrho z} \, dS + \int\limits_{S_{\tau 2}} E_{\varrho z} \, dS \; .$$

Das Integral auf der linken Gleichungsseite bestimmt die Ladung im Volumen V. Die Integrale der rechten Gleichungsseite bestimmen den Fluß des Raumladungsfeldes durch die Seitenfläche (S_δ) und die Stirnflächen ($S_{\tau 1}, S_{\tau 2}$) der das Volumen begrenzenden Oberfläche.

Für eine approximative Berechnung wird angenommen:

a) Der Fluß des Feldes durch die Stirnflächen des Zylinders ist gleich Null;
b) auf den Seitenflächen des Zylinders ist $E_{\varrho r}$ konstant;
c) die Raumladungsdichte hängt im Volumen V nicht von der Koordinate z ab.

Es gilt

$$E_{\varrho r} 2\pi r \, \Delta z = \frac{1}{\varepsilon_0} \int\limits_V \varrho 2\pi r \, dr \, dz$$

beziehungsweise

$$E_{\varrho r} = \frac{1}{\varepsilon_0 r} \int\limits_0^r \varrho r \, dr = \frac{q_1}{2\pi \varepsilon_0 r} \qquad (4.28)$$

mit

$$q_1 = 2\pi \int\limits_0^r \varrho r \, dr$$

als Ladung pro Längeneinheit des betrachteten Volumens.

Wird angenommen, daß die Längsgeschwindigkeit über den Querschnitt des Volumens konstant ist, kann der letzte Ausdruck umgeformt werden:

$$q_1 = 2\pi \int\limits_0^r \varrho \, dr = \frac{2\pi}{v_z} \int\limits_0^r v_z \varrho r \, dr$$

beziehungsweise

$$q_1 = \pm 2\pi \frac{\int\limits_0^r j_z r \, dr}{v_z} = \pm \frac{\Delta i}{v_z}$$

mit ΔI als Strom, der durch den Querschnitt des Volumens V tritt. In dieser und in weiter unten angegebenen Gleichungen entspricht das obere Vorzeichen Strahlen positiv geladener Teilchen und das untere Vorzeichen Strahlen negativ geladener Teilchen.

Wird der gefundene Ausdruck in (4.28) eingesetzt, folgt

$$E_{\varrho r} = -\frac{\partial U_\varrho}{\partial r} = \pm \frac{\Delta I}{2\pi\varepsilon_0 r v_z} . \tag{4.29}$$

Wird als Berechnungsgrundlage das hydrodynamische Modell zugrundegelegt, welches das Fehlen von Kreuzungen einzelner Strombänder voraussetzt, führt die Aufgabe zur Bestimmung der Form der Grenztrajektorien des Strahls. Das transversale Coulombfeld, das auf die Teilchen der Grenztrajektorien wirkt, kann nach der Gleichung

$$E_{\varrho r} = -\frac{\partial U_\varrho}{\partial r} = \pm \frac{I}{2\pi\varepsilon_0 r v_z} \tag{4.30}$$

mit I als Gesamtstrom des Strahls bestimmt werden.

Analog können genäherte Ausdrücke für die transversalen Coulombfelder im Fall planparalleler Strahlen erhalten werden.

Die oben eingeführten genäherten Ausdrücke für transversale Komponenten von Coulombfeldern können als Korrekturen zur Bewegungsgleichung und zur Trajektoriengleichung aufgefaßt werden. Beispielsweise hat die Trajektoriengleichung für Teilchen der Grenztrajektorien in gemischten elektrischen und magnetischen axialsymmetrischen Feldern, die aus (3.27) und (3.31) erhalten wurden, nach der Einführung der Coulombkorrekturen die Form:

$$\frac{d^2r}{dz^2} = \left(\frac{\partial Q}{\partial r} \mp \frac{I}{2\pi\varepsilon_0 r v_z} - \frac{\partial Q}{\partial z}\right) \left[1 + \left(\frac{dr}{dz}\right)^2\right] \frac{1}{2Q} \tag{4.31}$$

mit

$$v_z = \frac{\sqrt{2\frac{|eQ|}{m}}}{\left[1 + \left(\frac{dr}{dz}\right)^2\right]^{1/2}} ;$$

Q als verallgemeinertes Potential, I als Strom und

$$2U_0\frac{d^2r}{dz^2} + \frac{dU_0}{dz}\frac{dr}{dz} + \frac{1}{2}\frac{d^2U_0}{dz^2} - \frac{e}{4m}B_{z0}^2 r \left[1 - \left(\frac{r_k^2 B_{z0k}}{r^2 B_{z0}}\right)^2\right] = \mp \frac{I}{2\pi\varepsilon_0 r v_z} \tag{4.32}$$

mit

$$v_z \approx \sqrt{2\frac{|eU_0|}{m}} .$$

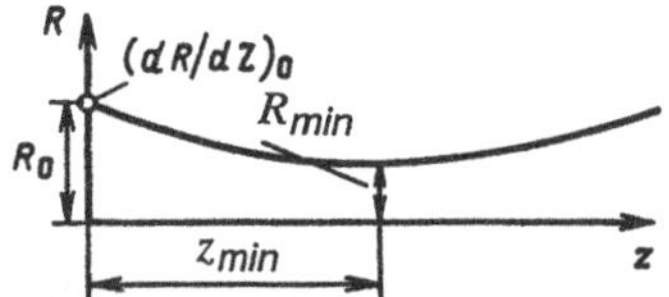

Bild 4.3: Zur Berechnung der Hüllkurve eines axialsymmetrischen Strahls

4.5 Strahltransportberechnung in feldfreien Kanälen

In elektronischen Geräten und in verschiedensten physikalischen und technologischen Anlagen bewegen sich Strahlen geladener Teilchen bestimmte Wege in feldfreien Kanälen. Daher hat die Berechnung des Strahltransportes unter diesen Bedingungen eine eigenständige praktische Bedeutung.

Axialsymmetrischer Strahl. Entsprechend den in den letzten beiden Paragraphen dargelegten Ergebnissen kann der genäherte Ausdruck zur Beschreibung der Grenztrajektorie eines sich in einem von äußeren Feldern freien Kanals bewegenden Strahls in der Form

$$\frac{d^2r}{dt^2} = \frac{K}{r} \tag{4.33}$$

geschrieben werden. Dabei gilt

$$K = \frac{I}{4\pi\varepsilon_0\sqrt{\frac{2|e|}{m}}\,U_0^{3/2}}$$

und U_0 als absoluter Wert des Potentials, welches näherungsweise gleich dem Wandpotential des den Fluß umgebenden metallischen Schirms angenommen werden kann. Werden normalisierte Variable $R = r/r_n$ und $Z = \sqrt{2K}z/r_n$ eingeführt, folgt für die Grenztrajektorien die Gleichung:

$$\frac{d^2R}{dZ^2} = \frac{1}{2R}\ .$$

Daraus ergibt sich nach der ersten Integration

$$\left(\frac{dR}{dZ}\right)^2 = \ln\frac{R}{R_0} + \left(\frac{dR}{dZ}\right)_0^2 \tag{4.34}$$

mit $(dR/dZ)_0$ als Anfangssteigung der Grenztrajektorie in der Ebene $Z = 0$ (Bild 4.3).

Der Strahlradius in der Ebene geringsten Querschnittes $Z = Z_{\mathrm{min}}$ wird aus (4.34) erhalten, wenn $dR/dZ = 0$ angenommen wird:

$$R = R_{\mathrm{min}} = R_0 \exp\left[-\left(\frac{dR}{dZ}\right)_0^2\right]\ .$$

Die zweite Integration führt zur Gleichung der Hüllkurve des Strahls:

$$Z = \int\limits_{R_0}^{R} \frac{dR}{\sqrt{\ln\frac{R}{R_0} + \left(\frac{dR}{dZ}\right)_0^2}}\ .$$

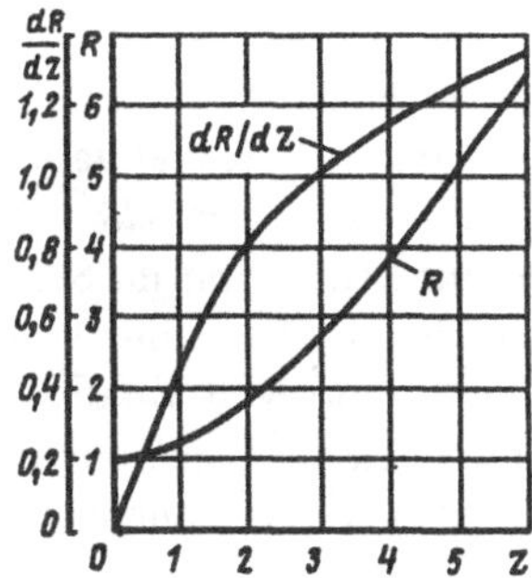

Bild 4.4: Universelle Kurven für die Berechnung der Einhüllenden eines axialsymmetrischen Strahles

Werden zu Beginn der Berechnung die Koordinaten in die Ebene Z_{min} gelegt, wo $R_0 = R_{\text{min}}$ und $(dR/dZ)_0^2 = 0$ gelten, hat die Gleichung der Hüllkurve die Form

$$Z = \pm \int_{R_{\text{min}}}^{R} \frac{dR}{\sqrt{\ln \frac{R}{\text{min}}}} \, .$$

Hieraus ist ersichtlich, daß die Form der Hüllkurve symmetrisch hinsichtlich der Ebene Z_{min} ist. Wird als normierender Multiplikator der minimale Strahlradius r_{min} angenommen ($r_n = r_{\text{min}}, R_{\text{min}} = r_{\text{min}}/r_{\text{min}} = 1$), so ergibt sich ein Gleichungssystem, welches die Strahleinhüllende im äquipotentiellen Kanal beschreibt:

$$Z = \pm \int_{1}^{R} \frac{dR}{\sqrt{\ln R}} \, , \quad \frac{dR}{dZ} = \sqrt{\ln R} \, .$$

Entsprechende Graphiken (universelle Kurven) werden in Bild 4.4 angegeben. Im Anfangsbereich ($Z < 3$) kann die Kurve $R(Z)$ durch den analytischen Ausdruck

$$R \approx 1 + 0{,}25 \cdot Z^2 - 0{,}017 \cdot Z^3 \tag{4.35}$$

approximiert werden.

Diese Graphiken und Ausdruck (4.35) können gleichermaßen für die genäherte Berechnung von Elektronenstrahlen und Strahlen positiv geladener Teilchen genutzt werden. Für Elektronenstrahlen kann die normierte Koordinate Z gemäß

$$Z = 0{,}174 \sqrt{P} \, \frac{z}{r_{\text{min}}}$$

mit P als Strahlperveanz in μA $\text{V}^{-3/2}$ berechnet werden.

Es sei bemerkt, daß die universellen Kurven (Bild 4.4) zur Bestimmung der Hüllkurve von anfangs achsenparallelen, aber auch von divergierenden Strahlen benutzt werden können. Im letzteren Fall muß die Berechnung mit der Bestimmung der Anfangsneigung der Grenztrajektorie $(dR/dZ)_0$ beginnen, welche die Ausgangskoordinate Z bestimmt.

Bei der Berechnung wurde bisher die Änderung des räumlichen Potentials innerhalb des Kanals unter dem Einfluß des Coulombfeldes praktisch nicht berücksichtigt, da in die

Trajektoriengleichung nur eine Korrektur der Strahlverbreiterung in transversale Richtung einging.

Eine Absenkung des räumlichen Potentials unter dem Einfluß der Raumladung führt in letzter Konsequenz zu einer Begrenzung des Strahlstromes, der durch den Kanal geführt werden kann. Diese Begrenzung ist mit dem Auftreten des *Effektes einer virtuellen Kathode* verbunden. Sein Wesen besteht darin, daß bei einem bestimmten Strom im Strahl das Potential auf der Achse bis zu einem solchen Wert abgesenkt wird, bei dem die Strahlbewegung instabil wird und das Potential im Strahlzentrum spontan auf Null abfällt (im Kanal bildet sich eine virtuelle Kathode). Dieser Effekt stört die normale Elektronenbewegung längs der Kanalachse und begrenzt den Strom, der durch den Kanal transportiert werden kann.

Die Rechnung liefert für den Grenzstrom eines Elektronenstrahls in einem zylindrischen Kanal den Wert [79]

$$I_G = 32,5\,K\left(\frac{b}{a}\right)U_a^{3/2}$$

mit I_G – Grenzstrom [μA], U_a – Kanalpotential [V], K – Koeffizient, der vom Verhältnis des Strahlradius b zum Kanalradius a abhängt:

b/a	...	1	0,8	0,6	0,4	0,2
K	...	1	0,5	0,33	0,22	0,15

Eine detaillierte des Effektes der virtuellen Kathode erfolgt in § 10.2.

4.6 Der Einfluß positiver Ionen auf die Ausbreitung von Elektronenstrahlen

Im Ergebnis von Elektronenstößen mit Restgasmolekülen entstehen positive Ionen. Deren Sammlung in vom Elektronenstrahl eingenommenen Bereichen kann zu einer partiellen oder vollständigen Kompensation der Elektronenraumladung führen, was wiederum wesentlich auf den Verlauf der Elektronentrajektorien Einfluß nehmen und die Strahlgeometrie verändern kann [80].

Die Ionenbildungsgeschwindigkeit hängt von der Zusammensetzung des Restgases ab, seinem Partialdruck, der Ladungsdichte im Elektronenstrahl und von der Strahlgeschwindigkeit. Die Bildung von Ionen kann durch die Gleichung

$$n_i' = k_p B_i p\,\frac{j}{|e|} = k_p B_i\,p\,n_e\,v \tag{4.36}$$

beschrieben werden. Dabei gilt n_i' – Anzahl der Ionen, die in einem Volumen von 1 cm^3 pro Sekunde gebildet werden, $k_p = 1/133,3$, B_i – spezifische Ionisation, welche die Zahl der Ionen bestimmt, die durch ein Elektron längs eines Weges von 1 cm bei einem Restgasdruck von 133,3 Pa gebildet werden, p – Restgasdruck, j – Elektronenstromdichte, v – Elektronengeschwindigkeit und n_e – Ionenkonzentration (Anzahl pro cm^3).

Die in diese Gleichung eingehende spezifische Ionisation hängt von der Art des Restgases und der Geschwindigkeit (Energie) der Elektronen ab. Für Stickstoff (N_2) ist B_i gleich 10 bei einer Elektronenenergie von 100 eV, gleich 4 bei 1000 eV und gleich 2,8 bei 2000 eV.

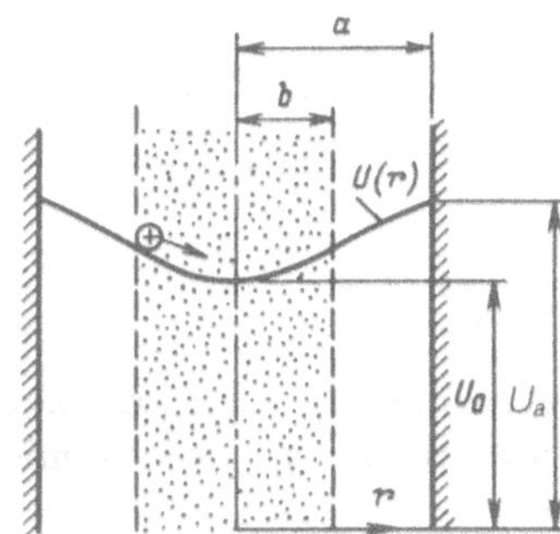

Bild 4.5: Im Kanal gebildete Potentialmulde beim Durchtritt eines Elektronenstrahls

Wird beispielsweise U =1000 V, p =1,33·10^{-5} Pa, B_i =4 angenommen, wird mit (4.36) n_i' =750 n_e gefunden. Daraus folgt, daß sogar ein kleiner Teil (beispielsweise 0,001) der Ionenladung, der im Verlaufe einer Sekunde gebildet wird, hinreichend ist, um die Raumladung des Elektronenstrahls zu kompensieren. Die Neutralisation der Raumladung wird in Elektronenstrahlen jedoch bei weitem nicht immer beobachtet, was sich durch den Austritt (Verlust) von Ionen aus dem vom Elektronenstrahl eingenommenen Bereich erklärt.

Es existieren mehrere Gründe für Ionenverluste. Der wichtigste Grund ist das Absaugen von Ionen aus dem Strahl durch die Wirkung elektrostatischer Felder. Beispielsweise entweichen im Bereich einer Elektronenkanone gebildete Ionen in Richtung Kathode und können so nicht längere Zeit am Neutralisationsprozeß teilnehmen. Ein anderer Grund von Ionenverlusten aus dem Strahl ist ihre thermische Bewegung. Dies sind die Gründe, warum eine Strahlneutralisation nur beobachtet wird, wenn die Bedingungen für den Einfang und die Speicherung von Ionen in Potentialmulden gegeben sind.

Elektronenstrahlneutralisation im langen Kanal. Hier erfolgt die Neutralisation der Raumladung für einen Elektronenstrahl, der sich in einem von äußeren Feldern freien Kanal ausbreitet, wobei die Kanallänge um ein Vielfaches den Strahldurchmesser übertrifft. Beim Durchflug des Elektronenstrahls durch einen Äquipotentialkanal bildet sich im Kanal durch die Raumladung des Strahls eine Potentialmulde (ein Potentialminimum) aus, die auf der Symmetrieachse lokalisiert ist. Diese Mulde dient als Falle für im Strahlbereich gebildete Ionen (Bild 4.5). Infolge der Ionensammlung kompensiert deren Ladung die Raumladung des Strahls. Im Ergebnis verringert sich der Potentialunterschied zwischen der Strahlachse und den Kanalwänden. Eine Änderung der Tiefe der Potentialmulde führt wiederum zu einer Erhöhung der Zahl der Ionen, die aus dem Strahlbereich austreten und auf die Kanalwände gelangen. Der Neutralisationsprozeß kommt zum Erliegen, wenn sich ein dynamisches Gleichgewicht zwischen den im Strahl gebildeten Ionen und den auf die Kanalwände austretenden Ionen herausbildet. Die resultierende Stufe der Neutralisation der Raumladung hängt von der Ionenbildungsgeschwindigkeit und von dem Tempo der Ionenverluste ab. Die Ionenzahl, die pro Strahllängeneinheit und Sekunde gebildet wird, kann mit (4.36) berechnet werden:

$$N_i' = n_i' \pi b^2 = k_p B_i \, p \, n_e \, v \pi b^2 = k_p B_i \, p \, n_e \pi b^2 \sqrt{2 \frac{|e|}{m} U_a} \qquad (4.37)$$

mit U_a – Potential der Kanalwand, welches die Energie und die Geschwindigkeit des Elektronenstrahls bestimmt und b – Strahlradius.

Die Ionenzahl, die infolge der Wärmebewegung auf die Kanalwand aus einem Strahl pro Längeneinheit und Sekunde fällt, kann nach [80] über

$$L_i' = 2\pi a n_{i0} \left(\frac{|e|U_i}{2\pi M}\right)^{1/2} \exp\left(\frac{U_0 - U_a}{U_i}\right) \tag{4.38}$$

abgeschätzt werden. Dabei gilt a – Radius des zylindrischen Kanals; n_{i0} – Ionenkonzentration auf der Strahlachse; M – Ionenmasse; $|e|U_i$ – mittlere Energie der thermischen Ionenbewegung [eV]; U_0 – Potential auf der Strahlachse.

Werden (4.37) und (4.38) gleichgesetzt und $e_i = |e|$ angenommen, folgt

$$p = \frac{a n_{i0}}{\sqrt{\pi} k_p b^2 B_i n_e} \left(\frac{m}{M}\frac{U_i}{U_a}\right)^{1/2} \exp\left(\frac{U_0 - U_a}{U_i}\right) . \tag{4.39}$$

Mit $U_0 = U_a$ und $n_e = n_{i0}$ kann der Restgasdruck bestimmt werden, bei dem eine vollständige Strahlneutralisation erfolgt. Beispielsweise gilt für U_a =1000 V, $a = b$ =1 cm, M/m =52000 (N_2 als Restgas) $|e|U_i$ =0,026 eV, was einer Gastemperatur von 300 K entspricht. Die Rechnung liefert den Druck, bei dem eine vollständige Neutralisation erfolgt:

$$p = \frac{133,3}{4\sqrt{\pi}} \left(\frac{1}{52000} \cdot \frac{0,026}{1000}\right)^{1/2} \approx 42 \cdot 10^{-5}\text{Pa} .$$

Alles Gesagte bezieht sich auf einen Kanal, dessen Länge seinen Durchmesser um ein Vielfaches übertrifft. In kurzen Kanälen ist der Neutralisationsprozeß ein wesentlich anderer. Hier wird angenommen, daß an ein oder an beide Kanalenden ein elektrischer Feldbereich so angrenzt, daß positive Ionen aus dem Kanalvolumen herausgezogen werden können. In diesem Fall erfolgt keine Speicherung der Ionen im Kanal und Neutralisationseffekte treten praktisch nicht auf.

Einfluß des ionischen Untergrundes auf die Formierung und Fokussierung von Elektronenstrahlen. Existieren im Strahlbereich Bedingungen für eine Ionensammlung, die eine teilweise bzw. vollständige Neutralisation der Raumladung bewirkt, kann für diesen Fall der ionische Untergrund einen erheblichen Einfluß auf die Bewegung des Elektronenstrahls haben. Insbesondere unter Bedingungen der Kompensation der Elektronenladung durch Ionen und beim Fehlen äußerer Felder kann das magnetische Eigenfeld des Strahls die Elektronenbewegung beeinflussen. Näherungsweise werde angenommen, daß die Kompensation der elektronischen Raumladung im gesamten Strahlvolumen gleich sei. Mit der Einführung des *ionischen Neutralisationskoeffizienten* $f = n_i/n_e$ wird eine Gleichung erhalten, die die Bewegung des äußersten Elektrons im Strahl beschreibt [81]

$$\frac{d^2r}{dz^2} = \frac{K}{r}(1 - f - \beta^2) \tag{4.40}$$

mit

$$K = \frac{I}{4\pi\varepsilon_0 \sqrt{\frac{2|e|}{m}} U_a^{3/2}} = 1,5 \cdot 10^{-2}\, P$$

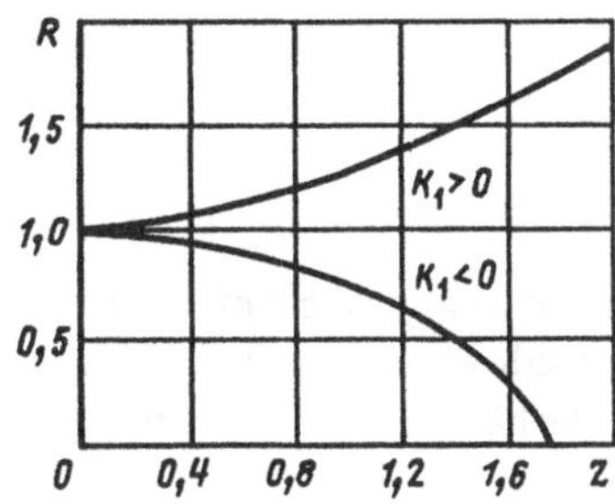

Bild 4.6: Grafik zur Berechnung der Grenztrajektorie eines Strahls bei teilweiser und vollständiger Kompensation der elektronischen Raumladung

und P – Perveanz des Elektronenstrahls [μA V$^{-3/2}$].

Das auf der rechten Gleichungsseite auftretende Glied $\beta^2 = v^2/c^2$ berücksichtigt die Wirkung des magnetischen Eigenfeldes des Strahls. Sein Einfluß wird auf die Grenztrajektorie bestimmend, wenn $f \approx 1$ gilt, d.h. bei vollständiger Kompensation der elektronischen Raumladung des Strahls. Wird der Ausdruck $K_1 = K(1 - f - \beta^2)$ eingeführt, ergibt sich an Stelle von (4.40) für die Grenztrajektorie

$$\frac{d^2r}{dz^2} = \frac{K_1}{r} .$$

Die Ergebnisse der Integration werden in normierter Form in Bild 4.6 dargestellt [81]. In dieser Graphik gilt $R = r/r_n$ – normalisierte Radialkoordinate; $Z = (2|K_1|)^{1/2}z/r_n$ – normalisierte longitudionale Koordinate; r_n Ausgangsradius des Strahls. Es ist ersichtlich, daß ein kompensierter Strahl ($K_1 < 0$) durch das Wirken des magnetischen Eigenfeldes komprimiert wird. Der Abstand von der Ausgangsebene, wo der Strahl parallel zur z-Achse lokalisiert ist bis zum Fokussierungspunkt wird durch

$$\frac{z}{r_n} = \frac{1,27}{\sqrt{|K_1|}}$$

bestimmt.

Ionische Fokussierung. Für den Fall, daß der Restgasdruck im Kanal den Druck übersteigt, der eine vollständige Kompensation der Elektronenladung bewirkt, entsteht das Phänomen der *Überkompensation.* Bei dieser bildet sich in der Bewegungszone des Elektronenstrahls eine Säule positiver ionischer Raumladung aus. Das Feld dieser Ladung lenkt die Elektronentrajektorien zur Kanalachse ab, was zum Effekt der *ionischen Fokussierung* führt. Die Theorie der ionischen Fokussierung wird in [82, 83] behandelt. Unter Verwendung der Ergebnisse von [83] können Ausdrücke zur Berechnung von Parametern erhalten werden, welche die ionische Fokussierung charakterisieren. Die Stufe der Raumladungsüberkompensation ξ des Elektronenstrahls durch Ionen und die Potentialdifferenz ΔU auf der Strahlachse und der Strahlgrenze werden durch die folgenden Gleichungen bestimmt:

$$\xi = \frac{n_i - n_e}{n_e} = \frac{C}{\sqrt{U_2}} - 1 , \quad \frac{\Delta U}{u_a} = K\xi . \tag{4.41}$$

die Größen K, C und U_2 sind über die Gleichungen

$$K = 1,5 \cdot 10^4 P \; ; C = 0,75 \sqrt{\frac{M}{m}} B_i p \sqrt{U_a} \; ;$$

$$U_2 = \frac{2}{3}\kappa_1 \mathrm{sh}^2 \frac{\Psi}{3}, \kappa_1 = 1,5 \cdot 10^{10} \frac{I}{b^2\sqrt{U_a}},$$

$$\mathrm{sh}\,\Psi = \frac{15,8 \cdot 10^{-6}}{\sqrt{P}} bB_i p \sqrt{\frac{M}{m}}$$

festgelegt. Dabei bedeuten P – Perveanz [A $V^{-3/2}$]; I – Strom des Elektronenstrahls [A]; U – Beschleunigungsspannung [V]; b – mittlerer Strahlradius [mm]; B_i – spezifische Ionisation [cm^{-1}]; p – Restgasdruck [Pa]; M/m – Verhältnis der Ionenmasse zur Elektronenmasse.

In der in [83] entwickelten Theorie der ionischen Fokussierung wird davon ausgegangen, daß Sekundärelektronen, die durch Ionisationsakte gebildet werden, sofort den Elektronenstrahlbereich verlassen und den Prozeß der ionischen Fokussierung nicht beeinflussen. Es ist offensichtlich, daß eine solche Annahme dann gilt, solange der Potentialabfall ΔU über den Strahlquerschnitt nicht die mittlere Geschwindigkeit U_e der Sekundärelektronen (ausgedrückt in Volt), welche sie im Ergebnis der Ionisationsakte erhalten, übersteigt. Im entgegengesetzten Fall werden die Sekundärelektronen in der Potentialmulde eingefangen, die von der überschüssigen Ionenladung gebildet wird und senken die Tiefe der Potentialmulde bis zu $\Delta U \approx U_e$ ab. Eine Analyse der Anfangsenergien der Sekundärelektronen auf der Grundlage der Ergebnisse aus [84] liefert Werte für die mittleren Geschwindigkeiten der Sekundärelektronen: für N_2 $U_e \approx 15$ V und für O_2 ≈ 18 V. Wird in (4.41) $\Delta U = U_e$ gesetzt, ergibt sich ein Ausdruck für die Abschätzung der Überkompensation der Elektronenraumladung durch Ionen unter Berücksichtigung des Einfanges sekundärer Elektronen:

$$\xi = \frac{U_e}{KU_a} = \frac{U_e}{1,5 \cdot 10^4 PU_a} = \frac{66 \cdot 10^{-6}}{P}\frac{U_e}{U_a}.$$

Hieraus folgt, daß ein hohes Maß an Überkompensation für Strahlen mit geringer Perveanz und Beschleunigungsspannung erreicht wird. Für Strahlen mit $P \geq 10^{-6}$A V^{-1} und $U_a \geq 10^4$V gilt $\xi \ll 1$ und der Einfluß des ionischen Untergrundes führt zu einer Kompensation der Raumladung des Elektronenstrahls [85].

4.7 Streuung von Elektronenstrahlen an Restgasmolekülen

In den vorangegangenen Paragraphen wurde nur die mit Ionisationsprozessen verbundene Wechselwirkung eines Elektronenstrahls mit Restgasmolekülen betrachtet. Bei der Erhöhung des Restgasdruckes bis zu 10^3 Pa wird die Richtungsänderung des Elektronenstrahls bei seiner Wechselwirkung mit Restgasmolekülen (-atomen) wesentlich. Bei vielfacher aufeinanderfolgender Wechselwirkung führt dieser Effekt zur Streuung (Verbreiterung) des Elektronenstrahls.

Gesetzmäßigkeiten bei einmaliger elastischer Streuung. Unter elastischer Streuung wird eine Wechselwirkung ohne Änderung der Elektronenenergie verstanden. In diesem Fall führt die Wechselwirkung zu einer Änderung der Elektronentrajektorie im Coulombfeld eines ruhenden, positiv geladenen Atomkerns und für den Streuwinkel der Elektronentrajektorie ergibt sich

$$\mathrm{tg}\frac{\Theta}{2} = \frac{|e|\left(|e|Z\right)}{mv^2b} = \frac{e^2Z}{mv^2b}$$

Bild 4.7: Zur Berechnung der Ablenkung von Elektronentrajektorien im Coulombfeldes des Atomkerns

mit Θ – Streuwinkel der Elektronentrajektorie (Bild 4.7); $|e|Z$ – Kernladung; $|e|$ – Absolutwert der Elektronenladung; Z – Ordnungszahl; v – Elektronengeschwindigkeit; b – Stoßparameter, der als minimaler Abstand bestimmt wird, bei dem das Elektronen am Kern vorbeifliegt, wenn keine Wechselwirkung erfolgen würde.

Betrachtet werden soll die Elektronenstreuung eines Elektronenstrahls an einer dünnen Gasschicht. Die Schichtdicke Δz wird als so dünn angenommen, daß die Elektronen beim Durchtritt nur eine einzige Wechselwirkung erfahren. Die Anzahl der Atome in dieser Schicht, die zu einer Fläche gehört, die gleich dem Strahlquerschnitt S ist, beträgt

$$n_S = nS\Delta z$$

mit n als Atomkonzentration des Restgases. Die Trajektorien der durch diese Schicht fliegenden Elektronen werden in verschiedene Winkel Θ abgelenkt, die von den Trajektorienstoßparametern bezüglich der Streuzentren (Kerne) abhängen. Beträgt der Strahlstrom I, so ist die Zahl der pro Zeiteinheit durch die Schicht tretenden Elektronen $N' = I/|e|$.

Es werde berechnet, welche Anzahl der Elektronen Stoßparameter im Bereich von b bis $b + db$ aufweist. Dazu wird um jedes Streuzentrum (Kern) ein Kreisring gelegt, der von den Radien b und $b + db$ begrenzt ist. Die Ringfläche ist dann gleich $2\pi b\, db$. Somit beträgt die Zahl der Elektronen mit einem im angegebenen Intervall liegenden Stoßparameter

$$\frac{dN'}{N'} = \frac{2\pi b\, db}{S}$$

mit $2\pi b\, db\, n_S$ – summarische Fläche aller Kreisflächen und S – Fläche des Flußquerschnittes. Unter Berücksichtigung von $n_S = n\Delta z\, S$ folgt

$$\frac{dN'}{N'} = 2\pi b\, db\, n\Delta z = n_1 2\pi b\, db \tag{4.42}$$

mit $n_1 = n\Delta z$ – Zahl der Atome in der Schicht pro Flächeneinheit des Strahlquerschnittes. Unter Berücksichtigung des Zusammenhangs zwischen dem Neigungswinkel Θ und dem Stoßparameter kann (4.42) folgendermaßen dargestellt werden:

$$\frac{dN'}{N'} = \pi n_1 \left(\frac{e^2 Z}{mv^2}\right)^2 \frac{\cos\Theta/2}{\sin^3\Theta/2}\, d\Theta\ .$$

In diesem Fall drückt dN'/N' die relative Teilchenzahl aus, die im Winkelintervall zwischen Θ und $\Theta + d\Theta$ gestreut wird.

Für die Bewegung eines einzelnen Elektrons kann dN'/N' als Wahrscheinlichkeit für die Ablenkung seiner Trajektorie um einen im Intervall zwischen Θ und $\Theta + d\Theta$ liegenden Winkel betrachtet werden. Aus dieser Gleichung folgt, daß Ablenkungen um kleine Winkel θ dominieren.

Wird ein Raumwinkel $d\Omega$ eingeführt, der von zwei konusförmigen Oberflächen mit Neigungswinkeln von Θ bzw. $\Theta + d\Theta$ gebildet wird, gilt:

$$d\Omega = 2\pi \sin\Theta \, d\Theta = 4\pi \sin\frac{\Theta}{2} \cos\frac{\Theta}{2} \, d\Theta \; .$$

Daraus folgt:

$$\frac{dN'}{N'} = \frac{n_1}{4} \left(\frac{e^2 Z}{m v^2} \right)^2 \frac{d\Omega}{\sin^4 \frac{\theta}{2}} \; . \tag{4.43}$$

Diese Gleichung ist als *Rutherfordsche Streuformel* bekannt. Sie bestimmt die relative Teilchenzahl, die in den Raumwinkel $d\Omega$ gestreut werden. Gewöhnlich wird diese Gleichung in der Form

$$\frac{dN'}{N'} = n_1 \, \sigma(\Theta) \, d\Omega$$

mit

$$\sigma(\Theta) = \frac{1}{4} \left(\frac{e^2 Z}{m v^2} \right)^2 \frac{1}{\sin^4 \frac{\Theta}{2}}$$

als effektiver differentieller Transversalstreuquerschnitt geschrieben.

Zur Beschreibung der Streuung werden auch effektive Gesamtstreuquerschnitte verwendet, die über

$$\tilde{\sigma} = \int_0^{4\pi} \sigma(\Theta) \, d\Omega$$

bestimmt werden.

Es existieren präzisierte Streugleichungen, welche die Abschirmung des Kernfeldes durch die Hüllenelektronen und die endliche Kernausdehnung berücksichtigen [15]. Die Berücksichtigung der Abschirmung des Kernfeldes führt zu einer Begrenzung für den Wert des maximalen Stoßparameters auf den Atomradius $b_{\text{max}} \approx r_a = 7{,}4 \cdot 10^{-9} Z^{-1/3}$, was wiederum den minimalen Streuwinkel bestimmt [15]:

$$\operatorname{tg} \frac{\Theta_{\text{min}}}{2} = \frac{e^2 Z}{m v^2 r_a} = \frac{10^{-4} Z^{4/3}}{2 \gamma \beta^2}$$

mit $\beta = v/c$ und γ – relativistischer Faktor. Die Berücksichtigung des endlichen Kernradius r_n bestimmt den minimalen Wert des Stoßparameters

$$b_{\text{min}} \approx r_n \; ,$$

und somit

$$\operatorname{tg} \frac{\Theta_{\text{max}}}{2} = \frac{e^2 Z}{m v^2 r_n} \; .$$

Für näherungsweise Berechnungen kann r_n über die Gleichung

$$r_n \approx R_0 \, A^{1/3}$$

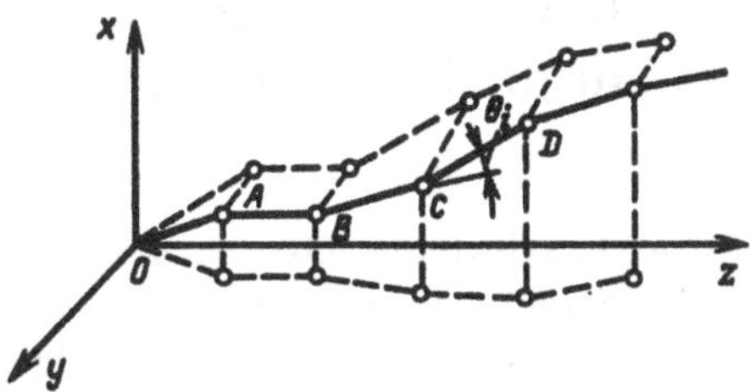

Bild 4.8: Verlauf einer Elektronentrajektorie bei Vielfachwechselwirkungen

mit A – Massenzahl des Kerns und $R_0 \approx 1,5 \cdot 10^{-13}$ cm bestimmt werden. Damit ergibt sich

$$\operatorname{tg}\frac{\Theta_{\max}}{2} \approx \frac{1}{2\gamma\beta^2} Z^{2/3} .$$

Elektronen-Vielfachstreuung. Der genäherte Verlauf einer Elektronentrajektorie bei Vielfachwechselwirkungen wird in Bild 4.8 gezeigt [86]. In den Punkten A, B, C und D der Trajektorie erfolgen Stöße der Elektronen mit den Gasatomen und damit verbundene Richtungsänderungen um die Winkel Θ_i der Elektronen. Zur Charakterisierung der Abweichung der Elektronenbewegung von der anfänglichen Richtung wird das mittlere Quadrat der Ablenkwinkel verwendet:

$$\bar{\Theta}_i^2 = \frac{1}{k} \sum_{i=1}^{k} \Theta_i^2 .$$

In Arbeit [87], in der das Verhalten von Elektronenstrahlen in Gasatmosphären bei erhöhten Drücken untersucht wurde, wird eine Gleichung für die genäherte Berechnungen von $\bar{\Theta}_i^2$ angegeben:

$$\bar{\Theta}_i^2 = 8\pi r_0^2 n Z^2 \left(\frac{1}{\beta^4\gamma^2}\right) z \ln \frac{\Theta_{\max}}{\Theta_{\min}} \tag{4.44}$$

mit r_0 – klassischer Elektronenradius ($r_0 = 2,83 \cdot 10^{-15}$ m); n – Gasdichte [m^{-3}]; $\Theta_{\max}$ und $\Theta_{\min}$ als maximaler und minimaler Streuwinkel, wie sie durch die weiter oben angegebenen Formeln bestimmt werden.

Ein Elektronenstrahl, der in ein Gas in der Ebene $z = 0$ mit verschwindend kleinen Radius ($r \to 0$) injiziert wird, erhält durch Vielfachstreuungen endliche transversale Abmaße und wird durch eine gaußförmige Stromdichteverteilung charakterisiert [87]

$$j(r, z) = j(0, z) \exp\left[-\left(\frac{r}{\bar{r}}\right)^2 \ln 2\right] \tag{4.45}$$

mit $j(0, z)$ – Stromdichte auf der Strahlachse; $\bar{r}$ – Strahlradius, gemessen bei der Halbwertsbreite der Stromdichte. Die Größe $\bar{r}$ wird somit durch das mittlere Quadrat der Streuwinkel $\bar{\Theta}^2$ ausgedrückt:

$$\bar{r} = \left[\frac{1}{3} \ln 2\, z^2 \bar{\Theta}^2\right]^{1/2} .$$

4.8 Abschätzung des Einflusses der Anfangsgeschwindigkeiten (thermischen Geschwindigkeiten) auf die Strahlkonfiguration

Bei der Berücksichtigung des Einflusses thermischer Geschwindigkeiten auf die Strahlkonfiguration und die Stromdichteverteilung über den Strahlquerschnitt wird angenommen, daß die Konfiguration eines laminaren Strahls bei fehlenden thermischen Geschwindigkeiten (im Rahmen der hydrodynamischen Näherung) bekannt sei. Die Berechnung der Bewegung von Teilchen, die endliche transversale Anfangsgeschwindigkeiten („thermische" Teilchen) aufweisen, erfolgt bei vorhandenem elektrischen Feld des laminaren Strahls[3]. Hierbei werden zusätzliche Annahmen über die lineare Abhängigkeit der transversalen Feldkomponente von den transversalen Koordinaten getroffen [14, 88].

Berechnung des transversalen Versatzes der Teilchen. Die Betrachtung werde auf axialsymmetrische Strahlen begrenzt. Die Bewegungsgleichung der „thermischen" Teilchen lautet in radialer Richtung

$$\frac{d^2r}{dt^2} = \left(\frac{e}{m}\right) E_r \, . \tag{4.46}$$

Unter Berücksichtigung der weiter oben getroffenen Annahmen kann die in diese Gleichung eingehende Komponente des elektrischen Feldes durch einen dynamischen Parameter des laminaren Strahls - die transversale Beschleunigung seiner Teilchen - ausgedrückt werden:

$$E_r = q\,\frac{m}{e}\,\frac{d^2R}{dt^2} \tag{4.47}$$

mit R – Radialkoordinate des äußersten Teilchens; d^2R/dt^2 – seine Beschleunigung in transversale Richtung; q – relative transversale Koordinate $q = r/R$ ($r < R$ bei $q < 1$ und $r > R$ bei $q > 1$).

Wird der gefundene Wert von E_r in (4.46) eingesetzt, ergibt sich die Bewegungsgleichung des „thermischen" Teilchens für die Anwesenheit des Feldes eines laminaren Strahls:

$$\frac{d^2r}{dt^2} = q\,\frac{d^2R}{dt^2} \, . \tag{4.48}$$

Der linke Teil der Gleichung werde durch das Einführen von $r = qR$ umgewandelt:

$$\frac{d^2r}{dt^2} = \frac{d^2}{dt^2}(qR) = R\,\frac{d^2q}{dt^2} + 2\,\frac{dq}{dt}\,\frac{dR}{dt} + q\,\frac{d^2R}{dt^2} \, .$$

Das Einsetzen dieses Ausdruckes in (4.48) führt zur transversalen Bewegungsgleichung der „thermischen" Teilchen:

$$\frac{d^2q}{dt^2} = -\frac{2}{R}\,\frac{dR}{dt}\,\frac{dq}{dt} \, . \tag{4.49}$$

Es sei darauf verwiesen, daß die Gleichung die Teilchenbewegung über deren relative transversale Koordinate und die Parameter des laminaren (nicht durch thermische Geschwindigkeiten gestörten) Strahls R und dR/dt beschreibt. Gleichung (4.49) kann in der

[3] Eine Unschärfe der longitudionalen Geschwindigkeiten wird bei der Untersuchung nicht berücksichtigt.

Form

$$\left(\frac{dq}{dt}\right)^{-1} \frac{d}{dt}\left(\frac{dq}{dt}\right) = -\frac{2}{R}\frac{dR}{dt}$$

dargestellt werden.

Wegen

$$\frac{1}{R}\frac{dR}{dt} = \frac{d}{dt}\ln R \quad \text{und} \quad \left(\frac{dq}{dt}\right)^{-1} \frac{d}{dt}\left(\frac{dq}{dt}\right) = \frac{d}{dt}\ln\frac{dq}{dt}$$

erhält die Gleichung nach der ersten Integration die Form

$$\ln\frac{dq}{dt} - \ln\left(\frac{dq}{dt}\right)_k = -\ln R^2 + \ln R_k^2 \tag{4.50}$$

mit R_k – Anfangskoordinate der Grenztrajektorie des laminaren Strahls auf der Kathode und $(dq/dt)_k$ – relative transversale Anfangsgeschwindigkeit des betrachteten Teilchens.

Wird (4.50) in die Form $dq/dt = (dq/dt)_k R_k^2/R^2$ transformiert und noch einmal integriert, folgt

$$q - q_k = \left(\frac{dq}{dt}\right)_k \int\limits_{t_k}^{t} \left(\frac{R_k}{R}\right)^2 dt\,.$$

Hier sind q_k die relative Anfangskoordinate des Teilchens und t_k der Anfangszeitpunkt.

Diese Gleichung kann auch in der folgenden Form geschrieben werden:

$$(q - q_k)\,R = R_k \left(\frac{dq}{dt}\right)_k \frac{R}{R_k} \int\limits_{t_k}^{t} \left(\frac{R_k}{R}\right)^2 dt\,.$$

Hieraus folgt

$$\Delta r = r - r_0 = \left(\frac{dr}{dt}\right)_k \Delta t_\epsilon \tag{4.51}$$

mit $r = qR$ – aktuelle Radialkoordinate des betrachteten Teilchens beim Vorhandensein einer transversalen Anfangsgeschwindigkeit $(dr/dt)_k = R_k(dq/dt)_k$; $r_0 = q_k R$ – aktuelle Koordinate des gleichen Teilchens im ungestörten Strahl bei fehlender Transversalgeschwindigkeit; Δr – transversaler Versatz des Teilchens im Strahl infolge der Anfangsgeschwindigkeit; Δt_ϵ – äquivalente Flugzeit des Teilchens

$$\Delta t_\epsilon = \left(\frac{R}{R_k}\right) \int\limits_{t_\epsilon}^{t} \left(\frac{R_k}{R}\right)^2 dt\,.$$

Berechnung der Umverteilung der Stromdichte. Es werde angenommen, daß in einer Ebene $r\Theta$ die Ausdehnung des laminaren (ungestörten) Strahls und die Verteilung der Stromdichte über den Strahlquerschnitt bekannt sei.

Im laminaren Strahl wird der Elementarstrom, der durch die Einheitsfläche $\Delta S = r_0\,dr_0\,d\Theta$ mit dem Zentrum im Punkt Q (Bild 4.9) tritt, durch das Verhältnis $dI_Q = j_0 r_0\,dr_0\,d\Theta$ mit j_0 als Stromdichte im ungestörten Strahl bestimmt. Bei dem Vorhandensein von thermischen Anfangsgeschwindigkeiten werden die Strahlteilchen, die zuvor durch die Fläche ΔS getreten sind, in unterschiedlichen Abständen von der Symmetrieachse durch die Ebene $r\Theta$ treten. Eine gewisse Teilchenzahl tritt dabei durch die Fläche $\Delta F = dx\,dy$ im Kreuzungspunkt P.

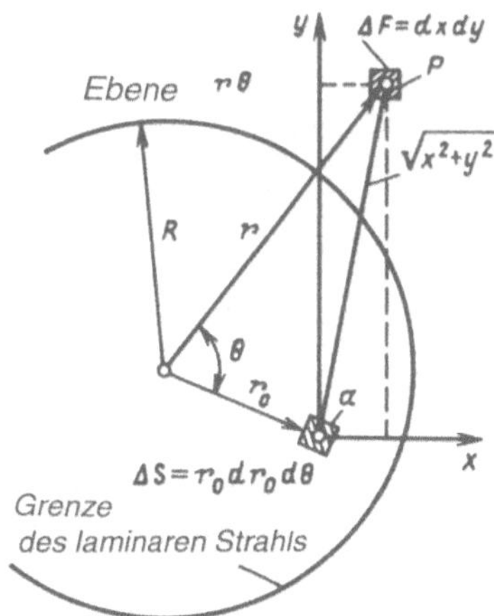

Bild 4.9: Zur Berechnung der Dichteumverteilung im Strahl

Entsprechend wird der durch die Fläche ΔS getretene Elementarstrom dI_Q in bestimmter Weise über die Ebene $r\Theta$ verteilt sein. Ein Teil des Stromes fließt dabei durch die Fläche ΔF. Berechnet wird dieser Teil unter der Annahme einer Maxwellverteilung für die transversalen Anfangsgeschwindigkeiten der Teilchen auf dem Emitter. Dann wird der Teil des Stromes (aus dem Strom dI_Q) von Teilchen, deren Geschwindigkeiten im Intervall von v_x bis $v_x + dv_x$ und von v_y bis $v_y + dv_y$ liegen, über

$$dI_{v_x,v_y} = dI_Q \frac{m}{2\pi kT} \exp\left[-\left(\frac{mv_x^2}{2kZ} + \frac{mv_y^2}{2kT}\right)\right] dv_x\, dv_y \tag{4.52}$$

berechnet.

Unter Verwendung dieses Ausdrucks kann der Teil des Stromes (aus dem Strom dI_Q) erhalten werden, der durch die Elementarfläche $\Delta F = dx\, dy$ fließt, wenn berücksichtigt wird, daß durch diese Fläche Teilchen (von den durch die Fläche ΔS im ungestörten Strahl fließenden Teilchen) treten, deren transversale Geschwindigkeiten im Intervall von $v_x = x/\Delta t_\epsilon$ bis $v_x + dv_x = x/\Delta t_\epsilon + dx/\Delta t_\epsilon$ und von v_y bis $v_y + dv_y$ liegen. Werden diese Geschwindigkeitswerte in (4.52) eingesetzt, folgt ein Ausdruck für den Elementarstrom, der durch die Fläche ΔF im Kreuzungspunkt P fließt:

$$dI_P = \frac{1}{2\pi} dI_Q \exp\left[-(x^2+y^2)\frac{1}{\frac{2kT}{m}\Delta t_\epsilon^2}\right] \frac{dx\, dy}{\frac{kT}{m}\Delta t_\epsilon^2} . \tag{4.53}$$

Es werde ein Parameter, der Standardversatz bzw. die Deviation, eingeführt, der als Maß für das Auseinanderfließen des Strahls infolge der Teilchenanfangsgeschwindigkeiten dient:

$$\sigma = \sqrt{\frac{kT}{m}} \frac{R}{R_k} \int_{t_k}^{t} \frac{dt}{\left(\frac{R}{R_k}\right)^2} = \Delta t_\epsilon \sqrt{\frac{kT}{m}} .$$

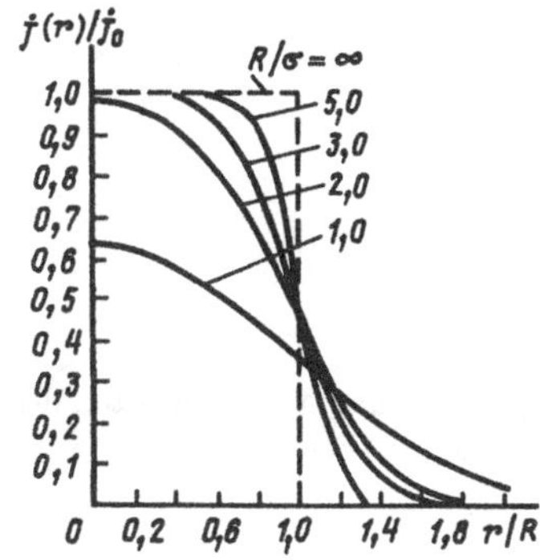

Bild 4.10: Kurven zur Bestimmung der Stromdichte im Strahl bei endlichen Anfangsgeschwindigkeiten der Teilchen: j_0 – Stromdichte im ungestörten Strahl; R – Radius des ungestörten Strahls; σ – Standardabweichung des Strahls

Wird dieser Parameter in den vorangegangenen Ausdruck eingesetzt, folgt unter Berücksichtigung von $dI_Q = j_0 r_0 \, dr_0 \, d\Theta$

$$dI_P = \frac{1}{2\pi} j_0 \, dr_0 \, d\Theta \, \exp\left(-\frac{x^2+y^2}{2\sigma^2}\right) \frac{dx\,dy}{\sigma^2} \; .$$

Hieraus ergibt sich die partielle Stromdichte in der Umgebung des Punktes P zu

$$dj_P = \frac{dI_P}{dx\,dy} = \frac{j_0}{2\pi\sigma^2} \exp\left(-\frac{x^2+y^2}{2\sigma^2}\right) r_0 \, dr_0 \, d\Theta \; .$$

Die Gesamtstromdichte folgt nach Integration dieses Ausdruckes längs des Strahlquerschnittes des ungestörten Strahls:

$$j_P = \int_0^R \int_0^{2\pi} \frac{j_0}{2\pi\sigma^2} \exp\left(-\frac{x^2+y^2}{2\sigma^2}\right) r_0 \, dr_0 \, d\Theta \; .$$

Mit der Annahme, daß die Stromdichte im ungestörten Strahl konstant ist, d.h. j_0 =const, und bei der Substitution von x^2+y^2 durch $x^2+y^2 = r_0^2 + r^2 - 2r_0 r \cos\Theta$, ergibt sich

$$j_P = \frac{j_0}{2\pi\sigma^2} \exp\left(-\frac{r^2}{2\sigma^2}\right) \int_0^R r_0 \exp\left(-\frac{r_0^2}{2\sigma^2}\right) dr_0 \int_0^{2\pi} \exp\left(\frac{r_0 r \cos\Theta}{\sigma^2}\right) d\Theta \; .$$

Da

$$\int_0^{2\pi} \exp\left(\frac{r_0 r \cos\Theta}{\sigma^2}\right) d\Theta = 2\pi I_0(r_0 r/\sigma^2)$$

gilt, folgt

$$j(r) = j_P = j_0 \exp\left(-\frac{r^2}{2\sigma^2}\right) \int_0^{R/\sigma} \frac{r_0}{\sigma} \exp\left(-\frac{r_0^2}{2\sigma^2}\right) I_0\left(\frac{r_0 r}{\sigma^2}\right) d\left(\frac{r_0}{\sigma}\right) \; . \tag{4.54}$$

In Bild 4.10 sind für die Stromdichteverteilung im Strahl für verschiedene Werte R/σ als Parameter Kurven angegeben, die nach (4.54) berechnet wurden. Aus diesen Kurven folgt, daß bei $R/\sigma \leq 2$ im Strahl eine erhebliche Umverteilung der Stromverteilung im Vergleich zum idealisierten laminaren Strahl erfolgt, für den $R/\sigma = \infty$ gilt.

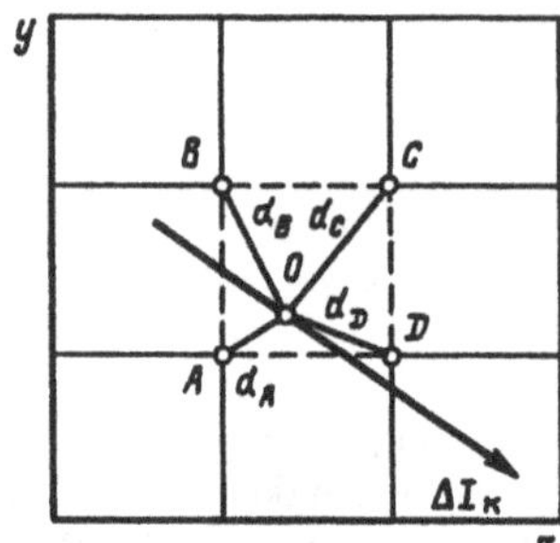

Bild 4.11: Schema der Ladungsverteilung auf die Knoten des Rechennetzes für ein zweidimensionales Feld

4.9 Lösungsmethodik selbstkonsistenter elektronenoptischer Aufgaben

Die Berechnung und Projektierung elektronenoptischer Systeme für die Formierung, den Transport und die Fokussierung intensiver Strahlen geladener Teilchen ist mit der Lösung selbstkonsistenter Aufgaben der Elektronenoptik verbunden. Die Behandlung solcher Aufgaben besteht darin, daß sie die Berechnung der Bewegung von geladenen Teilchen in magnetischen und Coulombeigenfeldern der Teilchenströme erfordern, die ihrerseits wiederum vom Charakter der Teilchenbewegung abhängen. Im mathematischen Sinne besteht die Aufgabe in der simultanen Lösung der Bewegungsgleichungen und der Feldgleichungen. Eine allgemeine Behandlung dieses Problems wird in [89] gegeben.

Methode der sukzessiven Näherungen. Zur Lösung selbstkonsistenter Aufgaben wird die Methode der aufeinanderfolgenden Näherungen angewandt, deren Wesen im folgenden dargelegt werden soll. Als Feld wird in erster Näherung ein Feld ohne Berücksichtigung der Eigenfelder des Teilchenstroms verwendet. Diese Felder werden zur Trajektorienberechnung in erster Näherung verwendet. In zweiter Näherung werden Felder und Trajektorien unter (genäherter) Berücksichtigung der Eigenfelder des Strahls berechnet. Der Prozeß sukzessiver Näherungen wird fortgeführt, bis die Ergebnisse der n-ten Näherung hinreichend konsistent mit den Ergebnissen der $(n-1)$-ten Näherung sind. Als Konvergenzkriterium können beispielsweise die Koordinaten und Neigungswinkel von Teilchentrajektorien in einer Ebene des zu analysierenden Systems dienen. Konvergiert der Prozeß, werden für den Erhalt eines Endresultates mit der für die Praxis erforderlichen Genauigkeit gewöhnlich 5 - 10 Näherungen benötigt.

Für die Lösung selbstkonsistenter Aufgaben mit der Methode der sukzessiven Näherungen wird ein diskretes Modell für den Teilchenstrom in Form von Trajektorien-Stromröhren verwendet. Dazu wird am Eingang des zu analysierenden Systems der Teilchenstrom in transversale Richtung in N elementare Schichten unterteilt - in Stromröhren. Der partielle Strom jeder Röhre ΔI_k berechnet sich aus der Fläche des transversalen Röhrenquerschnitts und der Stromdichteverteilung über den Strahlquerschnitt (letzterer wird als bekannt angenommen). Dieser Strom wird einer „zentralen" Trajektorie der Röhre zugeschrieben, deren Verlauf im weiteren berechnet wird. In diesem Fall führt die Lösung des selbstkonsistenten Problems zur gleichzeitigen Lösung der Feldgleichungen, der Bewegungsgleichung und der Kontinuitätsgleichung für den Strom. Letztere hat näherungsweise im gegebenen Modell die Form ΔI_k =const.

Betrachtet werde, wie mit der gegebenen Methodik die Berechnung der Eigenfelder des Flusses erfolgt. Es werde davon ausgegangen, daß in der ersten Näherung die Berechnung der Trajektorien - der Stromröhren - erfolge. In Bild 4.11 ist der Verlauf einer dieser Trajektorien bezüglich des Netzes, welches zur Berechnung des elektrischen Feldes verwendet wird, gezeigt. Die Ladung, die die gegebene Trajektorie in dem in der Zeichnung angegebenen Netzbereich A, B, C, D trägt, wird durch die Gleichung

$$q_k = \Delta I_k \tau_k$$

bestimmt. Dabei gilt ΔI_k – von der gegebenen Stromröhre transportierter Strom; τ_k – Zeit, in der das geladene Teilchen den Abschnitt l_k der Trajektorie durchläuft, die in den Grenzen des gegebenen Netzabschnittes liegt ($\tau_k \approx l_k/v_k; v_k$ – mittlere Teilchengeschwindigkeit auf den Abschnitt l_k). Da ΔI_k bekannt (gegeben) ist und τ_k während der Berechnung der Trajektorien im Feld der ersten Näherung ermittelt wird, bestimmt sich auch der Wert von q_k. Zur Berechnung des Feldes der nächsten (zweiten) Näherung mit der Methode der finiten Elemente oder der diskreten Greenschen Funktion muß diese Ladung für die Gitterpunkte bestimmt werden. Eine Variante der Ladungsverteilung auf die nächsten Gitterpunkte besteht in folgendem: Die Ladung q_k wird als im Zentrum des Abschnitts l_k (Punkt 0 in Bild 4.11) lokalisiert angesehen. Ihre Verteilung auf die Knoten A, B, C, D erfolgt proportional zum inversen Abstand vom Punkt 0 bis zum entsprechenden Knoten. Zum Beispiel bestimmt sich die Ladung, die auf den Knoten A fällt, nach der Gleichung [90]

$$q_A = \frac{q_k}{d_A} \frac{1}{\frac{1}{d_A} + \frac{1}{d_B} + \frac{1}{d_C} + \frac{1}{d_D}} .$$

Durchqueren einen Netzbereich mehrere Trajektorien, dann ist die Ladung an den Knoten die Summe der Beiträge der einzelnen Trajektorien. Mit der nun bekannten Ladungsverteilung erfolgt die Feldberechnung in der nächsten Näherung usw.

Das magnetische Eigenfeld wird bei der Lösung des selbstkonsistenten Problems gewöhnlich genähert bestimmt. Im Fall axialsymmetrischer Teilchenstrahlen wird in der Regel nur die azimutale Komponente der magnetischen Induktion B_Θ berücksichtigt, deren Berechnung unter Verwendung des Ampereschen Gesetzes erfolgt

$$B_\Theta = \frac{\mu_0}{2\pi r} \sum_{k=1}^{k=n} \Delta I_k .$$

In dieser Gleichung werden die Ströme der Stromröhren summiert, die innerhalb einer Kreiskontur mit dem Radius r fließen, der dem Abstand von der Symmetrieachse entspricht, auf der B_Θ bestimmt wird. Die Prozedur der sukzessiven Näherungen wird solange wiederholt, solange die Ergebnisse nicht im Rahmen einer vorgegebenen Genauigkeit zusammenfallen.

Es muß darauf hingewiesen werden, daß unter den selbstkonsistenten Aufgaben der Elektronenoptik auch solche existieren, bei denen der Prozeß der sukzessiven Näherungen nicht konvergiert. Dazu gehören zum Beispiel Aufgaben mit virtueller Kathode (siehe Abschnitt 10.). In diesem Fall kann eine andere - unten beschriebene - Methode angewandt werden.

„Schritt-für-Schritt“ Methode (Algorithmus zur Modellierung von Übergangsprozessen). Als Strommodell wird in diesem Fall ein diskretes Modell angewandt - das Modell der „finiten Ladungen “.

In diesem Modell wird der Teilchenstrom am Eingang des zu analysierenden Systems in transversaler Richtung in elementare Schichten oder Röhren zerlegt und eine Ladung eingeführt, welche mit diesen Schichten (Röhren) über diskrete Anteile im Zeitintervall Δt verbunden ist. Die Größe einer jeden einzelnen diskreten Ladung wird über den Röhrenstrom ΔI_k und das Zeitintervall Δt bestimmt: $q_k = \Delta I_k \Delta t$. Die Zahl der pro Zeitintervall in das System eingeführten diskreten Ladungen ist gleich der Anzahl der Stromröhren, in die der Teilchenfluß in transversale Richtung zerlegt wurde. Bei der Berechnung der Bewegung diskreter Ladungen wird angenommen, daß diese in einem Feld erfolgt, welches im System zu Beginn des Zeitintervalls Δt_n existiert. Entsprechend der Verteilung der diskreten Ladungen am Ende des Zeitintervalls erfolgt die Berechnung eines neuen Feldes, das für die Berechnung der Bewegung der Ladungen im nächsten Zeitintervall Δt_{n+1} dient usw.

Ein solcher Algorithmus ist keinen Einschränkungen unterworfen, die mit der Konvergenz des Prozesses der aufeinanderfolgenden Näherungen verbunden sind. Der Algorithmus kann zur Lösung statischer und dynamischer selbskonsistenter Aufgaben der Elektronenoptik verwendet werden, darunter auch zur Modellierung von Systemen und Regimen mit virtueller Kathode.

Kapitel 5

Elektronenkanonen

5.1 Die Formierung von Elektronenstrahlen

Die Formierung von Elektronenstrahlen erfolgt durch spezielle elektronenoptische Systeme – durch *Elektronenkanonen.* Die Formierung kann in rein elektrostatischen Feldern oder in gemischten elektrostatischen und magnetischen Feldern erfolgen. Die Aufgabe bei der Formierung von Elektronenstrahlen steht dabei folgendermaßen: gegeben sind die elektrischen und geometrischen Parameter des Strahls wie Strom, Elektronengeschwindigkeit sowie Form und Abmaße des transversalen Strahlquerschnittes, woraus die Elektrodenform und die Konfiguration des magnetischen Feldes bestimmt wird, bei denen die Strahlformierung mit den bekannten Parametern erfolgen kann.

Gegenwärtig werden zur Strahlformierung zwei Methoden angewandt: die *Analysemethode* (Methode Versuch und Korrektur) und die *Synthesemethode.*

Die *Analysemethode* besteht in der aufeinanderfolgenden Änderung der Geometrie der Kanonenelektroden und der Form des magnetischen Feldes solange, bis die Parameter der Kanone den vorgegebenen Parametern nahekommen. Dieses Vorgehen beinhaltet die folgenden grundlegenden Etappen: Wahl einer Ausgangsvariante für die Strahlgeometrie und die magnetische Feldkonfiguration, Trajektorienanalyse, bei der die Parameter des von der Kanone formierten Strahls bestimmt werden, Änderung der Ausgangsgeometrie und wiederholte Trajektorienanalyse für die neue Variante usw. Dieses Vorgehen bei der Berechnung von Kanonen mit der Analysemethode stellt in der Regel eine äußerst arbeitsintensive Operation dar.

Bei der *Synthesemethode* erfolgt die Bestimmung der Elektrodengeometrie und der Magnetfeldkonfiguration, welche die Formierung eines Strahls mit bekannten Parametern bestimmen, auf direktem Wege ohne Auswahlprozeß. Ein klassisches Beispiel für die Synthesemethode ist die Berechnung einer Pierce-Elektronenkanone mit geradlinigen Trajektorien. Entsprechende Rechnungen basieren auf der Verwendung bekannter Relationen, die die Bewegung eindimensionaler Flüsse in kartesischen, zylindrischen und Kugelkoordinaten beschreiben (siehe § 4.3.). In Übereinstimmung mit der Methode von Pierce wird dabei aus einem Teilchenfluß ein Strahl endlichen transversalen Abmaßes „herausgeschnitten", wobei der restliche Strahlanteil verworfen und seine Wirkung durch die äquivalente Wirkung des Feldes der fokussierenden Elektroden ersetzt wird. Diese Elektroden sollen längs der Strahlgrenze eine solche Verteilung des Potentials und seiner Normalkomponente erzeugen, wie sie im ursprünglichen Fluß vorherrschte.

Die Synthesemethode erfordert die Lösung zweier Probleme:

- Inneres Problem: Lösung eines Gleichungssystems, das die Bewegung eines Flusses in der hydrodynamischen Näherung beschreibt, um Relationen zu erhalten, die die elektrischen und geometrischen Parameter des Flusses charakterisieren.
- Äußeres Problem: Bestimmung der Konfigurationen elektrischer Felder außerhalb des Strahles zur Bestimmung der Formen der fokussierenden Elektroden, welche die betrachtete Bewegung gewährleisten.

Gegenwärtig werden in der Praxis zwei Varianten der Synthese von Elektronenkanonen verwendet. Die eine Variante nutzt eine bekannte partielle Lösung des Gleichungssystems für den Fluß, die den Fluß mit bekannten geometrischen und elektrischen Charakteristika liefert (beispielsweise den Fluß mit geradlinigen Trajektorien für Pierce-Kanonen). Für diesen Fall sind die Charakteristika des Flusses bekannt, entsprechen aber möglicherweise nicht immer den Anforderungen aus der praktisch zu lösenden Aufgabe. Die andere Synthesevariante beinhaltet das Auffinden einer Lösung des inneren Problems, welche am meisten den Forderungen hinsichtlich der elektrischen und geometrischen Parameter entspricht. Die Lösung des äußeren Syntheseproblems führt zur Lösung des Cauchy-Problems für die Laplacegleichung mit Anfangsbedingungen, die an der Grenze des Flusses gegeben sind und die aus der Lösung des inneren Problems bekannt sind. Die Schwierigkeit bei der Lösung des äußeren Syntheseproblems besteht darin, daß das Cauchyproblem für die Laplacegleichung zur Klasse der nicht korrekt gestellten Aufgaben zählt. Dies äußert sich in Instabilitäten der Lösungen bezüglich geringfügiger Änderungen der Anfangsbedingungen, was die Anwendung von Näherungsmethoden erschwert.

5.2 Kanonen zur Formierung von bandförmigen Strahlen

Formierung eines parallelen bandförmigen Strahls. Eine Elektronenkanone zur Formierung eines parallelen bandförmigen Strahls kann unter Verwendung von Anteilen eines planparallelen Flusses erhalten werden, der durch die Relationen

$$U = A\,z^{4/3}\,, \tag{5.1}$$

$$j = 2,33 \cdot 10^{-6}\,\frac{U^{3/2}}{z^2} \tag{5.2}$$

charakterisiert ist. Dabei bedeuten z – von der Kathode aus gerechnete Längskoordinate (siehe Bild 5.1), $A = U_a/d^{4/3}$ für $z = d$ und $U = U_a$.

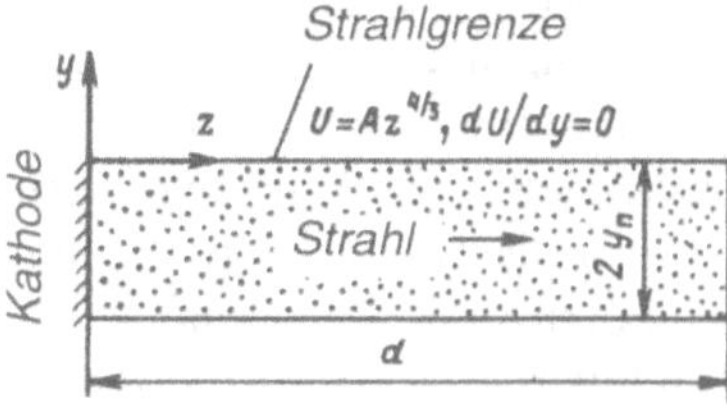

Bild 5.1: Paralleler bandförmiger Elektronenstrahl: Randbedingungen

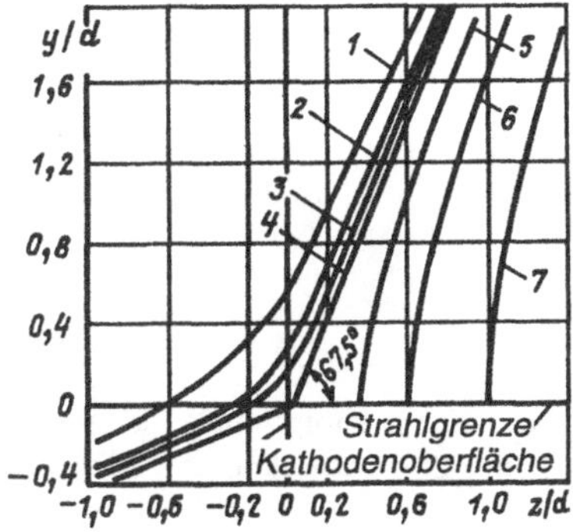

Bild 5.2: Form der Äquipotentiallinien, die als Ergebnis der Berechnung des äußeren Problems für einen parallelen bandförmigen Elektronenstrahl und für die Potentiale 1 – $-0,25\,U_a$, 2 – $-0,1\,U_a$, 3 – $-0,05\,U_a$, 4 – 0, 5 – $0,25\,U_a$, 6 – $0,5\,U_a$ und 7 – U_a erhalten worden.

Wird aus einem derartigen Strom eine Schicht der Dicke $2y_p$ herausgeschnitten, ist es für den Erhalt des Charakters der Elektronenbewegung in dieser Schicht erforderlich, daß an ihren Grenzen bei $y = 0$ die Bedingungen

$$U = A\,z^{4/3} \quad \text{und} \quad \frac{dU}{dy} = 0 \tag{5.3}$$

erfüllt werden. Die Lösung des Cauchyproblems für die Laplacegleichung im äußeren Bereich der Kathode, der die Bedingungen (5.3) befriedigt, wird über die analytische Fortsetzung der Funktion $U = A\,z^{4/3}$ gefunden (siehe § 2.3.) und hat die Form

$$U = \mathrm{Re}\left[A(z+iy)^{4/3}\right] = A\mathrm{Re}\left[r^{4/3}\,e^{4/3i\Theta}\right] = Ar^{4/3}\cos\frac{4}{3}\,\Theta. \tag{5.4}$$

Die mit Gleichung (5.4) bestimmte Form der Äquipotentiallinien ist in Bild 5.2 dargestellt. Das Äquipotential Null ist eine Gerade, deren Anstieg an der Strahlgrenze unter dem Winkel $67,5^o$ erfolgt. Die erhalten Ergebnisse gelten streng für einen Fluß mit unendlicher Ausdehnung in zur Zeichenebene senkrechte Richtungen (in Richtung der x-Achse). Näherungsweise können die Ergebnisse für Flüsse endlicher Breite verwendet werden, wenn für die Flußbreite $x_p \gg 2y_p$ gilt und der Einfluß von Randeffekten unbedeutend ist. Die Perveanz einer solchen Kanone folgt aus dem „hoch 3/2"-Gesetz

$$P_1 = \frac{I_1}{U_a^{3/2}} = 2,33\cdot 10^{-6}\,\frac{2y_p}{d^2}\,.$$

Die Anodenelektrode einer realen Kanone hat gewöhnlich eine von keinem Netz bedeckte Öffnung (Bild 5.3). Diese Öffnung stört die Verteilung des elektrischen Feldes, das auf der Grundlage der oben beschriebenen Berechnung realisiert wurde und führt zum Auftreten einer y-Komponente des Feldes in der Nähe der Anodenelektrode und zu einer Verringerung der z-Feldkomponente im Kathodenbereich. Dies führt zu y-Geschwindigkeitskomponenten der Elektronen beim Austritt aus der Kanone und zu einer Verringerung der Flußperveanz ($2y_p \cong d$). Die defokussierende Wirkung der Anodenöffnung kann berücksichtigt werden, wenn diese als Spaltlinse betrachtet wird. Ihr Brennpunkt bestimmt sich zu $f = 2U/(E_1 - E_2)$ mit U als Elektrodenpotential der

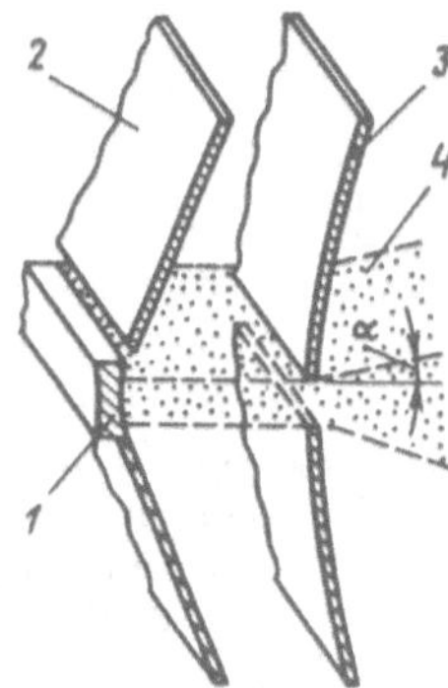

Bild 5.3: Elektronenkanone zur Formierung eines schmalen bandförmigen Strahls: 1 – Kathode; 2 – kathodennahe Elektrode; 3 – Anode; 4 – Strahl

Spaltlinse (dieses wird gleich dem Anodenpotential zu $U = U_a$ angenommen) sowie E_1 und E_2 als Feldstärken links und rechts von der Elektrode bei fehlender Öffnung. Im betrachteten Fall gilt $E_2 = 0$ und E_1 berechnet sich gemäß

$$E_1 = -\left.\frac{dU}{dz}\right|_{z=d} = -\left.\frac{U_a}{d^{4/3}}\frac{d}{dz}\left(z^{4/3}\right)\right|_{z=d} = -\frac{4}{3}\frac{U_a}{d}\,.$$

In diesem Fall gilt $f = -3/2d$. Das negative Vorzeichen für die Brennweite weist auf den streuenden Charakter der Linse hin. Für den Neigungswinkel der Elektronengrenztrajektorie am Kanonenausgang ergibt sich die Näherungsformel:

$$\alpha \cong \tan\alpha = \frac{y}{|f|} = \frac{2}{3}\frac{y}{d}$$

und für die äußersten Elektronen

$$(y = y_p)\,\alpha \cong \frac{2}{3}\frac{y_p}{d}\,.$$

Formierung keilförmiger Strahlen. Eine Elektronenkanone zur Formierung eines keilförmigen (konvergierenden) Strahls kann unter Verwendung eines Teils eines radialen

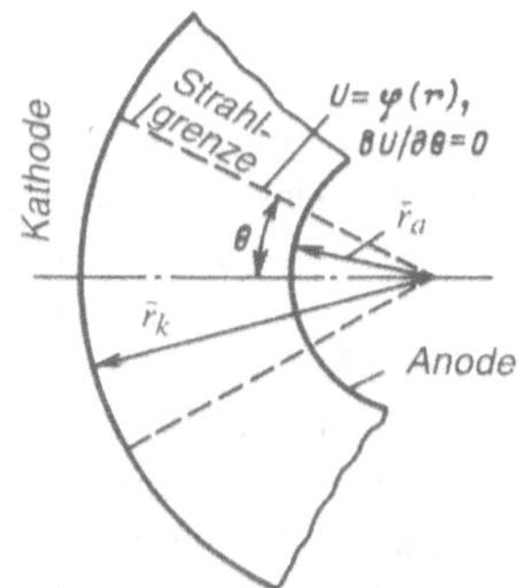

Bild 5.4: Keilförmiger Bandstrahl: Randbedingungen

Tabelle 5.1: Werte der Funktion $(-\beta)^2$; $(-\beta_a)^2$ ist der Wert der Funktion $(-\beta)^2$, der dem Verhältnis $r_k/r = r_k/r_a$ mit r_a als Radius der Kathodenkrümmung entspricht.

r_k/r	$(-\beta)^2$	r_k/r	r_k/r	$(-\beta)^2$	r_k/r
1,00	0,00000	1,15	0,02186	1,8	0,5572
1,01	0,00010	1,2	0,03849	1,9	0,6947
1,02	0,00040	1,3	0,08504	2,0	0,8454
1,04	0,00159	1,4	0,14856	2,1	1,0086
1,06	0,00356	1,5	0,22820	2,2	1,1840
1,08	0,00630	1,6	0,32330	2,3	1,3712

zylindrischen Flusses (Bild 5.4) erhalten werden. Ein derartiger Fluß wird durch die folgende Potentialverteilung charakterisiert:

$$U = f(r) = U_a \left[\frac{\frac{r}{r_k}(-\beta)^2}{\frac{r_a}{r_k}(-\beta_a)^2} \right]^{2/3} .$$

Der Strom in einen Einheitssektor (Abmessung in Richtung der z-Achse) und halbem Winkel Θ (Winkel in Grad) beträgt

$$I_1 = 14,66 \cdot 10^{-6} \frac{2\theta}{360} \frac{U^{3/2}}{r(-\beta)^2}$$

mit $(-\beta)^2$ als Funktion des Verhältnisses des Radius der Kathodenkrümmung r_k zum laufenden Radius r (Tabelle 5.1).

Wie im vorangegangenen Fall wird zur Erhaltung der Elektronenbewegung im Sektor die Wirkung der verworfenen Teile des Elektronenflusses durch die Wirkung der fokussierenden Elektroden ersetzt, die längs der Strahlgrenze folgende Bedingungen befriedigen müssen: $U = f(r)$ und $\partial U/\partial\Theta = 0$. Die Form der fokussierenden Elektroden wird als Ergebnis des äußeren Syntheseproblems gefunden. In Bild 5.5 ist dazu die Gesamtheit der Äquipotentiallinien gezeigt, welche analytisch gefunden wurden [91]. Der Einfluß der Anodenöffnung auf den von der Kathode gezogenen Strom und die Strahlformierung wurden analog zum vorangegangenen Fall betrachtet. Die Berechnungsmethodik der defokussierenden Wirkung der Anodenöffnung wird in [5] beschrieben.

Formierung bandförmiger Strahlen in gekreuzten elektrischen und magnetischen Feldern. Die analytische Berechnung von Kanonen, die bandförmige Strahlen in gekreuzten elektrischen und magnetischen Feldern erzeugen, basiert auf einer speziellen Lösung von Gleichungen in hydrodynamischer Näherung [92]. Dabei wird postuliert, daß eine Eigenschaft dieser speziellen Lösung sein soll, daß Potential, Geschwindigkeitskomponenten, Stromdichten und die Raumladung nur von einer Koordinate, beispielsweise von y, abhängen sollen.

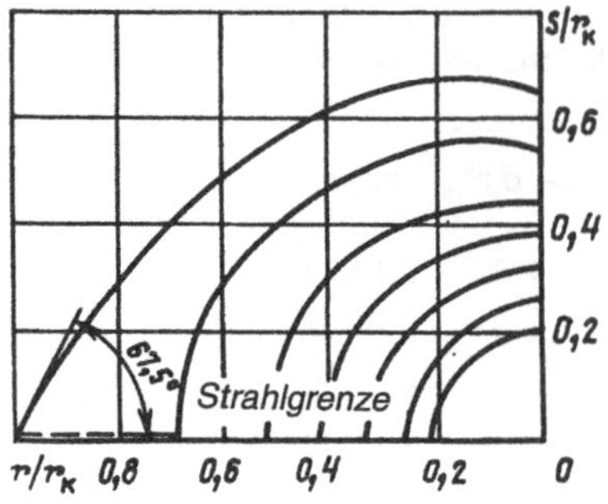

Bild 5.5: Universelle Darstellung von Äquipotentialen zur Berechnung von Kanonenelektroden bei der Formierung keilförmiger Strahlen

Das normalisierte (dimensionslose) Gleichungssystem der den Strahl beschreibenden Variablen hat die Form [6, 93]

$$Z = Z_0 + \frac{u^2}{2} - (1-p)(1-\cos u) \; ;$$

$$Y = u - (1-p)\sin u \; ;$$

$$\Psi = \frac{u^2}{2} - (1-p)(u \sin u + \cos u - 1)$$

mit Z und Y als normalisierte longitudionale und transversale Koordinaten, die durch die Relationen

$$Z = \frac{\varepsilon_0 \omega_c^3 z}{\eta j_y}$$

und

$$Y = \frac{\varepsilon_0 \omega_c^3 y}{\eta j_y}$$

bestimmt werden. Das normalisierte Potential hat die Form

$$\Psi = \frac{\varepsilon_0^2 \omega_c^4 U}{\eta j_y^2} \; .$$

$u = \omega_c t$ ist ein Parameter, welcher die Bedeutung einer dimensionslosen Flugzeit der Elektronen von der Kathode bis zum aktuellen Raumpunkt hat; Z_0 ist die Koordinate des Austritts des Elektrons aus der Kathode ($u = 0, Y = 0$) und $p = \varepsilon_0 \omega_c^2 \dot{y}_0 / \eta j_y$ ist ein Parameter zur Charakterisierung der Anfangsbedingungen.

Die in die oben angegebenen Ausdrücke eingehenden Größen haben folgende Bedeutung: ω_c – Zyklotronfrequenz; $\eta = |e|/m$; j_y – y-Komponente der Stromdichte; $\dot{y}_0$ – Anfangsgeschwindigkeit der Elektronen an der Kathode.

In Abhängigkeit vom Wert des Parameters für die Anfangsbedingungen sind folgende spezielle Fälle für die Bewegung des Elektronenstrahls möglich:

a) $p \ll 1 \; ; \; Z = Z_0 + \frac{u^2}{2} + \cos u - 1 \; ; \; Y = u - \sin u \; ; \; \Psi = \frac{u^2}{2} - u \sin u - \cos u + 1 \; ,$

b) $p \approx 1 \; ; \; Z = Z_0 + \frac{u^2}{2} \; ; \; Y = u \; ; \; \Psi = \frac{u^2}{2} \; ,$

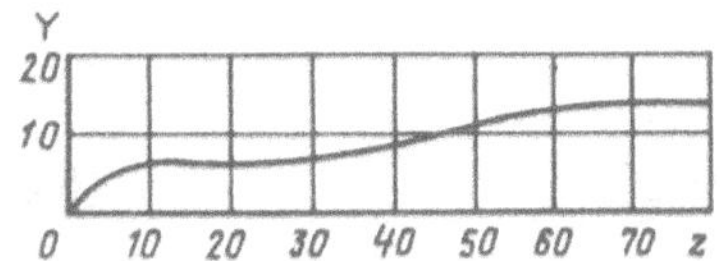

Bild 5.6: Trajektorienform von Elektronenstrahlen in gekreuzten Feldern ($p \ll 1$)

c) $p \gg 1$; $Z = Z_0 + \frac{u^2}{2} + p(1-\cos u)$; $Y = u + p\sin u$; $\Psi = \frac{u^2}{2} + p(u\sin u + \cos u - 1)$.

Von praktischen Interesse sind die Fälle a) und b), die als Grundlage für die Konstruktion von Kanonen dienen, die bandförmige Elektronenstrahlen formieren. Im ersten Fall sind die Elektronentrajektorien relativ komplizierte Kurven, von denen eine in Bild 5.6 dargestellt ist. In den Punkten $u = 2\pi n$ ($n = 1, 2, 3, \ldots$) sind die Trajektorien parallel zur Z-Achse. Im zweiten Fall sind die Elektronentrajektorien Paraboloide, die sich bei wachsender Koordinate Z achsenparallelen Linien nähern.

Der erste der betrachteten Fälle wird zur Konstruktion einer sogenannten *Kurzfokuskanone* verwendet, der zweite dagegen für *Langfokuskanonen* (Bilder 5.7 und 5.8). Für die Realisierung der Kanonen wird aus dem Fluß ein Bereich „herausgeschnitten", der von zwei Trajektorien begrenzt wird, die ihren Ursprung aus den Punkten $Z = 0$ und $Z = Z_0$ der Kathode haben; der restliche Teil des Flusses wird verworfen und seine Wirkung durch die äquivalente Wirkung der fokussierenden Elektroden ersetzt, die durch die Lösung des äußeren Problems bestimmt werden.

Beschränken wir uns hier auf die Berechnung der Form der Elektroden für die Langfokuskanone mit parabolischer Trajektorienform. Es werde angenommen, daß die Strahlgrenze in der komplexen Ebene $\xi = Z + iY$ liegt, die auf die reelle Achse der komplexen Hilfsebene $\Psi = u + iv$ abgebildet werde. Unter Berücksichtigung, daß für die parametrische Gleichung der Grenze in der ursprünglichen Ebene $Y = u$ und $Z = Z_0 + u^2/2$ gilt, kann für eine solche Transformation

$$\xi = Z(\Psi) + iY(\Psi) = Z_0 + \frac{\Psi^2}{2} + j\Psi$$

verwendet werden.

Wird $\xi = Z(\Psi) + iY$ und $\Psi = u + iv$ substituiert, folgt

$$Z + iY = iu - v + \frac{1}{2}(u^2 + 2iuv - v^2) + Z_0$$

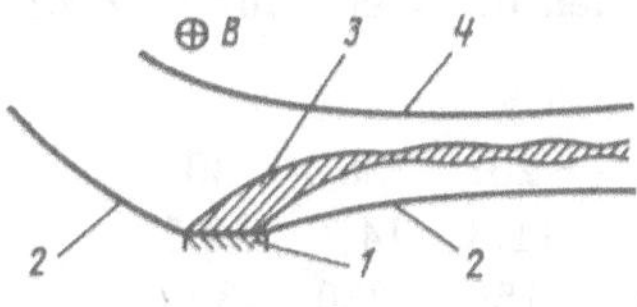

Bild 5.7: Kurzfokuskanone zur Formierung eines bandförmigen Strahls in gekreuzten Feldern: 1 – Kathode; 2 – fokussierende Elektroden; 3 – Strahl; 4 – Anode

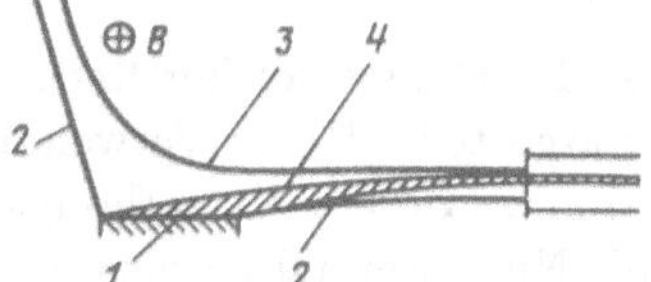

Bild 5.8: Langfokuskanone zur Formierung eines bandförmigen Strahls in gekreuzten Feldern: 1 – Kathode; 2 – kathodennahe Elektroden; 3 – Anode; 4 – Strahl

und für den Real- bzw. Imaginärteil ergibt sich

$$Z = Z_0 + \frac{1}{2}(u^2 - v^2) - v \quad \text{und} \quad Y = u(1+v) . \tag{5.5}$$

Die Anfangsbedingungen für die transformierte Grenze lauten

$$f_1(u) = \Phi|_{v=0} = \frac{u^2}{2} \; ; \; f_2(u) = \left.\frac{\partial\Phi}{\partial v}\right|_{v=0} = \left.\frac{\partial\Phi}{\partial Y}\,\frac{\partial Y}{\partial v}\right|_{v=0} = u^2 \; ; \; f_3(u) = \left.\frac{\partial\Phi}{\partial u}\right|_{v=0} = u .$$

Die Gleichung, die das komplexe Potential W in der Ebene Ψ bestimmt (siehe (2.22)) lautet

$$\frac{dW}{d\Psi} = f_3(\Psi) - if_2(\Psi) \; ; \; \frac{dW}{d\Psi} = \Psi - i\Psi^2 ,$$

woraus $W = \Psi^2/2 - i\Psi^3/3 + C$ folgt. Damit ergibt sich das Potential Φ zu

$$\Phi = \mathrm{Re}\,[W] = \mathrm{Re}\left[\frac{\Psi^2}{2} - i\frac{\Psi^3}{3} + C\right] = \frac{1}{2}(u^2 - v^2) + u^2 v - \frac{v^3}{2} + \mathrm{Re}\,C .$$

Da der Punkt $u = 0$, $v = 0$ dem auf der Kathode gelegenen Punkt $Z = Z_0$ und $Y_0 = 0$ entspricht, ist sein Potential gleich Null. Wird in dem vorangegangenem Ausdruck $u = v = \Phi = 0$ angenommen, ergibt sich Re $C = 0$. Damit hat die Gleichung für die Äquipotentiallinien in der Ebene Ψ die Form

$$u^2 = \frac{\left[2\Phi + v^2\left(1 + \frac{2}{3}v\right)\right]}{2v+1} .$$

Die Berechnung der Äquipotentiale in der Ebene Ψ kann erfolgen, wenn aufeinanderfolgend eine Reihe von Werten v gegeben und daraus entsprechende Werte u aus der letzten Gleichung bestimmt werden. Sind die Koordinaten u und v bekannt, die bestimmten Äquipotentialen in der Ebene Ψ entsprechen und werden die Gleichungen (5.5) verwendet, können die Koordinaten der Punkte bestimmt werden, die das gegebene Äquipotential in der Ebene ξ bestimmen.

Als Beispiel soll die nullte Äquipotentialfläche berechnet werden, die aus der Gleichung $\Phi = 0$ resultiert. Die Berechnung der Koordinaten erfolge in willkürlichen Einheiten. Durch Vorgabe von verschiedenen Werten von v werden die Werte für u, Z und Y bestimmt:

v	-0,49996	-0,4999	-0,45	-0,4	0	10	20	25	30
u	45	29	1,18	0,75	0	6	11,8	14,7	17,5
Z	1050	415	1,2	0,6	0	-41,6	-150	-230	-328
Y	22,6	14	0,65	0,45	0	67	250	382	540

Die Form anderer Äquipotentiale wird analog berechnet. Ergebnisse solcher Rechnungen, wie sie in [92] ausgeführt wurden, sind in Bild 5.9 dargestellt. Unter Verwendung dieser Graphik kann die Elektrodenform von Kanonen bestimmt werden. Als kathodennahe fokussierende Elektroden ist es sinnvoll, Elektroden mit Nullpotential zu verwenden.

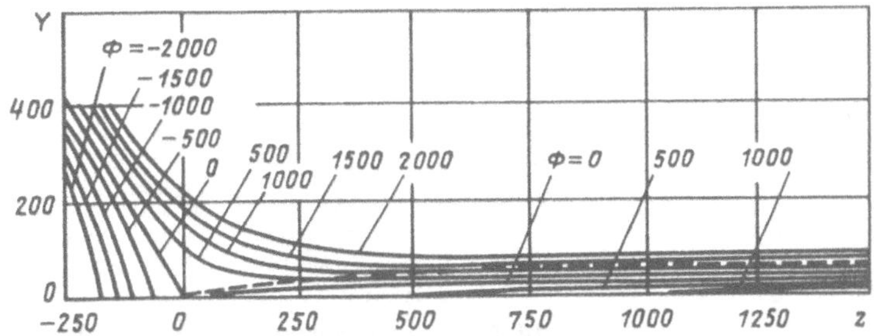

Bild 5.9: Universelle Äquipotentialkarte zur Berechnung der Elektroden von Langfokuskanonen

Die Konfiguration der Anodenelektrode wird durch den Wert des normalisierten Potentials bestimmt, welches aus dem Anodenpotential $U = U_a$ berechnet wird:

$$\Phi = \Phi_a = \frac{\varepsilon_0^2 \omega_c^4}{\eta j_y^2} U_a \, .$$

Für gegebene oder gewählte Werte der Stromdichte an der Kathode $j = j_k$, der magnetischen Induktion B und des beschleunigenden Potentials $U = U_a$ hat das normalisierte Potential einen vollständig bestimmten Wert, der auch die Äquipotentialoberfläche bestimmt, die als Anodenelektrode gewählt wird. Für die Transformation von absoluten zu normalisierten Werten (und umgekehrt) können die folgenden Gleichungen genutzt werden:

$$\Phi = 4,255 \cdot 10^{-13} \frac{B^4}{j_k^2} U \; ; \; Z = 2,703 \cdot 10^{-7} \frac{B^3}{j_k} z \; ; \; Y = 2,703 \cdot 10^{-7} \frac{B^3}{j_k} y$$

mit B – magnetische Induktion [Gauss], j_k – Stromdichte [A cm^{-2}] und z, y – Abstände [cm].

5.3 Kanonen zur Formierung dichter axialsymmetrischer Strahlen

Formierung parallelzylindrischer Strahlen. Die Formierung parallelzylindrischer Strahlen erfolgt analog zur oben beschriebenen Formierung paralleler bandförmiger Strahlen mit dem Unterschied, daß aus dem unendlichen parallelen Fluß ein zylinderförmiger Bereich „herausgeschnitten" wird (Bild 5.10). Zur Bestimmung der Form der fokussierenden Elektroden wird das äußere Problem für die an der Bereichsgrenze gegebenen Anfangsbedingungen $U = U_a(z/d)^{4/3}$ und $\partial U/\partial r = 0$ gelöst. Eine mögliche Lösungsmethode ist in [5, 91] beschrieben. Die entsprechenden Äquipotentiallinien werden in Bild 5.11 dargestellt.

Die Perveanz einer solchen Kanone wird gemäß dem „hoch 3/2"-Gesetz zu

$$P = \frac{I}{U_a^{3/2}} = 2,33 \cdot 10^{-6} \frac{\pi r_k^2}{d^2} \tag{5.6}$$

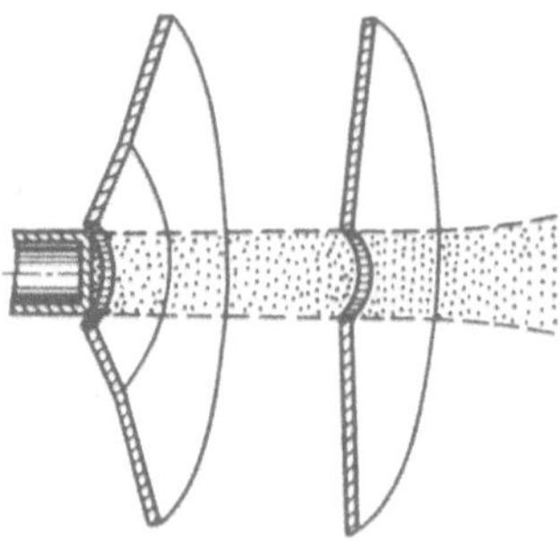

Bild 5.10: Elektronenkanone zur Formierung paralleler axialsymmetrischer Strahlen

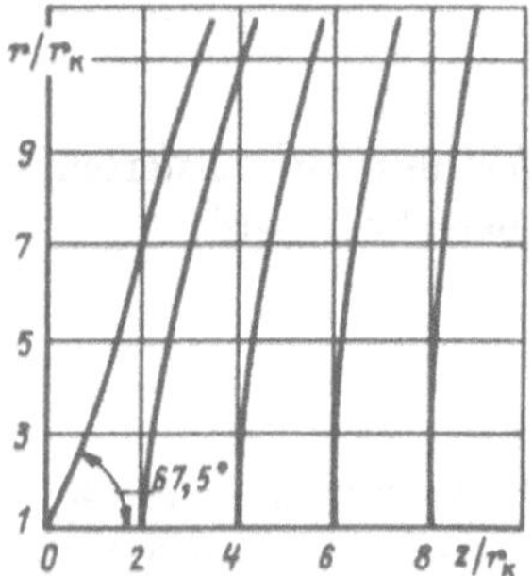

Bild 5.11: Karte der Äquipotentiale zur Berechnung der Elektrodenform von Kanonen zur Formierung paralleler axialsymmetrischer Strahlen

bestimmt. Dabei gilt r_k – Kathodenradius (welcher gleich dem Strahlradius ist $r_k = r_p$), d – Abstand zwischen Kathode und Anode, U_a – Anodenspannung und I – Strahlstrom.

Die defokussierende Wirkung der Anodenöffnung kann für die betrachtete Kanone näherungsweise berücksichtigt werden, wenn von der Annahme ausgegangen wird, daß der Spalt äquivalent zu einem Linsendiaphragma wirkt, dessen Brennweite

$$f = \frac{4U_a}{\left(-\dfrac{\partial U}{\partial z}\right)_{z=d}} = -3d$$

beträgt.

Wird hier der aus (5.6) gefundene Wert für d eingesetzt, ergibt sich $\alpha \approx \tan\alpha = \sqrt{P}/8,1$ mit P – Perveanz [μA V$^{-3/2}$].

Formierung konischer Strahlen. Die Berechnung und Konstruktion derartiger Kanonen basiert auf der Verwendung eines radialen Flusses in einem Kugelkoordinatensystem. Dieser Fluß wird durch die folgenden Relationen beschrieben (siehe § 4.3.):

$$I = \frac{16\pi\varepsilon_0}{9}\sqrt{2\frac{|e|}{m}}\,\frac{U^{3/2}}{(-\alpha)^2} = 29,34\cdot 10^{-6}\,\frac{U^{3/2}}{(-\alpha)^2}\ ;$$

$$U = U_a\,\frac{(-\alpha)^{4/3}}{(-\alpha_a)^{4/3}}\ .$$

Werte der Funktionen $(-\alpha)^2$ und $(-\alpha)^{4/3}$ werden in Tabelle 5.2 angegeben. Zur Erhaltung der Eigenschaften des Flusses in einem bestimmten Bereich mit einem Scheitelwinkel

Tabelle 5.2: Werte der Funktionen $(-\alpha)^2$ und $(-\alpha)^{4/3}$

$\bar{r}_k/\bar{r}$	$(-\alpha)^{4/3}$	$(-\alpha)^2$	$\bar{r}_k/\bar{r}$	$(-\alpha)^{4/3}$	$(-\alpha)^2$
1,00	0,000	0,0000	2,1	0,92	0,888
1,05	0,018	0,0024	2,2	1,02	1,036
1,10	0,045	0,0096	2,3	1,12	1,193
1,15	0,076	0,0213	2,4	1,21	1,258
1,20	0,110	0,0372	2,5	1,33	1,532
1,25	0,148	0,0571	2,6	1,43	1,712
1,30	0,185	0,0809	2,7	1,52	1,901
1,35	0,226	0,1084	2,8	1,63	2,098
1,40	0,268	0,1396	2,9	1,74	2,302
1,45	0,309	0,1740	3,0	1,84	2,512
1,50	0,353	0,2118	3,2	–	2,954
1,60	0,443	0,2968	3,4	–	3,421
1,70	0,535	0,3940	3,6	–	3,913
1,80	0,630	0,5020	3,8	–	4,429
1,90	0,730	0,6210	4,0	–	4,968
2,0	0,820	0,7500	4,2	–	5,528

von 2Θ (siehe Bild 5.12) wird die Wirkung des verworfenen Teils des Flusses durch die äquivalente Wirkung von fokussierenden Elektroden ersetzt, die längs der Flußgrenze folgende Bedingungen erfüllen müssen:

$$U = U_a \frac{(-\alpha)^{4/3}}{(-\alpha_a)^{4/3}} = \varphi(\bar{r}) \; ; \quad \frac{\partial U}{\partial \Theta} = 0 \; .$$

Die Form der Äquipotentiallinien, die in [94] über die analytische Lösung des äußeren Problems erhalten wurde, ist in Bild 5.13 dargestellt. Hier ist $r/\bar{r}_k$ der relative Abstand, gerechnet von der Flußgrenze.

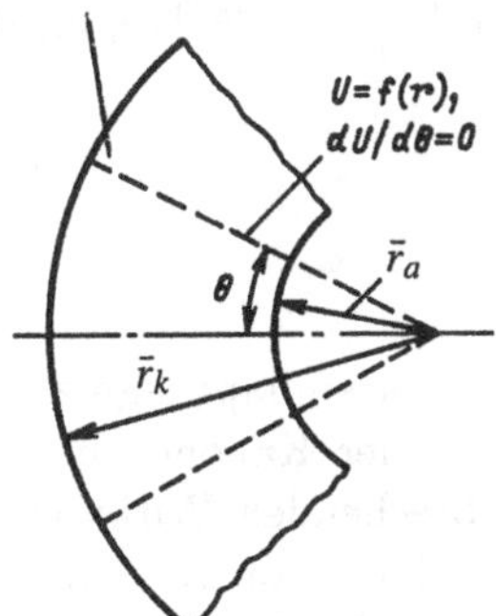

Bild 5.12: Randbedingungen für konische axialsymmetrische Strahlen

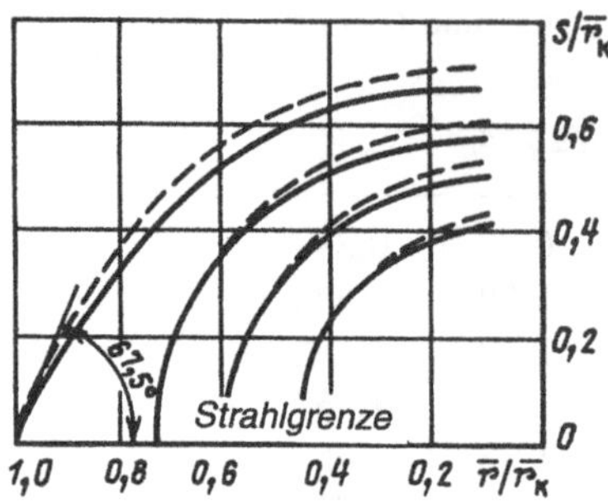

Bild 5.13: Universelle Darstellung der Äquipotentiale für die Berechnung von Elektronenkanonen zur Formierung konischer Elektronenstrahlen; gestrichelte Linien – Konvergenzwinkel $\Theta = 10^o$; durchgezogene Linien – $\Theta = 40^o$

Aus Bild 5.13 ist ersichtlich, daß der Verlauf der Äquipotentiale, die zwei verschiedenen Konvergenzwinkeln entsprechen, sich nur geringfügig unterscheidet. Daher kann diese Grafik auch zur Bestimmung der Form fokussierender Elektroden von Kanonen mit intermediären Werten von Θ verwendet werden. Der Zusammenhang der geometrischen Kanonenparameter $\bar{r}_k/\bar{r}_a$ und Θ mit dem Strom und der Anodenspannung wird durch das „hoch 3/2"-Gesetz bestimmt:

$$I = 29{,}34 \cdot 10^{-6}\, \frac{\sin\dfrac{\Theta}{2}}{(-\alpha_a)^2}\, U_a^{3/2}\,, \tag{5.7}$$

wobei $(-\alpha_a)^2$ den Wert der tabellierten Funktion $(-\alpha)^2$ für $\bar{r}_k/\bar{r} = \bar{r}_k/\bar{r}_a$ angibt. Hieraus resultiert für die Perveanz der Kanone (in μA V$^{-3/2}$):

$$P = \frac{I}{U_a^{3/2}} = 29{,}34\, \frac{\sin\dfrac{\Theta}{2}}{(-\alpha_a)^2}\,. \tag{5.8}$$

Der Einfluß des Anodenspaltes wird in der Theorie der Pierce-Kanonen gewöhnlich nur vom Gesichtspunkt seiner defokussierenden Wirkung aus unter der Annahme betrachtet, daß er einem Linsendiaphragma äquivalent ist, dessen Brennweite über die Beziehung

$$f = \frac{4U_a}{\left(-\dfrac{\partial U}{\partial \bar{r}}\right)_{\bar{r}=\bar{r}_a}}$$

berechnet werden kann. Unter Berücksichtigung von $U = U_a(-\alpha)^{4/3}/(-\alpha_a)^{4/3}$ ergibt sich

$$f = -\frac{4(-\alpha_a)^{4/3}}{\left.\dfrac{\partial}{\partial \bar{r}}(-\alpha)^{4/3}\right|_{\bar{r}=\bar{r}_a}}\,. \tag{5.9}$$

Aus diesem Ausdruck folgt, daß die Brennweite das Anoden-Linsendiaphragmas nur vom Verhältnis der Krümmungsradien von Kathode und Anode der Kanone abhängt. Diese Abhängigkeit ist in Bild 5.14 dargestellt. Als Folge der brechenden Wirkung der Anodenlinse wird der Konvergenzwinkel der Elektronentrajektorien γ am Ausgang der Elektronenkanone geringer als der ursprüngliche Konvergenzwinkel Θ (Bild 5.15).

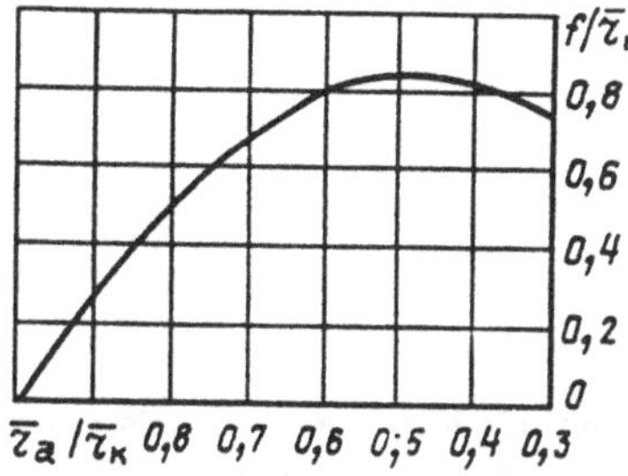

Bild 5.14: Abhängigkeit der Brennweite eines Anoden-Linsendiaphragmas vom Verhältnis der Krümmungsradien der Anoden- und der Kathodenelektrode

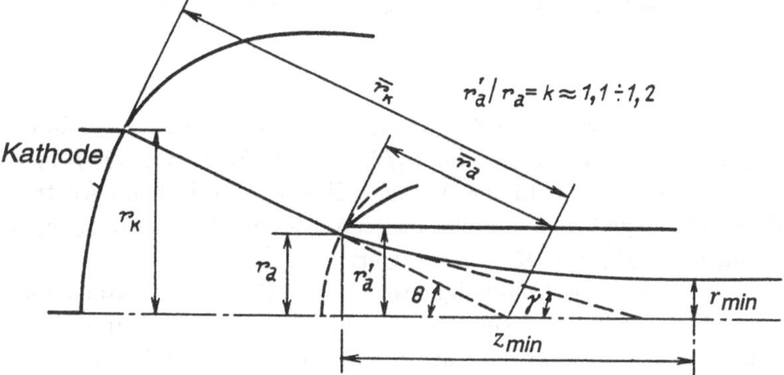

Bild 5.15: Zur Berechnung von Kanonen zur Formierung konvergierender axialsymmetrischer Strahlen

Die Winkel γ und Θ sind über das Verhältnis

$$\gamma = \Theta - \alpha \tag{5.10}$$

verknüpft. Hier ist α der Brechungswinkel der Elektronentrajektorien in der Linse, der nach den folgenden Ausdrücken berechnet wird:

- für eine Kanone mit nicht durch ein Netz bedeckten Anodenspalt gilt $\alpha \approx \tan\alpha = r_a/f$ mit r_a – Strahlradius am Eingang des Anodenspaltes mit dem Radius $r_a' = kr_a(k \geq 1)$;
- für eine Kanone mit durch ein Netz mit quadratischen Netzelementen bedecktem Anodenspalt gilt $\alpha \approx \tan\alpha = h/2f$ mit h – Gitterweite.

Aus dem Vergleich der Ausdrücke folgt, daß die defokussierende Wirkung des Anodenspaltes deutlich verringert wird, wenn dieser mit einem Netz geringer Netzweite bedeckt wird ($h \ll r_a$). Jedoch führt die Anwesenheit eines Netzes zu Strahlverlusten, daher werden Kanonen mit Anodenspaltnetzen relativ selten angewandt. Deshalb sollen die weiteren Betrachtungen auf Kanonen ohne Netz beschränkt werden. Aus den geometrischen Verhältnissen aus Bild 5.15 folgt $r_a \approx \bar{r}_a\Theta$ und damit $\alpha \approx \tan\alpha \approx \bar{r}_a\Theta/f$. Wird dieser Ausdruck in (5.10) eingesetzt, folgt

$$\gamma = \Theta\left(1 - \frac{\bar{r}_a/\bar{r}_k}{f/\bar{r}_k}\right) . \tag{5.11}$$

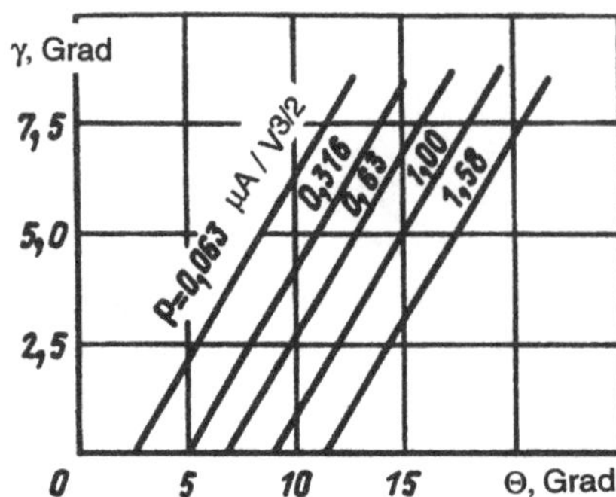

Bild 5.16: Abhängigkeit des Konvergenzwinkels γ des Strahls am Kanonenausgang vom Konvergenzwinkel Θ innerhalb der Kanone bei verschiedenen Werten der Perveanz P

Mit dieser Relation kann unter Verwendung der Graphik 5.14 der Winkel γ bestimmt werden. Insbesondere folgt aus dieser Grafik, daß bei $\bar{r}_a/\bar{r}_k = 0,69\,(\bar{r}_k/\bar{r}_a = 1,45)\; f/\bar{r}_k =$ 0.69 gilt. Dies bedeutet, daß für $\bar{r}_k/\bar{r}_a = 1,45$ der Winkel γ Null wird, d.h. beim Austritt aus der Kanone sind die Strahltrajektorien parallel zur z-Achse gerichtet. Für $\bar{r}_k/\bar{r}_a >$ $1,45$ konvergiert der Strahl, bei $\bar{r}_k/\bar{r}_a < 1,45$ divergiert er.

In Bild 5.16 sind wichtige praktische Abhängigkeiten $\gamma = f(\Theta)$ für $P =$ const dargestellt. Diese Relationen können unter Verwendung der Gleichungen (5.8) und (5.11) sowie von Bild 5.14 erhalten werden. Der Verlauf des Elektronenstrahls im Kanal hinter der Kanonenanode wird durch die Wirkung von Coulombkräften bestimmt und kann, wie in § 4.5. beschrieben, mit universellen Kurven zur Berechnung der Hüllkurve und ihres Neigungswinkels erhalten werden, beziehungsweise auch mit äquivalenten analytischen Ausdrücken.

Schema der näherungsweisen Berechnung von Piercekanonen. Als vorgegebene Größen zählen die Perveanz P, der Radius des minimalen Strahlquerschnittes $r_{\min}$ und seine Position $z_{\min}$ (Bild 5.15). Unter Verwendung der universellen Kurven aus Bild 4.4 oder von äquivalenten analytischen Ausdrücken kann der Radius des Elektronenstrahls am Eingang des Anodenspaltes zu

$$r_a = r_{\min}(1 + 0,25\,Z^2 - 0,017\,Z^3)$$

mit

$$Z = 0,174\,\frac{z_{\min}}{z_{\min}}\,\sqrt{P}$$

und den Trajektorienneigungswinkel

$$\tan\gamma = 0,174\,\sqrt{P\ln(r_a/r_{\min})}$$

bestimmt werden.

Mit Hilfe von Grafik 5.16, Gleichung (5.8) und Tabelle 5.2 kann das Verhältnis der Krümmungsradien $\bar{r}_k/\bar{r}_a$ erhalten werden. Weiter wird der Krümmungsradius $\bar{r}_a =$ $r_a \sin\Theta$ berechnet und somit werden die Werte für $\bar{r}_k$ und r_k gefunden. Damit sind die wichtigsten geometrischen Parameter der Kanone bestimmt. Die Geometrie der fokussierenden Elektroden wird mit Hilfe der Äquipotentiale aus Bild 5.13 erhalten. Dabei wird die Form der Anodenelektrode durch die Form der Äquipotentiale bestimmt, welche die horizontale Achse der Grafik im Punkt des Verhältnisses r_a/r_k kreuzen, der aus der

Berechnung der Kanone erhalten wurde (verläuft das Äquipotential nicht durch diesen Punkt, wird es interpoliert).

Beispiel 5.1. $P = 1\,\mu\mathrm{A\,V}^{-3/2}$, $r_{\min} = 0{,}5$ cm, $z_{\min} = 5$ cm.

Es ergibt sich

$$Z = 0,174\frac{\sqrt{P}z_{\min}}{r_{\min}} = 1,74\ ;$$

$$r_a = R_{\min}(1 + 0,25\,Z^2 - 0,017\,Z^3) = 0,5(1 + 0,25 \cdot 3,02 - 0,017 \cdot 5,3) = 0,85\ ;$$

$$\tan\gamma = 0,174\sqrt{P\ln\frac{r_a}{r_{\min}}} = 0,174\sqrt{\ln 1,7} = 0,174 \cdot 0,71 = 0,123\ ;$$

und damit $\gamma = 7^o$.

Nach Grafik 5.16 folgt $\Theta = 17,5^o$. Für die Werte von Θ und P finden wir $(-\alpha)^2 = 0,68$ und entsprechend $\bar{r}_k/\bar{r}_a = 1,95$. Weiter ergibt sich $\bar{r}_a = r_a/\sin\Theta = 0,85\mathrm{cm}/0,3 = 2{,}8$ cm und damit $\bar{r}_k = 1,95\bar{r}_a = 5,5$ cm, $r_k = \bar{r}_k\sin\Theta = 1,65$ cm. Die Form der Kanonenelektroden kann unter Verwendung von Bild 5.13 gefunden werden.

„Optimale" Kanone. In der Theorie der Pierce-Kanonen [11] wird gezeigt, daß bei gegebenen Werten der Perveanz P und des Strahlanfangsradius r_a eine Kanonengeometrie existiert, für die der Wert $z_{\min}$, der die Position des minimalen Querschnitts bestimmt, am größten wird. Eine solche Kanone wird manchmal auch als *optimale Kanone* bezeichnet. Charakterisiert wird sie durch die Relationen: $\bar{r}_k/\bar{r}_a = 2,2$; $\Theta^o \approx 21\sqrt{P}$; $z_{\min} = 1,05\,r_k$; $r_{\min} = 0,43\,r_a$. Unter Verwendung dieser Gleichungen kann die Berechnung der Kanonenparameter für vorgegebene Strahlparameter erfolgen.

Kanonensynthese nach Ovsharov. Im Gegensatz zu den oben betrachteten Berechnungen sieht diese Form der Kanonenberechnung den Erhalt einer speziellen Lösung des inneren Problems vor, welches einer gewissen Gesamtheit vorgegebenen Eigenschaften des zu formierenden Strahls entspricht. Die Lösung erfolgt in der paraxialen Näherung unter Verwendung der paraxialen Gleichung, die in einem speziellen krummlinigen Koordinatensystem formuliert wird. Als orthogonales Netz zur Konstruktion des Koordinatensystems wird ein Netz verwendet, das durch eine Schar entsprechender Linien (Schar a) und eine zu diesen Linien senkrechte Schar b gebildet wird. Im Koordinatensystem r, z (Bild 5.17) werden die Linien, die zu dieser Schar gehören, durch die Gleichungen

$$r(z) = qR(z)\ ; \qquad \frac{\partial r}{\partial z} = -\frac{R(z)}{r\dfrac{\partial R(z)}{\partial z}}$$

beschrieben. Dabei ist $R(z)$ eine gewisse Basislinie aus der Schar a und q ein Ähnlichkeitsparameter.

Eine solche Wahl des orthogonalen Netzes entspricht einem Flußmodell mit ähnlichen Trajektorien. Für die Parametrisierung des orthogonalen Netzes wird als Parameter q_2, der die Linien aus der Schar a bestimmt, ein Ähnlichkeitsparameter $q_2 = Q = r(z)/R(z)$ verwendet, der den relativen Abstand der betrachteten Linienschar von der Symmetrieachse beschreibt. Als Parameter, der die Linien aus der Schar b bestimmt, wird der Abstand $q_1 = z$ verwendet, bei dem die betrachtete Linie die Symmetrieachse kreuzt. Bei der Verwendung eines solchen orthogonalen Netzes dienen die Parameter q_1 und q_2 als krummlinige Koordinaten, wobei der erste Parameter die Dimension einer Länge hat und der zweite Parameter dimensionslos ist.

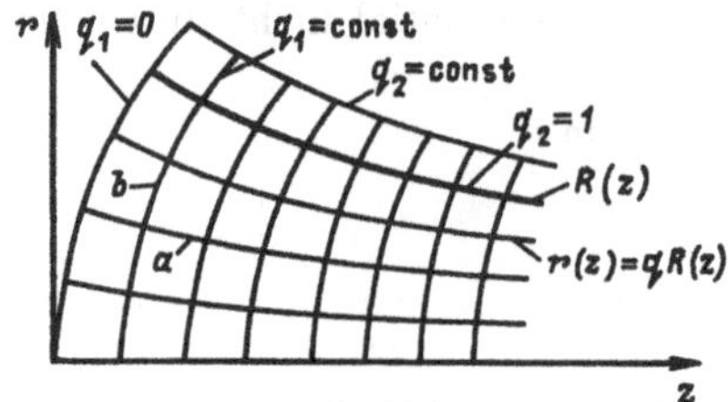

Bild 5.17: Durch eine Schar ähnlicher Linien (q_2 = const) und eine zu diesen Linien orthogonale Schar (Linien q_1 = const) gebildetes orthogonales Koordinatennetz

Wird als Basislinie $R(z)$ die Strahlgrenze angenommen, hat die die Strahlbewegung beschreibende paraxiale Gleichung die Form [95, 96]

$$R^2 \frac{d^2 U_0}{dq_1^2} + 2R \frac{dR}{dq_1} \frac{dU_0}{dq_1} + 4U_0 R \frac{d^2 R}{dq_1^2} = \frac{I}{\pi\varepsilon_0 \sqrt{2 \frac{|e|}{m} U_0}}$$

mit U_0 – Potential auf der Strahlachse ($q_2 = 0$) und I – Strahlstrom.

Nach Einführung der normalisierten Variablen $\bar{R} = R/R_n$, $u = U_0/U_n$ und $\bar{q}_1 = q_1/l_n$ ergibt sich

$$\bar{R}^2 \frac{d^2 u}{d\bar{q}_1^2} + 2\bar{R} \frac{d\bar{R}}{d\bar{q}_1} \frac{du}{d\bar{q}_1} + 4u\bar{R} \frac{d^2 \bar{R}}{d\bar{q}_1^2} = \frac{i}{\sqrt{u}} \tag{5.12}$$

mit R_n, U_n und l_n als normierende Multiplikatoren und

$$i = \frac{I}{\pi\varepsilon_0 \sqrt{2 \frac{|e|}{m} U_n^{3/2} \mu^2}} \; ; \quad \mu = \frac{R_n}{l_n} \; .$$

Die Berechnung einer Elektronenkanone erfolgt nach dem folgenden Schema: Zuerst wird die axiale Potentialverteilung gegeben, welche die Bedingungen

$$u = 0 \, , \quad \frac{du}{d\bar{q}_1} = 0 \quad \text{für} \quad \bar{q}_1 = 0 \; ; \tag{5.13}$$

$$\frac{du}{d\bar{q}_1} = \frac{d^2 u}{d\bar{q}_1^2} = 0 \, , \quad u = 1 \quad \text{für} \quad \bar{q}_1 = 1 \; . \tag{5.14}$$

befriedigt.

Die ersten beiden Bedingungen entsprechen dem Regime der Strombegrenzung der Kathode durch die Raumladung, die letzteren beiden der Bewegung des Strahls im äquipotentialen Kanal am Kanonenausgang.

Eine charakteristische Potentialverteilung wird in Bild 5.18b gezeigt. Für die Vorgabe des Potentials kann ein analytischer Ausdruck der Form $u = k\bar{q}_1^{4/3} f^2$ [96] verwendet werden, wobei

$$f = 1 + \sum_{n=1}^{5} a_n \bar{q}_1^n$$

gilt. Bei einer solchen Potentialvorgabe wird die Bedingung (5.13) automatisch erfüllt. An die gesuchte Lösung wird die Bedingung $d^2\bar{R}/d\bar{q}_1^2 = 0$ gestellt, welche die sphärische

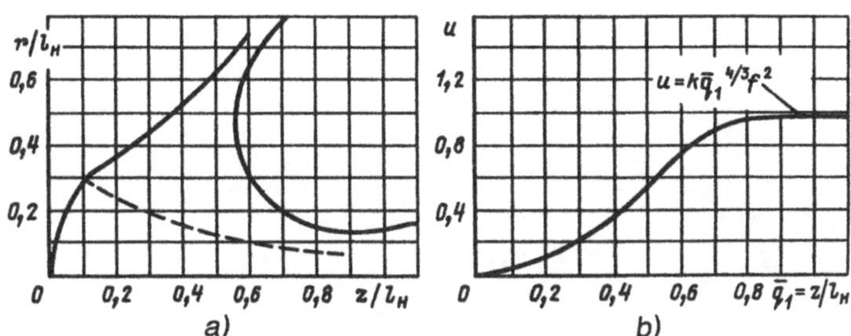

Bild 5.18: Elektrodenform (a) und Verteilung des Potentials auf der Achse (b) in einer nach der Methode von Ovsharov berechneten Kanone

Form der Kathode gewährleistet. Diese Forderung wird erfüllt, wenn die Koeffizienten k, a_1 und a_2 den Gleichungen

$$k = \left(\frac{9}{4}i\right)^{2/3} \quad ; \quad a_1 = -\frac{8}{15}\frac{d\bar{R}}{d\bar{q}_1}\bigg|_{\bar{q}_1=0} \quad ; \quad a_2 = \frac{361}{900}\left(\frac{d\bar{R}}{d\bar{q}_1}\right)^2\bigg|_{\bar{q}_1=0}$$

genügen.

Die Realisierung der Bedingungen (5.14) wird auf der Basis der Zusammenhänge zwischen den Koeffizienten a_3, a_4 und a_5 gewährleistet:

$$a_3 = \frac{119}{9}\frac{1}{\sqrt{k}} - 10 - 6a_1 - 3a_2 \; ;$$

$$a_4 = -\frac{187}{9}\frac{1}{\sqrt{k}} + 15 + 8a_1 + 3a_2 \; ;$$

$$a_5 = \frac{77}{9}\frac{1}{\sqrt{k}} - 3a_1 - a_2 - 6 \; .$$

Weiter erfolgt eine numerische Integration von (5.12), für die der Wert des Parameters i und und die Anfangswerte $(\bar{R})_{\bar{q}_1=0} = 1$ und $(d\bar{R}/d\bar{q}_1)_{\bar{q}_1=0} = (d\bar{R}/d\bar{q}_1)_0$ gegeben sein müssen. Im Ergebnis der Integration wird die Form des Elektronenstrahls erhalten, die der gegebenen Potentialverteilung entspricht.

Die Lösung des äußeren Problems kann auch in einem krummlinigen Koordinatensystem erfolgen. Wie in [97] gezeigt wird, kann die Potentialberechnung außerhalb des Strahls nach der folgenden Näherungsformel erfolgen:

$$\bar{U} = u + \mu^2 q_2^2 u \bar{R}\,\frac{d^2\bar{R}}{d\bar{q}_1^2} + \frac{\mu^2 i}{4\sqrt{u}}\left(1 - q_2^2 + \ln q_2^2\right) \; ,$$

wobei $\bar{U} = U/U_n$ das normierte Potential beschreibt. Wird $\bar{U} = \text{const}$ gesetzt, kann die Form der entsprechenden Äquipotentiallinien in den Koordinaten q_1 und q_2 berechnet werden. Die Transformation in Zylinderkoordinaten erfolgt über die Beziehungen:

$$\frac{r}{l_n} \approx \mu q_2 \bar{R}\left[1 - \frac{1}{2}\mu^2 q_2^2\left(\frac{d\bar{R}}{d\bar{q}_1}\right)^2\right] \quad ; \quad \frac{z}{l_n} \approx \bar{q}_1 - \frac{1}{2}\mu^2 q_2^2 \bar{R}\,\frac{d\bar{R}}{d\bar{q}_1} \; .$$

Eine so berechnete charakteristische Elektrodenform wird in Bild 5.18a dargestellt.

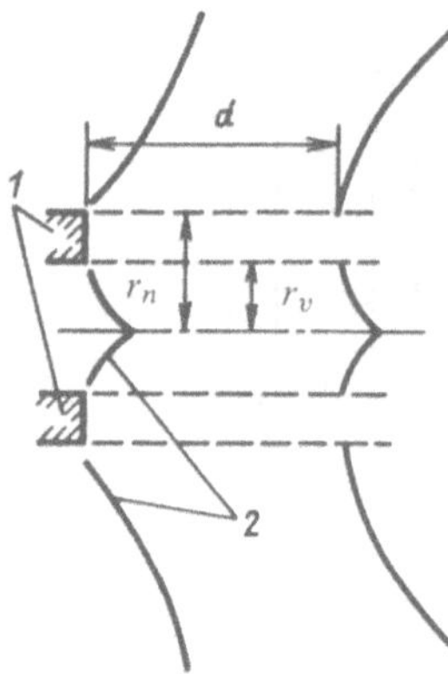

Bild 5.19: Kanonengeometrie zur Formierung eines parallelen röhrenförmigen Strahls: 1 – Kathode; 2 – kathodennahe Elektrode

5.4 Kanonen zur Formierung hohler axialsymmetrischer Strahlen

Formierung paralleler Strahlen. Eine Elektronenkanone zur Formierung eines parallelen röhrenförmigen Strahls kann auf der Basis einer Kanone konstruiert werden, die einen vollen zylinderförmigen Strahl erzeugt, wenn davon ausgegangen wird, daß das Innere dieses Strahls entfernt wurde und für den Erhalt der Bewegung des verbleibenden röhrenförmigen Strahls zusätzliche innere Elektroden verwendet werden (Bild 5.19), die längs der inneren Grenze die Bedingungen $\partial U/\partial r = 0$ und $U = U_a(z/d)^{4/3}$ erfüllen. Die Form der äußeren fokussierenden Elektroden bleibt für die Elektroden zur Fokussierung des vollen Strahls unverändert.

Die Dimensionierung der geometrischen Abmaße der Kanone kann mit Hilfe des aus dem „hoch 3/2"-Gesetzes folgenden Ausdruckes erfolgen:

$$I = 2,33 \cdot 10^{-6} \, \frac{\pi(r_n^2 - r_v^2)}{d^2} \, U_a^{3/2} \, .$$

Dabei beschreiben r_n und r_v den äußeren und inneren Radius des Strahls.

Die Abschätzung der defokussierenden Wirkung einer ringförmigen Öffnung in der Anodenelektrode kann über deren Wirkung als Spaltlinse erfolgen. Dann kann der Ablenkwinkel der Trajektorien der äußersten Elektronen innerhalb und außerhalb des Strahls am Ausgang der Elektronenkanone nach der Gleichung $\alpha \approx \Delta y/3d$ bestimmt werden. Dabei gilt $\Delta y = r_n - r_v$ als Dicke des röhrenförmigen Stromes und es ist zu beachten, daß die äußeren Elektronen von der Achse weg und die inneren Elektronen in Richtung der Systemachse abgelenkt werden.

Formierung konvergierender Strahlen. Eine Elektronenkanone zur Formierung eines konischen hohlen Strahles kann auf der Grundlage eine Kanone konstruiert werden, die ähnlich dem vorangegangenen Fall einen vollen konvergierenden axialsymmetrischen Strahl formiert.

Die Form der äußeren Kanonenelektroden kann in der gleichen Form wie bei Kanonen, die einen vollen Strahl formieren, erhalten werden. Die Form der inneren Elektroden wird

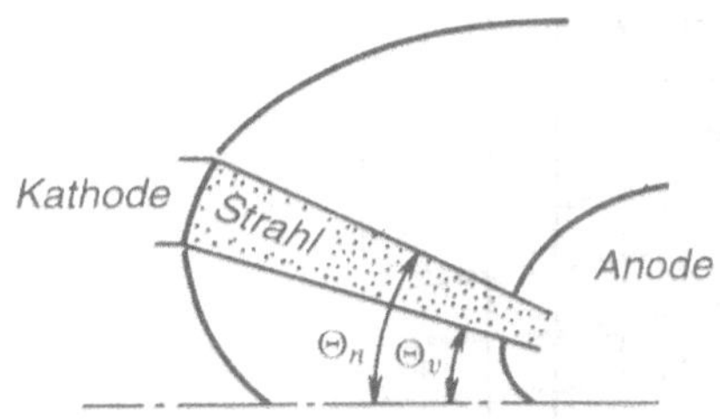

Bild 5.20: Kanonengeometrie zur Formierung eines hohlen konischen Strahls

aus der Bedingung

$$U(\bar{r}) = U_a \frac{(-\alpha)^{4/3}}{(-\alpha_a)^{4/3}} , \quad \frac{\partial U}{\partial \Theta} = \Theta$$

gefunden.

Die Berechnung der Kanonengeometrie kann mit Hilfe der aus dem „hoch 3/2"-Gesetz folgenden Relation für eine sphärische Diode erfolgen:

$$I = 29{,}3 \cdot 10^{-6} \frac{\sin^2 \frac{\Theta_n}{2} - \sin^2 \frac{\Theta_v}{2}}{(-\alpha_a)^2} U_a^{3/2} ,$$

wobei Θ_n und Θ_v die Konvergenzwinkel der äußeren und inneren Strahlgrenzen angeben (Bild 5.20).

Die ringförmige Öffnung in der Anodenelektrode wirkt auf den Elektronenstrahl defokussierend, was näherungsweise so berücksichtigt werden kann, wie es in den vorangegangenen Fällen erfolgte. Es sei darauf hingewiesen, daß ohne spezielle Maßnahmen der von der Kanone formierte hohle Strahl sich hinter der Anode wieder in einen vollen Strahl infolge der Kreuzung von Elektronentrajektorien verwandeln kann.

Magnetronkanonen zur Formierung eines hohlen Strahls. Die Berechnung von Magnetronkanonen basiert auf speziellen Lösungen des Gleichungssystems, welches die Teilchenbewegung in gekreuzten Feldern beschreibt. Eine dieser Lösungen beschreibt den Fluß aus einer ebenen Kathode, die unter einem Winkel Θ gegenüber den Feldlinien eines homogenen Magnetfeldes geneigt ist. Wird ein kartesisches Koordinatensystem x, y, z angenommen (siehe Bild 5.21; die Koordinate x ist senkrecht zur Zeichenebene gerichtet), dann wird eine spezielle Lösung durch das folgende Gleichungssystem bestimmt [93]:

$$Y = u + \frac{u^3}{6} \sin^2 \Theta \; ; \quad Z = Z_0 + \frac{u^3}{6} \sin \Theta \cos \Theta \; ; \quad X = X_0 - \frac{u^2}{2} \cos \Theta \; ; \tag{5.15}$$

$$\Phi = \frac{u^2}{2} + \frac{u^4}{8} \sin^2 \Theta \tag{5.16}$$

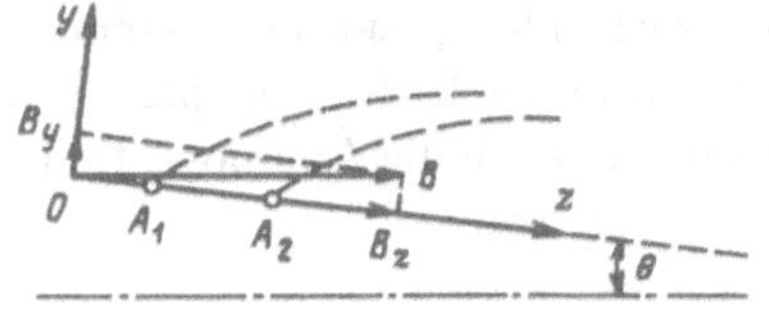

Bild 5.21: Zur Berechnung einer Magnetronkanone

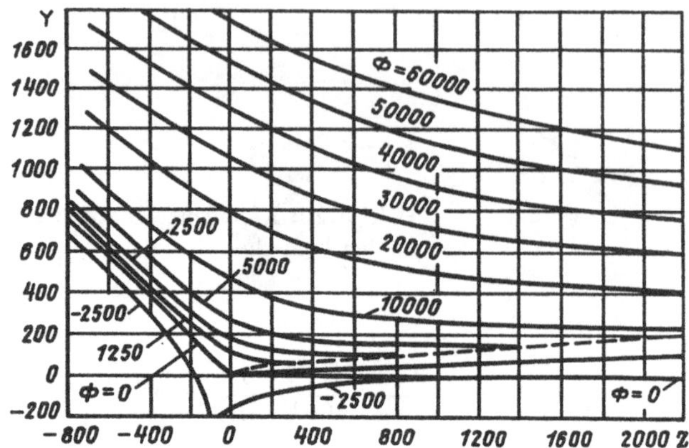

Bild 5.22: Universelle Äquipotentialkarte zur Berechnung der Elektrodenform einer Magnetronkanone

mit

$$X = \frac{\varepsilon_0 \omega_c^3}{\eta\, j_y} x \ ; \quad Y = \frac{\varepsilon_0 \omega_c^3}{\eta\, j_y} y \ ; \quad Z = \frac{\varepsilon_0 \omega_c^3}{\eta\, j_y} z \ ; \quad \Phi = \frac{\varepsilon_0^2 \omega_c^4}{\eta\, j_y^2} U$$

und $u = \omega_c\, t$ als normalisierte Variable.

Gleichung 5.15 ist eine parametrische Gleichung der räumlichen Elektronentrajektorie, die die Kathode im Punkt $Y = 0$, $Z = Z_0$ und $X = X_0$ verlassen. Die Gleichung 5.16 beschreibt die Potentialverteilung längs der Trajektorien. Die gefundene Lösung entspricht dem Fall, daß Elektronen die Kathode mit einer endlichen Anfangsgeschwindigkeit $\dot{y}_0 = \eta\, j_y/\omega_c^2\, \varepsilon_0$ verlassen. In dieser Hinsicht ist die Lösung analog zur Lösung, die für eine Kanone zur Formierung eines bandförmigen Strahls verwendet wurde. Die Strahlausdehnung in x-Richtung werde als unendlich angenommen und es werde hieraus ein Strahl „herausgeschnitten", der von den aus den Kathodenpunkten A_1 und A_2 (Bild 5.21) mit den normalisierten Koordinaten $Y = 0$, $Z = 0$ und $Z = Z_0$ austretenden Trajektorien begrenzt wird.

Die Bestimmung der Form der fokussierenden Elektroden führt zur Lösung des Cauchy-Problems für die Laplacegleichung bei an den Strahlgrenzen gegebenen Anfangsbedingungen. Die mit der Methode der analytischen Fortsetzung erhaltenen Rechenergebnisse sind als Äquipotentialkarte [93] in Bild 5.22 dargestellt. Mit einer gestrichelten Linie ist in der Abbildung die Elektronentrajektorie dargestellt.

Das so berechnete elektronenoptische System stellt eine planare Magnetronkanone dar. Für den Übergang zu einer axialsymmetrischen Kanone muß das gegebene System in einen Ring überführt werden. Überschreitet der Ringradius den mittleren Abstand zwischen Kathode und Anode wesentlich, so unterscheiden sich die Elektronentrajektorien in diesem System nur wenig von Trajektorien im entsprechenden planaren System. Dies ermöglicht es, zur Berechnung einer axialsymmetrischen Kanone die für eine planare Kanone erhaltenen Resultate zu nutzen und damit insbesondere auch die Äquipotentialkarte aus Bild 5.22 zur Berechnung der Elektrodenform zu verwenden.

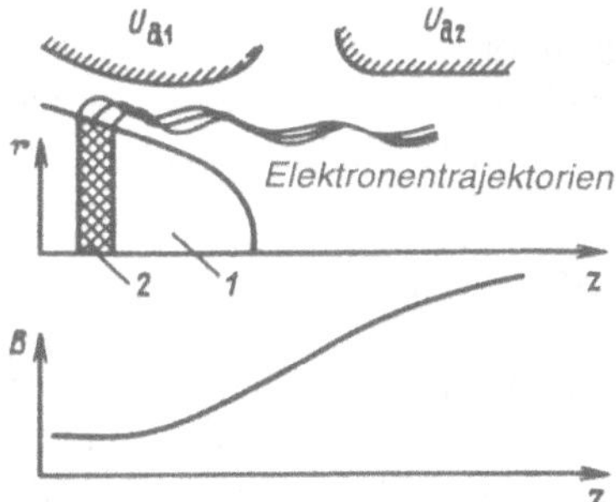

Bild 5.23: Magnetron-Injektionskanone für Gyrotrons

Eine so projektierte axialsymmetrische Kanone sollte eine Perveanz aufweisen, die etwas größer als die berechnete ist, da bei der Transformation des ebenen Systems in einen Ring das elektrische Feld an der Kanonenkathode als innere Elektrode wächst. Dieser Effekt kann durch die Einführung einer Korrektur für den Abstand Kathode - Anode der axialsymmetrischen Kanone korrigiert werden. Dazu wird die Kanone in eine große Anzahl elementarer Dioden unterteilt und für jede Diode erfolgt eine Korrektur des Abstandes Kathode - Anode auf der Basis gleicher Feldstärken des Laplacefeldes an der Kathodenelektrode in den planaren und zylindrischen Elementardioden. Diese Bedingung führt zu einer Gleichung für die Umrechnung des Abstandes Kathode - Anode:

$$d_p \approx d_z \left(1 - \frac{1}{2}\frac{d_z}{r_k}\right)$$

mit d_p – Abstand Kathode - Anode der planaren Elementardiode; d_z – der gesuchte Abstand für die zylindrische Diode; r_k – mittlerer Kathodenradius der Elementardiode.

Magnetron-Injektionskanonen für Gyrotrons. Als Mikrowellenanlagen einer neuen Klasse werden in Gyrotrons hohle axialsymmetrische Strahlen genutzt, in denen die Elektronenbewegung auf spiralförmigen Trajektorien erfolgt. Für eine effektive Umwandlung der kinetischen Energie des Elektronenstrahls in Energie des Hochfrequenzfeldes ist es dabei erforderlich, daß das Verhältnis der Energie der Rotationsbewegung der Elektronen $W_\perp$ und der Energie der Eintrittsbewegung $W_\parallel$ den Wert $W_\perp/W_\parallel = 2\ldots4$ aufweist.

Die Formierung solcher Strahlen wird mit Hilfe von Magnetron-Injektionskanonen realisiert. Die Konstruktion einer derartigen Kanone (Bild 5.23) [98] beinhaltet die Kathode 1 mit einem schmalen emittierenden Bereich 2, einer ersten Anode mit dem Potential U_{a1} und einer zweiten Anode mit dem Potential U_{a2} ($U_{a2} \geq U_{a1}$). Die primäre Formierung des Strahls erfolgt im Zwischenraum zwischen der Kathode und der ersten Anode in gekreuzten elektrischen und magnetischen Feldern, wo die Elektronen eine erste rotatorische Geschwindigkeitskomponente $v_{\perp k}$ erhalten. Es kann gezeigt werden [99], daß $v_{\perp k} = E_k/B_k$ gilt, wobei E_k die zur Kathode normale Komponente des elektrische Feldes und B_k die parallel zur Kathode verlaufende Komponente der magnetischen Induktion ist. Im weiteren bewegen die Elektronen sich im beschleunigenden Feld der zweiten Anode und im wachsendem magnetischen Feld, dessen axiale Verteilung in Bild 5.23 dargestellt ist. Aus der adiabatischen Theorie der Elektronenstrahlen [99] folgt, daß dies zu zu einem Anwachsen der rotatorischen Komponente entsprechend der Relation $v_\perp/v_{\perp k} = (B/B_k)^{1/2}$ führt.

Damit kann das Verhältnis der transversalen und longitudionalen Elektronengeschwindigkeiten Werte von $v_\perp/v_{||} = 1,5\ldots2$ erreichen, daß Verhältnis der kinetischen Energien der transversalen und longitudionalen Bewegung entsprechend $W_\perp/W_{||} = 2\ldots4$.

5.5 Elektronenkanonen mit Steuerelektroden

Eine Klassifikation und kurze Charakterisierung von Steuerelektroden für Elektronenkanonen wurde in § 1.2. gegeben. Zur quantitativen Beschreibung solcher Kanonen müssen neben den grundlegenden Parametern $P = I\,U_a^{-3/2}$, U_a und C_j Parameter eingeführt werden, welche die Stromsteuerung in der Kanone charakterisieren (Bild 5.24): $U_{s,n}$ – Spannung an der Steuerelektrode, bei der der Strom in der Kanone zusammenbricht; $U_{s,\max}$ – maximale Spannung an der Steuerelektrode; $P_{\max} = I_{\max}\,U^{-3/2}$ – mit dem maximalen Strom $I_{\max}$, der bei maximaler Spannung an der Steuerelektrode fließt, berechnete maximale Perveanz; $\mu = U_a/|U_{s,n}|$ – statischer Verstärkungskoeffizient und der Steuerkoeffizient, der nach der Gleichung

$$K_u = \frac{U_a}{U_{s,\max} + |U_{s,n}|} = \frac{1}{\dfrac{U_{s,\max}}{U_a} + \dfrac{1}{\mu}} = \frac{\mu}{1 + \dfrac{U_{s,\max}}{|U_{s,n}|}} \tag{5.17}$$

berechnet wird.

Am häufigsten erfolgen erste Berechnungen von Kanonen mit netzartigen Steuerelektroden und Steuerelektroden in Form eines dicken Diaphragmas (der ersten Anode), die weiter unten betrachtet werden.

Kanonen mit Steuergitter. Betrachtet werde eine Kanone mit Steuergitter, die einen konvergierenden Elektronenstrahl formiert. Aus der Theorie der Elektronenröhren ist bekannt, daß, wenn im Zwischenelektrodenraum der Diode (im vorliegenden Fall einer sphärischen Konstruktion) auf eine der Äquipotentialflächen eine dünnes Gitter positioniert wird, dem die Form und das Potential dieser Oberfläche gegeben wird, sich die ursprüngliche Verteilung des elektrischen Feldes in der Röhre nicht ändert. In einem solchen Fall wird das Potential am Netz als natürliches Potential bezeichnet.

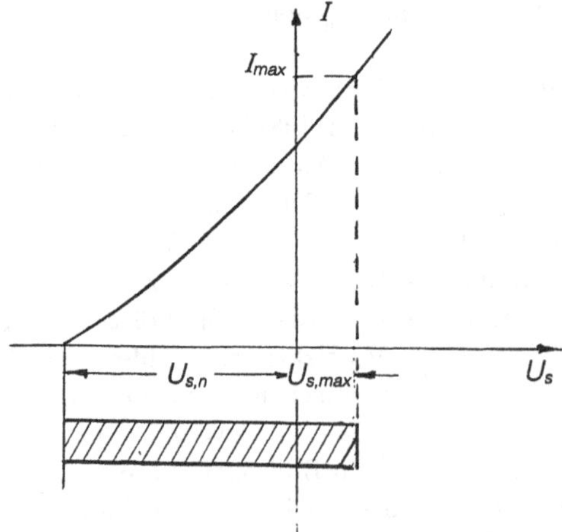

Bild 5.24: Zur Berechnung der Parameter von Elektronenkanonen mit Steuerelektroden

Es ist offensichtlich, daß die elektronenoptischen Parameter einer Triodenkanone mit natürlichen Potential am Gitter sich nicht wesentlich von den Parametern der ursprünglichen Diodenkanone unterscheiden. Für Gitterpotentiale, die sich vom natürlichen Potential unterscheiden, ändert eine Störung des elektrischen Feldes die Funktion der Kanone wesentlich und erschwert deren Projektierung. Beispielsweise verringert die Absenkung des Gitterpotentials gegenüber dem natürlichen Potential insbesondere den Kathodenstrom der Triodenkanone. Dadurch wird die Perveanz des formierten Elektronenstroms geringer als die Perveanz des Stromes der ursprünglichen Diodenkanone. Darüber hinaus verschlechtern sich die elektronenoptischen Eigenschaften der Kanone durch den sogenannten Linseneffekt der Netzgitterelemente, der eine Abweichung der Trajektorien des Elektronenstrahls von geradlinigen Bahnen bewirkt.

Der Einfluß des Gitterpotentials auf die Perveanz P einer Triodenkanone im Verhältnis zur Perveanz P_d der ursprünglichen Diodenkanone wird deutlich, wenn berücksichtigt wird, daß in der Diodenkanone der Strom

$$I_d = I_k = 29,34 \cdot 10^{-6} \frac{\sin^2 \dfrac{\Theta}{2}}{(-\alpha_a)^2} U_a^{3/2}$$

und in der Triodenkanone der durch das Gitter fließende Strom

$$I = \delta_s I_k = 29,34 \cdot 10^{-6} \, \delta_s \frac{\sin^2 \dfrac{\Theta}{2}}{(-\alpha_a)^2} U_e^{3/2}$$

beträgt. Dabei bedeuten I_k – Kathodenstrom; δ_s – Koeffizient für den Stromdurchtritt durch das Gitter; U_e – äquivalentes bzw. aktuelles Gitterpotential; $(-\alpha_s)^2$ – tabellierte Funktion für das Verhältnis des Kathodenradius zum Gitterradius.

Wird berücksichtigt, daß das Potential in einer sphärischen Triode

$$U_e = \frac{U_s + DU_a}{1 + \dfrac{1}{\kappa} D}$$

mit D als Durchlässigkeit des Gitters, U_s als Gitterpotential und $\kappa = (-\alpha_s)^{4/3}/(-\alpha_a)^{4/3}$ beträgt, dann ergibt sich, wenn das Verhältnis zwischen dem ersten und zweiten Ausdruck und

$$P_d = \frac{I_d}{U_a^{3/2}} \quad \text{und} \quad P = \frac{I}{U_a^{3/2}}$$

herangezogen werden, der Ausdruck

$$\beta = \frac{I_d}{I} = \frac{P_d}{P} = \frac{1}{\delta_s} \left(\frac{\kappa U_a + DU_a}{U_s + DU_a} \right)^{3/2} = \frac{1}{\delta_s} \left(\frac{U_{s,e} + DU_a}{U_s + DU_a} \right)^{3/2} \tag{5.18}$$

mit $U_{s,e} = \kappa U_a$ – Gitterpotential, welches gleich dem „natürlichen“ Potential ist.

Damit folgt aus (5.18), daß für das natürliche Gitterpotential, d.h. bei $U_s = U_{s,e}$, sich das Verhältnis der Perveanzen der Triodenkanone zur ursprünglichen Diodenkanone

$$\beta_e = \frac{P_d}{P} = \frac{1}{\delta_s} = \frac{1}{1 - \sigma}$$

nur durch den Koeffizienten des Stromdurchflusses δ_s bestimmt, der im gegebenen Regime vollständig durch den Koeffizienten σ der Netzausfüllung bestimmt ist. Für ein Netz aus parallelen Drähten ist dieser Koeffizient gleich dem Verhältnis aus dem Drahtdurchmesser d_{pr} zur Netzweite p: $\sigma = d_{pr}/p$; für ein Gitter mit quadratischen Maschen gilt $\sigma = 2d_{pr}/p$. Gewöhnlich gilt $\delta_s = 0,8\ldots0,95$ und somit $\beta_e = 1,25\ldots1,05$.

Für $U_s < U_{s,e}$ oder $U_s > U_{s,e}$ wird die Strahlperveanz der Triodenkanone entsprechend geringer oder größer als die Perveanz der Diodenkanone. Zum Beispiel gilt für $U_s = 0$

$$\beta_0 = \frac{P_d}{P} = \left(\frac{\kappa + D}{D}\right)^{3/2} = (\kappa\mu + 1)^{3/2} \tag{5.19}$$

mit $\mu = 1/D$ als statischer Verstärkungskoeffizient des Triodensystems. Es ist offensichtlich, daß der Koeffizient des Stromdurchflusses in diesem Fall gleich Eins ist oder daß auf ein Gitter mit Nullpotential die Elektronen nicht auftreffen.

Aus (5.19) folgt, daß je größer der statische Verstärkungskoeffizient ist, der die Effizienz der Modulation charakterisiert, um so größer auch die Perveanz der ursprünglichen Diodenkanone sein muß, um die vorgegebene Perveanz der Triodenkanone zu erhalten. Bei einem vom natürlichen Potential verschiedenen Gitterpotential stören die Netzmaschen die Elektronenbewegung, indem sie wie Linsendiaphragmen wirken (siehe § 3.4.). Zur Abschätzung der Störung kann der Ausdruck für die Brennweite eines Linsendiaphragmas

$$f = \frac{4U_e}{E_1 - E_2}$$

verwendet werden (mit U_e – äquivalentes Potential in der Gitterebene und E_1 und E_2 – Feldstärken links und rechts von der Gitterebene) [100]. Der Brechungswinkel der Elektronentrajektorien wird durch die Linsenwirkung der Netzmaschen bestimmt und über $\tan\alpha = x/f$ mit x als Abstand vom Maschenzentrum $0 \le x \le p/2$ und p als Netzweite beschrieben.

Kanonen mit natürlichen Potential am Gitter. Ausführlicher soll die Berechnung einer Kanone mit einem Gitter, welches ein Potential nahe dem natürlichen aufweist, betrachtet werden. Dabei werde von einer Diodenkanone mit der Perveanz $P_d = \beta_e P$ und von einem gegebenen Kompressionskoeffizienten C_j ausgegangen. Dann besteht die Aufgabe bei der Auslegung einer Triodenkanone mit vorgegebenen Parametern im wesentlichen in der Bestimmung der Struktur und der Position der modulierenden Elektrode, welche die vorgegebenen Modulationsparameter bestimmt. Dafür ist es erforderlich, die Abhängigkeit der Modulationsparameter von den geometrischen Abmaßen der Triodenkanone zu betrachten.

Die analytische Berechnung des Verstärkungskoeffizienten eines Triodensystems kann bei kleinen Abständen Gitter - Kathode in erster Näherung nach der Gleichung für den Verstärkungskoeffizienten einer Triode für planare Elektrodenkonstruktionen berechnet werden:

$$\mu = \frac{L_s'(d_{k,a} - d_{k,s}) - \Delta}{T} \tag{5.20}$$

mit L_s' – Drahtlänge des Gitters pro Oberflächeneinheit (für ein Gitter aus parallelen Drähten gilt $L_s' = 1/p$ und für ein Gitter aus quadratischen Maschen $L_s' \approx 2/p$); Δ und T – Funktionen des Koeffizienten der Gitterausfüllung σ (Tabelle 5.3); $d_{k,s} = \bar{r}_k - \bar{r}_s$ – Abstand Kathode - Gitter.

Tabelle 5.3: Werte der Koeffizienten in Gleichung (5.20)

σ	Δ	T	σ	Δ	T
0,001	–	0,9172	0,150	0,01735	0,1283
0,002	–	0,8069	0,160	0,01969	0,1192
0,003	–	0,7424	0,170	0,02217	0,1108
0,004	0,00001	0,6966	0,18	0,02479	0,10307
0,005	0,00002	0,6611	0,19	0,02751	0,09582
0,006	0,00003	0,6321	0,20	0,03042	0,08908
0,008	0,00005	0,5863	0,21	0,03342	0,08280
0,010	0,00008	0,5508	0,22	0,03656	0,07694
0,015	0,00018	0,4863	0,23	0,03952	0,07147
0,020	0,00031	0,4406	0,24	0,04319	0,06636
0,025	0,00049	0,4052	0,25	0,04664	0,06156
0,030	0,00071	0,3762	0,26	0,05030	0,05711
0,035	0,00096	0,3518	0,27	0,05402	0,05292
0,040	0,00126	0,3307	0,28	0,05785	0,04900
0,045	0,00159	0,3123	0,29	0,06178	0,04534
0,050	0,00196	0,2956	0,30	0,06581	0,04190
0,060	0,00282	0,2670	0,31	0,06995	0,03869
0,070	0,00383	0,2430	0,32	0,07418	0,03568
0,080	0,00500	0,2223	0,33	0,07850	0,03287
0,090	0,00632	0,2042	0,34	0,08291	0,03025
0,100	0,00779	0,1881	0,35	0,08741	0,02780
0,110	0,00941	0,1738	0,36	0,09199	0,02551
0,120	0,01118	0,1608	0,37	0,09664	0,02337
0,130	0,01309	0,1490	0,38	0,10137	0,02158
0,140	0,01515	0,1382	0,39	0,10620	0,01952
			0,40	0,11110	0,01780

Die Größe $d_{k,a}$ gibt den Abstand Kathode-Anode einer sphärischen Diode an, der dem der betrachteten Triodenkanone äquivalent ist, d.h. einer Diode, deren Kathodenkrümmungsradius gleich dem Krümmungsradius der Kathode der Triodenkanone ist und einer Kathodenstromdichte gleich der Kathodenstromdichte dieser Kanone. Der Anodenkrümmungsradius der äquivalenten Diode $\bar{r}_{a,e}$ wird als *äquivalenter Anodenradius* bezeichnet.

Für eine Elektronenkanone gegebener Geometrie sind der Krümmungsradius der äquivalenten Anode und damit auch der Abstand $d_{k,a}$ eindeutig bestimmte Größen: $d_{k,a} = \bar{r}_k - \bar{r}_{a,e}$.

Für Systeme mit großen Werten von μ bei einem Ausfüllungskoeffizienten $\sigma < 0,3$ kann in (5.20) das Glied Δ vernachlässigt werden. Dann ergibt sich μ zu

$$\mu = \frac{d_{k,a} - d_{k,s}}{T} L_s' \,. \tag{5.21}$$

In diesem Ausdruck kann eine Korrektur eingebracht werden, welche die Krümmung (Sphärizität) der Elektroden berücksichtigt:

$$\mu = \frac{d_{k,a} - d_{k,s}}{T} L_s' \frac{\bar{r}_s}{\bar{r}_{a,e}} \ . \tag{5.22}$$

Aus den Ausdrücken (5.21) und (5.22) sowie aus Tabelle 5.3 ist ersichtlich, daß der statische Verstärkungskoeffizient mit der Vergrößerung des Auffüllungskoeffizienten wächst, ebenfalls auch bei einer Verringerung der Maschenweite und des Abstandes Kathode-Gitter. Dabei vermindert sich, wird $\mu = 1/D = U_a/|U_{s,sp}|$ berücksichtigt, das Sperrpotential $U_{s,sp}$ entsprechend.

Die Potentialverteilung in Kathodennähe kann für eine sphärische Diode näherungsweise über

$$U \approx C U_a d^{4/3} \left(1 + \frac{d}{\bar{r}_k}\right)$$

bestimmt werden. Dabei beschreiben d den Abstand zur Kathode für den betrachteten Punkt, gerechnet längs der Normalen zur Kathodenoberfläche ($d \ll r_k$) und $C = 1/[(-\alpha_a)^{4/3} \bar{r}_k^{4/3}]$ eine geometrische Konstante.

In diesem Fall gilt

$$U_{s,\max} = U_{s,e} = C U_a d_{k,s}^{4/3} \left(1 + \frac{d_{k,s}}{\bar{r}_k}\right) \ . \tag{5.23}$$

Somit verringert sich das Potential der modulierenden Gitterelektrode, das gleich dem natürlichen Raumpotential ist, bei einer Verringerung des Abstandes $d_{k,s}$.

Wird (5.23) in (5.17) eingesetzt, folgt

$$K_y = \frac{1}{C d_{k,s}^{4/3} \left(1 + \frac{d_{k,s}}{\bar{r}_k}\right) + \frac{1}{\mu}} \ , \tag{5.24}$$

wodurch der Steuerkoeffizient mit den geometrischen Abmaßen der Kanone in Beziehung gebracht wird. Daraus ist ersichtlich, daß für eine effektive Gittermodulation, die geringe Steuerspannungen benötigt, der statische Verstärkungskoeffizient des Systems vergrößert und der Abstand $d_{k,s}$ verringert werden muß. Eine Verringerung dieses Abstandes ist aus technologischen Gründen und durch den sogenannten *Inseleffekt*, der zu einer Verringerung der Steuerwirkung des Gitters führt, begrenzt.

Der statische Verstärkungskoeffizient wächst bei einer Vergrößerung des Gitterausfüllungskoeffizienten, was jedoch gleichzeitig zu einer Zunahme des Stromanteils führt, der vom Gitter aufgenommen wird und der proportional zum Ausfüllungskoeffizienten ist. Daher ist es nicht sinnvoll, den Ausfüllungskoeffizienten σ größer als $0,25$ zu wählen. Bei einem gegebenen Ausfüllungskoeffizienten kann der statische Verstärkungskoeffizient durch den Einsatz eines feinstrukturierten Gitters erhöht werden, d.h. eines Gitters mit dünnen Drähten und geringer Schrittweite. Praktisch ist dies dadurch begrenzt, daß beim Übergang zu einem feinen Gitter die Steifheit des Gitters sinkt.

Die weiter oben angeführten Umstände begrenzen den maximalen Wert des Steuerkoeffizienten. Wie aus (5.24) folgt, bestimmen die Konstanten der ursprünglichen Kanone C und $d_{k,a}$ und die vorgegebenen Werte σ, p und d gleichwertig den Steuerkoeffizienten der Triodenkanone.

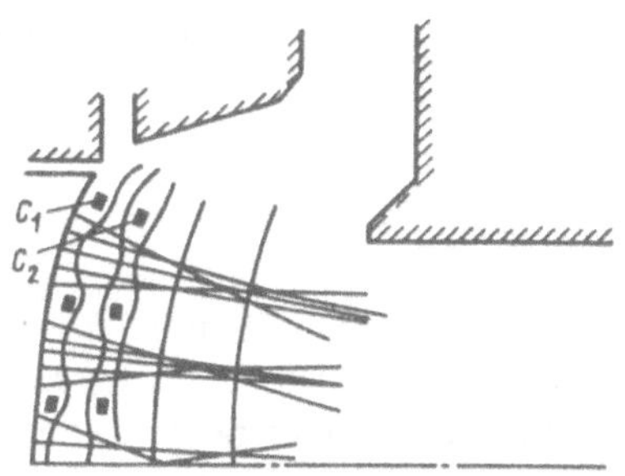

Bild 5.25: Tetrodenelektronenkanone mit Schattennetz

Ist K_y vorgegeben, bestimmt die Wahl von zwei Größen, zum Beispiel von σ und p, die dritte Größe ($d_{k,s}$). Für den speziellen Fall, wenn $d_{k,s} = p$ gilt, ist es für die Bestimmung der Geometrie der modulierenden Elektrode hinreichend, den Auffüllungskoeffizienten σ zu finden. Die in (5.21) eingehende Größe $d_{k,a}$ ist dem Abstand zwischen Kathode und Anode der äquivalenten Diode gleich, d.h. $d_{k,a} = \bar{r}_k - \bar{r}_{a,e}$ mit $\bar{r}_k$ – Kathodenkrümmungsradius und $\bar{r}_{a,e}$ – Anodenkrümmungsradius der äquivalenten Diode.

Der Anodenkrümmungsradius der äquivalenten Diode kann für Pierce-Kanonen mit einer Perveanz $P \leq 1 \cdot 10^{-6}$ A V$^{-3/2}$, in denen der Einfluß der Öffnung in der Anodenelektrode auf den Strom nur gering ist, und für Kanonen, für die eine Kompensation dieses Einflusses erfolgt, als gleich dem berechneten Anodenkrümmungsradius angesehen werden.

Bei Verwendung der weiter oben angegebenen Relationen kann eine genäherte Berechnung von Triodenkanonen mit Gitter für vorgegebene Modulationsparameter erfolgen.

Tetrodenelektronenkanone mit Schattennetz (Bild 5.25). Auf das Gitter C_1, auch *Schattennetz* genannt, wird ein Nullpotential (Kathodenpotential) gegeben. Daher müssen Elektronen, die sich von der Kathode fortbewegen, dieses umgehen. Das auf positiven Potential liegende Steuergitter C_2 ist unmittelbar hinter dem Gitter C_1 in seinem „Schatten" angeordnet und fängt somit den Elektronenstrom praktisch nicht auf. Wegen des positiven Potentials des Steuergitters kann daher die Perveanz der Kanone nahe der Perveanz der ursprünglichen Diodenkanone erhalten werden. Dies ist zweifelsohne ein Vorteil von Kanonen dieses Typs. Ihre wesentlichen Mängel sind die unvermeidliche Störung der Struktur des Elektronenstrahls und die Verletzung der Laminarität, die zu einer ungleichmäßigen Verteilung der Stromdichte über den Flußquerschnitt führt [101].

Elektronenkanonen mit dicken Steuerdiaphragma. Die Durchlässigkeit der Steuerelektrode einer solchen Kanone für das Anodenfeld ist praktisch Null, daher erfolgt die Formierung eines Elektronenflusses im Bereich zwischen Kathode und modulierender Elektrode unabhängig vom Potential der Anodenelektrode und das System, welches von der Kathode und der modulierenden Elektrode gebildet wird, kann wie ein unabhängig formierendes System betrachtet werden. Bei gegebenen Werten U_a und K_y gilt

$$K_y = \frac{1}{\dfrac{U_{s,\max}}{U_a} + \dfrac{1}{\mu}} = \frac{U_a}{U_{s,\max}}$$

mit $U_{s,\max}$ als maximale Spannung der modulierenden Elektrode (erste Anode). Gilt darüber hinaus $U_{s,\max} > 0$, wird damit die Spannung $U_{s,\max}$ eindeutig bestimmt. Ist weiter die maximale Strahlperveanz $P_{\max} = I_{\max}/U_a^{3/2}$ gegeben, so ist auch die Perveanz des Diodensystems Kathode - modulierende Elektrode bestimmt:

$$P_d = P_{\max} \left(\frac{U_a}{U_{s,\max}} \right)^{3/2} = P_{\max} K_y^{3/2} .$$

Wie aus diesem Ausdruck folgt, führt eine Erhöhung des Steuerkoeffizienten K_y der Kanone zu einem Wachstum der Perveanz P_d des Diodensystems. Dieser Sachverhalt begrenzt den Wert für K_y für die betrachteten Kanonen. Eine vorläufige Berechnung einer solchen Kanone führt zur Berechnung des Diodensystems Kathode-modulierende Elektrode, die nach einem der in § 5.3 beschriebenen Verfahren erfolgen kann.

Eine wesentliche Besonderheit der Strahlformierung der betrachteten Triodenkanone besteht darin, daß am Ausgang des primären Diodensystems der Strahl in das Feld einer Immersionslinse eintritt, die von der modulierenden Elektrode und der Kanonenanode gebildet wird. Die Brechkraft einer solchen Linse hängt vom Verhältnis der Elektrodenpotentiale U_s und U_a ab. Daher kann sich bei einer Veränderung des Arbeitsregimes der Kanone (U_s = var) die Konfiguration des von der Kanone formierten Strahls erheblich ändern. Bei Änderungen des Potentials der modulierenden Elektrode ändern sich sowohl die radiale Strahlabmessung als auch der Trajektorienneigungswinkel am Kanonenausgang. Dieser Umstand erschwert die Abstimmung der Kanone mit dem fokussierenden System erheblich.

5.6 Rechnergestützte Projektierung von Elektronenkanonen

Die Projektierung von Elektronenkanonen erfolgt in zwei Etappen. In der ersten Etappe wird die grundlegende Geometrie der Elektronenkanone bestimmt, die den Erhalt der vorgegebenen Parameter (Perveanz, Kompression u.a.) gewährleistet. Gewöhnlich wird hier die Synthesemethode verwendet, die auf einem vereinfachten mathematischen Modell zur Beschreibung der Elektronenkanone basiert. Die zweite Etappe beinhaltet die Analyse der Elektronenkanone mit Hilfe von Programmen, welche die selbstkonsistenten Aufgaben lösen und die Optimierung (Korrektur) der Kanonengeometrie vornehmen.

Synthese einer Pierce-Elektronenkanone. Programme zur Synthese von Elektronenkanonen für die Formierung eines dichten axialsymmetrischen Strahls basieren auf dem Modell einer Elektronenkanone und dem zugehörigen Algorithmus, wie sie in § 5.3. beschrieben wurden. Die Geometrie der Elektronenkanone wird dabei eindeutig durch die Vorgabe der folgenden Parameter bestimmt: I – Strahlstrom; U_a – Beschleunigungsspannung; $r_{\min}$ – Strahlradius beim minimalen Querschnitt und $z_{\min}$ – Koordinaten, welche die Position des minimalen Strahlquerschnittes bestimmen. Diese Daten dienen als Eingangsdaten der Rechnung. Die Elektrodengeometrie der Kanone und der Verlauf der Grenztrajektorien können während der Rechnung am Computerbildschirm dargestellt werden und in entsprechenden Tabellen ausgedruckt werden.

Berechnung von Elektronenkanonen. Die Berechnung von Elektronenkanonen erfordert die Lösung der selbstkonsistenten Aufgabe der Elektronenoptik (siehe § 4.9.), die im vorliegenden Fall die Besonderheit aufweist, daß in der Anfangsetappe nicht nur die Dichte der Raumladung im Elektrodensystem unbekannt ist, sondern auch der Strom des

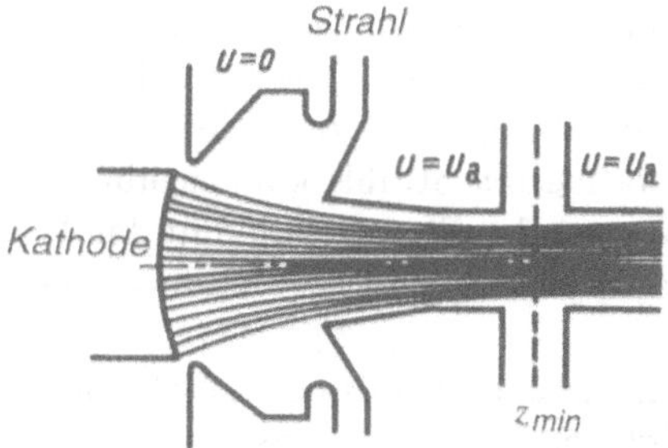

Bild 5.26: Ergebnisse der Trajektorienanalyse einer Elektronenkanone

Elektronenstrahls. Gelöst wird die Aufgabe mit der Methode der aufeinanderfolgenden Näherungen. In der ersten Näherung erfolgt die Berechnung des Feldes der Elektronenkanone ohne Berücksichtigung der Raumladung, d.h. es wird angenommen, daß für die Elektronenstromdichte $J^{(1)} = 0$ und für die Raumladungsdichte $\varrho^{(1)} = 0$ gelten. Mit der gefundenen Potentialverteilung in der Nähe der Kathodenoberfläche wird unter Verwendung des „hoch 3/2"-Gesetzes für eine planare Diode die Stromdichte in zweiter Näherung $J^{(2)}$ für einzelne Kathodenbereiche berechnet:

$$J_k^{(2)} = 2,33 \cdot 10^{-6} \, \frac{U_d^{(1)})^{3/2}}{d^2} \, \alpha_r$$

mit d und $U_d^{(1)}$ – ein gegebener kleiner Abstand von der Kathode und der Potentialwert bei diesem Abstand sowie α_r – Koeffizient der Stromdichtereduktion mit Werten zwischen 0,3 bis 0,5. Die gefundenen Werte der Stromdichte werden für die Berechnung der Ströme $\Delta I_k^{(2)}$ genutzt, die in den einzelnen Stromröhren fließen. Es gilt $\Delta I_k^{(2)} = J_k^{(2)} \, \Delta S_k$ mit ΔS_k als Teil der Kathodenfläche, der zur betrachteten Trajektorie (Stromröhre) gehört und $J_k^{(2)}$ als Stromdichte auf dem betrachteten Kathodenbereich, für den die Berechnung der Trajektorie (Stromröhre) erfolgt und wo so die Verteilung der Raumladung im Bereich Kathode - Anode der Kanone gefunden wird. Dazu wird eine Gleichung verwendet, die die lineare Ladungsdichte über den Strom $\Delta I_k^{(2)}$ und die Elektronengeschwindigkeit ausdrückt: $v^{(1)}q^{(2)} = \Delta I_k^{(2)}/v^{(1)}$ mit $v^{(1)}$ als absoluter Wert der Elektronengeschwindigkeit, die mit dem Potential $U^{(1)}$ aus der ersten Näherung berechnet wird. Unter Berücksichtigung der gefundenen Verteilung der Raumladung erfolgt die Berechnung des Potentials in zweiter Näherung $U^{(2)}$ usw. Dieser Prozeß wird solange wiederholt, solange die Potentialverteilung und der Verlauf der Elektronentrajektorien in der aktuellen Näherung nicht hinreichend identisch mit den Resultaten aus der vorangegangenen Näherung sind. Zur Erhöhung der Konvergenz der aufeinanderfolgenden Näherungen erfolgt eine Korrektur der Stromdichten, die in der n-ten Näherung erhalten wurden, durch

$$\tilde{J}_k^{(n)} = \alpha J_k^{(n)} + (1 - \alpha) \, \tilde{J}_k^{(n-1)}$$

mit $J_k^{(n)} = 2,33 \cdot 10^{-6} \, (U_d^{(n-1)})^{3/2}/d^2$ und α als ein Koeffizient mit Werten bei $0,7$ [14]. Als Ergebnisse der Analyse werden Daten über die Geometrie und den Strom des Elektronenstroms erhalten, seine Verteilung über den Strahlquerschnitt und die Richtung der Elektronengeschwindigkeiten an verschiedenen Punkten des Strahlquerschnittes.

Ein Standardverfahren der Darstellung von Rechenresultaten ist das Bild der Elektronentrajektorien (siehe Bild 5.26). Zur Bewertung der Ergebnisse ist eine solche Darstellung jedoch wenig informativ, insbesondere hier für die Einschätzung der Qualität des Strahls. Die Eigenschaften des von der Kanone formierten Strahls können über die Phasencharakteristika beschrieben werden, die im transversalen Phasenraum mit den Koordinaten r, $r' = dr/dz$ mit r – Radialkoordinate der Trajektorie und r' – deren Neigung bezüglich der Strahlachse beschrieben werden.

In Bild 5.27 sind die Phasencharakteristika eines Elektronenstrahls einer Elektronenkanone dargestellt, deren Schema in Bild 5.26 gezeigt wurde. Die Charakteristika sind für die Ebene $z_{\min}$ angegeben, wo der Strahlradius seinen minimalen Wert $r_{\min}$ aufweist. Die erhaltene Phasencharakteristik zeugt von einen von der Elektronenkanone formierten nichtlaminaren Strahl. Die Qualität des Elektronenstrahls kann mit Hilfe eines Parameters abgeschätzt werden, der die Abweichung der erhaltenen Phasencharakteristik von der vorgegebenen (idealen) beschreibt und der in Bild 5.27 als durchgezogene Linie dargestellt ist:

$$\beta = \sum_{k=1}^{N} \alpha_k \, \Delta_k$$

mit $\Delta_k = [a(r_k - r_k^*)^2 + b(r_k' - r_k^{*\prime})^2]^{1/2}$ – Abweichung des Phasenpunktes der k-ten Trajektorie von den gegebenen Größen r_k^* und $r_k^{*\prime}$; α_k – Koeffizient, der den Stromanteil der betrachteten Stromröhre angibt; a und b – Gewichtsfaktoren. In dem in Bild 5.27 dargestellten Fall entspricht die Phasencharakteristik einem laminaren Strahl, dessen Trajektorien in der Ebene des minimalen Strahlquerschnittes parallel zur Systemachse sind. Daher wird hier der Wert $r_k^{*\prime}$ gleich Null. Es ist offensichtlich, daß, je kleiner der Parameter β wird, desto mehr sich die Phasencharakteristik der vorgegebenen nähert. Der Fall $\beta = 0$ entspricht dem Zusammenfallen der Charakteristika. Damit kann der Parameter β als Kriterium bei dem Vergleich verschiedener Kanonenvarianten im Korrekturprozeß (Optimierung) verwendet werden.

Für eine quantitative Abschätzung der Steuerung des Elektronenflusses und der Güte der Strahlformierung können auch andere Methoden und Parameter verwendet werden. Dazu gehört die *Methode der mittleren quadratischen Emittanz* , welche über

$$\bar{\varepsilon} = 4\left(< r^2 >< r'^2 > - < rr' >^2\right)^{1/2}$$

mit $< r^2 >$, $< r'^2 >$, $< rr' >$ als entsprechende Größen r^2, r'^2 und rr', die über den vom Strahl eingenommen Phasenraum gemittelt wurden, bestimmt werden. Näherungsweise kann für ein diskretes Elektronenstrahlmodell der Ausdruck für die mittlere quadratische

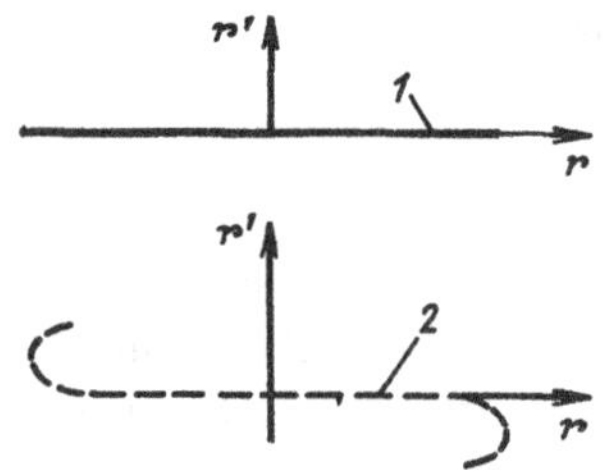

Bild 5.27: Phasencharakteristika des von einer Elektronenkanone formierten Elektronenstahls: 1 – vorgegebene (ideale) Charakteristik; 2 – reale Charakteristik

Emittanz in der Form

$$\bar{\varepsilon} = \frac{4}{N}\left[\left(\sum_{k=1}^{N} r_k^2\right)\left(\sum_{k=1}^{N} r_k'^2\right) - \left(\sum_{k=1}^{N} r_k r_k'\right)^2\right]^{1/2}$$

mit r_k und r_k' – radiale Koordinaten und Neigung der k-ten Trajektorie (Stromröhre) angegeben werden. Die Summierung erfolgt dabei über alle k Stromröhren. Man kann sich leicht davon überzeugen, daß für lineare Phasencharakteristika des Strahls die mittlere quadratische Emittanz eines solchen Strahls gleich Null ist. Eine Abweichung der Phasencharakteristika vom linearen Verhalten führt zu einem endlichen Wert der mittleren quadratischen Emittanz.

In [101] werden für eine quantitative Abschätzung der transversalen Geschwindigkeiten am Ort des minimalen Strahlquerschnittes gewichtete mittlere Werte der Trajektorienanstiege $< r' >$ und Standardabweichungen σ verwendet:

$$< r' > = \frac{\left(\sum_{k=1}^{N} \Delta I_k r_k'\right)}{I} \; ;$$

$$\sigma = \left[\frac{1}{I}\sum_{k=1}^{N} \Delta I_k (r_k' - < r' >)^2\right]^{1/2}$$

mit ΔI_k als Gewichtsfaktor, der dem Strom in der k-ten Stromröhre entspricht und I als Gesamtstrahlstrom.

Die Methodik der Berechnung von Elektronenkanonen auf dem Computer wird bei Berücksichtigung des Einflusses thermischer Geschwindigkeiten in [102, 103, 104] betrachtet.

Kapitel 6

Elektronen- und Ionenkanonen mit Autoemissions- und Plasmaemittern

6.1 Grundlegende Eigenschaften und Kanonenparameter

Die Erweiterung der Anwendungsbereiche intensiver Elektronen- und Ionenstrahlen stimuliert die Entwicklung von Strahlformierungssystemen nicht nur auf der Basis von Thermokathoden, sondern auch von Autoemissions- [105, 106, 107] und von Plasmaemittern [10, 108, 109]. Das besondere Interesse an Autoemissionskathoden (AEK) ist in ihren universellen Eigenschaften begründet: hohe Wirtschaftlichkeit, Trägheitslosigkeit und mögliches Arbeiten bei tiefen Temperaturen einschließlich im supraleitenden Regime. AEK als metallische Spitzen und Schneiden gewährleisten hohe Emissionsstromdichten: in stationären Regime $10^3 \ldots 10^5\,\mathrm{A\,cm^{-2}}$ und im Impulsregime $10^7 \ldots 10^9\,\mathrm{A\,cm^{-2}}$. Dies ermöglicht die Formierung feinfokussierter Elektronenstrahlen. Eine wichtige Besonderheit der Autoelektronenemission ist ihre starke Abhängigkeit von der Austrittsarbeit, was einer der Gründe der Instabilität von AEK ist, die zum Beispiel mit der Absorption oder Migration von die Austrittsarbeit beeinflussenden Verunreinigungen verbunden ist. Ein anderer wesentlicher Grund der Instabilität von AEK ist die starke, exponentielle Abhängigkeit der Autoelektronenemission von der elektrischen Feldstärke, die insbesondere bei schlechten Vakuum und beim Vorhandensein absorbierender beweglicher Folien auftritt. Gleichzeitig aber ermöglicht diese Abhängigkeit den Bau elektronischer Geräte mit stark nichtlinearen Kennlinien, die als effektive Generatoren von Harmonischen arbeiten. Eine ebenfalls wichtige Eigenschaft von AEK ist die geringe Energieunschärfe der Elektronen, die aus derartige Kathoden emittiert werden, womit eine sehr präzise Fokussierung der Elektronenstrahlen möglich wird.

Besondere Eigenschaften als Quelle geladener Teilchen weist das Gasentladungsplasma auf. Die wichtigste dieser Eigenschaften ist die Umkehrbarkeit der Quelle. In Abhängigkeit vom Vorzeichen des elektrischen Feldes, welches die geladenen Teilchen aus der Quelle extrahiert, können aus dem Plasma sowohl Elektronen als auch positiv geladene Ionen emittiert werden. Damit können auf der Grundlage von Plasmaemittern Hybridkanonen für Elektronen und Ionen betrieben werden.

Plasmaoberflächen als Emitter geladener Teilchen weisen eine Reihe von Besonderheiten auf, die bei der Entwicklung von Elektronen- und Ionenkanonen unbedingt berücksichtigt werden müssen. Beispielsweise ist im Unterschied zu Festkörperkathoden die Form und Position der Plasmaoberfläche nicht streng fixiert und hängt von den Selektionsbedingungen der Teilchen ab, d.h. von der Stärke und der Verteilung des elektrischen Feldes in der Nähe der Plasmaoberfläche. Außerdem hängen die Emissionseigenschaften des Plasmas nicht nur von der Teilchenkonzentration im Plasma ab, sondern auch von anderen Faktoren, die die Bedingungen zur Plasmaerzeugung charakterisieren: Typ, Konstruktion und Arbeitsregime der Quelle. Daher können unter verschiedenen Betriebsbedingungen die aus der Plasmaoberfläche gezogenen Ströme sich nicht nur in der Stromdichte unterscheiden, sondern auch in der Modulation dieser Dichte, der Homogenität der Teilchen (Ionen), dem absoluten Wert der Anfangsgeschwindigkeiten (Energien) und deren Verteilung sowie in der Intensität der Neutralteilchenemission.

In diesem Zusammenhang werden für die Charakterisierung von Kanonen mit Plasmaemitter neben schon bekannten Parametern (Strom und Stromdichte des Strahls, seine Energie, Perveanz, Emittanz und Brightness) auch die folgenden Parameter verwendet: die Wirtschaftlichkeit – das Verhältnis des Strahlstroms (Elektronen oder Ionen) zur Leistung, die der Quelle zugeführt wurde; die energetische Effizienz (Wirkungsgrad) – das Verhältnis der Leistung des Strahls zur Leistung, die alle Spannungsquellen aufnehmen; der Verbrauch an Arbeitsgas; der Grad der Homogenität des Ionenstrahls, welcher gleich dem Verhältnis des Ionenstroms mit einem geforderten Wert e/M zum Gesamtstrahlstrom ist, der auch Ionen mit anderen Verhältnissen von Ladung zu Masse enthalten kann; der Modulationskoeffizient des Strahlstroms; die Energieunschärfe der Teilchen; die Dauer des ununterbrochenen Betriebs und die maximale Betriebsdauer. Die wichtigsten Parameter sind die Zuverlässigkeit des Betriebs, die Einfachheit der Konstruktion sowie das Schema der Spannungsversorgung und der Steuerung. Die Gesamtheit dieser Parameter erlaubt es, nach der Konstruktion und dem Typ verschiedene Quellen und Kanonen zu vergleichen und so die praktischen Möglichkeiten jeder Anlage einzuschätzen.

Damit ist die Entwicklung von Ionen- und Elektronenkanonen mit Plasmaemittern wesentlich schwieriger als die Entwicklung von Kanonen mit Thermokathoden und führt im allgemeinen Fall zur Lösung von zwei komplexen physikalisch-technischen Aufgaben: der Ausarbeitung einer optimalen Quellenkonstruktion, die den Erhalt eines Plasmas mit der erforderlichen Konzentration geladener Teilchen bei einer maximalen Ionisationsstufe des Gases gewährleistet sowie der Konstruktion eines Elektrodensystems der Kanone, welches eine hinreichende Extraktion der geladenen Teilchen aus dem Plasma gewährleistet und die Formierung von Strahlen dieser Teilchen mit den vorgegebenen Parametern. Im weiteren werde die Lösung jeder dieser Aufgaben einzeln betrachtet.

6.2 Schwachstromelektronen- und Ionenkanonen mit Autoemissionskathoden

Eine der ersten achsensymmetrischen Kanonenkonstruktionen wurde von Creve [110] entwickelt. Das Konstruktionsschema wird in Bild 6.1 gezeigt. In dieser Kanone dient eine metallische Spitze mit einem Radius von 0,1 μm als Kathode. Diese ist am Ende einer Wolframschlinge (im Bild nicht dargestellt) angeschweißt, die für die Kathodenheizung

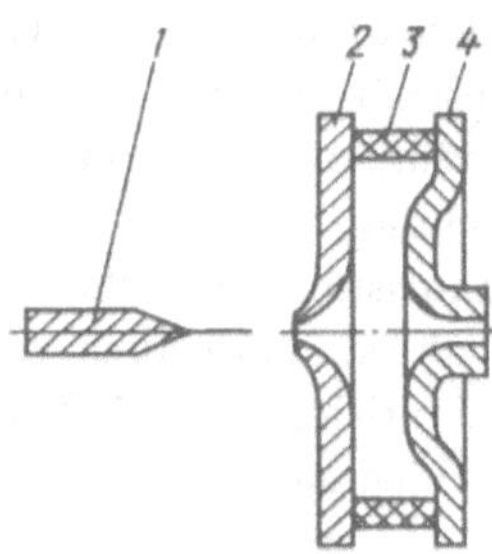

Bild 6.1: Schematische Darstellung einer Autoemissionskanone nach Creve mit Butlerlinse: 1 – Spitzenkathode; 2 – erste Anode; 3 – Isolator; 4 – zweite Anode

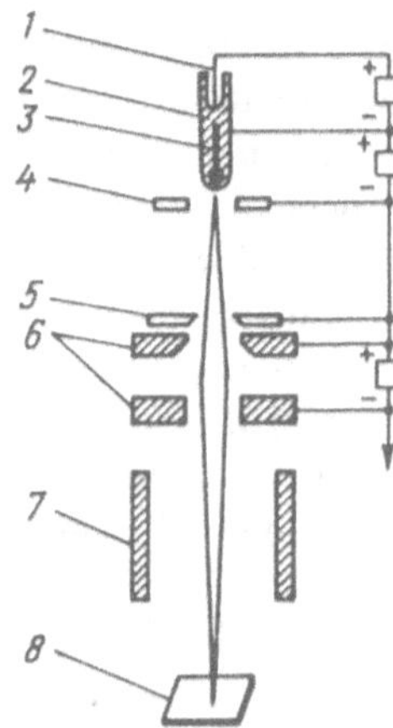

Bild 6.2: Schematische Darstellung eines ionenoptischen Systems mit Flüssigmetall-Autoemissionskathode: 1 – Heizer; 2 – Reservoir mit flüssigem Gallium; 3 – Wolframnadel; 4 – Extraktor; 5 – Apperturdiaphragma; 6 – Elektroden der fokussierenden Linse; 7 – Ablenkplatten; 8 – Target

und für die Reinigung der Kathode von Verunreinigungen vorgesehen ist. Die erste Anode dient dazu, aus der Kathode die erforderliche Emissionsstromdichte zu ziehen und die zweite Anode dient der Beschleunigung der Elektronen bis zu einer bestimmten Energie. Zwischen die Anoden wird eine elektrostatische Sammellinse gebracht, die eine Reduktion der Abbildung des Emitters hinter der Kanone bewirkt. Die Anodenoberflächen haben in Achsennähe eine nahezu hyperbolische Form (Butlerlinse). Die Kanone wurde mit einem Potential von 20 kV an der ersten Anode, einem veränderlichen Potential an der zweiten Anode von 20 kV bis 145 kV und einem Restgasdruck in der Kanone von 10^{-7} Pa betrieben. Dabei betrug die minimale Abmessung des Elektronenbrennfleckes auf dem Target 3 nm und die Brightness des Elektronenstrahls 10^8 A/(cm^2 sr). Analoge Dreielektrodenkanonen mit AEK, die sich in der technologischen Elektrodenform unterscheiden, sind in [112] beschrieben.

Von gewissem Interesse sind Schwachstromkanonen mit Flüssigmetallemitter, deren Schema in Bild 6.2 abgebildet ist [113]. Solche Kanonen sind zur Formierung von Gallium-Submikrometerionenstrahlen vorgesehen, wie sie zu Forschungszwecken Verwendung finden. Der Flüssigmetallemitter besteht aus einem Reservoir geschmolzenen Metalls, das mit einer dünnen Wolframkapillare verbunden ist und in deren Inneren eine Wolframnadel

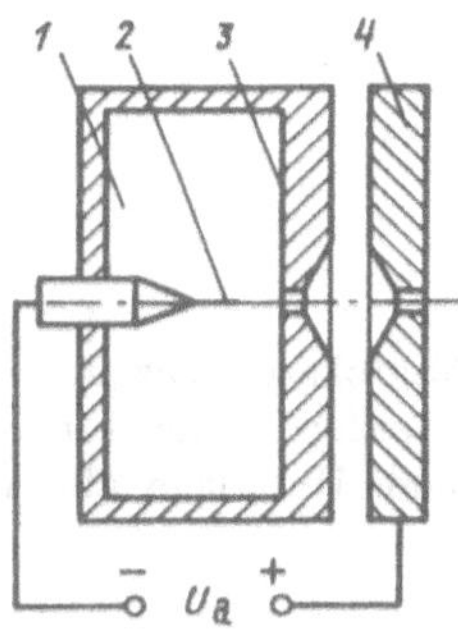

Bild 6.3: Konstruktionsschema einer Autoemissions-UHF-Injektors mit elektrostatischer Nachbeschleunigung: 1 – Volumenresonator; 2 – Kathodenspitze; 3,4 – erste und zweite Anode

montiert ist. Die Oberfläche der Nadel, die im flüssigen Metall geschwenkt wird, bedeckt sich mit einer dünnen Schicht des Metalls und wird so selbst zu einem Ionenemitter. Zur Gewährleistung der erforderlichen elektrischen Feldstärke (etwa 10^8 V/cm) auf der Emitteroberfläche befindet sich hinter dem Emitter ein Extraktor, auf den ein hinreichend hohes Potential gegeben wird. Die Ionenbeschleunigung selbst erfolgt im wesentlichen in der Beschleunigungslinse, in welche die Ionen in Form eines durch die Öffnung der Appertur transversal begrenzten Strahls eintreten. Die im Bild dargestellte Kanone ermöglicht es, Ionensonden mit einem Durchmesser von 0,1 μm bei einer Energie von 57 keV und einer Stromdichte von 1,5 A/cm^2 bei einer Ionenenergie von 60 keV zu formieren.

Eine andere Klasse von Elektronenkanonen mit AEK sind autoemittierende UHF-Injektoren, wie sie in linearen UHF-Beschleunigern verwendet werden. In diesen Injektoren erfolgt die Selektion des Emissionsstroms von spitzen Metallkathoden nicht durch konstante, sondern durch veränderliche elektrische Felder, die sich mit Ultrahochfrequenz ändern. Daher stellen die von UHF-Injektoren formierten Elektronenstrahlen eine periodische Aufeinanderfolge von Elektronenwolken dar. Dank der großen Steilheit der Emissionscharakteristik von AEK beträgt die Ausdehnung dieser Wolken nur einen geringen Periodenbruchteil.

Ein allgemeines Konstruktionselement aller UHF-Injektoren ist ein Volumenresonator, der zwischen die AEK und die erste Anode eingebracht ist und welcher von der UHF-Quelle angeregt wird (beispielsweise von einem Klystron oder Magnetron). Eine zu Forschungszwecken entwickelte UHF-Kanone mit elektrostatischer Fokussierung des Elektronenstrahls ist schematisch in Bild 6.3 abgebildet ([112], S.131). Die spitze Wolfram-AEK hat einen Anschliffwinkel von 0,1 rad und einen Spitzenradius von 0,1 μm. Der Radius der Öffnung in der ersten Anode beträgt 0,55 mm, der in der zweiten Anode 1 mm. Der Abstand zwischen der Spitze und der ersten Anode beläuft sich auf 1 mm. Beide Anoden haben konische Schrägen, die für eine elektrostatische Linse mit minimalen Aberrationen erforderlich sind. Bei einem Potentialunterschied von U_a = 35 kV, einer Anregung des Resonators mit 2,37 GHz und der Erzeugung eines veränderlichen elektrischen Feldes mit einer Spannungsamplitude von 1 kV am UHF-Spalt wurden Elektronenwolken mit Stromamplituden von etwa 100 μA und einer Phase von 33° erzeugt, die cirka 80% der von der Nadel emitterten Elektronen enthielt. Die Elektronenenergieunschärfe innerhalb der Wolken am Kanonenausgang betrug 75 eV bei einer Transmission durch die Kanäle der Kanonenanoden der Länge 20 mm von 100%. UHF-Injektoren mit AEK, die die magnetische Fokussierung des Elektronenstrahls nutzen, sind ebenfalls bekannt [114].

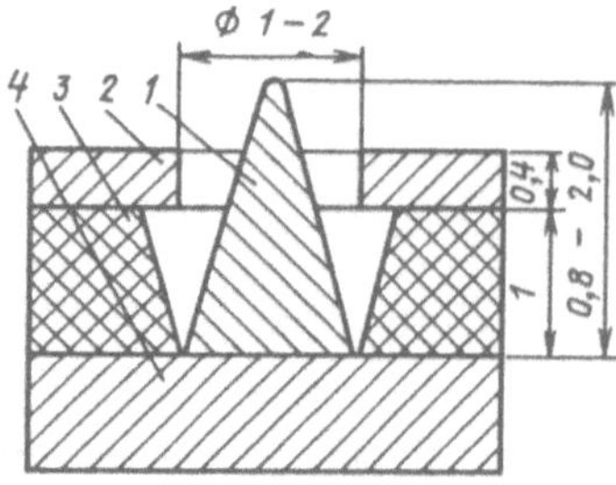

Bild 6.4: Elektronenoptische Mikrokathodenzelle: 1 – Molybdänkathode; 2 – Steuerelektrode; 3 – dielektrische Schicht aus Siliziumoxid; 4 – leitende Unterlage; alle Abmaße sind in mm angegeben

Eine Besonderheit aller weiter oben betrachteten Kanonen mit einzelnen spitzen AEK ist die geringe Perveanz der von ihnen formierten Elektronenstrahlen. Dies läßt es nicht zu, diese Geräte in Elektrovakuumanlagen für die Nachrichtentechnik zu nutzen. Ein möglicher Weg der Perveanzerhöhung ist die Verwendung von Vielspitzen- und Schneiden-AEK [105] bzw. von Matrixmikrokathoden [106, 115].

Der größte Fortschritt bei der Entwicklung und der Anwendung von Mikrokathoden für elektronische Niederspannungsgeräte wurde von der Autoren der Arbeit [115] erreicht. In dieser Arbeit werden Matrix-AEK hoher Dichte der Spitzenanordnung betrachtet. Die Konfiguration einer einzelnen Mikrokathodenzelle wird in Bild 6.4 gezeigt. Die Molybdänmikrokathode hat einen Krümmungsradius von 0,05 bis 0,06 μm und der Abstand zwischen den Spitzen beträgt 12,5 μm. Für den Erhalt einer Autoelektronenemission von der Kathode wurde an die Steuerelektrode eine konstante Gleichspannung von 100 bis 300 V angelegt. Dabei konnten pro Spitze 50 μA bis 150 μA erhalten werden. Die mittlere Stromdichte der Matrixkathode überstieg $10 \mathrm{A/cm^2}$. Bei einem Vakuum von 10^{-7} Pa arbeiten die Mikrokathoden bei einer gleichmäßigen Emission von allen Spitzen mehr als 7000 h stabil.

Wie in der oben zitierten Arbeit ausgeführt wurde, ist der häufigste Grund eines Versagens der Kathodenzellen ein Kurzschluß zwischen den Spitzen und der Steuerelektrode. Er entsteht dann, wenn ein Teil des Kathodenstroms von der Steuerelektrode aufgenommen wird. Daher ist die Optimierung der geometrischen Elemente der einzelnen Zellen von außerordentlicher Bedeutung, damit eine Aufnahme des Kathodenstroms durch die Steuerelektrode ausgeschlossen wird. Eine solche, auf mathematischer Modellierung basierende Methode wird in [116] beschrieben, wo insbesondere gezeigt wurde, daß die Steuerelektrode den Kathodenstrom praktisch nicht einfängt, wenn die Enden der Mikrokathoden in der Ebene der Steuerelektrode liegen. Das beschleunigende elektrische Feld der darauffolgenden Elektrode (Anode) verbessert zusätzlich den Stromdurchfluß in elektronenoptischen Mikrokathodenzellen.

Abschließend sei bemerkt, daß unabhängig von der Erfolgen der Technologie verschiedener AEK und von der Erforschung ihrer stabilen und effektiven Arbeit, elektronische Geräte mit AEK bisher keine breite Anwendung fanden, da in diesen Geräten Vakua und Reinheitsbedingungen herrschen müssen, die um einige Größenordnungen höher als in Seriengeräten mit Thermokathoden sind.

6.3 Starkstromelektronenkanonen mit Explosionsemissionskathoden

In den letzten zwei Jahrzehnten entstand ein neuer, sich schnell entwickelnder Bereich der Elektronik – die Starkstromelektronik, die auf der Nutzung der Explosionselektronenemission beruht. Leistungsstarke ($10^8 - 10^{13}$ W) Elektronenimpulse von Nanosekundendauer, die von Diodenelektronenkanonen mit Explosionsemissionskathoden erhalten wurden, werden im breiten Umfange zur Generierung von UHF-Schwingungen, intensiver Röntgenstrahlung , der Anregung von Lasermedien, in Untersuchungen zur gesteuerten thermonuklearen Synthese, der kollektiven Teilchenbeschleunigung, in der Technologie u.a. verwendet.

Explosionsemissionskathoden (EEK) haben bezüglich der Stromdichte, der starken Abhängigkeit von der elektrischen Feldstärke und des Fehlens einer Heizung Gemeinsamkeiten mit Autoemissionskathoden (AEK). Diese Gemeinsamkeiten sind jedoch nur äußere. Die Explosionselektronenemission entsteht beim Übergang von der Autoelektronenemission zum Vakuumdurchschlag (Bogen) und ist prinzipiell mit der thermischen Zerstörung des emittierenden Zentrums, dem Verdampfen von Emittermaterial und der Ausbildung eines dichten Nichtgleichgewichtsplasmas um den Emitter verbunden. Bei der Wechselwirkung dieses Plasmas mit der Kathodenoberfläche wächst der Emissionsstrom im Vergleich zum Autoemissionsstrom um eine bis zwei Größenordnungen. Die Zeit der Existenz der Explosionselektrodenemission wird durch die Zeit der Ausbreitung des Plasmas im Entladungsbereich von der Kathode zur Anode bestimmt und beträgt in der Regel 10^{-7} s bis 10^{-6} s. Die Explosionsemission ist somit prinzipiell ein nichtstationärer Übergangsprozeß. Jeder Emissionsakt ist mit einer irreversiblen Veränderung der Kathodenoberfläche verbunden, mit einem Energietransfer bei der Explosion und einem Materialabfluß von der Kathode. Mit jedem neuen Impuls der Anodenspannung explodieren andere emittierende Zentren der Kathode und es entstehen somit immer andere Konfigurationen der Plasmawolke. Daher können die Emissionsströme bei gleicher Anodenspannung verschiedene Werte annehmen.

Das Material von EEK muß nicht unbedingt schwerschmelzbar sein. Unter dem Gesichtspunkt der Langlebigkeit und einer guten Impulsausbeute des Emissionsstromes sind Materialien mit hoher elektrischer Leitfähigkeit (Cu, Ag, Au, Al) erforderlich, die durch einem geringeren Materialfluß bei den Explosionen charakterisiert sind.

Es werden mehrere Typen von EEK unterschieden: metallische Kathoden, die eine oder mehrere Spitzen enthalten, ebene metallische Kathoden mit rauher Oberfläche und Flüssigmetallkathoden mit kontaktierenden Dielektrikum. Elektronenkanonen mit solchen Kathoden weisen in der Regel eine Diodenkonstruktion auf, bei denen die Anode in Form einer einer dünnen metallischen Folie ausgeführt ist, durch die der Elektronenstrahl geschossen wird.

Als Beispiel wird in Bild 6.5 ein Konstruktionsschema mit einer spitzen EEK angegeben. Der Krümmungsradius der Spitze kann einen bis einige Zehn Mikrometer betragen und der Abstand Kathode-Anode einige Millimeter bis einige Zentimeter. Bei dieser Konstruktion sind Anode und Target geerdet und ein Hochspannungsimpuls negativer Polarität wird auf die Kathode gegeben. Dabei entsteht in der Nähe der Kathodenspitze eine elektrische Feldstärke von etwa 10^8 V/cm, was für die Ausbildung einer Explosionselektronenemission vollkommen hinreichend ist. Auf der Basis einer solchen Elektro-

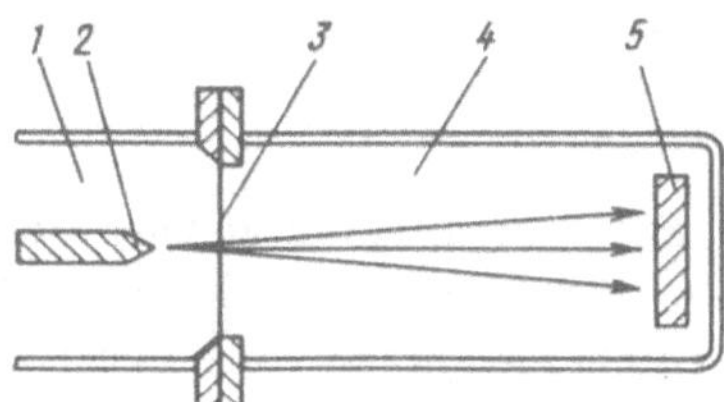

Bild 6.5: Schema einer Elektronenkanone mit spitzer Explosionsemissionskathode: 1 – Elektronenkanonenbereich; 2 – Stiftkathode; 3 – Anode; 4 – Bereich der Ausbreitung des Elektronenstrahls; 5 – Target; mit Pfeilen werden die Elektronentrajektorien angegeben

nenkanonenkonstruktion wurde ein Impulsbeschleuniger mit einer Maximalenergie von 3 MeV, einem Strom von $5 \cdot 10^4$ A und einer Impulsdauer von 30 ns entwickelt. Der Restgasdruck im Volumen der Elektronenkanone betrug etwa 10^{-3} Pa, in Bereichen der Strahlausbreitung wurde er auf 10^{-1} Pa und höher für die Ionenfokussierung eingestellt, da die betrachteten Kanonen stark divergierende Elektronenstrahlen formieren ([105], S.279). In einem anderen Impulsbeschleuniger hatte der Elektronenstrahl eine Energie von 10 MeV und einen Strom von 170 μA bei einer Impulslänge von 70 ns ([105], S.280). Als Kathode diente ein metallischer Stift mit halbkugelförmigen Enden oder einige auf einer gemeinsamen Unterlage montierte Spitzen.

In Elektronenkanonen mit rauhen ebenen Kathoden ist der oben genannte Mangel wesentlich schwächer ausgeprägt, dafür aber ist die Inhomogenität der Stromdichte über den Querschnitt des Elektronenstrahls deutlicher ausgeprägt, was in der stochastischen Verteilung der emittierenden Zentren auf der Kathodenoberfläche begründet ist. Bemerkbar wird ebenfalls eine Verletzung der Strahlstabilität durch die nicht gleichzeitig erfolgende Explosion von Mikrovorsprüngen auf der Kathode.

Wesentlich bessere Parameter weisen von Kanonen mit Vielspitzen-EEK formierte Elektronenstrahlen auf, wobei beispielsweise die EEK in Form von Strahlen dünner Drähte ausgeführt sind. Solche Kathoden arbeiten im Nanosekundenbereich bei technischen Vakuum (etwa 10^{-4} Pa) und praktisch ungesäuberter Kathode hinreichend stabil. Sie gewährleisten die Generation von Emissionsströmen bei sich wiederholenden Anodenspannungseinzelimpulsen durch die Wiederherstellung der mittleren Betriebsparameter.

Analoge und hinsichtlich der Produktivität sogar bessere Ergebnisse können für Elektronenkanonen mit flüssigen EEK erhalten werden. Als Grundlage für die Verwendung von flüssigen Metall (zum Beispiel Gallium) zur Explosionselektronenemission dient der experimentell bestätigte Fakt, daß nach einem Vakuumdurchschlag auf der Oberfläche eines flüssigen Metalls hydrodynamische kapillare Wellen gebildet werden, die analog zu den Mikrospitzen auf der Oberfläche einer Festkörperkathode wirken [105, 117]. Wird die Explosionselektronenemission zu Beginn des Vakuumdurchschlags durch die explodierende Mikrospitze bestimmt, so hängt ihre Stabilität von der Reproduzierbarkeit von Durchschlag zu Durchschlag ab. Für flüssiges Metall ist die Reproduktion der „Mikrospitzen“ infolge der Identität der Anfangs- und Randbedingungen zur Anregung dieser Mikrospitzen wesentlich stabiler. Wichtig ist auch, daß Mikroinhomogenitäten auf der Oberfläche des flüssigen Metalls künstlich geschaffen werden können, so zum Beispiel mit einer vibrierenden Piezoquarzscheibe, die unter dem flüssigen Metall angebracht wird. In diesem Fall treten die Mikrospitzen geordneter auf und können einfacher gesteuert werden, da die Abmaße der Mikrospitzen und die Dichte ihres Auftretens von der Leistung und der Frequenz des die Schwingung anregenden Generators abhängen.

Eine künstliche Anregung von Mikrospitzen auf der Oberfläche eines flüssigen Metalls erhöht die Ausbeute (Stabilität) des Emissionsstromes von Impuls zu Impuls erheblich. Beträgt die Unschärfe des Stromes ohne Anregung der Kathodenoberfläche etwa 10 bis 15%, so beträgt sie bei künstlicher Anregung durch einen Piezoquarz weniger als 5% . Dabei erhöht sich gleichzeitig die transportierte elektrische Ladung (bei gleicher Anodenspannung), was mit einem Wachstum der Oberfläche und einer Erhöhung der Zahl der gleichzeitig explodierenden Mikrospitzen erklärt werden kann. Absolutwerte der Elektronenströme betragen $\leq 2 \cdot 10^3$ A bei Anodenspannungen von etwa 300 kV.

6.4 Elektronen- und Ionenplasmaquellen

Die physikalisch-technischen Grundlagen verschiedener Elektronen- und Ionenplasmaquellen werden einschließlich ihrer Anwendungsbereiche in einer Reihe von Monographien behandelt [10, 18, 108, 109, 118, 119]. Daher werden hier nur die verbreitetsten Typen von Plasmaquellen kurz dargestellt, die aber eine hinreichende Vorstellung über die konstruktiven Besonderheiten und Arbeitsprinzipien von Elektronen- und Ionenkanonen mit Plasmaemittern geben.

Quellen mit Thermokathoden. Der charakteristischste Vertreter von Plasmaquellen ist das *Duoplasmatron* - eine Quelle des Bogentyps mit doppelter Plasmakompression, die sich von anderen Quellen durch einen hohen Ionisationsgrad des Arbeitsgases und einen hohen energetischen Wirkungsgrad unterscheidet.

Eine konstruktive Variante eines Duoplasmatrons ist in Bild 6.6 ([36], S.26) dargestellt. Die wichtigste Besonderheit dieser Quelle besteht im Vorhandensein einer Zwischenelektrode zwischen Thermokathode und Anode mit einem engen Kanal (einige Millimeter Durchmesser), der eine mechanische Kompression des Plasmas in Anodennähe bewirkt. Für ein einfacheres Zünden der Bogenentladung wird diese Elektrode über einen Lastwiderstand von 100 ... 500Ω mit der Anode verbunden und kann daher auch als Primäranode betrachtet werden. Die Zwischenelektrode und die Anode werden auch als magnetische Polschuhe (in Weicheisen ausgeführt) zur Erzeugung eines starken Magnetfeldes mit einer Induktion in der Größenordnung 0,1 T verwendet, welches eine sekundäre (magnetische) Kompression des Plasmas an der Austrittsöffnung der Quelle gewährleistet. Das Arbeitsgas wird unmittelbar in den Bereich zwischen Kathode und Zwischenelektrode eingelassen und gelangt durch den Kanal der Zwischenelektrode in den zweiten Bereich des Entladungsraumes. Der Arbeitsdruck des Gases beträgt etwa 1 Pa. Zur Verhütung eines größeren Gasverlustes durch die Austrittsöffnung in der Anode, die der Extraktion der Ionen aus dem Duoplasmatron dient, wird deren Durchmesser extrem klein gehalten (gewöhnlich kleiner als 2-3 mm). Duoplasmatrons arbeiten bei positiven Anodenspannungen von 100-200 V und Spannungen an der Zwischenelektrode von 30-60 V. Die Leistung in der Entladung beträgt hunderte Watt.

Das Funktionsprinzip eines Duoplasmatrons soll im folgenden beschrieben werden. Bei der Zündung einer Bogenentladung (zuerst zwischen der Kathode und der Zwischenelektrode, dann auch der eigentlichen Anode) ist die Stromdichte im engen Zwischenkanal größer als die Dichte bis und nach ihm (bei Abwesenheit eines Magnetfeldes). Eine solche Erhöhung der Stromdichte wird sowohl infolge einer Erhöhung der Teilchendichte der Ladungsträger als auch infolge der Erhöhung der Teilchengeschwindigkeit aufrechterhalten. In jedem Fall ist ein Potentialgradient längs des im Kanal komprimierten Plasmas

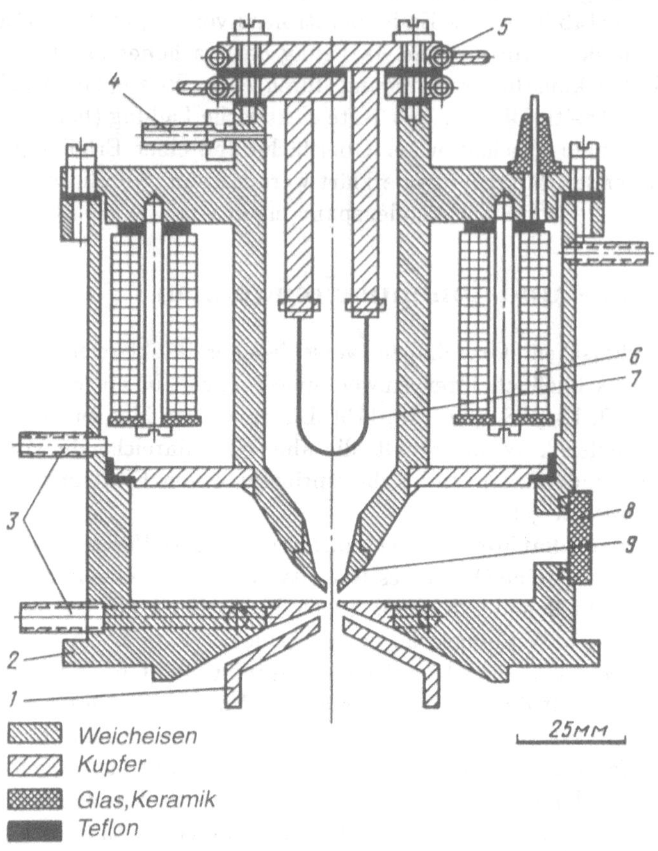

Bild 6.6: Konstruktion eines Duoplasmatrons: 1 – Extraktionselektrode; 2 – Anode des Duoplasmatrons; 3 – Kühlleitungen; 4 – Gaseinlaß; 5 – Kathodenflansch; 6 – Magnetspule; 7 – Thermokathode; 8 – Fenster; 9 – Zwischenelektrode

notwendig, um die Teilchen auf Energien zu beschleunigen, die für eine Ionisation der Gasatome beim Austritt aus dem Kanal erforderlich sind. Während des Quellenbetriebs gewährleistet dieser Gradient eine hohe Konzentration positiv geladener Ionen am Austrittsende des Kanals und eine hohe Elektronenkonzentration an der Eintrittsseite des Kanals. Ionen entstehen im Ergebnis der Ionisation der Gasatome durch schnelle Elektronen, die durch den Kanal treten. Ist die Länge des Kanals der Zwischenelektrode hinreichend groß im Vergleich zur mittleren freien Weglänge, entsteht im Ergebnis der weiter oben genannten Prozesse im Kanal ein quasineutrales Plasma mit einer Dichte, die wesentlich höher ist als die Plasmadichte außerhalb des Kanals ist.

Ein inhomogenes Magnetfeld im Bereich Zwischenelektrode-Anode führt zu einer zusätzlichen (sekundären) Kompression des aus dem Kanal austretenden Plasmas und damit zu einer weiteren Dichteerhöhung. Die Konzentration der geladenen Teilchen erreicht

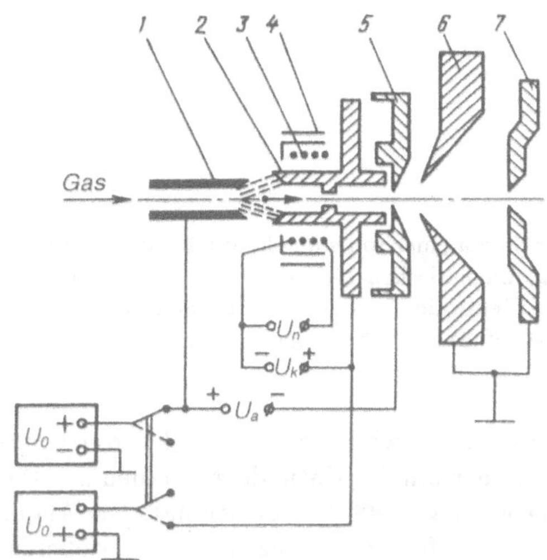

Bild 6.7: Schema einer Elektronen-Ionen-Hybridkanone: 1 – Anode des Entladungsbereichs; 2 – Hohlkathode; 3 – spiralförmiger Heizfaden; 4 – Wärmeschutzschilder; 5 – Fokussierungselektrode; 6 – Beschleunigungselektrode; 7 – teilendes Diaphragma

an der Austrittsöffnung des Duoplasmatrons 10^{14} bis 10^{15} Teilchen pro Kubikzentimeter, was ermöglicht, Ionenströme bis 100 A/cm^2 zu extrahieren. Das in Bild 6.6 gezeigte Duoplasmatron arbeitet bei Drücken um 1 Pa und einer Bogenspannung von 100 V. Es ermöglicht bei einem Potential der Beschleunigungselektrode von 5 kV einen Ionenstrom von 60 mA bei einem energetischen Wirkungsgrad von 52%.

Neben dem betrachteten klassischen Typ eines Duoplasmatrons sind verschiedene Modifikationen dieser Quelle bekannt. Eine davon ist ein Duoplasmatron mit Elektronenoszillationen, die zu einer Erhöhung der Intensität der Ionenerzeugung führen. Die Konstruktion eines solchen Duoplasmatrons unterscheidet sich von der oben betrachteten durch eine axial hinter der Anode gelegenen Ausgangselektrode mit einer kleinen Öffnung. Die Elektronenoszillationen erfolgen zwischen der Zwischenelektrode und der Austrittselektrode, die aus ferromagnetischen Materialien gefertigt werden und die sich auf gleichem Potential befinden. Die sich zwischen diesen Elektroden befindliche Anode wird in Kupfer ausgeführt und besitzt ein höheres positives Potential. Die Nutzung der Elektronenoszillation in Duoplasmatrons und die Ionenextraktion aus dem aus der Quelle austretenden Plasma erlaubt es, Protonenströme bis zu einigen Ampere bzw. Elektronenströme bis 10 A und mehr zu extrahieren. Die Weiterentwicklung derartiger Duoplasmatrons führte zum Bau effektiver Ionenquellen, die die Bezeichnung *Duopigatron* [119] erhielten. Eine solche Quelle formiert Ionenstrahlen mit großem transversalen Querschnitt. Mit Duopigatrons werden folgende Parameter erreicht: Durchmesser des ionenoptischen Systems – bis 28 cm; Strom des Ionenstrahls – bis 100 A; Ionenenergie – 30 keV bis 50 keV; Anteil der atomaren Ionen – bis 85%; Gaseffektivität – bis 60 %; energetische Effektivität – ungefähr 1,1 A/kW.

Unter den Plasmaquellen mit Glühkathode ist die sogenannte Elektronen-Ionen-Hybridkanone [121] von gewissem Interesse. Ihre Konstruktion ist in Bild 6.7 dargestellt. Sie wurde aus einer Elektronenkanone mit Stiftkathode entwickelt, wie sie in Bild 1.21 dargestellt ist. Der wesentliche Teil der Kanone besteht aus einer hohlen zylindrischen

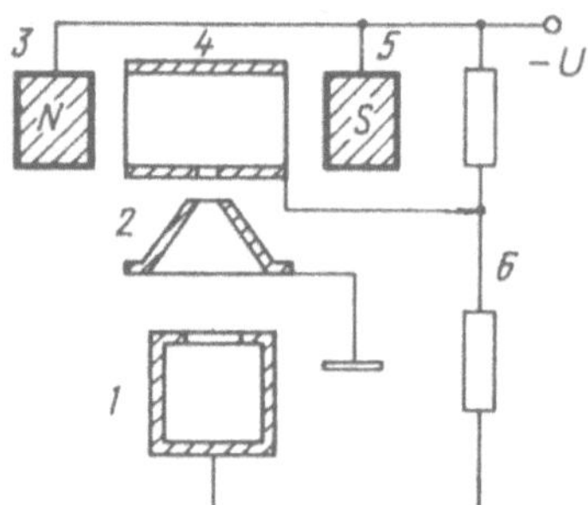

Bild 6.8: Schema einer Ionenquelle mit Elektronenoszillationen im magnetischen Längsfeld: 1 – Kollektor; 2 – ablenkende Elektrode; 3, 5 – Kaltkathoden; 4 – Anode mit Austrittsöffnung; 6 – Spannungsteiler

Wolframkathode, die durch Elektronenbeschuß geheizt wird, wobei die Elektronen aus dem spiralförmigen Glühdraht emittiert werden, der um die Kathode gewunden ist. Dabei werden die Elektronen mit einer Spannung von $U_k = 400$ V beschleunigt. Die Anode des Entladungszwischenraums ist ebenfalls eine Wolframröhre, die durch ein isolierendes Element mit der Gaseinlaßvorrichtung verbunden ist. Das elektronenoptische System besteht außer der Kathode aus einer fokussierenden und einer beschleunigenden Elektrode. Für eine differentiell gepumpte Quelle wird an die Stelle des Strahl-Cross-Overs ein Teilungsdiaphragma mit einem Öffnungsdurchmesser von 1 mm positioniert.

Bei der Verwendung der Quelle als Ionenkanone wird an die Anode ein hohes positives Potential U_0 und zwischen die Kathode und die Anode eine Potentialdifferenz von $U_a = 200 - 400$ V angelegt. Die Elektronen, die von der sphärischen Oberfläche der Hohlkathode emittiert werden, bewegen sich zum Anodenzentrum und ionisieren das Arbeitsgas (Argon, Neon, Helium). Dabei entsteht ein Plasma. Die als Extraktor wirkende Hohlkathode zieht aus der „Plasmablase" positive Ionen, die nach Durchtritt durch diese Kathode in die beschleunigende Linse eintreten und danach die Quelle als divergierender Strahl mit einer Energie nahe bei eU_0 verlassen.

Bei der Verwendung der Quelle als Elektronenkanone wird ein hohes negatives Potential U_0 auf die Hohlkathode gegeben. In diesem Fall reflektiert die Linse die Ionen auf die Hohlkathode und extrahiert aus ihr Elektronen. Bei nominalen Arbeitsregimen erzeugt eine Hybridkanone in Anlagen zur Oberflächenanalyse einen Ionenstrahl mit einem Strom von 0,5 μA bis 3 μA und einen einen Strahldurchmesser von 100 μm bei $U_0 = 2$ kV und $U_a = 200$ V sowie einen Elektronenstrahl mit einem Strom von 30 μA mit einem Strahldurchmesser von 200 μm bei $U_0 = 3$ kV.

Kaltkathodenquellen. Thermokathoden begrenzen die Lebensdauer von Plasmaquellen, wenn als Arbeitsmedien chemisch aktive Gase oder Metalldämpfe verwendet werden. Daher werden in Plasmaquellen häufig Glimm- und Bogenentladungen mit kalten Kathoden verwendet, die den Erhalt eines hinreichend dichten Plasmas bei niedrigen Gasdrücken und Spannungen im Entladungsbereich gewährleisten. Um das Zünden der Niedervoltentladung zu erleichtern, werden spezielle initiierende Systeme mit gemischten elektrischen und magnetischen Feldern genutzt: Systeme vom Penningtyp und Magnetronsysteme.

Ein Penningsystem besitzt zwei gegenüberstehende Kaltkathoden und eine zwischen ihnen gelegene Ring- oder Zylinderanode (Bild 6.8). Für den normalen Betrieb ist ein magnetisches Längsfeld erforderlich, das zwischen den Kathoden (Polschuhen) erzeugt wird.

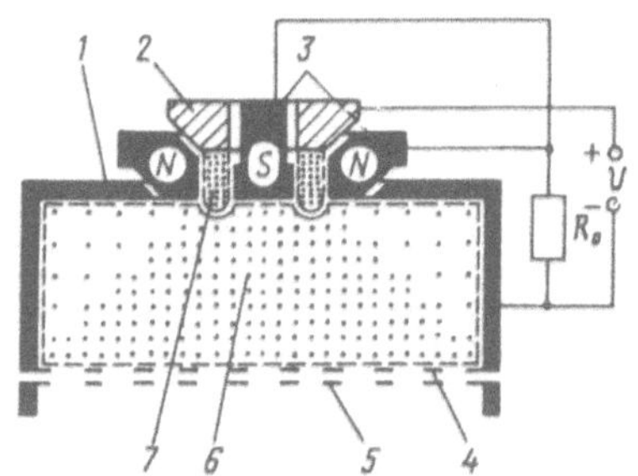

Bild 6.9: Konstruktionsschema einer Ionenquelle mit hohler Kaltkathode: 1 – Hohlkathode; 2 – Anode; 3 – Zwischenelektrode; 4 – Gitterwand der Hohlkathode; 5 – Extraktionsgitterelektrode; 6 – Kathodenplasma; 7 – Anodenplasma; N und S – magnetische Polschuhe

Die Teilchenextraktion aus dem Plasma erfolgt durch eine Austrittsöffnung oder einen Längsspalt in der Seitenwand der Anode durch eine beschleunigende bzw. extrahierende Elektrode (Extraktor). Wird an die Elektroden eine Spannung angelegt, die die Zündspannung im mit Gas bei geringem Druck gefüllten Zwischenelektrodenbereich übersteigt, bildet sich eine selbständige Entladung aus. Charakterisiert wird das sich ausbildende Entladungsregime durch ein großes Verhältnis von Ionenstrom zu Entladungsstrom.

Daher arbeiten stationäre Ionenquellen gewöhnlich bei vergleichsweise geringen Entladungsströmen. Der Spannungsabfall in der Entladung hängt von den Besonderheiten des Ionisierungsvermögens der Elektronen für das Gasmedium, von der Geometrie der Entladung, von der Stärke des magnetischen Feldes und von den Sekundäremissionseigenschaften der Kathode ab. Gewöhnlich werden als Kathodenmaterial Aluminium, Magnesium, Beryllium, Eisen oder Uran verwendet. Das Potential der Entladung beträgt für diese Materialien 350 V bis 400 V. Ionenquellen mit Penningentladungssystemen arbeiten bei Drücken des Arbeitsgases von 0,04 Pa bis 3 Pa, bei Magnetfeldern von 0,05 T bis 0,5 T, haben einen Gasverbrauch von 20-60 $cm^3\,h^{-1}$ und formieren Ionenströme von 10-300 mA.

Penningentladungen werden auch als Elektronenquelle genutzt. Eine dieser im Impulsregime arbeitenden Quellen wird in [120] beschrieben. Bei einer Spannung zwischen den Kathoden und der Anode von 700 V, einem Magnetfeld von 0,05 T und einer Beschleunigungsspannung am Extraktor von 5 kV betrug der extrahierte Elektronenstrom 1 A und die Dichte des Elektronenstroms an der Austrittsöffnung der Quelle wurde mit etwa 100 $A\,cm^{-2}$ gemessen. Der Gasverbrauch lag bei 20-40 $cm^3\,h^{-1}$. Eine Analyse des Elektronenstrahls zeigte, daß er eine (hochfrequente) Wechselstromkomponente enthält und eine beträchtliche Energieunschärfe besitzt. Die Strommodulation lag unter 20% und die Energieunschärfe betrug ungefähr 30 eV, wobei diese durch die Entladungsbedingungen bestimmt wurde und nicht von der beschleunigenden (extrahierenden) Spannung abhing.

Im letzten Jahrzehnt wurde der Entwicklung von Plasmaquellen mit kalter Hohlkathode große Aufmerksamkeit gewidmet, die Elektronen- und Ionenstrahlen mit großen transversalen Querschnitt zu formieren vermögen (Hunderte bis Tausende von Quadratzentimetern). Verwendet werden sie zum Pumpen von Elektronenionisationslasern, für Elektronen- und Ionenstrahltechnologien, in plasmachemischen Anwendungen u.a. Die Konstruktion einer solchen Ionenquelle ist in Bild 6.9 dargestellt [122]. Wie zu sehen ist, enthält der Entladungsraum die Hohlkathode, die Anode und die Zwischenelektrode, welche einen kontrahierenden ringförmigen Spalt bildet. In diesem Spalt wird ein radiales Magnetfeld erzeugt. Der Einlaß des Arbeitsgases (Argon) erfolgt von der Anodenseite.

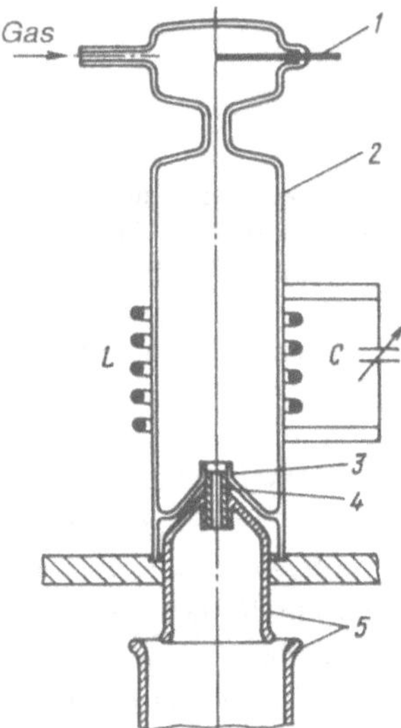

Bild 6.10: Thonemann-Hochfrequenzionenquelle: 1 – Drahtelektrode; 2 – Glaskolben; 3 – Abschirmung; 4 – extrahierende Elektrodensonde; 5 – Beschleunigungslinsenelektroden; L und C – Induktivität und Kapazität des Schwingkreises

Der Entladungsraum steht über die Wandgitter der Hohlkathode, deren Durchlässigkeit 50% beträgt, mit dem evakuierten Volumen in Verbindung, wo der Druck 10^{-2} Pa nicht übersteigt. Hinter dieser Wand werden mit Hilfe eines ebenfalls gitterförmigen Extraktors Ionen aus der Plasmaoberfläche extrahiert.

Mit dem in Bild 6.9 gezeigten Schaltschema ($U_A = 600$ V) und bei einem Magnetfeld von mindestens 0,1 T zwischen Kathode und Anode entsteht eine selbständige Entladung, die durch einen engen Spalt und gekreuzte elektrische und magnetische Felder kontrahiert. Im Ergebnis werden zwei klar ausgebildete Plasmabereiche gebildet, das Kathoden- und das Anodenplasma, die durch eine doppelte elektrische Schicht getrennt sind. Die betrachtete Quelle liefert einen Ionenstrahl mit einem Strom von 150 mA bis 200 mA und einer Energie von 5 keV. Die Gasausnutzung beträgt 75% und die elektrische Effizienz 0,8 mA/W. Der Durchmesser des Ionenstrahls betrug 100 mm bei einer Inhomogenität der Stromdichteverteilung über den Querschnitt von weniger als 5%.

Auf der Basis der beschriebenen Entladungsart wurde eine Plasmaelektronenquelle entwickelt, die es erlaubt, Elektronenstrahlen mit einem Strom von 0,5 A und einer Energie von 40 keV zu formieren. Bekannt sind auch im Impulsregime arbeitende, wesentlich leistungsfähigere Elektronenquellen mit Kaltkathoden, die Elektronenstrahlen mit Querschnitten von 3000 cm^2, einem Strom bis 150 A und einer Energie von 300 keV erzeugen [118].

Hochfrequenzionenquellen. Ionenquellen, die eine Hochfrequenzentladung bei niedrigem Arbeitsgasdruck nutzen, sind in ihrer Konstruktion sehr einfach. Eine dieser klassischen Quellen, die Thonemannquelle [10], ist in Bild 6.10 dargestellt. Die Grundlage einer solchen Quelle bildet ein Glaskolben mit zwei metallischen Elektroden. Eine davon ist in Form eines Stückes Wolframdraht ausgeführt, die andere in Form einer dünnen Duraluminium-Röhrensonde, die die Funktion der extrahierenden Elektrode erfüllt. Ein Ende des Kolbens wird durch eine kleine Öffnung mit der Gaszuführung zum Einlaß des

Arbeitsgases in die Quelle verbunden, das andere Ende ist durch einen kleinen Kanal der Extraktionselektrodensonde mit der Vakuumkammer verbunden, in die der formierte Ionenstrahl ausgeführt wird. Für den Erhalt einer Hochfrequenzentladung (Plasma) wird der Kolben in die Spule des Schwingkreises gebracht, der an einen Hochfrequenzgenerator angeschlossen ist. Zur Extraktion positiver Ionen aus der Plasmaoberfläche wird an die Extraktionselektrode ein hinreichend hohes Potential negativer Polarität bezüglich des Potentials der Drahtelektrode angelegt. Die Thonemannquelle erzeugt bei einer Beschleunigungsspannung von einigen Kilovolt feinfokussierte Ionenstrahlen mit einem Strom von 1-2 mA.

Die Entdeckung von Resonanzschwingungen im transversalen magnetischen Feld bewirkte die Entwicklung neuer Ionenquellen, die analog zu den Thonemannquellen aufgebaut, jedoch aber mit magnetischen Systemen ausgerüstet sind und die permanente, senkrecht zur Spulenachse des Schwingkreises und gleichzeitig parallel zur Extraktionsrichtung der Ionen orientierte Felder erzeugen. Dies ermöglichte es, den Ionenstrom um mindestens das Dreifache bei gleicher Leistung des Schwingkreises und unveränderten Quellenparametern zu erhöhen.

Moderne Hochfrequenzionenquellen haben folgende Parameter: Anregungsfrequenz: 20-180 MHz, Anregungsleistung 50-5000 W, Induktion des konstanten Magnetfeldes 0,013-0,08 T, Gasdruck 0,4-5,5 Pa, Ionenstrahlstrom 0,5-150 mA, Effizienz des Gasverbrauchs 0,02-0,29. Die Sondenkanäle, durch die die Ionenextraktion erfolgt, haben eine Länge von 4-19 mm und einen Durchmesser von 0,8-6,2 mm.

6.5 Extraktionsverfahren von geladenen Teilchen aus dem Plasma und Formierung von Ionen- und Elektronenstrahlen

Für ein besseres Verständnis der Teilchenextraktion aus dem Plasma muß berücksichtigt werden, daß in einer beliebigen Plasmaquelle sich an der das Plasma begrenzenden Wand eine dünne Raumladungsschicht ausbildet. Diese tritt sofort mit der Ausbildung eines Plasmas durch das Austreten von gegenüber den Ionen beweglicheren Elektronen aus dem Plasma und der Absenkung des Wandpotentials gegenüber dem Plasmapotential auf. Als Folge entstehen unkompensierte positive Ionenladungen an der Plasmagrenze. Für den stationären Zustand wird der Potentialabfall aus der Gleichheit der auf die Wand auftreffenden Elektronen- und Ionenströme bestimmt. Die Dicke Δ der Raumladungsschicht ist mit dem Debyeschen Abschirmradius vergleichbar und beträgt gewöhnlich wenige Bruchteile eines Millimeters.

Eine wichtige Eigenschaft der Raumladungsschicht in Wandnähe ist deren Abschirmung des Plasmas von den Wänden und von den Quellenelektroden. Beliebige Potentialunterschiede zwischen dem Plasma und der physikalischen Oberfläche sind in dieser Schicht lokalisiert. Ändert sich die Plasmagrenze bei Vorhandensein einer physikalischen Oberfläche, wird das Plasma außerhalb der abschirmenden Schicht durch eine solche Wirkung nicht beeinflußt.

Für die Extraktion geladener Teilchen aus dem Plasma zur angrenzenden Quellenwand wird eine Austrittsöffnung mit dem Radius $r_k \gg \Delta$ verwendet. Werden keine speziellen Maßnahmen ergriffen, tritt das Plasma dabei nach außen in das Vakuum und

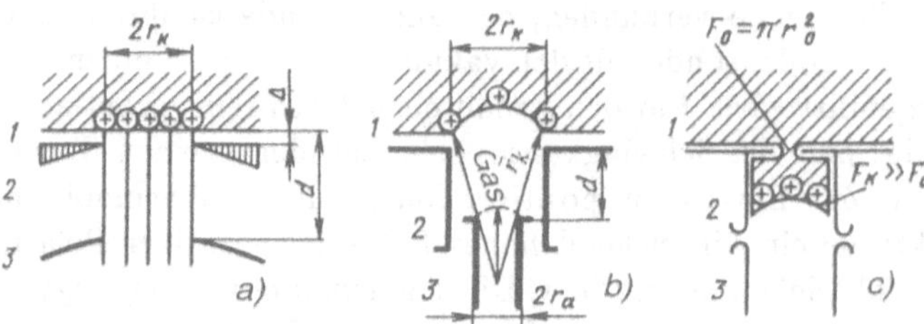

Bild 6.11: Darstellung der Ionenextraktion aus Plasmaquellen: 1 – Plasmagrenze; 2 – Quellenwand und fokussierende Elektrode; 3 – Extraktionselektrode; mit Kreuzen gefüllte Kreise - emittierende Plasmaoberfläche

die Plasmagrenze hat dabei im Austrittsöffnungsbereich eine konvexe Form. Durch die Wahl der Elektrodengeometrie der Kanone und durch hinreichend starke beschleunigende elektrische Felder kann nicht nur die Plasmagrenze auf ihren ursprünglichen Platz zurückversetzt werden, sondern es wird auch eine konkave (sphärische) Plasmaoberfläche sowohl innerhalb als auch außerhalb der Quelle mit einer Fläche erzeugt, die die Querschnittsfläche der Austrittsöffnung der Quelle wesentlich übersteigt. Unterschieden werden drei grundlegende Verfahren der Extraktion geladener Teilchen aus dem Plasma, wobei jedes Verfahren einer bestimmten Form der emittierenden Plasmaoberfläche entspricht. Betrachtet werden sollen diese Verfahren am Beispiel der Extraktion positiver Ionen.

Ionenextraktion von einer planaren Plasmaoberfläche am Austrittsspalt der Quelle. Das Schema für diese Art der Extraktion geladener Teilchen ist in Bild 6.11a angegeben. Dieses Schema geht davon aus, daß nach der Einbringung einer Austrittsöffnung mit dem Radius r_k in die Quellenwand und einer in deren Nähe erfolgten Positionierung einer Extraktionselektrode 3 mit negativen Potential U_0 die Plasmagrenze und damit auch die Prozesse in der abschirmenden Schicht sich nicht ändern. Unter diesen Bedingungen beträgt der aus der Austrittsöffnung austretende und sich geradlinig ausbreitende Strom der positiven Ionen $j_i \pi r_k^2$ mit j_i als aus dem Plasma auf die Quellenwand austretende Ionenstromdichte [10]:

$$j_i = 0,4\, e n_i \sqrt{\frac{2kT_e}{M}} \tag{6.1}$$

mit n_i – Ionenkonzentration, M – Ionenmasse, k – Boltzmannkonstante, e - Elektronen- und Ionenladung und T_e – Elektronentemperatur.

Die Potentialverteilung U zwischen der Plasmaoberfläche und der Extraktionselektrode wird offensichtlich die Poissongleichung befriedigen. Nach der Lösung dieser Gleichung für eine ebene Ionendiode in eindimensionaler Näherung für die Randbedingungen $x = 0$, $U = 0$ und $\partial U/\partial x = 0$ kann für U der folgende Ausdruck erhalten werden:

$$U = \left[\frac{9j_i}{4\varepsilon_0\sqrt{\dfrac{2e}{M}}}\right]^{2/3} x^{4/3} \tag{6.2}$$

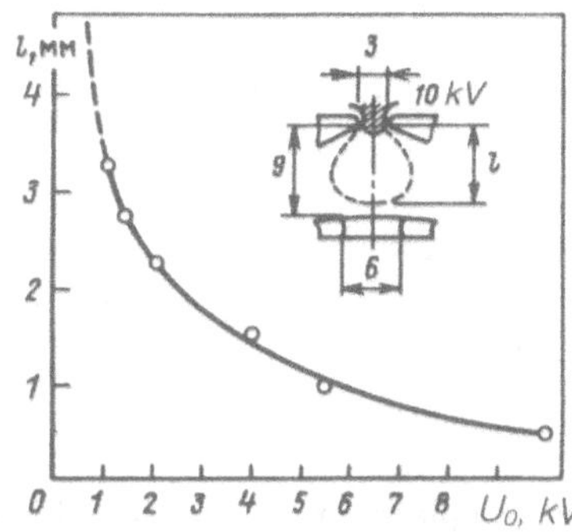

Bild 6.12: Grafik zur Verschiebung der Grenzen des Plasmameniskus bei einer Vergrößerung des Beschleunigungspotentials der Ionenkanone

mit ε_0 als Dielektrizitätskonstante. Hieraus (mit Berücksichtigung, daß bei $x = 0$ $U = U_0$ gilt) folgt eine weitere Gleichung für die Ionenstromdichte in Form des „hoch-3/2"-Gesetzes:

$$j_i = \frac{4}{9}\varepsilon_0\sqrt{\frac{2e}{M}}\frac{U_0^{3/2}}{d^2}, \tag{6.3}$$

wobei der Wert von j_i aus der Gleichung (6.1) bestimmt wird. Dies bedeutet, daß die Ionenstromdichte für eine Diode mit Plasmaemitter im Raumladungsregime gleich der aus der emittierenden Oberfläche des Plasmas austretenden Ionenstromdichte ist und nur von den Parametern n_i und T_e abhängt. Dies bedeutet weiter, j_i hängt nicht von U_0 ab, da bei einer Änderung von U_0 sich gleichzeitig der Abstand d ändert und damit die Gleichung $U_0^{3/2}/d^2 = \text{const}$ erfüllt wird.

Zur Festlegung der Konfiguration der Elektroden 2 und 3 der Ionenkanone, bei der ein geradliniger Ionenstrahl formiert werden kann, wird die bei der Entwicklung von Elektronenkanonen weitverbreitete Methode von Pierce verwendet. Das Studium realer Ionenstrahlen zeigt, daß die Plasmagrenze, die sich bei einer entsprechenden Wahl der experimentellen Bedingungen im Bereich der Austrittsöffnung der Ionenquelle befindet, nicht eben ist (Bild 6.12). Aus diesem Grund und wegen einer Reihe anderer Faktoren (Einfluß der Extraktionselektrodenöffnung, Unschärfe der Anfangsgeschwindigkeiten u.a.), die mit der Methode von Pierce nicht berücksichtigt werden, unterscheidet sich die optimale Konfiguration von der mit der Methode von Pierce erhaltenen.

Beispielsweise sind in Bild 6.13a die nach Pierce berechnete Elektrodenform und experimentelle Elektrodenformen dargestellt, die für ein Duoplasmatron verwendet wurden, welches bei $U_0 = 75$ kV einen Ionenstrom in der Größenordnung von 300 mA lieferte. In Bild 6.13b sind Details des Extraktionssystems des Duoplasmatrons angegeben. In diesen System ist der Austrittskanal der Quelle von der Seite der Extraktionselektrode wesentlich verbreitert, um eine Verringerung der Stärke des elektrischen Feldes zu erreichen, das sehr hohe Werte (in der Größenordnung von 10^6 V/cm) annehmen kann. Bei zunehmendem Ausdehnungsbereich des Plasmas wächst seine Oberfläche, die Stromdichte sinkt und entsprechend (6.2) verringert sich die Feldstärke $E = \partial U/\partial x$ bei $x = d$.

In [10] werden andere experimentelle Werte angegeben, die das betrachtete Prinzip der Ionenextraktion aus verschiedenen Typen von Plasmaquellen hinreichend charakterisieren.

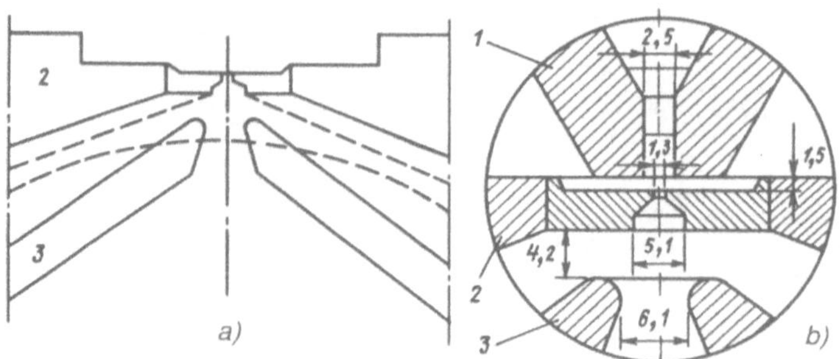

Bild 6.13: Elektrodenformen des Extraktionssystems eines Duoplasmatrons: a – nach Pierce berechnete (gestrichelte Linien) und experimentelle (durchgezogene Linien) Elektrodenform; b – reale Elektrodenabmaße; 1 – Zwischenelektrode; 2 – Anode; 3 – Extraktionselektrode

Ionenextraktion aus einer konkaven Plasmaoberflächen im Quelleninneren. Das zweite Verfahren der Extraktion geladener Teilchen aus einer Plasmaquelle beinhaltet eine Extraktionselektrode mit einem inneren Austrittskanal in Form einer Sonde, die von den Quellenwänden isoliert ist und die durch eine Öffnung in der Quellenwand direkt in die Quellenkammer geführt wird (siehe Bild 6.11b). Bei im Verhältnis zum Plasmapotential und der es umgebenden Wände hinreichend hohen negativen Beschleunigungspotential wird die Plasmagrenze in der Nähe der Öffnung gekrümmt und erhält eine konkave Form, die näherungsweise durch einen Krümmungsradius $\bar{r}_k$ charakterisiert wird. Im Ergebnis entsteht eine Kanone mit Plasmaemitter, die die aus der Oberfläche austretenden Ionen sammelt und diese in Form eines konischen Strahls in den Kanal der Beschleunigungselektrode richtet. Der Zusammenhang zwischen dem Ionenstrom I_i, der Beschleunigungsspannung U_0 und den geometrischen Abmaßen der sphärischen Diode kann über das wohlbekannte „hoch 3/2"-Gesetz hergestellt werden (siehe § 5.3.):

$$\frac{I_i}{U_0^{3/2}} = 29,34\,\frac{\sin^2\dfrac{\Theta}{2}}{(-\alpha_a)^2}\left(\frac{m}{M}\right)^{1/2} .$$

Unabhängig davon, daß mit dieser Gleichung erhaltene Rechenergebnisse einigen experimentellen Resultaten entsprechen, ist in der Praxis die präzise Berechnung realer Systeme schwierig. Daher werden ihre Parameter empirisch gewählt. Das betrachtete System der Ionenextraktion und der Formierung eines Ionenstrahls wird gewöhnlich in Hochfrequenzquellen verwendet (siehe beispielsweise Bild 6.10), bei denen die Elektroden (3 und 4) verschiedene Konfigurationen aufweisen können. Experimentelle Untersuchungen des Fokussierungsprozesses in diesem Extraktionssystem führten zu den folgenden Ergebnissen:

1. Das betrachtete System ist eine Kurzfokuskanone, die einen im oberen Teil des Austrittskanals konvergierenden Strahl erzeugt. Daher kann in der Ebene des Cross-Over (Fokusebene) ein Diaphragma mit kleiner Öffnung positioniert werden, das es ermöglicht, den Gasaustritt aus der Ionenquelle bedeutend zu verringern, ohne den extrahierten Strom merklich zu reduzieren, d.h. der Gasverbrauch der Quelle wird verringert.

2. Die Parameter des Ionenstrahls hängen stark vom Verhältnis der Geometrie der Extraktionselektrode und der Tiefe ihres Eintauchens in die Quellenkammer ab.
3. Es existieren optimale Fokussierungsbedingungen, bei denen die Verluste an den Wänden der Extraktionselektrode minimal sind. Diese Bedingungen korrespondieren einem optimalen Winkel für den Strahleintritt in den Kanal und sind mit der Strahlperveanz korreliert.
4. Die Verwendung von Magnetfeldern im Extraktionsbereich kann zu einer Erhöhung des extrahierten Ionenstroms infolge einer zunehmenden Konzentration des Plasmas in der Nähe des Extraktionskanals und der Konpensation der Raumladungskräfte des Ionenstrahls führen, was fokussierungsverbessernd wirkt.

Ionenextraktion aus einer aus der Quelle austretenden Plasmaoberfläche. Das dritte Verfahren der Ionenextraktion aus dem Plasma und der Ionenstrahlformierung basiert auf der Nutzung einer Plasmaoberfläche, die aus der Quelle durch eine Öffnung in der Wand bei Nichtvorhandensein starker elektrischer Felder austritt. Das Schema einer solchen Ionenkanone, die dieses Ionenextraktionsverfahren nutzt, ist in Bild 6.11c gezeigt. Die Position der Plasmagrenze hängt in dieser Kanone von der Elektrodenkonfiguration, der Konzentration der geladenen Teilchen in der Quelle und vom Potential der Beschleunigungselektrode ab. In jedem Fall wird die emittierende Oberfläche F_k sehr groß gegenüber dem Querschnitt der Austrittsöffnung F_0 in der Quellenwand erhalten. Daher werden hohe Ströme gut fokussierter Strahlen bei relativ geringen Beschleunigungsspannungen und geringem Gasverbrauch erhalten. Derartige Ionenextraktionssysteme werden in leistungsstarken stationären und Impulsquellen mit Bogenentladung verwendet. Bei der Entwicklung solcher Quellen werden im wesentlichen empirische Methoden eingesetzt, obwohl unter bestimmten Bedingungen dieses System auch Analogien zu Pierce-Kanonen aufweist, die für die Formierung konvergierender Strahlen vorgesehen sind, und daher näherungsweise nach der entsprechenden Methodik berechnet werden kann.

In hinreichend vielen Arbeiten werden experimentelle Untersuchungen des betrachteten Ionenextraktions- und Formierungssystems vorgenommen. Interessante Resultate wurden bei der Untersuchung der Konfiguration der Plasmagrenze in einer speziellen Anordnung erzielt, die eine Bogenentladung mit Oszillationen im magnetischen Längsfeld nutzt [10]. Aus diesen Ergebnissen resultieren die folgenden Schlußfolgerungen:

1. Bei einer Änderung des Potentials der Extraktionselektrode U_0 erfolgt eine Änderung der Form und Lage der Plasmagrenze. Wird der negative Wert von U_0 erhöht, wird die Grenze ebener und verschiebt sich in die Richtung der Austrittsöffnung.
2. Tritt das Plasma nicht durch eine zentrale Öffnung in der Quellenwand aus, sondern durch eine Öffnung auf dem Umfang, wird die Plasmagrenze bei gleichen Bedingungen konkaver und die Fokussierung des Ionenstrahls wächst merklich.
3. Ein kleines inhomogenes Magnetfeld wie das Streufeld der Ionenquelle stört die Form der Plasmagrenze erheblich, verschlechtert die fokussierenden Eigenschaften der Linse und verringert somit den Strom des fokussierten Ionenstrahls.

Abschließend sei bemerkt, daß die oben betrachteten Verfahren der Ionenextraktion aus der Plasmaoberfläche durch die Verwendung von Einzelaperturextraktionssystemen charakterisiert sind, die die Formierung von Strahlen geladener Teilchen mit relativ geringen transversalen Querschnitten ermöglichen. Werden Strahlen mit großen Querschnitten oder großen Perveanzen benötigt, werden Vielapertursysteme für die Extraktion verwendet (siehe Bild 6.9). Solche Systeme können als eine Mannigfaltigkeit (Zehn bis Hunderte) von parallel miteinander verbundenen axialsymmetrischen Einzelapertursystemen oder von spaltförmigen elektronen(ionen)-optischen Zellen betrachtet werden. Dabei ist wichtig, daß das Plasma, welches an alle Zellen grenzt, homogen ist.

Und noch eine weitere Bemerkung. Unter Betonung der Allgemeingültigkeit des Aufbaus von elektronen- und ionenoptischen Systemen muß gleichzeitig darauf verwiesen werden, daß an die fokussierenden Eigenschaften von ionenoptischen Systemen oft höhere Anforderungen als an elektronenoptische Systeme gestellt werden. Dies erklärt sich dadurch, daß Verluste aus dem Ionenstrahl an den Elektroden des Systems nicht nur eine Erwärmung hervorrufen, sondern auch Zerstörungen infolge der Kathodenzerstäubung der Metalle. Dies macht sich insbesondere bei der Arbeit mit bis zu einigen zehn Kiloelektronenvolt beschleunigten hochperveanten Schwerionenstrahlen bemerkbar.

Experimentelle Daten [36] zeigen, daß bei Beschleunigungen bis 30-50 keV die Kathodenzerstäubungskoeffizienten von Metallen (Cu, W, Mo u.a.), die für die Konstruktion von ionenoptischen Systemen verwendet werden, 3-15 Atome pro Ion erreichen. Dabei kann eine zuverlässige und hinreichend lange Funktion des Systems nur gewährleistet werden, wenn die Ionenverluste auf den Elektroden unter 0,1% der erhaltenen Ionenzahl gehalten werden. Ebenfalls wichtig ist die Wahl der Elektrodenform und die technologische Bearbeitung der verwendeten Materialien.

Kapitel 7

Magnetisch fokussierende Systeme

7.1 Systeme zur Fokussierung voller axialsymmetrischer Strahlen im homogenen Magnetfeld

Strahlfokussierung durch ein homogenes Magnetfeld. Bei der Bewegung geladener Teilchen im homogenen Magnetfeld wirkt auf diese eine resultierende radiale Kraft, die durch den Ausdruck (siehe § 3.2)

$$F_r = -\frac{1}{4}\frac{e^2}{m}B^2 r\left(1 - \frac{\Psi_k^2}{\pi^2 r^4 B^2}\right) \tag{7.1}$$

mit $B = B_z$ als Induktion des homogenen Feldes beschrieben wird.

Unter der Bedingung $\Psi_k^2/\pi^2 r^4 B^2 < 1$ ist diese Kraft zur Symmetrieachse des Teilchenstrahls gerichtet und kann für die Kompensation der Coulombschen Abstoßungskräfte genutzt werden, die zwischen gleichartig geladenen Teilchen des Strahls wirken. Aus (7.1) ist ersichtlich, daß unter gleichbleibenden Bedingungen die Radialkraft wesentlich vom magnetischen Kathodenfluß Ψ_k abhängt, der mit der die transversalen Strahlabmessungen auf der Kathode begrenzenden Kreiskontur $2\pi r_k$ verbunden ist. In Abhängigkeit vom Verhältnis zwischen dem Fluß Ψ_k und dem Fluß Ψ_0, der sich auf die Kontur $2\pi r_0$ bezieht, die die Strahlabmessungen am Eingang des regulären Bereichs des homogenen Feldes (Bild 7.1) begrenzt, können drei Fälle für die Strahlfokussierung im homogenen Magnetfeld unterschieden werden:

1. $\Psi_k = 0$ – abgeschirmte Kathode;
2. $\Psi_k < \Psi_0$ – teilweise abgeschirmte Kathode;
3. $\Psi_k = \Psi_0$ – nicht abgeschirmte Kathode.

Aus Gleichung (7.1) ist ersichtlich, daß für eine abgeschirmte Kathode ($\Psi_k = 0$) die durch das magnetische Feld hervorgerufene Radialkraft immer zur Symmetrieachse gerichtet ist, d.h. sie wirkt immer fokussierend.

Im Unterschied dazu wird die Radialkraft Null bei $r = r_0$ für eine nichtabgeschirmte Kathode, fokussierend für $r > r_0$ und defokussierend für $r < r_0$. In diesem Falle wirkt die Kraft so, daß sie dazu tendiert, das Teilchen in seine Ausgangslage $r = r_0$ zurückzuführen, welche die Gleichgewichtslage darstellt. Aus Gleichung (7.1) folgt auch,

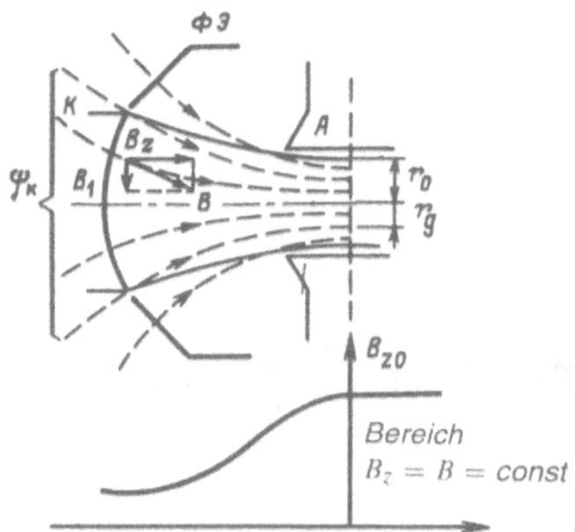

Bild 7.1: Magnetische Flüsse im Bereich der Kanone

daß eine abgeschirmte Kathode aus der Sicht maximal fokussierender Kräfte bei einem gegebenen Wert der magnetischen Induktion der wirtschaftlichste ist.

Die Stufe der Kathodenabschirmung wird durch den *Kathodenabschirmkoeffizienten* (auch als Kathodenbedingungsparameter bezeichnet) charakterisiert

$$G = \left(\frac{\Psi_k}{\Psi_0}\right)^2 = \frac{\Psi_k^2}{(\pi r_0^2 B)^2} . \tag{7.2}$$

Oft wird zu diesem Zweck eine weitere Größe verwendet, die über das folgende Verhältnis beschrieben werden kann:

$$r_g^2 = \frac{\Psi_k}{\pi B} . \tag{7.3}$$

Hat der Fluß des magnetischen Feldes durch die Kathode die gleiche Richtung wie der Feldfluß im regulären Teil, dann beschreibt die Größe r_g den Radius einer Röhre konstanten magnetischen Flusses $\Psi = \Psi_k$ am Eingang des Bereiches homogenen magnetischen Feldes (Bild 7.1). Die Größe r_g ist mit dem Abschirmungskoeffizienten durch eine aus (7.2) und (7.3) resultierende Beziehung verbunden:

$$r_g = r_0 \sqrt[4]{G} . \tag{7.4}$$

Der Fall $G = 0$ und $r_g = 0$ entspricht einer vollständig abgeschirmten Kathode, der Fall $G = 1$ und $r_g = r_0$ einer nichtabgeschirmten Kathode.

Sind der Fluß des Magnetfeldes durch die Kathode und der Fluß im regulären Teil des Feldes einander entgegengerichtet, behält der Abschirmkoeffizient seine bisherige physikalische Bedeutung und wird durch (7.2) bestimmt, wobei der Radius r_g jedoch nicht eine so einfache physikalische Interpretation erfährt, wie sie aus Bild 7.1 folgt.

Gleichgewichtsteilchenstrahl (Brillouinstrahl) im homogenen Magnetfeld bei abgeschirmter Kathode. Die Bewegung eines axialsymmetrischen Strahls geladener Teilchen wird in der hydrodynamischen Näherung durch die folgenden Gleichungen beschrieben:

$$\ddot{r} = -\frac{e}{m}\frac{\partial U}{\partial r} - \frac{1}{4}\left(\frac{e}{m}\right)^2 B^2 r \; ; \quad \ddot{z} = -\frac{e}{m}\frac{\partial U}{\partial z} \; ; \quad \dot{\Theta} = -\frac{1}{2}\frac{e}{m} B \tag{7.5}$$

$$\frac{1}{r}\frac{\partial}{\partial r}\left(r\frac{\partial U}{\partial r}\right)+\frac{\partial^2 U}{\partial z^2}=-\frac{\varrho}{\varepsilon_0}\ ;\quad \operatorname{div}\varrho\vec{v}=\frac{\partial}{\partial r}(\varrho\dot{r})+\frac{\partial}{\partial r}(\varrho\dot{z})=0\ .$$

Durch direkte Substitution kann man leicht sehen, daß das gegebene Gleichungssystem die folgenden partiellen Lösungen besitzt:

$$r=\text{const}\quad(\dot{r}=\ddot{r}=0)\ ,\quad \dot{z}=\text{const}\ ,\quad \varrho=\text{const}\ ,$$

$$\frac{\partial U}{\partial z}=0\ ,\quad \frac{\partial U}{\partial r}=-\frac{\varrho}{2\varepsilon_0}r\ .$$

Als notwendige Bedingung einer solchen Lösung erweist sich eine Gleichung, welche die Balance zwischen den Kräften des elektrischen und des magnetischen Feldes ausdrückt:

$$\frac{e}{m}\frac{\partial U}{\partial r}=-\frac{1}{4}\left(\frac{e}{m}\right)^2 B^2 r\ .$$

Diese Gleichung bestimmt den Zusammenhang zwischen der Raumladungsdichte und der magnetischen Induktion. Wird in diesem Ausdruck

$$\frac{\partial U}{\partial r}=-\frac{\varrho}{2\varepsilon_0}r$$

eingesetzt, ergibt sich

$$\frac{\varrho}{\varepsilon_0}=\frac{1}{2}\frac{e}{m}B^2\ . \tag{7.6}$$

Durch die Einführung von als *Plasmafrequenz*

$$\omega_P^2=\frac{e}{m}\frac{\varrho}{\varepsilon_0}$$

und als *Larmorfrequenz*

$$\omega_L^2=\frac{1}{4}\left(\frac{e}{m}\right)^2$$

bekannten Parametern kann (7.6) umgeschrieben werden:

$$\omega_L^2=\frac{1}{2}\omega_P^2$$

Wird Gleichung (7.6) befriedigt und tritt der Teilchenstrahl in den Bereich homogenen Magnetfeldes ohne Radialgeschwindigkeitskomponente bei einer über den Querschnitt homogenen Verteilung der Raumladungsdichte ein, erfolgt die weitere Ausbreitung des Strahls als Gleichgewichtsbewegung. Für eine solche Bewegung gilt

$$r=0\ ;\quad \dot{\Theta}=-\frac{e}{2m}B\ .$$

Dies betrifft auch die longitudionale Komponente $\dot{z}$, so daß diese aus dem Energieerhaltungssatz resultiert:

$$\dot{z}^2=2\frac{|eU|}{m}-(r\dot{\Theta})^2\ .$$

Mit U aus der Poissongleichung

$$U=-\frac{\varrho}{4\varepsilon_0}r^2+U_0$$

folgt

$$\dot{z}^2 = \frac{e\varrho}{2\varepsilon_0 m} r^2 + \frac{2|eU_o|}{m} - (r\dot{\Theta})^2$$

wobei U_0 das Potential auf der Flußachse beschreibt. Da

$$(r\dot{\Theta})^2 = \frac{1}{4}\left(\frac{e}{m}\right)^2 B^2 r^2 = \frac{e}{2m}\frac{\varrho}{\varepsilon_0} r^2$$

gilt, folgt

$$\dot{z}^2 = \frac{e\varrho}{2m\varepsilon_0} r^2 + \frac{2|eU_0|}{m} - \frac{e\varrho}{2m\varepsilon_0} r^2 = \frac{2|eU_0|}{m} .$$

Damit hängt die longitudionale Teilchengeschwindigkeit im Gleichgewichtsstrahl nicht vom Radius ab und ist gleich der longitudionalen Geschwindigkeit im Strahlzentrum.

Unter Berücksichtigung der Bedingungen $\dot{\varrho} = \text{const}$ und $\dot{z} = \text{const}$ ergibt sich, daß im Gleichgewichtsstrahl die transversale Komponente der Stromdichte ebenfalls konstant ist und nicht vom Radius abhängt: $j_z = \varrho\dot{z}$.

Die oben erhaltenen, vom Radius unabhängigen Resultate erlauben es, die Induktion des Magnetfeldes auszurechnen, die für die Aufrechterhaltung des Gleichgewichtsflusses bei einem gegebenen Strom I und einem Radius r erforderlich ist:

$$B = \left(\frac{2m}{|e|\varepsilon_0}\frac{I}{\pi r^2 \dot{z}}\right)^{1/2} = \left(\frac{2m^{3/2}}{|e|\varepsilon_0}\frac{I}{\pi r^2\sqrt{2|eU_0|}}\right)^{1/2} .$$

Das hier eingehende Potential auf der Achse U_0 kann als $U_0 = U_a - \Delta U$ dargestellt werden. Dabei gilt U_a – Potential der Metallelektrode (Röhre) und ΔU – Potentialänderung infolge der Raumladung. Gewöhnlich gilt $\Delta U \ll U_a$, daher kann näherungsweise $U_0 \approx U_a$ angenommen werden und es folgt

$$B = B_b = \left(\frac{2m^{3/2}}{|e|\varepsilon_0}\frac{I}{\pi r^2\sqrt{2|eU_a|}}\right)^{1/2} . \tag{7.7}$$

Für einen Elektronenstrahl ergibt sich nach Einsetzung der Werte für die Konstanten

$$B\,[\text{Gauss}] = B_b\,[\text{Gauss}] = \frac{830}{r\,[\text{cm}]}\frac{I^{1/2}\,[\text{A}]}{U_a^{1/4}\,[\text{V}]} .$$

Die Induktion des nach (7.7) bestimmten Magnetfeldes erhielt die Bezeichnung *Brillouinsches Magnetfeld.* Der Radius des Gleichgewichtsstrahls, der dem Wert der gegebenen magnetischen Induktion entspricht, beträgt

$$r = r_b = \frac{1}{B}\left(\frac{2m^{3/2}I}{|e|\varepsilon_0\pi\sqrt{2|eU_a|}}\right)^{1/2} \tag{7.8}$$

und

$$r\,[\text{cm}] = r_b\,[\text{cm}] = \frac{830}{B\,[\text{Gauss}]}\frac{I^{1/2}\,[\text{A}]}{U_a^{1/4}\,[\text{V}]} ,$$

wobei r_b gewöhnlich als *Brillouinscher Radius* bezeichnet wird.

Nichtgleichgewichtsteilchenstrahlen im homogen Magnetfeld bei abgeschirmter Kanone. Für die Realisierung eines exakten Gleichgewichtsflusses ist eine Reihe von Bedingungen erforderlich, die in der Praxis schwer zu erfüllen sind. Beispielsweise ist es schwierig, einen Elektronenstrom in den Bereich eines homogenen Feldes ohne radiale Geschwindigkeitskomponenten und bei exakt gegebenen Radius einzuführen. Daher ist ein exakter Brillouinscher Gleichgewichtsfluß praktisch bisher nicht realisiert worden. Im homogenen Magnetfeld fokussierte reale Strahlen geladener Teilchen sind pulsierende Nichtgleichgewichtsstrahlen. Unter Annahme einer laminare Strahlstruktur sei die Untersuchung auf die Betrachtung der Randstrahlen beschränkt. Die Bewegung der Randteilchen wird durch das Gleichungssystem (7.5) beschrieben. Unter der näherungsweisen Annahme von $\partial U/\partial z \approx 0$ und $\dot{z} = \text{const}$ ergibt sich mit dem Gaußschen Theorem ein Ausdruck für das elektrische Feld, das auf die Randteilchen wirkt:

$$-\frac{\partial U}{\partial r} = \frac{q_1}{2\pi\varepsilon_0 r} = \pm\frac{I}{2\pi\varepsilon_0 r\dot{z}} \tag{7.9}$$

mit q_1 – Ladung pro Einheitslänge des Flusses; I – absoluter Strahlstrom; r – Strahlradius; $\dot{z}$ – longitudionale Strahlgeschwindigkeit, welche über die Strahllänge und den Strahlquerschnitt als konstant angenommen wird.

Wird dieser Ausdruck in die erste der Gleichungen (7.5) eingesetzt und $t = z/\dot{z}$ angenommen, folgt die Trajektoriengleichung für die Randteilchen:

$$\dot{z}^2\frac{d^2r}{dz^2} - \frac{|e|I}{2\pi\varepsilon_0 m r\dot{z}} + \frac{1}{4}\left(\frac{e}{m}\right)^2 B^2 r = 0\;. \tag{7.10}$$

Für die folgenden Betrachtungen ist eine Umwandlung der Gleichung günstig, indem der normalisierte Radius $R = r/r_b$ mit r_b als den durch (7.8) bestimmten Brillouinradius eingeführt wird. In diesem Fall erhält Gleichung (7.10) nach einfachen Umwandlungen die Form

$$\frac{\dot{z}^2}{\omega_L^2}\frac{d^2R}{dz^2} - \frac{1}{R} + R = 0 \tag{7.11}$$

mit

$$\omega_L = \frac{1}{2}\frac{|e|}{m}B\;.$$

Diese Gleichung beschreibt nichtlineare Schwingungen von Randteilchen in der Nähe des Gleichgewichtsradius $R_e = 1 (r = r_b)$.

Wird die Schwingungsamplitude als klein angenommen, kann eine Linearisierung der Gleichung unter der Annahme $R = R_e(1+\delta) = 1+\delta$ mit $\delta \ll 1$ erfolgen. Da

$$\frac{1}{R} \approx 1-\delta \quad \text{und} \quad \frac{d^2R}{dz^2} = \frac{d^2\delta}{dz^2}$$

gelten, ergibt sich an Stelle von (7.11) die linearisierte Gleichung:

$$\frac{d^2\delta}{dz^2} + 2\frac{\omega_L^2}{\dot{z}^2}\delta = 0\;.$$

Diese hat die Lösung

$$\delta = C_1\cos\sqrt{2}\,\omega_L\frac{z}{\dot{z}} + C_2\sin\sqrt{2}\,\omega_L\frac{z}{\dot{z}}\;.$$

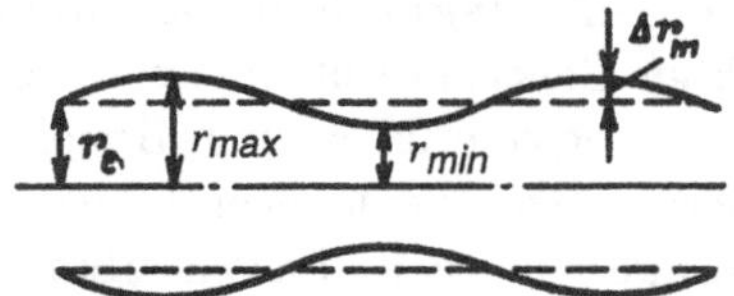

Bild 7.2: Pulsation eines Gleichgewichtsstrahls im homogenen Magnetfeld

Die hier eingehenden Konstanten werden aus den Anfangsbedingungen am Eintritt in den Bereich homogenen Feldes gefunden ($t = 0, z = 0$):

$$\delta_0 = R_0 - 1 = \frac{r_0}{r_b} - 1 = \frac{(r_0 - r_b)}{r_b} ;$$

$$\delta_0' = \left(\frac{d\delta}{dz}\right)_0 = \left(\frac{dR}{dz}\right)_0 = \frac{r_0'}{r_b}$$

mit r_0 und r_0' als anfängliche Radialkoordinate und anfänglicher Neigungswinkel der Randteilchentrajektorie.

Nachdem aus diesen Bedingungen C_1 und C_2 bestimmt wurden, folgt

$$\delta = \delta_0 \cos\sqrt{2}\,\omega_L \frac{z}{\dot{z}} + \frac{\delta_0' \dot{z}}{\sqrt{2}\,\omega_L} \sin\sqrt{2}\,\omega_L \frac{z}{\dot{z}}$$

oder

$$\delta = \frac{r_0 - r_b}{r_b} \cos\sqrt{2}\,\omega_L \frac{z}{\dot{z}} + \frac{r_0' \dot{z}}{\sqrt{2}\,r_b\omega_L} \sin\sqrt{2}\,\omega_L \frac{z}{\dot{z}} .$$

Unter Berücksichtigung von $r = r_b(1 + \delta)$ ergibt sich mit der vorangegangenen Gleichung die Trajektoriengleichung für die Randteilchen:

$$r = r_b + (r_0 - r_b) \cos\sqrt{2}\,\frac{\omega_L}{\dot{z}}\,z + \frac{r_0'\dot{z}}{\sqrt{2}\,\omega_L} \sin\sqrt{2}\,\frac{\omega_L}{\dot{z}}\,z .$$

Daraus folgt, daß ein Randteilchen bei seiner Bewegung längs der z-Achse periodische Schwingungen (Pulsationen) bezüglich des Gleichgewichtsradius $r_e = r_b$ beschreibt (Bild 7.2). Die Amplitude und Wellenlänge der Pulsationen werden folgendermaßen berechnet:

$$\Delta r_m = \left[(r_0 - r_b)^2 + \frac{(r_0'\dot{z}}{2\omega_L^2}\right]^{1/2} ; \tag{7.12}$$

$$\lambda = \frac{2\pi\dot{z}}{\sqrt{2}\,\omega_L} . \tag{7.13}$$

Hieraus folgt, daß $\Delta r_m \to 0$ für $r_0 \to r_b$ und $r_0' \to 0$ gilt. Es ist interessant zu bemerken, daß bei $\Delta r_m \to 0$ die Frequenz und die Wellenlänge der Pulsation der Randelektronen sich der Frequenz und Wellenlänge der Plasmaschwingungen nähert. Nach Einsetzen von ω_L in (7.13) ergibt sich tatsächlich

$$\lambda = \frac{2\pi\dot{z}}{\omega_p} = \lambda_p . \tag{7.14}$$

Teilchenstrahl im homogenen Magnetfeld bei partiell abgeschirmter Kathode. Wird der Strahl als laminar angenommen, können wir uns wie im vorangegangenen Fall auf die Beschreibung der Randteilchen beschränken. Unter Berücksichtigung der Gleichungen (3.30), (7.3) und (7.9) folgt eine Differentialgleichung für die Radialbewegung:

$$\frac{d^2r}{dt^2} - \frac{|e|I}{2\pi\varepsilon_0 m r\dot{z}} + \frac{1}{4}\left(\frac{e}{m}\right)^2 B^2 r \left[1 - \frac{r_g^4}{r^4}\right] = 0 \, .$$

Durch Einführung der normalisierten Radialkoordinate $R = r/r_b$ und $t = z/\dot{z}$ ergibt sich die Trajektoriengleichung für die Randteilchen:

$$\frac{\dot{z}^2}{\omega_L^2}\frac{d^2R}{dz^2} - \frac{1}{R} + R\left[1 - \frac{R_g^4}{R^4}\right] = 0 \tag{7.15}$$

mit $R_g = r_g/r_b$. Für $d^2R/dz^2 = 0$ wird der Gleichgewichtsradius für die Randteilchen erhalten:

$$R_e^2 = \left(1 - \frac{R_g^4}{R_e^4}\right)^{-1} \tag{7.16}$$

beziehungsweise

$$R_e^2 = \frac{1}{2} + \frac{1}{2}\sqrt{1 + 4R_g^4} \, .$$

Gleichung (7.15) beschreibt nichtlineare Schwingungen der Randteilchen bezüglich des Gleichgewichtsradius. Ist die Schwingungsamplitude klein, folgt nach einer Linearisierung von (7.15)

$$\frac{d^2\delta}{dz^2} + \frac{2\omega_L^2}{\dot{z}^2}\left(1 + \frac{R_g^4}{R_e^4}\right)\delta = 0 \tag{7.17}$$

mit $\delta = (R - R_e)/R_e \ll 1$.

Mit $1 + R_g^4/R_e^4 = \alpha^2$ ergibt sich die folgende Lösung für Gleichung (7.17):

$$\delta = C_1 \cos\sqrt{2}\,\alpha\omega_L \frac{z}{\dot{z}} + C_2 \sin\sqrt{2}\,\alpha\omega_L \frac{z}{\dot{z}} \, .$$

Die Konstanten C_1 und C_2 werden aus den Anfangsbedingungen bestimmt. Es werde angenommen, für $z = 0$ gilt:

$$\delta_0 = \frac{R_0 - R_e}{R_e} = \frac{r_0 - r_e}{r_e} \text{ und } \left(\frac{d\delta}{dz}\right)_0 = \frac{r_0'}{r_e} \, .$$

Für C_1 und C_2 ergibt sich

$$C_1 = \frac{r_0 - r_e}{r_e} \text{ und } C_2 = \frac{r_0'\dot{z}}{\sqrt{z}\alpha r_e\omega_L}$$

und damit

$$\delta = \frac{r_0 - r_e}{r_e}\cos\sqrt{2}\,\alpha\omega_L\frac{z}{\dot{z}} + \frac{r_0'\dot{z}}{\sqrt{2}\,\alpha r_e\omega_L}\sin\sqrt{2}\,\alpha\omega_L\frac{z}{\dot{z}}$$

mit $r_e = R_e r_b$.

Unter Berücksichtigung von $r = r_e(1+\delta)$ wird eine Gleichung für die Randteilchentrajektorie erhalten:

$$r = r_e + (r_0 - r_e)\cos\sqrt{2}\,\alpha\omega_L\,\frac{z}{\dot{z}} + \frac{r_0'\dot{z}}{\sqrt{2}\,\alpha\omega_L}\sin\sqrt{2}\,\alpha\omega_L\,\frac{z}{\dot{z}}\,. \tag{7.18}$$

Die Amplitude und die Wellenlänge der Pulsation bestimmen sich gemäß

$$\Delta r_m = \left[(r_o - r_e)^2 + \frac{(r_0'\dot{z})^2}{2\omega_L^2\alpha^2}\right]^{1/2} \quad ; \quad \lambda = \frac{2\pi\dot{z}}{\sqrt{2}\,\alpha\omega_L}\,.$$

Aus (7.18) folgt, daß für die Gleichgewichtsbewegung (ohne Schwingungen) der Randteilchen die Bedingungen $r_0' = 0$ und $r_e = r_0$ erfüllt sein müssen. Die Realisierung der ersten Bedingung erfordert, die „Konsistenz" der Elektronenkanone mit dem Magnetsystem zu gewährleisten. Jedoch ist es praktisch unmöglich, diese Bedingung korrekt zu erfüllen. Die zweite Bedingung kann über die Wahl der magnetischen Induktion erfüllt werden. Es werde die für die Bedingung $r_e = r_0$ erforderliche Induktion berechnet. Der normalisierte Gleichgewichtsradius $R_e = r_e/r_b$ bestimmt sich in diesem Fall durch die Gleichung (7.16), was zu einem Ausdruck für r_e führt:

$$r_e^2 = \frac{1}{1 - \dfrac{r_g^4}{r_e^4}}\,.$$

Wird hierin $r_e = r_0$ und

$$r_b = \frac{1}{B}\left(\frac{2m^{3/2}I}{|e|\varepsilon_0\pi\sqrt{2|eU_a|}}\right)^{1/2}$$

eingesetzt, folgt

$$B = \frac{1}{r_0\left(1 - \dfrac{r_g^4}{r_0^4}\right)^{1/2}}\left(\frac{2m^{3/2}I}{|e|\varepsilon_0\pi\,\sqrt{2|eU_a|}}\right)^{1/2}$$

beziehungsweise

$$B = \frac{1}{r_o(1-G)^{1/2}}\left(\frac{2m^{3/2}I}{|e|\varepsilon_0\pi\,\sqrt{2|eU_a|}}\right)^{1/2}\,. \tag{7.19}$$

Für den Elektronenstrahl ergibt sich nach Einsetzen der Konstanten

$$B = \frac{1}{r_0(1-G)^{1/2}}\,\frac{830\,I^{1/4}}{U_a^{1/4}}\,.$$

Aus der Kombination der Gleichung (7.19) und der davon abgeleiteten Gleichung mit (7.7) ergibt sich

$$B = \frac{B_b}{\sqrt{1-G}} \tag{7.20}$$

mit B_b als Brillouinsches Magnetfeld.

Somit übersteigt das für die Strahlgleichgewichtsbewegung bei teilweise abgeschirmter Kathode erforderliche Magnetfeld das Brillouinfeld, indem es mit dem Abschirmkoeffizienten wächst, insbesondere ergibt sich $G \to 1$ für $B \to \infty$. Daraus folgt, daß für eine nicht abgeschirmte Kanone ($G = 1$) und für endliche Werte der magnetischen Induktion ein Gleichgewichtsteilchenstrahl (nicht pulsierender Strahl) nicht zu erreichen ist.

Von praktischer Bedeutung ist die Besonderheit fokussierender Systeme mit teilweise abgeschirmter Kathode, daß die Pulsation des Strahls, die von den anfänglichen radialen Geschwindigkeitskomponenten ($\dot{r}_0 = r'_0, \dot{z} \neq 0$) hervorgerufen wird, verringert werden kann. Aus Gleichung (7.18) ist ersichtlich, daß das r'_0 enthaltende Glied durch eine Erhöhung von B verringert werden kann, wobei das erste Glied der Gleichung, welches die Differenz $r_0 - r_e$ enthält, bei gegebenen Werten von B und B_0 durch die Wahl des Abschirmkoeffizienten gleich Null werden kann. Dieser Koeffizient berechnet sich zu

$$G = 1 - \left(\frac{B_b}{B}\right)^2 . \tag{7.21}$$

Nichtlaminarer Gleichgewichtsfluß im homogenen Magnetfeld (Kapshinski-Vladimirovski-Fluß). Betrachtet werden die Bedingungen für den Erhalt eines entsprechenden Elektronenflusses und die Besonderheiten der den Fluß bildenden Teilchen, wie es in [70] beschrieben wird. Die Elektronenbewegung im Magnetfeld wird durch das Gleichungssystem (3.16) bis (3.18) bestimmt. Aus (3.19) folgt das Erhaltungsgesetz für den azimutalen Impuls (3.19). Für ein homogenes Feld mit $B_r = 0$, $B_z = B = \text{const}$ und $\Psi = \pi r^2 B$ kann diese Gleichung in der folgenden Form dargestellt werden:

$$p_\Theta = m r^2 \dot{\Theta} + \frac{1}{2} e B r^2 . \tag{7.22}$$

Wird daraus

$$\dot{\Theta} = \frac{p_\Theta}{m r^2} - \frac{1}{2} \frac{e}{m} B$$

bestimmt und $\dot{\Theta}$ in (3.16) eingesetzt, ergibt sich die folgende Bewegungsgleichung

$$\frac{d^2 r}{dt^2} + \omega_L^2 r - \frac{p_\Theta^2}{m^2 r^3} - \frac{e}{m} E_r = 0 \tag{7.23}$$

mit $\omega_K = |e| B / 2m$ als Larmorfrequenz.

Die longitudionale Elektronenbewegung wird durch (3.18) bestimmt. Für die Bewegung im homogenen Magnetfeld ($B_r = 0, E_z = 0$) ergibt sich für die Längsgeschwindigkeit $v_z = \text{const}$. Wird Gleichung (7.23) mit dr/dt multipliziert, kann diese in der Form

$$\frac{d}{dt} \left[\left(\frac{dr}{dt}\right)^2 + \frac{p_\Theta^2}{m^2 r^2} + \omega_L^2 r^2 + \frac{2e}{m} U(r) \right] = 0$$

geschrieben werden. Daraus folgt, daß der Wert des Ausdrucks in den Quadratklammern während der Bewegung erhalten bleibt und somit ein Integral der Bewegung ist:

$$J = \left(\frac{dr}{dt}\right)^2 + \frac{p_\theta^2}{m^2 r^2} + \omega_L^2 r^2 + \frac{2e}{m} U(r) = \text{const.}$$

Wird die in Polarkoordinaten r, Θ geschriebene Hamiltonfunktion

$$H = \frac{1}{2m}\left[p_r^2 + \frac{1}{r^2}\left(p_\Theta - \frac{er^2B}{2}\right)^2 + eU(r)\right]$$

gemeinsam mit (7.22) verwendet, kann gezeigt werden, daß das Integral der Bewegung J eine Linearkombination zweier unabhängiger Integrale der Bewegung H und p_Θ ist:

$$J = \frac{2}{m}\left(H + p_\Theta \omega_L\right) .$$

Für die weitere Analyse wird der in das Integral der Bewegung eingehende Term p_Θ^2/m^2r^2 transformiert. Aus (7.22) folgt

$$\frac{p_\theta}{mr^2} = (\dot{\Theta} - \omega_L) \; ; \quad \frac{p_\Theta^2}{m^2r^2} = r^2(\dot{\Theta} - \omega_L)^2 = (v_\Theta - \bar{v}_\Theta)^2$$

mit $\bar{v}_\Theta$ – mittlere lineare Azimutalgeschwindigkeit, die durch die Rotation des Elektrons im Magnetfeld hervorgerufen wird; v_Θ – reale Azimutalgeschwindigkeit, die sowohl durch das Magnetfeld als auch durch den anfänglichen azimutalen Impuls hervorgerufen wird; $(v_\Theta - \bar{v}_\Theta)^2$ – Quadrat der ungeordneten Azimutalgeschwindigkeit. Das Integral der Bewegung kann unter Berücksichtigung des Gesagten in der Form

$$J = v_\perp^2 + \omega_L^2 r^2 + 2\frac{e}{m}U(r)$$

geschrieben werden. Dabei beschreibt

$$v_\perp^2 = \left(\frac{dr}{dt}\right)^2 + (v_\Theta - \bar{v}_\Theta)^2$$

das Quadrat der ungeordneten Transversalgeschwindigkeit.

Die Bedingungen für die Existenz stationärer nichtlaminarer Gleichgewichtsflüsse werden über die Konstruktion partieller Lösungen der Vlassovgleichung gesucht, welche die Verteilungsfunktion der Phasenraumdichte befriedigen. Wie in § 4.1 bemerkt wurde, können solche Lösungen konstruiert werden, wenn die Verteilungsfunktionen der Phasenraumdichte über die Integrale der Bewegung ausgedrückt werden. Im Fall eines nichtlaminaren Gleichgewichtsflusses wird für ein homogenes Magnetfeld als solche Funktion der Ausdruck

$$f = f_0 \delta\left(J - J_0\right)$$

verwendet [70]. Dabei bedeuten $\delta(J - J_0)$ die Delta-Funktion; J das Integral der Bewegungsgleichung und J_0 einen festgehaltenen Wert dieses Integrals. Eine solche Wahl der Funktion f bedeutet, daß ein Ensemble von Teilchen betrachtet wird, das den gleichen Wert für das Integral der Bewegung $J = J_0$ aufweist. Es werde die räumliche Verteilung der Raumladungsdichte bestimmt, die der gegebenen Verteilung der Phasenraumdichte entspricht, wobei (4.8) verwendet wird:

$$\varrho(x,y,z) = e\int f\,dv .$$

Die Integration erfolgt hier im Geschwindigkeitsraum. Bezüglich der Teilchenbewegung in der transversalen Ebene x, y ergibt sich

$$\varrho(x,y) = e \int_{-\infty}^{+\infty} \int_{-\infty}^{+\infty} f \, dv_x \, dv_y \ . \tag{7.24}$$

Weiter werde für den Geschwindigkeitsraum ein Polarkoordinatensystem

$$v_x = v_\perp \cos\alpha \ ; \quad v_y = v_\perp \sin\alpha$$

mit $v_\perp$ als Anteil der ungeordneten transversalen Geschwindigkeit und α als Polarwinkel eingeführt. Unter Berücksichtigung, daß die Elementarfläche in diesem Koordinatensystem $v_\perp \, dv_\perp \, d\alpha$ beträgt, ergibt sich an Stelle von (7.24)

$$\varrho(x,y) = e \int_0^{2\pi} \int_0^{\infty} f v_\perp \, dv_\perp \, d\alpha \ .$$

Da f nicht vom Winkel α abhängt, folgt

$$\varrho(x,y) = 2\pi e \int_0^{\infty} f v_\perp \, dv_\perp$$

oder unter Berücksichtigung der axialen Strahlsymmetrie für Polarkoordinaten r, Θ

$$\varrho(r) = 2\pi e \int_0^{\infty} f_0 \delta(v_\perp^2 + \omega_L^2 r^2 + 2\frac{e}{m} U(r) - J_0) v_\perp \, dv_\perp \ .$$

Nach Einführung neuer Variabler $u = v_\perp^2, du = 2v_\perp \, dv_\perp$ resultiert

$$\varrho(r) = \pi \int_0^{\infty} \delta(u - u_0) \, du \tag{7.25}$$

mit

$$u_0 = J_0 - \omega_L^2 r^2 - 2\frac{e}{m} U(r) \ . \tag{7.26}$$

Entsprechend der Eigenschaft der δ-Funktion wird der Wert des Integrals vom Vorzeichen von u_0 abhängen. Gilt $u_0 < 0$, dann ist das Argument der δ-Funktion überall $u - u_0 > 0$ und es gilt

$$\int_0^{\infty} \delta(u - u_0) \, du = 0 \ ;$$

für $u_0 > 0$ existiert im Intervall $u(0, \infty)$ immer ein Punkt mit $u - u_0 = 0$ und es gilt

$$\int_0^{\infty} \delta(u - u_0) \, du = 1 \ .$$

Der Wert und das Vorzeichen von u_0 hängen, wie aus (7.26) folgt, von der Radialkoordinate r ab. Der Radius, bei dem u_0 zu Null wird und somit sein Vorzeichen ändert, sei $R(r|_{u_0=0} = R)$. Unter Berücksichtigung der oben angegebenen Werte der Integrale für die δ-Funktionen ergibt sich

$$\begin{aligned} \varrho(r) &= \pi e f_0 = \text{const} \quad &\text{für} \quad r \leq R \\ \varrho(r) &= 0 \quad &\text{für} \quad r > R \,. \end{aligned}$$

Damit ist R die Grenze eines Gleichgewichtselektronenstrahls, der eine homogene Verteilung der Raumladungsdichte aufweist. Die Größe ϱ kann über den Strahlstrom und die transversale Geschwindigkeit v_z ausgedrückt werden:

$$\varrho = -\frac{I}{\pi R^2 v_z} \,.$$

Die Potentialverteilung im Strahl wird über die Integration der Poissongleichung erhalten:

$$\frac{1}{r}\frac{\partial}{\partial r}\left(r\frac{\partial U}{\partial r}\right) = -\frac{\varrho}{\varepsilon_0} \,.$$

Unter Berücksichtigung der über den Strahlquerschnitt uniformen Dichteverteilung ergibt sich

$$U(r) = -\frac{1}{4}r^2\frac{\varrho}{\varepsilon_0} + C \,.$$

Ohne Verlust an Allgemeingültigkeit kann $U(0) = 0$ angenommen werden. Damit gilt $C = 0$ und

$$U(r) = -\frac{1}{4}r^2\frac{\varrho}{\varepsilon_0} = \frac{I}{4\pi\varepsilon_0 R v_z} \,.$$

Zur Untersuchung der Besonderheiten der Elektronenbewegung im Gleichgewichtsstrahl werde wieder das Integral der Bewegung J verwendet, welches mit dem gefundenen Ausdruck für das Potential wie folgt geschrieben werden kann:

$$J = \left(\frac{dr}{dt}\right)^2 + \frac{p_\Theta^2}{mr^2} + \omega_L^2 r^2 = J_0 = \text{const} \tag{7.27}$$

mit

$$\omega_r^2 = \omega_L^2 - \frac{\omega_p^2}{2} \,; \quad \omega_p^2 = \frac{\varrho e}{m\varepsilon_0} = \frac{I|e|}{\pi\varepsilon_0 R^2 v_z m} \,.$$

Damit ergibt sich, daß diejenigen Elektronen sich am weitesten von der Symmetrieachse entfernt aufhalten und die Strahlperipherie bilden, die keine anfängliche Rotation aufweisen ($p_\Theta = 0$). Der den Strahlradius bestimmende Abstand wird aus der Gleichung (7.27) erhalten, wenn berücksichtigt wird, daß für die Strahlgrenze $dr/dt = 0$ gilt:

$$\omega_r^2 R^2 = J_0 \,.$$

Die Phasentrajektorien der betrachteten Elektronen in den Ebenen $r, \dot{r}$ werden aus dem Ausdruck

$$\frac{\dot{r}^2}{\omega_r^2 R^2} + \frac{r^2}{R^2} = 1$$

und

$$\dot{r} = \frac{dr}{dt} = v_r$$

bestimmt.

Unter Verwendung der normalisierten Koordinaten $\dot{r}/\omega_r R$ und r/R hat die Phasentrajektorie des Elektrons die Form einer Kreislinie mit Einheitsradius. Elektronen mit einem beim Eintritt in das Magnetfeld vorhandenem Azimutalimpuls $p_\Theta \neq 0$ können bei ihrer Bewegung im Magnetfeld die Symmetrieachse nicht kreuzen (im entgegengesetzten Fall wird das Glied p_Θ^2/mr^2 unendlich). Bei ihrer maximalen Entfernung von der Symmetrieachse $r_{\max} < R$ sind die Phasentrajektorien dieser Elektronen geschlossene, gekrümmte Kurven, die sich in dem Phasenbereich befinden, der durch den Umfang des Einheitsradius gegeben ist.

Aus dem Ausdruck für das Integral der Bewegung folgt ein eindeutiger Zusammenhang zwischen seinem Wert und der radialen Elektronengeschwindigkeit auf der Systemachse:

$$J_0 = \left(\frac{dr}{dt}\right)_0^2 .$$

Aus den erhaltenen Ausdrücken folgt weiter, daß die Strahlparameter I, B, v_z und $(dr/dt)_0$ eindeutig den Radius des nichtlaminaren Gleichgewichtsstrahls R bestimmen.

Ein spezieller Fall eines nichtlaminaren Gleichgewichtsstrahls ergibt sich, wenn die Unschärfe der azimutalen Elektronengeschwindigkeiten vernachlässigt wird und für das Integral der Bewegung $p_\Theta = 0$ angenommen wird. Alle Elektronen eines solchen Strahls besitzen gleiche Phasentrajektorien, die für normierte Phasenkoordinaten mit dem Einheitskreisumfang zusammenfallen. Dies ist gleichzeitig auch eine Phasencharakteristik des Strahls im Ganzen.

Es sei noch bemerkt, daß der spezielle Fall $J_0 = 0$, der für $dr/dt = 0$, $p_\Theta = 0$ und $\omega_L = \omega_p/2$ erhalten wird, einem laminaren (Brillouinschen) Gleichgewichtsfluß entspricht. Seine Phasencharakteristik in der Ebene $r, \dot{r}$ ist eine auf der Achse r gelegene Gerade.

Der betrachtete Fall eines nichtlaminaren Gleichgewichtsflusses ist ein Beispiel für Gleichgewichtszustände von nichtlaminaren Elektronenflüssen, deren Beschreibung in [71] gegeben wird.

Magnetsysteme zur Erzeugung homogener Felder. Magnetsysteme, die eine annähernd homogene magnetische Feldverteilung erzeugen, können als ganze oder sektionierte Solenoide mit Weicheisenabschirmungen (Bild 7.3) oder auch als Permanentmagnete mit Abschirmungen (Bild 7.4) verwendet werden. Der Einsatz von Abschirmungen ermöglicht es, die Feldhomogenität im Arbeitsbereich II zu erhöhen und in der erforderlichen Weise den Kanonenbereich I und den Kollektorbereich III abzuschirmen. Typische Kurven der axialen Feldverteilung der magnetischen Induktion (B-Kurven) sind in den Bildern 7.3 und 7.4 angegeben.

Der grundlegende Mangel fokussierender Systeme mit homogenem Magnetfeld besteht in der geringen Effektivität der Ausnutzung des Magnetfeldes. Um eine hinreichende Homogenität des Feldes auf einem Abschnitt der Länge l zu gewährleisten, sollte der Durchmesser der Polschuhe in der gleichen Größenordnung von l gewählt werden. Damit ist das vom Feld eines solchen Systems eingenommene Gesamtvolumen V in der Größenordnung l^3, wobei das nutzbare Arbeitsvolumen den Wert $V_p = \pi r_a^2 l$ hat (r_a ist der Radius des Kanals, in dem sich der Strahl ausbreitet).

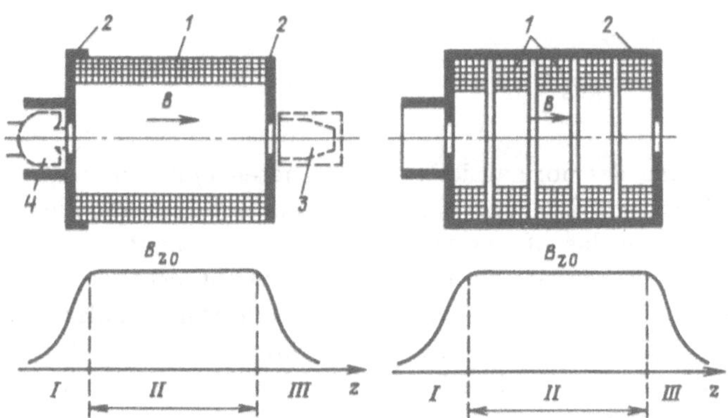

Bild 7.3: Elektromagnetische Systeme zur Erzeugung homogener Felder: 1 – Solenoide; 2 – Abschirmungen und Polschuhe; 3 – Kollektor; 4 – Kanone

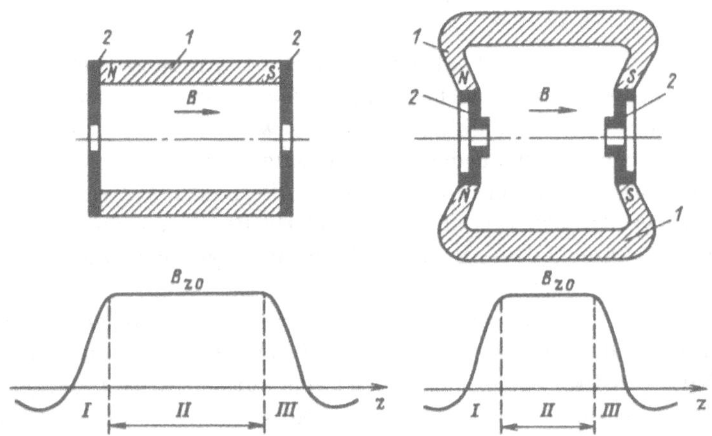

Bild 7.4: Permanentmagnetsysteme zur Erzeugung homogener Felder: 1 – Permanentmagnete; 2 – Polschuhe

Es werde ein *Feldnutzungskoeffizient* K_B eingeführt, der als das Verhältnis der Energie des Magnetfeldes, die im Arbeitsvolumen V_p konzentriert ist, zur Energie des Magnetfeldes im gesamten vom Feld eingenommenen Volumen V definiert wird

$$K_B = \frac{\int\limits_{V_p} \frac{B^2}{2\mu}\, dV}{\int\limits_{V} \frac{B^2}{2\mu}\, dV} . \tag{7.28}$$

Für den betrachteten Fall ($B \approx \text{const}$) gilt $K_B \approx V_p/V$, d.h. K_B hat einen Wert in der Größenordnung r_a^2/l^2. In der Regel gilt $r_a \ll l$, daher ist der Feldnutzungskoeffizient in

Systemen mit homogenen Magnetfeld sehr niedrig. Dieser Umstand führt zu einer nicht gerechtfertigten hohen Masse und großen Abmessungen von Solenoiden und Permanentmagneten, die in fokussierenden Systemen mit homogenem Feld verwendet werden.

Eine wesentlich höhere Magnetfeldkonzentration im Arbeitsvolumen kann erreicht werden, wenn reversive und periodisch fokussierende Systeme Verwendung finden, wodurch die Masse und die Abmaße der Solenoiden und Permanentmagnete drastisch gesenkt werden können.

7.2 Systeme der reversiven und periodischen Fokussierung dichter axialsymmetrischer Strahlen

Prinzip der reversiven Fokussierung [123]. Aus Gleichung (7.1) folgt, daß die fokussierende Radialkraft durch das Quadrat der magnetischen Induktion bestimmt wird und somit nicht von der Richtung des magnetischen Feldes abhängt. Dies ermöglicht es, fokussierende Systeme mit reversiven Magnetfeld zu verwenden, bei denen das Magnetfeld auf der Länge des fokussierenden Systems einmal oder mehrmals seine Richtung ändert (reversiert).

In den Bildern 7.5 und 7.6 sind Verteilungen der magnetischen Induktion (B-Kurven) für ideale und reale fokussierende Systeme mit einmaliger Umkehr dargestellt. Eine charakteristische Besonderheit der B-Kurven reversiver Systeme ist die Existenz von zwei Bereichen: der Bereich eines homogenen Feldes L_0 und der dazu inverse Bereich L_p. Die B-Kurven in Bild 7.5 entsprechen einem idealen reversiven Feld, wenn das Feld augenblicklich sein Vorzeichen ändert und die Ausdehnung des Reversionsbereiches Null ist. Bei der Realisierung eines solchen Feldes würde die radiale Bewegung der geladenen Teilchen in diesem Feld wie in einem homogenen Feld gleicher Stärke erfolgen. In existierenden reversiven Systemen ist der Bereich der Umkehrung des magnetischen Feldes endlich (Bild 7.6). Da die magnetische Induktion im Umkehrbereich geringer ist als im Bereich homogenen Feldes ($B_{z0}^2 < B^2$), erfährt der durch diesen Bereich durchtretende Strahl eine Störung. Insbesondere wird der anfangs sich im Gleichgewicht befindliche Strahl pulsieren. Dieser Effekt kann in einem reversiven System mit kompensierenden Auswürfen wesentlich verringert werden (Bild 7.7). Physikalisch erklärt sich die kompensierende Wirkung dieser Auswürfe so, daß der durch die Auswurfzone tretende Teilchenstrahl einen gewissen zusätzlichen Radialimpuls erhält, der in gewisser Weise die Verringerung der fokussierenden magnetischen Kraft in der Umkehrzone kompensiert. In erster Näherung werden die kompensierenden Auswürfe so berechnet, daß die mittlere quadratische Induktion des Magnetfeldes im Umkehrbereich gleich der Induktion des homogenen Magnetfeldes ist [124, 125]:

$$\bar{B}_p^2 = \frac{1}{L_p} \int\limits_{L_p} B_{z0}^2 \, dz = B^2 \; . \tag{7.29}$$

Die Verwendung von Umkehrungen des magnetischen Feldes ermöglicht es, den Feldnutzungskoeffizienten wesentlich zu erhöhen. So wächst zum Beispiel der Feldnutzungskoeffizient bei einer Umkehr, wenn die Länge des Bereiches mit homogenen Feld in jeder Sektion $L_0 = l/2$ mit l als Gesamtlänge des Systems beträgt, ungefähr um den Faktor vier im Vergleich zu einem System ohne Umkehrung, das die gleiche Länge aufweist:

$$K_{B1} \approx \frac{r_a^2}{L_0^2} = \frac{4r_a^2}{l^2} .$$

Ein noch größerer Gewinn entsteht bei einer vielfachen Feldumkehr. Für ein Feld mit N Umkehrungen folgt

$$K_{BN} \approx \frac{r_a^2}{L_0^2} = \frac{(N+1)^2 r_a^2}{l^2} .$$

Die effektivere Nutzung des Magnetfeldes in reversiven Systemen erlaubt es, wesentlich, so zum Beispiel um $1/(N+1)^2$, Masse und Abmessungen des fokussierenden Systems zu verringern.

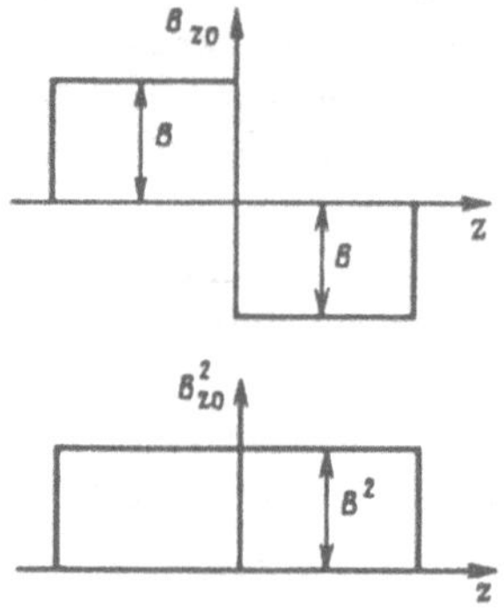

Bild 7.5: Axiale Verteilung der magnetischen Induktion (B-Kurve) für ein ideales reversives Feld

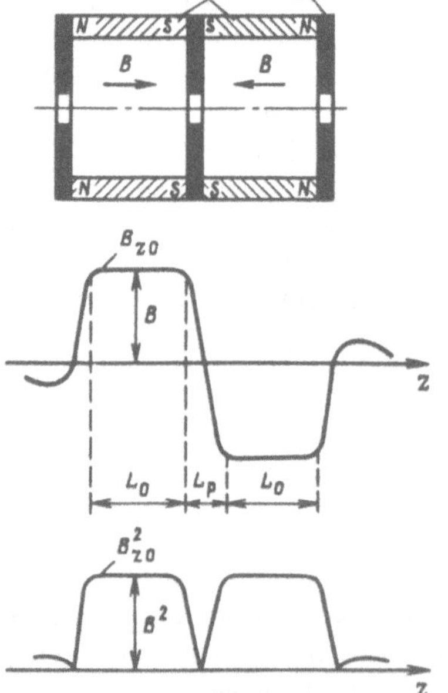

Bild 7.6: Axiale Verteilung der magnetischen Induktion (B-Kurve) für ein reales reversives System aus Permanentmagneten: 1 – Permanentmagnete; 2 - Polschuhe

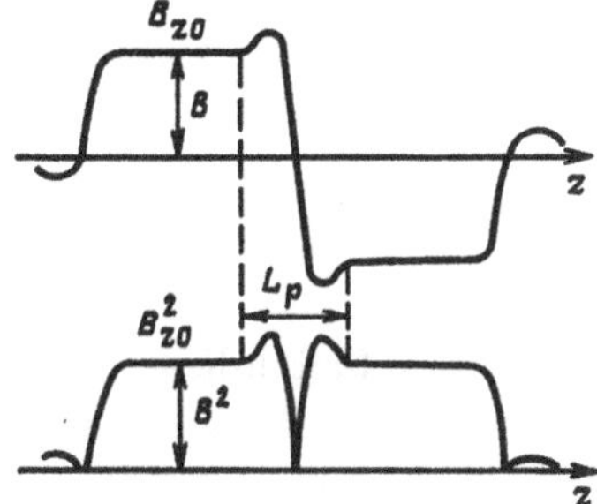

Bild 7.7: B-Kurve für ein reversives Feld mit kompensierenden Auswürfen

Bei einer hohen Zahl von Feldumkehrungen verringert sich das Abmaß einer einzelnen Sektion, die Ausdehnung der Bereiche mit homogenen Feld sinkt und das reversive System wird in ein periodisch fokussierendes System mit axialer Magnetfeldverteilung umgewandelt, die sich einer sinusartigen Verteilung nähert (siehe auch weiter unten).

Abschätzung der Störungen im Umkehrbereich. Eine Abschätzung der Störungen erfolgt in der paraxialen Näherung, wofür die paraxiale Trajektoriengleichung verwendet wird:

$$\dot{z}^2\frac{d^2r}{dz^2} - \frac{|e|I}{2\pi\varepsilon_0 m r \dot{z}_0} + \frac{1}{4}\left(\frac{e}{m}\right)^2 B_{z0}^2 r = 0 \; . \tag{7.30}$$

Es werde angenommen, daß der Strahl im Bereich homogenen Feldes sich streng unter Gleichgewichtsbedingungen ausbreitet und daß beim Eintritt in die Umkehrzone $r = r_h$ und $dr/dz = 0$ gilt.

Durch Einführung einer normierten Radialkoordinate $R = r/r_b$ und eines normierten Magnetfeldes $b = b(z) = B_{z0}/B$ (B: Induktionsfeld im homogenen Bereich) kann Gleichung (7.30) umgeschrieben werden:

$$\frac{\dot{z}^2}{\omega_L^2}\frac{d^2R}{dz^2} - \frac{1}{R} + b^2(z)\,R = 0 \; . \tag{7.31}$$

Im Bereich homogenen Feldes ($b = 1$) entspricht diese Gleichung dem Ausdruck (7.11). Mit $\omega_L^2/\dot{z}^2 = 2a$ ergibt sich

$$\frac{d^2R}{dz^2} = 2a\left[\frac{1}{R} - b^2(z)\,R\right] . \tag{7.32}$$

Eine exakte Lösung von Gleichung (7.32) erfordert die Anwendung numerischer Methoden. Daher werde diese Gleichung hier näherungsweise gelöst, wobei angenommen wird, daß der Umkehrbereich klein sei und daß sich die Radialkoordinaten der Teilchen beim Durchgang durch den Umkehrbereich praktisch nicht ändern, d.h. $r \approx r_b = \text{const}$. In diesem Fall wird für (7.32) $R = r/r_b = 1$ angenommen und es folgt

$$\frac{dR}{dz} = 2a\int\limits_{L_p}[1 - b^2(z)]\,dz \; . \tag{7.33}$$

Für genäherte Abschätzungen kann die Feldverteilung im Umkehrbereich durch einen analytischen Ausdruck approximiert werden [125]

$$b(z) = \cos\frac{\pi z}{L_p} \; , \tag{7.34}$$

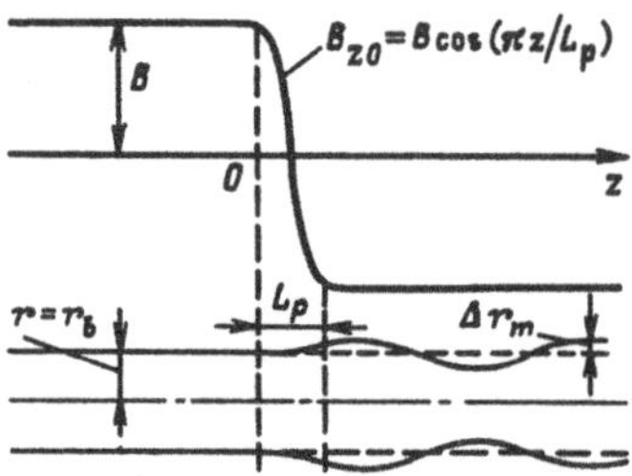

Bild 7.8: Zur Berechnung der im Umkehrbereich in den Strahl eingebrachten Störung

was einer Vereinigung des Koordinatenursprungs mit dem Beginn des Umkehrbereichs entspricht (Bild 7.8).

Nach Einsetzen von (7.34) in (7.33) folgt

$$\frac{dR}{dz} = 2a \int_0^{L_p} \left(1 - \cos^2 \frac{\pi z}{L_p}\right) dz = 2a \int_0^{L_p} \sin^2 \frac{\pi z}{L_p} dz = aL_p \ ,$$

d.h.

$$\frac{dr}{dz} = \frac{1}{r} \frac{r_b \omega_L^2}{\dot{z}^2} L_p \ .$$

Die Berechnung der Bewegung der Randteilchen des Strahls, der die Umkehrzone durchfliegt, erfolge unter der Annahme, daß am Eingang in diese Zone eine Gleichgewichtsbewegung des Strahls mit einem Radius existiere, der gleich dem Brillouinschen Radius r_b sei. Unter Berücksichtigung der Ergebnisse aus § 7.1 folgt, daß die Strahlbewegung nach der Umkehr pulsierenden Charakter trägt, wobei die Pulsationsamplitude sich gemäß (7.12) zu

$$\Delta r_m = \frac{r_b \omega_L}{2\sqrt{2}\,\dot{z}} L_p$$

ergibt.

Prinzip der periodischen Fokussierung. Bei der periodischen Fokussierung ändert sich die magnetische Induktion längs der Ausbreitungsachse nach einem periodischen Gesetz, wobei in einzelnen Bereichen ihr Wert Null betragen kann. Das periodische Feld kann durch Systeme von Magnetspulen oder abgeschirmten Permanentmagneten erzeugt werden (Bild 7.9).

Bezüglich der Fokussierung intensiver Flüsse geladener Teilchen kann die fokussierende Wirkung derartiger Felder wie folgt erklärt werden: In Bereichen, wo die Feldinduktion hohe Werte aufweist, dominieren die magnetisch fokussierenden Kräfte über die Coulombschen Abstoßungskräfte, wobei die Teilchen zur Symmetrieachse gerichtete Radialgeschwindigkeiten erhalten und der Strahl komprimiert wird. In Bereichen geringer Induktion übersteigen die Raumladungskräfte die fokussierenden Kräfte und der Strahl erhält die Tendenz sich aufzuweiten. Nach dem nächsten Eintritt in einen Bereich starken Magnetfeldes wird der Strahl wieder komprimiert usw. Damit gleichen die fokussierenden magnetischen Kräfte bei der periodischen Fokussierung die Wirkung der abstoßenden Coulombkräfte im mittleren aus. Periodische Systeme gewährleisten eine höhere Konzentration des Magnetfeldes im Arbeitsvolumen und damit einen entsprechend hohen Feldnutzungskoeffizienten.

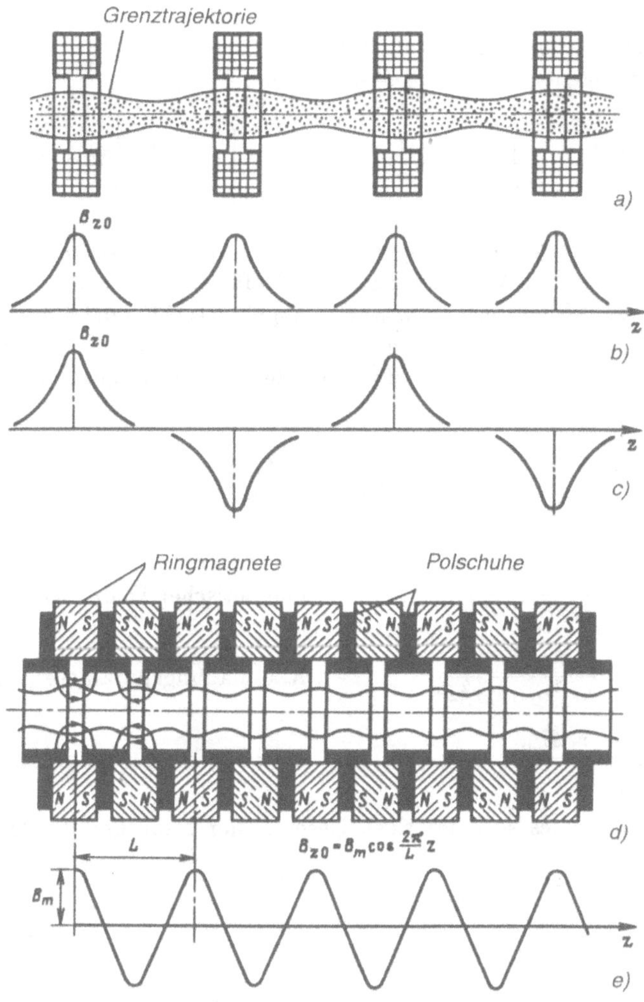

Bild 7.9: Periodische magnetisch fokussierende Systeme und entsprechende B-Kurven: a,b,c – Systeme mit Elektromagneten; d,e – Systeme mit Ringpermanentmagneten

Periodische Systeme mit kosinusartigen Verteilungen des magnetischen Feldes [124, 126]. Unter den periodisch fokussierenden Systemen haben Permanentmagnetsysteme die größte praktische Bedeutung, bei denen die Felder benachbarter Sektionen entgegengesetzt gerichtet sind (Bild 7.9d). Die axiale Magnetfeldverteilung wird für für die Mehrzahl solcher Systeme mit einem kosinusartigen Gesetz mit L als Systemperiode beschrieben:

$$B_{z0} = B_m \cos \frac{2\pi}{L} z \, .$$

Die Verwendung eines derartigen Fokussierungssystems ermöglicht es, die Masse und die Abmaße des Systems im Vergleich zu fokussierenden Systemen mit homogenen Feldern beträchtlich zu senken.

In der paraxialen Näherung wird die Bewegung der Randteilchen in einem periodischen System über die folgende Gleichung beschrieben:

$$\dot{z}^2 \frac{d^2 r}{dz^2} - \frac{|e| I}{2\pi\varepsilon_0 m r \dot{z}} + \frac{1}{4}\left(\frac{e}{m}\right)^2 B_{z0}^2 r \left[1 - \left(\frac{r_k^2 B_{z0k}}{r^2 B_{z0}}\right)^2\right] = 0 \, .$$

Diese Gleichung werde in eine Form überführt, wie sie gewöhnlich in der Theorie der periodischen Fokussierung Verwendung findet. Dafür werden die normalisierten Variablen $R = r/r_0$, $Z = 2\pi z/L$ und $b(z) = B_{z0}/B_m$ eingeführt. Als normierende Größen werden hier verwendet: r_0 - Anfangsradius des Strahls beim Eintritt in den regulären Teil des fokussierenden Systems ($z = 0$); L - Feldperiode; B_m - Feldamplitude.

Nach einfachen Transformationen folgt

$$\frac{d^2 R}{dZ^2} + 2\alpha b^2(Z) R - \frac{2\alpha G}{R^3} - \frac{\beta}{R} = 0 \qquad (7.35)$$

mit

$$\alpha = \frac{1}{32\pi^2}\left(\frac{e}{m}\right)^2 \frac{B_m^2 L^2}{\dot{z}^2} \quad \text{– magnetischer Feldparameter;}$$

$$\beta = \frac{1}{8\pi^3 \varepsilon_0} \frac{|e|}{m} \frac{I L^2}{r_0^2 \dot{z}^3} \quad \text{– Raumladungsparameter;}$$

$$G = \frac{r_k^4 B_{z0k}^2}{r_0^4 B_m^2} \quad \text{– Kathodenabschirmkoeffizient.}$$

Unter Annahme eines kosinusartigen Gesetzes der Änderung des Magnetfeldes

$$B_{z0} = B_m \cos\frac{2\pi z}{L} = B_m \cos Z$$

wird

$$b_z = \frac{B_{z0}}{B_m} = \cos Z$$

erhalten. Wird dieser Ausdruck in (7.35) eingesetzt, ergibt sich eine Gleichung, die die Trajektorie eines Randteilchens im periodischen Magnetfeld beschreibt:

$$\frac{d^2 R}{dZ^2} + \alpha(1 + \cos 2Z) R - \frac{2\alpha G}{R^3} - \frac{\beta}{R} = 0 \, . \qquad (7.36)$$

Diese nichtlineare Differentialgleichung kann im allgemeinen Fall nur numerisch integriert werden.

Ergebnisse der numerischen Auswertung. Ergebnisse der in [126] angegebenen numerischen Integration der nichtlinearen Differentialgleichung (7.36) führen zu den im folgenden dargestellten Ergebnissen. Es existiert ein optimales Verhältnis zwischen den Parametern α, β und G, bei denen die Pulsation der Randteilchen minimal ist. In der

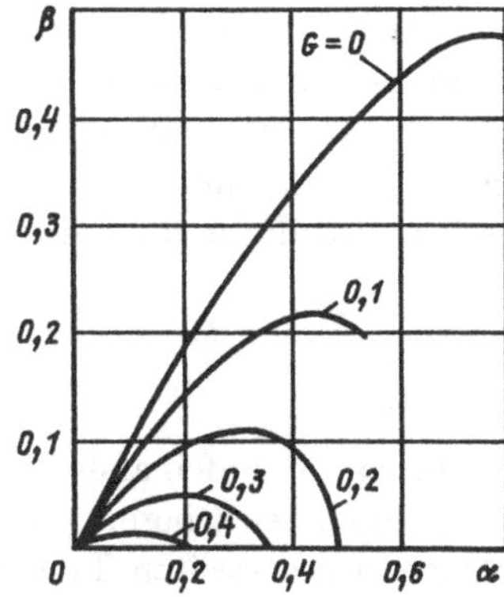

Bild 7.10: Grafik zur Berechnung von Parametern der periodischen Fokussierung im Regime minimaler Pulsationen

großen Mehrzahl der Fälle genügt die minimale Pulsation einem einfachen periodischen Gesetz:

$$R = (1 - a) + a\cos 2Z$$

mit $(1 - a)$ – mittlerer normalisierter Radius und a – normalisierte Amplitude. Die Verhältnisse zwischen α, β und G, bei denen die Pulsationen minimal sind, werden durch die Kurven in Bild 7.10 charakterisiert. Relative Werte $\Delta = a/(1-a)$ der Amplitude der Pulsationen werden in Abhängigkeit von α und G in Bild 7.11 angegeben.

Stabilität periodischer Regime. Eine minimale Pulsation wird für optimale Verhältnisse zwischen den Parametern α, β und G und für optimale Bedingungen des Strahleintritts realisiert: $R_0 = 1, (dR/dZ)_0 = 0$. Weichen die Anfangsbedingungen von den optimalen Bedingungen ab, treten zusätzliche Störungen der Randteilchentrajektorien auf. Diese Störungen können entweder mit wachsender Koordinate Z anwachsen oder begrenzt bleiben. Im ersten Fall wird das periodische Fokussierungsregime mit ungestörten Anfangsbedingungen instabil.

Die Untersuchung der Stabilität periodischer Fokussierungsregime bei gestörten Anfangsbedingungen und bei Abweichungen der Systemparameter von den optimalen erfolgt über die Linearisierung der Ausgangsgleichung der Randtrajektorie und über die Analyse

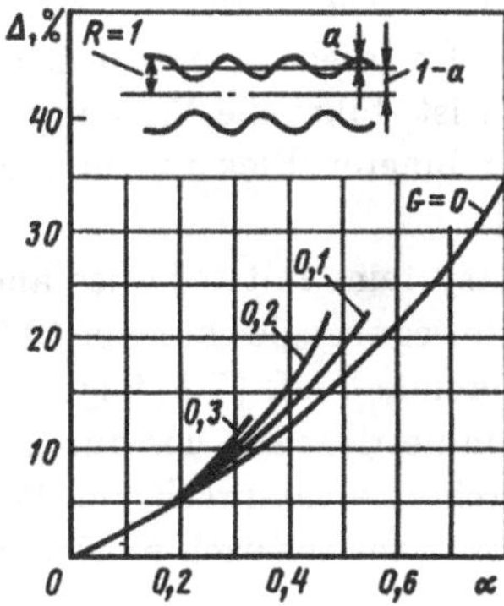

Bild 7.11: Grafik zur Berechnung der Pulsation der Strahlgrenze unter optimalen Bedingungen

ihrer Lösungen. Die linearisierte Gleichung für die Grenztrajektorien ist eine inhomogene Differentialgleichung (Mathieusche Differentialgleichung). Das Studium ihrer allgemeinen Lösung ermöglicht es, die Bedingungen für die Stabilität periodisch fokussierender Systeme zu bestimmen. Es zeigt sich, daß in Abhängigkeit von den Werten der Parameter α, β und G des fokussierenden Systems mehrere stabile Bereiche möglich sind. Die Bedingung für ein fokussierendes System im ersten Stabilitätsbereich wird durch die folgende Gleichung bestimmt [5]:

$$\alpha \leq \frac{0,4}{1+1,6\,G} \,.$$

Periodisches Linsensystem. Ein solches System wird durch die Aufeinanderfolge sammelnder Magnetlinsen auf der Strahlachse in Form von permanenten Ringmagneten oder Solenoiden mit Magnetschirmen gebildet. Ein Magnetsystem des zweiten Typs ist in Bild 7.9a dargestellt. Die Methodik der numerischen Berechnung derartiger Linsensysteme wird in § 7.5 beschrieben.

7.3 Systeme zur Fokussierung hohler (röhrenförmiger) axialsymmetrischer Strahlen

Besonderheiten der Fokussierung hohler Strahlen. Die Besonderheit der Fokussierung eines Hohlstrahls, der sich im von äußeren elektrischen Feldern freien Raum ausbreitet, besteht darin, daß die durch die Raumladung erzeugte Feldstärke an der inneren Strahlgrenze gleich Null ist.

Davon kann man sich leicht durch die Anwendung des Gaußschen Theorems auf das Volumen überzeugen, welches durch die innere Strahloberfläche $S_{\mathrm{inn.}}$ begrenzt wird. Da dieses Volumen keine Ladungen enthält, gilt

$$\int\limits_{S_{\mathrm{inn.}}} E_r \, dS = 0 \,,$$

was bei strenger Axialsymmetrie der Elektroden mit Notwendigkeit zu $E_r = 0$ auf der inneren Strahlgrenze führt.

Praktisch bedeutet dies, daß die Fokussierung eines solchen Strahls im Magnetfeld bei abgeschirmter Kathode nicht zu realisieren ist, da hier die magnetische Kraft im gesamten Volumen des Magnetfeldes zur Symmetrieachse gerichtet ist. Da in einem hohlen Strahl das Feld der Raumladung auf der inneren Strahlgrenze Null ist, führt die Wirkung der nichtkompensierten Fokussierungskraft zur Kompression der inneren Elektronenbahnen und zur Umwandlung des Hohlstrahls in einen vollen Strahl.

Daher werden zur Fokussierung von Hohlstrahlen Magnetsysteme mit teilweise abgeschirmten Kathoden verwendet. Wie aus den allgemeinen Bewegungsgleichungen (3.21) und (3.23) und aus dem Ausdruck für die magnetisch fokussierende Kraft (7.1) folgt, wird die fokussierende Kraft Null bei einem Abstand von der Symmetrieachse, der durch die Beziehungen $\Psi^2 = \Psi_k^2$ oder $\pi^2 r^4 B_z^2 = \Psi_k^2$ bestimmt ist. Durch eine entsprechende Wahl des magnetischen Flusses Ψ_k kann somit eine Gleichgewichts- oder schwach pulsierende Bewegung der inneren Grenzteilchen erreicht werden.

Gleichgewichtshohlstrahl. Im Rahmen der hydrodynamischen Näherung wird die Strahlbewegung in regulären Bereichen eines homogenen Magnetfeldes durch das folgende Gleichungssystem beschrieben:

$$\ddot{r} = -\frac{e}{m}\frac{\partial U}{\partial r} - \frac{1}{4}\left(\frac{e}{m}\right)^2 B^2 r \left(1 - \frac{\Psi_k^2}{\pi^2 r^4 B^2}\right) ; \tag{7.37}$$

$$\ddot{z} = -\frac{e}{m}\frac{\partial U}{\partial z} ; \tag{7.38}$$

$$\dot{\Theta} = -\frac{1}{2\pi}\frac{e}{m}\frac{\pi r^2 B - \Psi_k}{r^2} ; \tag{7.39}$$

$$\frac{1}{r}\frac{\partial}{\partial r}\left(r\frac{\partial U}{\partial r}\right) + \frac{\partial^2 U}{\partial z^2} = -\frac{\varrho}{\varepsilon_o} ; \tag{7.40}$$

$$\mathrm{div}\varrho\vec{v} = \frac{\partial}{\partial r}(\varrho\dot{r}) + \frac{\partial}{\partial z}(\varrho\dot{z}) . \tag{7.41}$$

Es werde eine partielle Lösung dieses Gleichungssystems gesucht, die einer Gleichgewichtsbewegung des Strahls ($\ddot{r} = \ddot{z} = 0$) entspricht. Eine notwendige Bedingung dafür ist die Balance der radialen Kräfte:

$$\frac{\partial U}{\partial r} = -\frac{1}{4}\frac{e}{m} B^2 r \left(1 - \frac{\Psi_k^2}{\pi r^4 B^2}\right) . \tag{7.42}$$

Da $\dot{r} = 0$ gilt, führt (7.41) zu $\partial(\varrho\dot{z})/\partial z = 0$. Diese Gleichung wird mit $\varrho(z) = \mathrm{const}$ und $\dot{z}(z) = \mathrm{const}$ befriedigt. Die letzte der beiden Bedingungen führt entsprechend (7.38) zu $\partial U/\partial z = 0$. Somit vereinfacht sich Gleichung (7.40) und erhält die Form

$$\frac{1}{r}\frac{\partial}{\partial r}\left(r\frac{\partial U}{\partial r}\right) = -\frac{\varrho}{\varepsilon_0} , \tag{7.43}$$

was mit der Bedingung $\varrho(z) = \mathrm{const}$ vereinbar ist.

Durch Elimination von $\partial U/\partial r$ aus (7.43) ergibt sich die allgemeine Gleichung für die Kräftebalance

$$\frac{4m}{\varepsilon_0 e}\int_{r_{\mathrm{inn.}}}^{r} r\varrho(r)\,dr = r^2 B^2 \left(1 - \frac{\Psi_k^2}{\pi^2 r^4 B^2}\right) , \tag{7.44}$$

wobei als untere Integrationsgrenze der innere Radius des Hohlstrahls verwendet wird. Es sei bemerkt, daß diese Gleichung für alle Teilchenschichten gelten muß, die sich in verschiedenen Abständen von der Symmetrieachse bewegen. Für Teilchen die die innere Grenze bilden ($r = r_{\mathrm{inn.}}$), folgt diese aus

$$\Psi_{k,\mathrm{inn.}}^2 = \pi^2 r_{\mathrm{inn.}}^4 B^2 . \tag{7.45}$$

Weiter sollen einige partielle Lösungen der Gleichung für die Kräftebalance betrachtet werden, die zu verschiedenen Fokussierungsschemata für Hohlstrahlen führen.

a) $\boldsymbol{\Psi_k} = \mathbf{const.}$ Dieser Fall entspricht einem Fokussierungsschema, bei dem die Konstanz für Ψ_k für alle den Strahl bildende Schichten geladener Teilchen gewährleistet wird:

$$\Psi_k = \Psi_{k,\mathrm{inn.}} = \pi r_{\mathrm{inn.}}^2 B^2 = \mathrm{const} . \tag{7.46}$$

Durch Einsetzen von Gleichung (7.46) in (7.44) und durch das Auflösen der letzteren Gleichung nach $\varrho(r)$ ergibt sich

$$\varrho(r) = \frac{1}{2}\,\varepsilon_0\,\frac{e}{m}\,B^2\left(1+\frac{r_{\mathrm{inn.}}^4}{r^4}\right) .$$

Entsprechend muß für die Realisierung eines Gleichgewichtsstrahls bei $\Psi_k = \mathrm{const}$ eine inhomogene Verteilung der Raumladungsdichte über den Strahlquerschnitt vorliegen.

b) $\mathbf{\Psi_k = Cr}$. In diesem Fall ist Ψ_k eine lineare Funktion des Abstandes der Gleichgewichtsschicht von der Symmetrieachse. Die Konstante C wird aus (7.45) gefunden: $\Psi_{k,\mathrm{inn.}}^2 = (Cr_{\mathrm{inn.}})^2 = \pi^2 r_{\mathrm{inn.}}^4 B^2$, was $C = \pi r_{\mathrm{inn.}} B$ liefert. Damit gilt

$$\Psi_k = Cr = \pi r_{\mathrm{inn.}} r B . \tag{7.47}$$

Nach Einsetzen von (7.47) in (7.44) folgt

$$\frac{4m}{\varepsilon_0 e}\int\limits_{r_{\mathrm{inn.}}}^{r} r\varrho(r)\,dr = r^2 B^2\left(1-\frac{\pi^2 r_{\mathrm{inn.}}^2 B^2 r^2}{\pi^2 r^4 B^2}\right)$$

beziehungsweise

$$\frac{4m}{\varepsilon_0 e}\int\limits_{r_{\mathrm{inn.}}}^{r} r\varrho(r)\,dr = B^2(r^2 - r_{\mathrm{inn.}}^2) ,$$

woraus

$$\varrho = \frac{1}{2}\,\varepsilon_0\,\frac{e}{m}\,B^2 = \mathrm{const}$$

folgt,

Damit kann für $\Psi_k = Cr$ ein Gleichgewichtsstrahl bei $\varrho = \mathrm{const}$ realisiert werden.

$\mathbf{\Psi_k}$ = const – Quasigleichgewichtsstrahl [127]. Die exakte Kräftebalance wird in diesem Fall nur an den inneren und äußeren Strahlgrenzen erfüllt. Die Bewegung der inneren Schichten erfolgt unter der Einwirkung nichtausbalancierter Radialkräfte, durch die die Schichten in radialer Richtung versetzt werden können. In vergleichsweise kurzen Strahlen gelingt es den Teilchen jedoch nicht, über die Strahlgrenzen hinauszugelangen und der Strahl bewahrt seine richtige Konfiguration über seine gesamte Länge.

Die Gleichgewichtsbedingung für die Teilchen, die die innere Strahlgrenze bilden, wird wie in den vorangegangenen Fällen durch die Gleichung $\Psi_{k,\mathrm{inn.}}^2 = \pi^2 r_{\mathrm{inn.}}^4 B^2$ bestimmt. Zur Bestimmung der Bedingungen für die Kräftebalance an der äußeren Grenze ($r = r_{\mathrm{aus.}}$) werden $\Psi_k = \Psi_{k,\mathrm{inn.}} = \pi^2 r_{\mathrm{inn.}}^2 B^2$ und $r = r_{\mathrm{aus.}}$ in Gleichung (7.44) eingesetzt:

$$\frac{2m}{\varepsilon_0 e\pi}\int\limits_{r_{\mathrm{inn.}}}^{r_{\mathrm{aus.}}} 2\pi r\varrho(r)\,dr = r_{\mathrm{aus.}}^2 B^2\left(1-\frac{r_{\mathrm{inn.}}^4}{r_{\mathrm{aus.}}^4}\right) . \tag{7.48}$$

Das auf der linken Seite stehende Integral ist numerisch gleich der Ladung q_1, die sich in einen Strahlabschnitt einheitlicher Länge befindet. Diese Ladung kann näherungsweise durch den Strom und die mittlere longitudionale Geschwindigkeit des Strahls ausgedrückt werden:

$$\int\limits_{r_{\mathrm{inn.}}}^{r_{\mathrm{aus.}}} 2\pi r\varrho(r)\,dr = q_1 \approx \frac{I}{\dot{z}} .$$

Wird dieser Ausdruck in (7.48) eingesetzt, folgt die Bedingung für eine Gleichgewichtsbewegung an der äußeren Strahlgrenze:

$$B^2 = \frac{2I}{\varepsilon_0 \left(\frac{|e|}{m}\right) \pi r_{\text{aus.}}^2 \left(1 - \frac{r_{\text{inn.}}^4}{r_{\text{aus.}}^4}\right) \dot{z}} .$$

Wird näherungsweise

$$\dot{z} \approx \sqrt{\frac{2|eU_a|}{m}}$$

mit U_a als Potential der den Strahl umgebenden Elektrode angenommen, ergibt sich

$$B^2 = \frac{2I}{\varepsilon_0 \left(\frac{|e|}{m}\right) \pi r_{\text{aus.}}^2 \left(1 - \frac{r_{\text{inn.}}^4}{r_{\text{aus.}}^4}\right) \sqrt{\frac{2|eU_a|}{m}}} .$$

Für einen Elektronenstrahl folgt nach der Einsetzung der Zahlenwerte der eingehenden Konstanten (in Gauss, wenn die linearen Abmaße in Zentimetern, der Strom in Ampere und die Spannung in Volt ausgedrückt werden):

$$B = \frac{830}{r_{\text{aus.}} \left(1 - \frac{r_{\text{inn.}}^4}{r_{\text{aus.}}^4}\right)} \frac{I^{1/2}}{U_a^{1/4}} . \tag{7.49}$$

Weiter sollen Fragen betrachtet werden, die mit der Einführung eines hohlen Strahls in ein homogenes Feld verbunden sind. In Bild 7.12 werden Systeme gezeigt, die im Prinzip für die Formierung und für die Einführung hohler Strahlen in einen regulären Bereich eines homogenen Feldes für das Fokussierungsschema $\Psi = \text{const}$ verwendet werden können. In den Systemen auf den Bildern 7.12a und 7.12b [128, 129] ist der die Kathode durchdringende magnetische Fluß gleich dem Fluß, der durch den inneren Eisenkern fließt. Es ist offensichtlich, daß in diesem Fall Ψ_k für alle den Strahl bildende Teilchen gleich ist. Der Unterschied der betrachteten Systeme besteht in den Besonderheiten der Strahleinführung in den Bereich homogenen Feldes.

Bei dem in Bild 7.12a angegebenen System treten die die innere Strahlgrenze bildenden Teilchen in das homogene Feld ein, ohne die Magnetfeldlinien zu kreuzen. Dies hat zur Folge, daß die azimutale Geschwindigkeit der Teilchen Null ist und diese in Bereichen homogenen Feldes ihre Bewegung parallel zur Symmetrieachse fortsetzen, ohne mit dem magnetischen Feld zu wechselwirken.

Die anderen den Strahl bildenden Teilchen erhalten auf ihren Weg von der Kathode in den Bereich homogenen Feldes Azimutalgeschwindigkeiten, die von ihren Radialkoordinaten abhängen, und werden so im weiteren durch das Magnetfeld fokussiert.

Im System gemäß Bild 7.12b erhalten die Teilchen des Strahls beim Durchgang durch den Spalt des Eisenkerns azimutale Anfangsgeschwindigkeiten, die durch die Relation

$$\dot{\Theta} = \frac{e}{2\pi m} \frac{\Psi_k}{r^2}$$

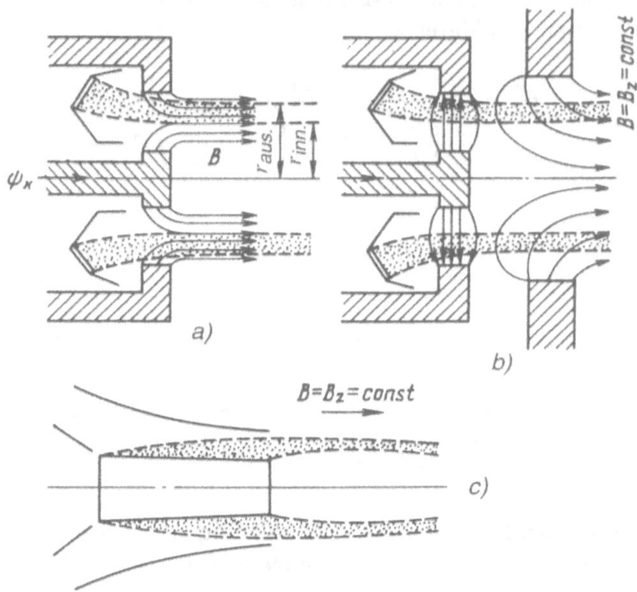

Bild 7.12: Systeme zur Formierung und Einführung eines hohlen Strahls in den Bereich homogenen Feldes bei der Fokussierung nach dem Schema $\Psi_k = \text{const}$

bestimmt werden. Bei der Bewegung in der Übergangszone, die dem regulären Bereich homogenen Feldes vorausgeht, erhalten die Teilchen einen weiteren Zuwachs an Azimutalgeschwindigkeit, deren Vorzeichen von der gegenseitigen Ausrichtung der Flüsse Ψ_k und Ψ abhängt. Die resultierende azimutale Teilchengeschwindigkeit beim Eintritt in das homogene Feld bestimmt sich, abgeleitet aus dem Theorem von Busch, aus der Beziehung

$$\dot{\Theta} = -\frac{e}{2\pi m}\frac{\Psi - \Psi_k}{r^2} .$$

Besitzen Ψ und Ψ_k die gleichen Richtungen (gleiche Vorzeichen), wird die azimutale Geschwindigkeit $\dot{\Theta}$ für die Teilchen zu Null, die sich im homogenen Feld auf Achsabständen bewegen, für die $\pi r^2 B = \Psi_k$ gilt. Bei entgegengesetzt gerichteten Ψ und Ψ_k unterscheidet sich die Winkelgeschwindigkeit für alle Teilchen von Null, aber die Kräftebalance muß auch in diesem Fall erfüllt sein, da die Balancegleichung die Quadrate von B und Ψ_k enthält. Lediglich der Balancemechanismus wird ein anderer als im vorangegangenen Fall sein.

Die Bedingung $\Psi_k = \text{const}$ wird näherungsweise für eine Magnetronkanone mit kleiner konusförmiger Kathode (Bild 7.12c) unter der Bedingung erfüllt, daß die Kanone sich im Bereich homogenen Feldes befindet.

Die Fokussierung eines Hohlstrahls nach dem Schema $\Psi_k = Cr$ erfordert seine Formierung in Kanonenbereichen mit inhomogenen Magnetfeld, welches durch ein entsprechendes Gesetz für die Induktion im Kathodenbereich beschrieben wird. Wird angenommen, daß die radialen Teilchenkoordinaten in den Bereichen homogenen Feldes und an der Kathode linear verknüpft sind, d.h. $r = C_1 r_k$, dann ändert sich die Längskomponente der magnetischen Induktion im Kathodenbereich gemäß $B_{zk} = C_2/r_k$ mit C_2 als Konstante. Die Realisierung eines solchen Feldes erweist sich im allgemeinen aber als problematisch.

Pulsationen der äußeren und inneren Hohlstrahlgrenzen. Bei Verletzung der Bedingungen für die Gleichgewichtsbewegung vollführen die Strahlteilchen eine radiale Bewegung, die durch Pulsationen der inneren und äußeren Strahlgrenzen charakterisiert ist. Die äußere Grenztrajektorie des Hohlstrahls wird durch eine zu (7.15) analoge Gleichung bestimmt, da es im Rahmen der verwendeten Näherung gleichgültig ist, wie die Raumladung innerhalb des Strahls verteilt ist. Bei Einführung des Radius $R = r/r_b$ mit r_b als Brillouinscher Grenzradius

$$r_b = \frac{1}{B_z}\left(\frac{2I}{\frac{|e|}{m}\varepsilon_0\pi\sqrt{2\frac{|eU_a|}{m}}}\right)^{1/2}$$

ergibt sich die normalisierte Trajektoriengleichung:

$$\frac{\dot{z}^2}{\omega_L^2}\frac{d^2R}{dz^2} - \frac{1}{R} + R\left(1 - \frac{R_{g,\text{aus.}}^4}{R^4}\right) = 0\,. \tag{7.50}$$

Hier bedeutet $R_{g,\text{aus.}}$ den normierten Radius, der den Magnetfeldfluß an der Kathode für die äußerste Trajektorie charakterisiert:

$$R_{g,\text{aus.}} = \frac{r_{g,\text{aus.}}}{r_b}\ ; \quad r_{g,\text{aus.}}^2 = \frac{\Psi_{k,\text{aus.}}}{\pi B}\,.$$

Gleichung (7.50) beschreibt nichtlineare Schwingungen der Grenztrajektorie der Teilchen bezüglich des Gleichgewichtsradius $R_{e,\text{aus.}}$:

$$R_{e,\text{aus.}}^2 = \left(1 - \frac{R_{g,\text{aus.}}^4}{R_{e,\text{aus.}}^4}\right)^{-1}\,.$$

Die entsprechende linearisierte Gleichung hat die Form:

$$\frac{d^2\delta}{dz^2} + \frac{2\omega_L^2}{\dot{z}^2}\left(1 + \frac{R_{g,\text{aus.}}^4}{R_{e,\text{aus.}}^4}\right)\delta = 0$$

mit

$$\delta = \frac{R - R_{e,\text{aus.}}}{R_{e,\text{aus.}}}\,.$$

Unter Berücksichtigung der Anfangsbedingungen bei $z = 0$

$$\delta = \delta_0 = \frac{R_0 - R_{e,\text{aus.}}}{R_{e,\text{aus.}}}\ ; \quad \frac{d\delta}{dz} = \left(\frac{d\delta}{dz}\right)_0 = \frac{1}{R_{e,\text{aus.}}}\left(\frac{dR}{dz}\right)_0$$

folgt als Lösung dieser Gleichung mit $\alpha = (1 + R_{g,\text{aus.}}^4/R_{e,\text{aus.}}^4)^{1/2}$

$$\delta = \delta_0 \cos\sqrt{2}\,\alpha\omega_L\frac{z}{\dot{z}} + \frac{\dot{z}}{\sqrt{2}\,\alpha\omega_L}\left(\frac{d\delta}{dz}\right)_0 \sin\sqrt{2}\,\alpha\omega_L\frac{z}{\dot{z}}\,.$$

Die Pulsation der äußeren Grenztrajektorie erfolgt mit einer Frequenz $\sqrt{2}\,\alpha\omega_L$, wobei die Amplitude der Pulsation von den Bedingungen des Strahleintritts in den Bereich homogenen Feldes ($z = 0$) abhängt.

Die Gleichung für die innere Grenztrajektorie wird erhalten, wenn in (7.50) das die Wirkung der Raumladung berücksichtigende Glied $1/R$ vernachlässigt und $R_{g,\text{aus.}}$ durch $R_{g,\text{inn.}}$ ersetzt wird, den normierten Radius, der den Fluß des Feldes durch die Kathode für die inneren Trajektorien charakterisiert:

$$\frac{\dot{z}^2}{\omega_L^2}\frac{d^2R}{dz^2} + R\left(1 - \frac{R_{g,\text{inn.}}^4}{R^4}\right) = 0\,. \tag{7.51}$$

Hieraus folgt, daß für den Gleichgewichtsradius der inneren Grenztrajektorie $R_{e,\text{inn.}} = R_{g,\text{inn.}}$ gilt. Wird der Radius R über $R = R_{e,\text{inn.}}(1+\delta)$ mit $\delta \ll 1$ ausgedrückt und eine Linearisierung von (7.51) vollzogen, ergibt sich eine die Pulsation der inneren Grenze beschreibende Gleichung:

$$\frac{d^2\delta}{dz^2} + 4\,\frac{\omega_L^2}{\dot{z}^2}\,\delta = 0\,.$$

Diese Gleichung hat die Lösung

$$\delta = \delta_0 \cos 2\omega_L \frac{z}{\dot{z}} + \frac{\dot{z}}{2\omega_L}\left(\frac{d\delta}{dz}\right)_0 \sin 2\omega_L \frac{z}{\dot{z}}\,,$$

wobei δ_0 und $(d\delta/dz)_0$ die Anfangsbedingungen für die inneren Trajektorien beim Eintritt in den homogenen Feldbereich angeben.

Es ist wichtig zu bemerken, daß die Pulsationsfrequenz der inneren Trajektorien sich von der Pulsationsfrequenz der äußeren Trajektorien unterscheidet und gleich der Zyklotronfrequenz $\omega = 2\omega_L = \omega_c$ ist.

Reversive und periodische Fokussierung hohler Strahlen. Für die Fokussierung von Hohlstrahlen können im Prinzip reversive oder periodisch fokussierende Systeme angewandt werden. Wie im weiter oben betrachteten Fall eines homogenen Feldes erfordert die Fokussierung dieser Flüsse die Einführung eines Magnetfeldes in den Kathodenbereich. Dieser Umstand führt zu einer Reihe prinzipieller und konstruktiver Schwierigkeiten. Daher wurden bisher reversive und periodische Magnetsysteme zur Fokussierung von Hohlstrahlen praktisch nicht angewandt.

7.4 Systeme zur Fokussierung bandförmiger Elektronenstrahlen

Systeme mit homogenem Feld [16]. Es werde angenommen, daß der Teilchenstrahl durch eine Kanone formiert werde, deren Kathode im allgemeinen Fall von einem gewissen magnetischen Fluß durchflossen wird und der in die Zone homogenen Feldes ($B = B_z$) in der Ebene $z = 0$ eintritt. Um Randeffekte vernachlässigen zu können, sei die Strahlbreite (Abmessung in x-Richtung) wesentlich größer als seine Dicke (Bild 7.13).

In kartesischen Koordinaten x, y, z haben die Bewegungsgleichungen für den genannten Fall die Form:

$$\ddot{y} = \frac{e}{m}\,E_y - \frac{e}{m}\,\dot{x}B\,; \tag{7.52}$$

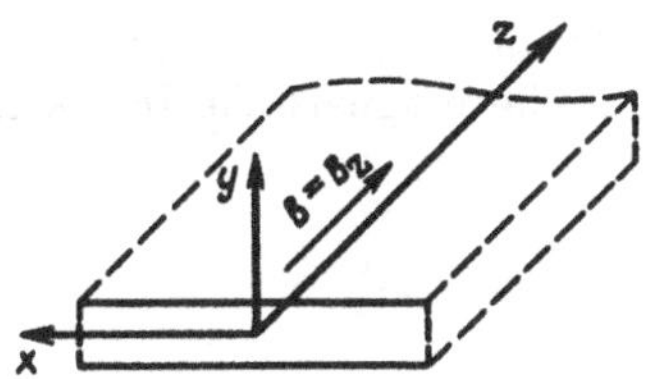

Bild 7.13: Bandförmiger Strahl im homogenen Magnetfeld

$$\dot{x} = -\frac{e}{m}(\Psi - \Psi_k) \; ; \tag{7.53}$$

$$\ddot{z} = 0 \qquad \left(\dot{z} \approx \sqrt{2\frac{|eU_a|}{m}}\right) \tag{7.54}$$

mit $B = B_z$ als magnetische Induktion des homogenen Feldes, Ψ als magnetischen Fluß durch die für die zur z-Achse senkrechte Fläche, welche einheitliche Abmessungen längs der x-Achse und eine Abmessung längs der y-Achse habe, die der aktuellen Teilchenkoordinate entspricht, Ψ_k als magnetischen Fluß durch eine zur z-Achse senkrechte Fläche, die einheitliche Abmessungen längs der x-Achse und eine Abmessung längs der y-Achse habe, die der Teilchenkoordinate an der Kathode y_k entspreche und E_y als Komponente des elektrischen Feldes der Raumladung, die durch die Gleichung

$$E_y = \pm\frac{I_1}{2\varepsilon_0 \dot{z}} \tag{7.55}$$

mit I_1 als Strom auf der Einheitslänge des Flusses beschrieben wird. Die Feldkomponenten E_x und E_z werden zu Null angenommen.

Auf der Grundlage der Gleichungen (7.52) bis (7.55) kann die folgende paraxiale Gleichung für die Randtrajektorien erhalten werden:

$$\frac{d^2y}{dz^2} + \left(\frac{e}{m}\right)^2 \frac{B^2}{\dot{z}^2}\left(y - \frac{B_k}{B}\,y_k\right) - \frac{|e|I_1}{2\varepsilon_0 m \dot{z}^3} = 0 \; . \tag{7.56}$$

Wird $d^2y/dz^2 = 0$ angenommen, ergibt sich die Gleichgewichtskoordinate y_e, relativ zu der die Trajektorienschwingungen erfolgen:

$$y_e = y_b + \frac{B_k}{B}\,y_k \tag{7.57}$$

mit $y_b = mI_1/2\varepsilon_0|e|\dot{z}B^2$ als Gleichgewichtskoordinate (Brillouinsche Koordinate) für den Fall abgeschirmter Kathode und B_k als longitudionale Magnetfeldkomponente an der Kathode.

Die Lösung der Gleichung (7.56), die die Grenztrajektorien in der Ebene y, z beschreibt, hat die folgende Form:

$$y = y_e + \delta \tag{7.58}$$

mit

$$\delta = (y_0 - y_e)\cos\omega_c\frac{z}{\dot{z}} + \left(\frac{dy}{dz}\right)_0 \frac{\dot{z}}{\omega_c}\sin\omega_c\frac{z}{\dot{z}} \; . \tag{7.59}$$

Im allgemeinen Fall pulsiert die Strahlgrenze bezüglich der Gleichgewichtskoordinate y_e. Die Pulsation tritt nicht bei optimalen Strahlbedingungen für $y_0 = y_e$ und $(dy/dz)_0 = 0$ auf. Die für den Erhalt eines Gleichgewichtsflusses erforderliche magnetische Induktion folgt aus

$$B^2 = \frac{mI_1}{\left(1 - \sqrt{G}\right) 2y_e\varepsilon_0|e|\dot{z}}$$

mit

$$G = \left(\frac{B_k\, y_k}{B\, y_e}\right)^2$$

als Kathodenabschirmkoeffizient.

Verschiebung von Teilchen in der (x, z)-Ebene. Neben der Strahlteilchenbewegung in der y, z-Ebene tritt eine Verschiebung dieser Teilchen in der xz-Ebene auf. Die Geschwindigkeitskomponente $\dot{x}$ der Elektronen wird unter Berücksichtigung der Gleichungen (7.53), (7.57), (7.58) und (7.59) in der Form

$$\dot{x} = -\frac{e}{m} By_b - \frac{e}{m} B\delta$$

geschrieben, wobei δ aus Gleichung (7.59) erhalten wird.

Es ist zu ersehen, daß die Geschwindigkeitskomponente $\dot{x}$ eine variable und eine konstante (nicht von z abhängige) Komponente besitzt. Letztere Komponente bestimmt die Verschiebung (Drift) der Teilchen in x-Richtung; sie erhielt die Bezeichnung Driftgeschwindigkeit. Ihr Wert ist der Gleichgewichtskoordinate (Brillouinschen Koordinate) der Grenzfrequenz proportional. Es kann gezeigt werden, daß die Driftgeschwindigkeiten der inneren Strahlteilchen ebenfalls ihren Gleichgewichtskoordinaten proportional sind und für unterschiedliche Teilchenschichten verschieden sind. Insbesondere gilt, daß für die zentrale Schicht ($y = 0$) die Geschwindigkeit Null ist. Die Driftgeschwindigkeit ändert ihre Richtung beim Durchtritt durch die mittlere Strahlebene ($y = 0$). Die genannten Besonderheiten der Verschiebung von Teilchen in der Ebene (xz) weisen auf mögliche Deformationen des Strahlquerschnittes infolge der Verschiebung von Strahlschichten hin.

Systeme mit periodischen Magnetfeld. Ein periodisches Magnetsystem mit kosinusartiger Verteilung des Magnetfeldes $B_z = B_m \cos(2\pi L/z)$ wurde in [130] betrachtet. Dabei wurden Bedingungen für eine optimale Fokussierung gefunden, die eine minimale Pulsation des Flusses gewährleistet und es wurden die Stabilität periodischer Regime und die entsprechenden Stabilitätsbedingungen untersucht. Insbesondere ist für fokussierende Systeme in der ersten Stabilitätszone die Erfüllung der Ungleichung

$$\frac{B_m L}{\sqrt{U_a}} < 24,5$$

mit B_m als Magnetfeldamplitude [Gauss], L als Periode des Systems [cm] und U_a als Beschleunigungsspannung [V] erforderlich.

7.5 Projektierung magnetisch fokussierender Systeme

Die Projektierung erfolgt gewöhnlich in zwei Etappen. In der ersten Etappe werden Programme genutzt, die auf einfachen mathematischen Modellen für Felder und Strahlen

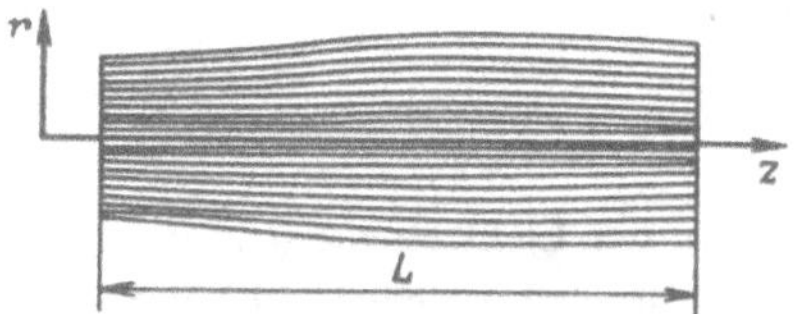

Bild 7.14: Verlauf von Elektronentrajektorien in der Ausgangsvariante einer Linse bei einer Spulenstromstärke von 556 A

basieren. Beispielsweise werden analytische Modelle, wie sie in § 3.6 und § 3.7 beschrieben wurden, zur Projektierung fokussierender (transportierender) periodischer Systeme auf der Basis abgeschirmter Solenoiden oder permanenter Ringmagnete genutzt. Für den Elektronenstrahl wird dabei ein laminares Modell und die Konzeption der Grenztrajektorien genutzt. Programme, die solche einfachen Modelle nutzen, benötigen keine hohe Computerleistung und werden daher auch als Programme zur *Expressanalyse* bezeichnet. Mit ihrer Hilfe können verschiedenste Varianten von Magnetsystemen modelliert und (in erster Näherung) deren grundlegende Parameter bestimmt werden: die geometrischen Abmaße, die Anregungsströme und die Materialien der Permanentmagnete.

In der zweiten Etappe erfolgt eine Präzisierung (Korrektur) der erhaltenen Ergebnisse mit Programmen, die auf anspruchsvolleren Modellen der Beschreibung von Feldern und Strahlen basieren, in denen die Eigenschaften der magnetischen Materialien, die Sättigung der Weicheisenabschirmungen und diskrete Modelle von Elektronenstrahlen Berücksichtigung finden.

Als Beispiel werde der Korrekturprozeß der Anregung einer magnetischen Linse für ein periodisches System mit abgeschirmten Solenoiden bei den folgenden Strahlparametern betrachtet: Perveanz $P = 0,8\ \mu\text{A}\,\text{V}^{-3/2}$; Beschleunigungsspannung $U_a = 6{,}5$ kV; Systemperiode $L = 96$ mm und minimaler Strahlradius $r_{\text{min}} = 6$ mm. In Bild 7.14 sind Ergebnisse der Trajektorienanalyse der Ausgangsvariante für die magnetische Linse gezeigt, die mit einem Expressanalyseprogramm gefunden wurden. Der Spulenstrom der Linse beträgt in dieser Variante 556 A. Es ist ersichtlich, daß der Strahl bezüglich der Eintritts- und Austrittsbedingungen asymmetrisch und daß eine Korrektur der Linsenanregung erforderlich ist. Die bei der Korrektur erhaltenen Ergebnisse sind in Bild 7.15 dargestellt. Hier wird die Messung des Parameters β und die Ausgangsphasencharakteristik des Strahls bei einer Änderung der Linsenanregung dargestellt.

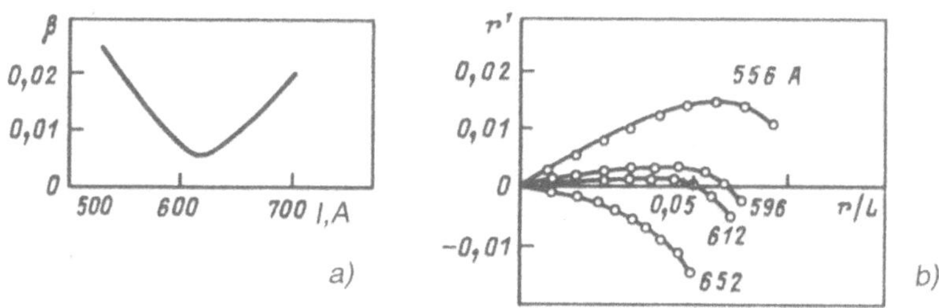

Bild 7.15: Änderung des Parameters β (a) und der Ausgangsphasencharakteristik (b) bei Änderung des Spulenstromstärke I der Linse

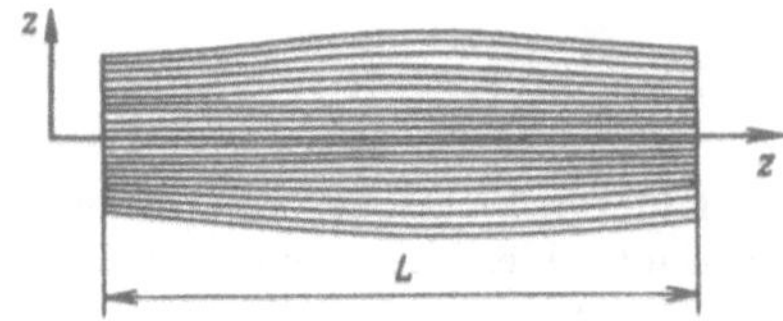

Bild 7.16: Verlauf der Elektronentrajektorien in der Linse bei einem optimalen Spulenstrom von 612 A

Der Parameter β charakterisiert die quantitative Abweichung der Ausgangsphasencharakteristik von der Eingangscharakteristik und es gilt:

$$\beta = \sum_{k=1}^{N} \alpha_k \left[\left(\frac{r_k - r_k^*}{L} \right)^2 + (r_k')^2 \right]^{1/2}$$

mit r_k und r_k^* als Radius der k-ten Trajektorie am Eingang und Ausgang der Linse, r_k' als Anstieg der k-ten Trajektorie am Linsenausgang, α_k als Wichtungskoeffizient, der den Anteil des allgemeinen Stromes berücksichtigt, der durch die k-te Trajektorie übertragen wird: $\alpha_k = I_k/I$. Der Anstieg der k-ten Trajektorie am Linseneingang wird zu Null angenommen, da hier die Strahltrajektorien als parallel zur z-Achse betrachtet werden.

Bild 7.15 zeigt das optimale Anregungsregime der Linse, das die größte Strahlsymmetrie bezüglich der Eingangs- und Ausgangsbedingungen gewährleistet (bei einem Spulenstrom von 612 A). Der Verlauf der Elektronentrajektorien in der Linse ist für dieses Regime in Bild 7.16 gezeigt. Nachdem die Geometrie und das Anregungsregime der einzelnen Linse gewählt wurde, erfolgt eine Trajektorienanalyse des gesamten Linsensystems.

Kapitel 8

Elektrostatisch fokussierende Systeme

8.1 Fokussierungssysteme für volle axialsymmetrische Strahlen

Parallele Gleichgewichtsstrahlen. Ein Parallelstrahl geladener Teilchen hoher Raumladungsdichte kann mit elektrostatischen Linsen realisiert werden, die nach dem Prinzip von Pierce [131] aufgebaut sind. Betrachtet werde ein unendlicher, breiter homogener Teilchenfluß, der durch einen Diodenzwischenraum trete, der von den Elektroden A_1 und A_2 gebildet wird, die gleiche Potentiale $U_1 = U_2 = U_a$ besitzen (Bild 8.1). Es werde angenommen, daß die Teilchen mit der Geschwindigkeit $v_z = v = \sqrt{2|e|U_a/m}$ eintreten und daß die Stromdichte j über den Querschnitt des Flusses konstant ist. In einem solchen Bereich erfolgt eine geradlinige Ausbreitung des Elektronenflusses. Das Potential innerhalb des Zwischenraums ändert ändert sich nur in z-Richtung gemäß

$$\frac{z}{d} = \sqrt{G}\left[\left(\frac{U}{U_m}\right)^{1/2} - 1\right]^{1/2}\left[\left(\frac{U}{U_m}\right)^{1/2} + 2\right] . \qquad (8.1)$$

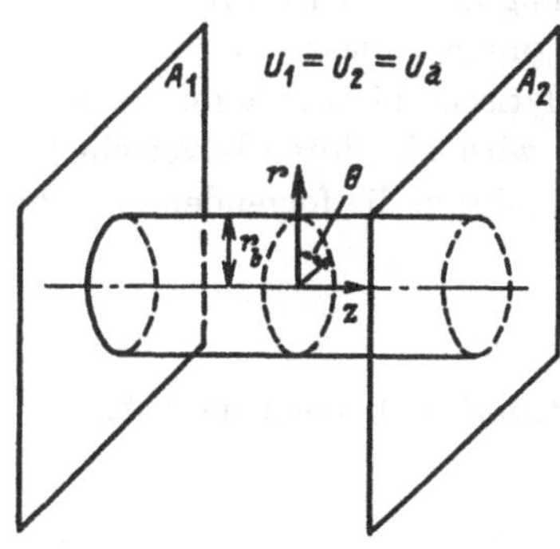

Bild 8.1: Paralleler axialsymmetrischer Teilchenstrahl

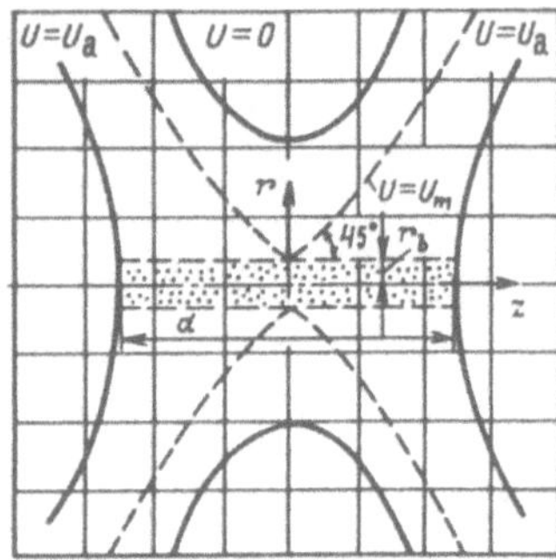

Bild 8.2: Elektrodengeometrie zur Formierung eines axialsymmetrischen Elektronenstrahls

Es gilt

$$G = \frac{4}{9}\varepsilon_0 \sqrt{2\frac{|e|}{m}} \, \frac{\left(\dfrac{U_m}{U_a}\right)^{3/2}}{\dfrac{jd^2}{U_a^{3/2}}}$$

mit U_a – Potential der Elektroden, die den Diodenzwischenraum bilden; U_m – Wert des Potentials im Zentrum des Zwischenraums; j – Stromdichte; d – Länge des Diodenzwischenraums.

Die Größe U_m hängt vom Parameter $jd^2/U_a^{3/2}$ ab und kann aus der Gleichung

$$\frac{16}{9}\varepsilon_0 \sqrt{2\frac{|e|}{m}} \left[1 - \left(\frac{U_m}{U_a}\right)^{3/2}\right] \left[1 + 2\left(\frac{U_m}{U_a}\right)^{1/2}\right] = \frac{jd^2}{U_a^{3/2}} \tag{8.2}$$

erhalten werden.

In transversale Richtung ist das Potential konstant und es gilt

$$\frac{\partial U}{\partial r} = 0\ ; \quad \frac{\partial U}{\partial \Theta} = 0\ . \tag{8.3}$$

Aus dem betrachteten Fluß werde ein zylindrischer Strahl mit dem Radius r_b herausgeschnitten und gemäß des Prinzips von Pierce werde die Wirkung des verworfenen Teils des Flusses durch eine äquivalente Wirkung der fokussierenden Elektroden ersetzt. Die Bestimmung der Form dieser Elektroden führt zur Lösung des Cauchy-Problems für die Laplacegleichung im äußeren Bereich für Anfangsbedingungen, die durch die Beziehungen (8.1) und (8.3) bestimmt werden. Eine einfache analytische Lösung kann für den Fall $U_m/U_a \geq 0,7$ erhalten werden. Gilt diese Bedingung, wird die Potentialverteilung im Diodenzwischenraum mit guter Genauigkeit (etwa 0,5%) durch die folgenden Ausdrücke dargestellt:

$$U = U_m + Cz^2\ ; \quad C = \frac{4}{d^2}(U_a - U_m)\ .$$

Die Randbedingungen für die Lösung des Cauchy-Problems können dann für $r = r_b$ formuliert werden:

$$U = U_m + Cz^2\ ; \quad \frac{\partial U}{\partial r} = 0\ .$$

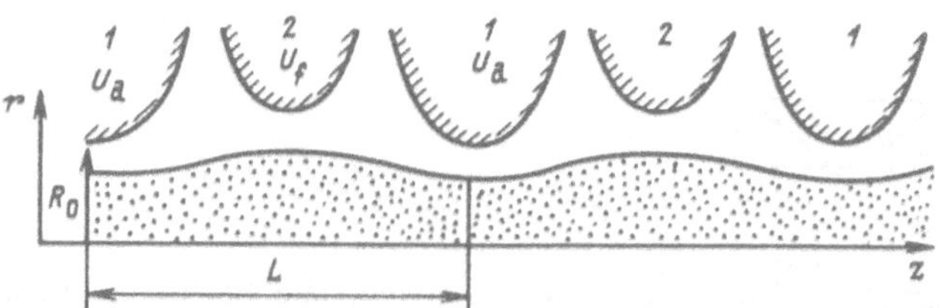

Bild 8.3: Periodisches elektrostatisch fokussierendes System: 1 – Hochspannungselektroden mit dem Potential U_a; 2 – Niederspannungselektroden mit dem Potential U_f (gewöhnlich $U_f = 0$); L – Systemperiode; R_0 – Anfangsradius des Strahls

Die zugehörige Lösung der Laplacegleichung

$$\frac{1}{r}\frac{\partial}{\partial r}\left(r\frac{\partial U}{\partial r}\right)+\frac{\partial^2 U}{\partial z^2}=0$$

hat die Form [131]:

$$\left(\frac{z}{d}\right)^2=\left(\frac{r_b}{d}\right)^2\left[\frac{\left(\frac{r}{r_b}\right)^2-1}{2}-\ln\frac{r}{r_b}\right]+\frac{U-U_m}{4(U_a-U_m)}\,.$$

Mit diesem Ausdruck kann die Form der Äquipotentiallinien im äußeren Bereich berechnet werden. In Bild 8.2 wird die Form der Äquipotentiallinien $U = 0$, $U = U_a$ und $U = U_m$ für den speziellen Fall eines Strahls mit $U_m/U_a = 0,73$ angegeben. Hier ist interessant, daß der Neigungswinkel der zentralen Elektrode zur Flußgrenze 45° beträgt, was ein ebenso charakteristischer Winkel wie die 67,5° für Pierce-Kanonen ist.

Periodische Systeme mit kosinusartiger Potentialverteilung. Solche Systeme werden durch eine Aufeinanderfolge von Hochspannungs- (1) und Niederspannungselektroden (2) gebildet (Bild 8.3). Dabei gilt $U_f < U_a$ und in einigen Fällen $U_f = 0$. Der Strahlradius ändert sich gemäß der Systemeigenschaften periodisch mit der Periode L. In Bild 8.4 ist die axiale Potentialverteilung innerhalb einer Systemperiode angegeben, die durch den Zusammenhang

$$U_0 = U_{00} + U_m \cos\frac{2\pi}{L}z$$

bestimmt wird. Dabei gilt U_{00} – mittlerer Wert des Potentials und U_m – Amplitude der Potentialänderung.

Im gleichem Bild ist die Trajektorie der Grenzteilchen für verschiedene Amplituden U_m ($U_{m3} > U_{m2} > U_{m1}$) dargestellt. Bei gegebenen Parametern wie den Strahlstrom I, den mittleren Wert des Potentials U_{00} und den anfänglichen Strahlradius R_0 existiert eine optimale Amplitude U_m, bei der die Strahlsymmetrie am Ausgang einer einzelnen Zelle des periodischen Systems gewährleistet wird. In dem in Bild 8.4 dargestellten Fall ist ein solcher Wert $U_m = U_{m2}$.

Synthese der Elektroden eines periodischen Systems. Als Ausgangsdaten für die Synthese werden folgende Parameter angenommen: der Elektronenstrahlstrom I, der mittlere

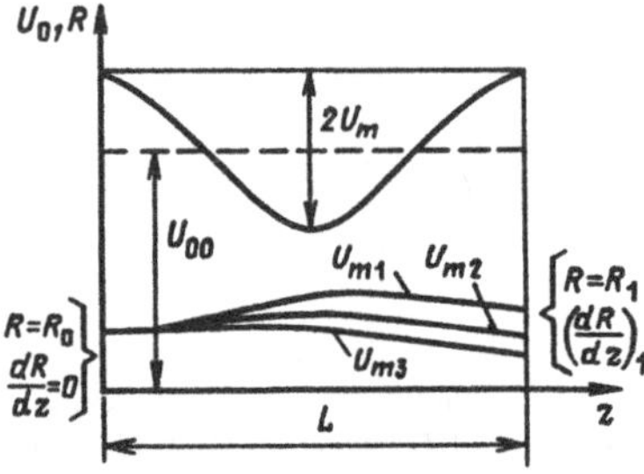

Bild 8.4: Axiale Potentialverteilung in der Linse und Verlauf der Grenztrajektorie des Strahls bei verschiedenen Werten der Potentialamplitude $U_{m3} > U_{m2} > U_{m1}$

Wert des Potentials U_{00} und der anfängliche Strahlradius R_0. Für die Synthese wird die paraxiale Gleichung der Grenztrajektorien des Strahls genutzt (siehe § 4.3)

$$\frac{d^2R}{dz^2} + \frac{1}{2U_0}\frac{dU_0}{dz}\frac{dR}{dz} + \frac{1}{4U_0}\frac{d^2U_0}{dz^2}R = \frac{1}{4\pi\varepsilon_0 R\sqrt{\frac{2|e|}{m}}\,U_0^{3/2}} .$$

Die Amplitude der Potentialänderung U_m wird vorläufig gewählt und es erfolgt eine numerische Integration der obigen Gleichung in den Grenzen einer Periode mit den Anfangseintrittsbedingungen $z = 0$, $R = R_0$ und $(dR/dz)_0 = 0$.

Anschließend erfolgt eine Bewertung der Ergebnisse bezüglich der Symmetrie der Eingangs- und Ausgangsparameter der Grenztrajektorien und es wird ein neuer Wert U_m gewählt. Das Verfahren wird bis zum Erreichen der geforderten Symmetrie wiederholt. Die Suche des optimalen Wertes von U_m kann auch automatisch mit einer Standardprozedur zum Auffinden des Extremums einer Zielfunktion erfolgen. Als Zielfunktion wird eine Funktion angenommen, die das Wachstum der Ausgangsparameter der Grenztrajektorien R_1 und $(dR/dz)_1$ gegenüber den Eingangsparametern R_0 und $(dR/dz)_0 = 0$ charakterisiert:

$$\beta = \left[\left(\frac{R_0 - R_1}{L}\right)^2 + \left(\frac{dr}{dz}\right)_1^2\right]^{1/2} .$$

Eine vollständige Strahlsymmetrie bezüglich der Eingangs- und Ausgangsbedingungen entspricht einem Minimum der Zielfunktion bei $\beta_{\min} = 0$.

Die Form der Systemelektroden wird im Ergebnis der äußeren Syntheseaufgabe erhalten. Die genäherte Lösung dieses Problems hat die Form[1]

$$U = U_{00}\left[1 + \frac{U_m}{U_{00}} I_0\left(\frac{2\pi r}{L}\right)\cos\frac{2\pi}{L}z + \frac{0,0152}{\sqrt{\frac{U_0}{U_{00}}}} P\left(1 + 2\ln\frac{r}{R}\right)\right]$$

mit $P = I\,U_{00}^{-3/2}$ als mit dem mittleren Potential von U_{00} berechnete Perveanz des Elektronenstrahls in μA V$^{-3/2}$.

[1]Die Konstruktion entsprechender Lösungen basiert auf den Ergebnissen von § 2.3

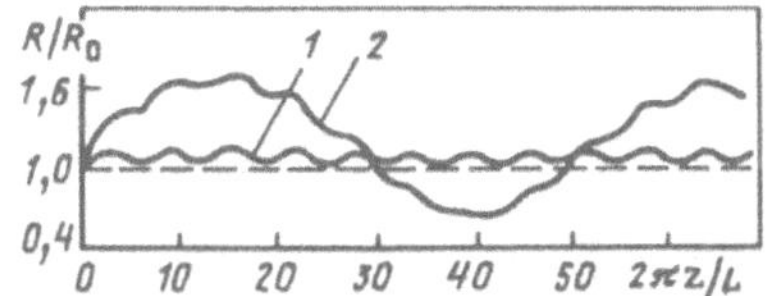

Bild 8.5: Strahlgrenztrajektorien bei verschiedenen Eintrittsbedingungen: 1 – abgestimmter Strahl $((dR/dz)_0 = 0$; 2 – Strahl mit positivem Anfangsneigungswinkel der Grenztrajektorien $(dR/dz)_0 = 0,05\,(2\pi R_0/L)$

Diese Gleichung ermöglicht es, die Gesamtheit der Äquipotentiallinien in Bereichen zu berechnen, die gegenüber dem Strahl äußere Bereiche ($r > R$) sind, und die Elektrodenform des periodischen Systems zu bestimmen. Eine mit der Synthesemethode gefundene typische Elektrodenform wird in Bild 8.3 gezeigt. Eine reguläre periodische Strahlbewegung erfolgt nur, wenn die Strahlparameter und die Eintrittsbedingungen in das System exakt den berechneten Werten entsprechen. Im entgegengesetzten Fall verkompliziert sich der Charakter der Strahlbewegung und der „Welligkeit" des Strahls mit der Periode L überlagern sich Pulsationen mit wesentlich größerer Periode (Bild 8.5) [132].

Periodische Systeme mit Linsen unterschiedlichen Potentials. Eine periodische elektrostatische Fokussierung intensiver Strahlen geladener Teilchen kann auch mit Systemen erfolgen, die von Linsen gebildet werden, deren Potential periodisch wechselt (Bild 8.6) [133]. Die axiale Potentialverteilung stellt in solchen Systemen eine Superposition räumlicher Harmonischer mit einer ein Vielfaches der Periode des fokussierenden Systems betragenden Periode dar. Für Systeme, die durch Linsen gleicher Dicke ($\delta_1 = \delta_2$) gebildet werden, übertrifft die Amplitude der ersten räumlichen Harmonischen die der höheren Harmonischen deutlich, was der Grund ist, daß bei Berechnungen der Strahlbewegung höhere Harmonische vernachlässigt werden [134]. Eine detaillierte Analyse der Besonderheiten von Strahlen in periodischen elektrostatischen Systemen des betrachteten Typs erfolgt einschließlich von Stabilitätsbetrachtungen in [133, 134].

Äquipotentiallinsensysteme. Ein aus einer Aufeinanderfolge von Äquipotentiallinsen gebildetes fokussierendes System und sein äquivalentes Schema sind in Bild 8.7 dargestellt. Beim Durchtreten durch den Linsenbereich erhalten die Strahlteilchen einen Radialimpuls, der zur Symmetrieachse hin gerichtet ist. In Bereichen zwischen den Linsen wird die Strahlbewegung durch die Coulombschen Abstoßungskräfte bestimmt. Im Ergebnis wird der Strahl beim Austritt aus der Linse bis zu einem gewissen minimalen Radius $r_{\min}$ komprimiert und beginnt sich danach aufzuweiten, bis er in das Feld der nächsten Linse eintritt. Unter Berücksichtigung der Brechkraft der Linsen kann eine periodische Bewegung des Strahls und sein Transport über weite Abstände gewährleistet werden. Die Brechkraft der Linsen hängt im allgemeinen Fall von ihrer Geometrie und vom Potential der fokussierenden Elektrode U_f ab. Gewöhnlich erfolgt jedoch die

Bild 8.6: Periodisch fokussierendes System aus Linsen mit unterschiedlichen Potentialen

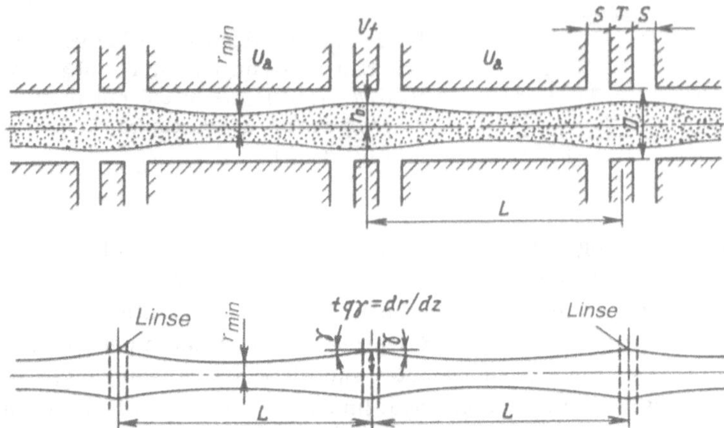

Bild 8.7: Fokussierungssystem aus aufeinanderfolgenden Äquipotentiallinsen und sein äquivalentes Schema

Konstruktion einer solchen Linse so, daß das geforderte Fokussierungsregime bei einem Nullpotential an der fokussierenden Elektrode ($U_f = 0$) realisiert wird (die Elektrode hat das Potential des Emitters), da in diesem Fall in der speziellen Quelle keine fokussierende Spannung erforderlich ist. In diesem Regime werden solche Linsenparameter wie die Brennweite und der Koeffizient der sphärischen Aberrationen vollständig durch die Linsengeometrie bestimmt und sie können mit Hilfe der Grafiken 8.8 und 8.9 gefunden werden.

Die grundlegenden Zusammenhänge zwischen den Strahlparametern der Teilchen und den Parametern der fokussierenden Linsen können leicht gefunden werden, wenn angenommen wird, daß es sich um dünne Linsen handelt und daß die Bewegung des Strahls im Bereich zwischen den Linsen nur durch die Coulombschen Abstoßungskräfte bestimmt

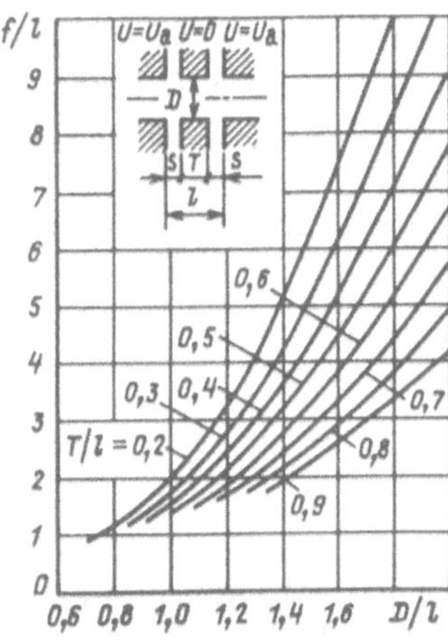

Bild 8.8: Abhängigkeit der Brennweite f einer Äquipotentiallinse von ihrer Geometrie für ein Nullpotential an der mittleren Elektrode $U_f = 0$

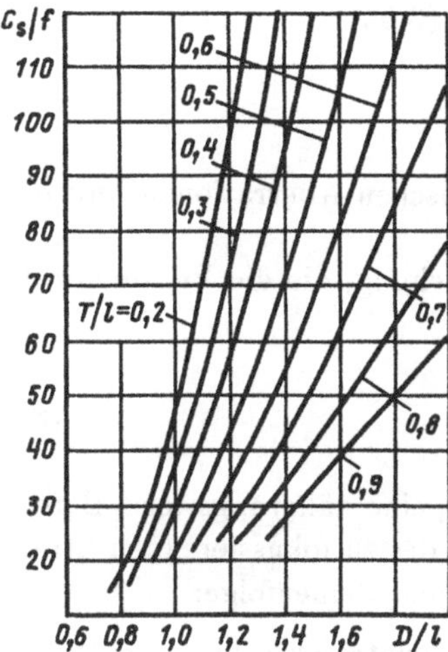

Bild 8.9: Abhängigkeit des Koeffizienten der sphärischen Aberrationen von Äquipotentiallinsen von der Geometrie bei $U_f = 0$

wird. In Abhängigkeit davon, welche Strahlparameter und fokussierende Systeme als gegeben angesehen werden, sind verschiedene Vararianten von Berechnungsschemen möglich.

Betrachtet werden soll eine praktisch interessierende Variante, wenn die Strahlperveanz P, der Strahlradius r_{min} bei minimalem Strahlquerschnitt und die Systemperiode L gegeben sind. Sind diese Größen bekannt, können die Strahlabmessung r_0 und der Neigungswinkel γ der Grenztrajektorien in der mittleren Linsenebene bestimmt werden. Dazu können universelle Kurven verwendet werden, die die Strahlaufweitung unter Einwirkung der Coulombkräfte charakterisieren (siehe Bild 4.4) oder auch dazu äquivalente analytische Ausdrücke:

$$r_0 \approx r_{\text{min}} \left(1 + 0,25\, Z^2 - 0,017\, Z^3\right)$$

mit

$$Z = \left(\frac{P}{2\pi\varepsilon_0 \sqrt{\frac{2|e|}{m}}} \right)^{1/2} \frac{L}{2r_{\text{min}}}$$

und

$$\tan\gamma = \left(\frac{P}{2\pi\varepsilon_0 \sqrt{\frac{2|e|}{m}}} \right)^{1/2} \sqrt{\ln \frac{r_0}{r_{\text{min}}}}\,.$$

In diesen Ausdrücken beschreibt $P = I/U_a^{3/2}$ die Perveanz, die für das Potential U_a des Kanals, durch den der fokussierte Strahl tritt, berechnet wurde.

Der Brechungswinkel der Trajektorie in der Linse, der unter Berücksichtigung der sphärischen Aberrationen bestimmt wurde, beträgt gemäß (3.55)

$$\alpha' = \alpha + \frac{C_s}{f}\,\alpha^3 \cos^2 \alpha$$

mit f – Brennpunkt der Linse, C_s – Koeffizient der sphärischen Aberrationen und $\alpha = r_0/f$ – paraxialer Brechungswinkel bestimmt.

Durch Gleichsetzen von α_0 und α' ergibt sich eine Gleichung, die die Parameter des Strahls mit denen der Linse verknüpft [5]:

$$2\gamma = \frac{r_0}{f} + \frac{C_s}{f}\left(\frac{r_0}{f}\right)^3 \cos^2 \frac{r_0}{f}\,, \tag{8.4}$$

die es gemeinsam mit den Grafiken 8.8 und 8.9 ermöglicht, eine näherungsweise Berechnung der Linsengeometrie für die vorgegebenen Parameter des zu fokussierenden Strahls durchzuführen. Die Berechnung erfolgt dabei in der folgenden Reihenfolge:

a) Berechnung des geforderten Brechungswinkels der Grenztrajektorien $\alpha_0 = 2\gamma$ und des Strahlradius r_0;

b) Wahl von zwei aus drei Linsenabmessungen, so zum Beispiel T und l, und vermittels der Grafiken 8.8 und 8.9 Berechnung der Abhängigkeit der rechten Seite von Gleichung (8.4) $\Psi(r_0, f, C_s)$ von der dritten Linsenabmessung D. Der Punkt, für den $\Psi(r_0, f, C_s) = 2\gamma$ gilt, bestimmt den gesuchten Wert D.

Beispiel 8.1. Gegeben sei $L = 63$ mm, $r_{\text{min}} = 4$ mm und $P = 0,5\mu\text{A V}^{-3/2}$. Damit folgt

$$Z = 0,174\sqrt{P}\,\frac{L}{2r_{\text{min}}} = 0,174\,\sqrt{0,5}\cdot\frac{63}{2,4} = 0,98\,;$$

$$r_0 = r_{\text{min}}(1 + 0,25\cdot 0,96 - 0,017\cdot 0,94) = r_{\text{min}}\cdot 1,224 = 4,9\,\text{mm}\,;$$

$$\text{tg}\,\gamma = 0,174\sqrt{P\ln\frac{r_0}{r_{\text{min}}}} = 0,174\,\sqrt{0,5\ln 1,224} = 0,055\,;\quad 2\gamma = 0,11\,.$$

Wird aus konstruktiven Gründen und wegen der elektrischen Linsenfestigkeit $S = 6,6\,\text{mm}$ und $T = 2,7\,\text{mm}$ gewählt, folgt $l = 2S + Z = 15,9\,\text{mm}$, $T/l = 0,164$ und $r_0/l = 0,308$.

Mit Hilfe der Grafiken 8.8 und 8.9 wird für verschiedene Werte von D/l die rechte Seite von Gleichung (8.4) berechnet, die praktisch in der Form

$$\gamma = \frac{r_0/l}{f/l} + \frac{C_s}{f}\left(\frac{r_0/l}{f/l}\right)^3 \cos\left(\frac{r_0/l}{f/l}\right)$$

dargestellt werden kann. Für den betrachteten Fall gilt $\gamma = 0,11$ bei $D/l = 1,25$. Hieraus ergibt sich der gesuchte Wert zu $D = 20\,\text{mm}$.

Die oben beschriebene Methode erlaubt es, die Ausgangsgeometrie der Linsen zu berechnen. Da die Methode Näherungscharakter trägt, wird die Linsengeometrie durch eine Trajektorienanalyse präzisiert.

Trajektorienanalyse und Korrektur der Linsengeometrie. Die Trajektorienanalyse beinhaltet die selbstkonsistente Lösung der Bewegungsgleichung und der Feldgleichungen. Der Algorithmus zur Lösung einer solchen Aufgabe wurde bereits in § 4.9

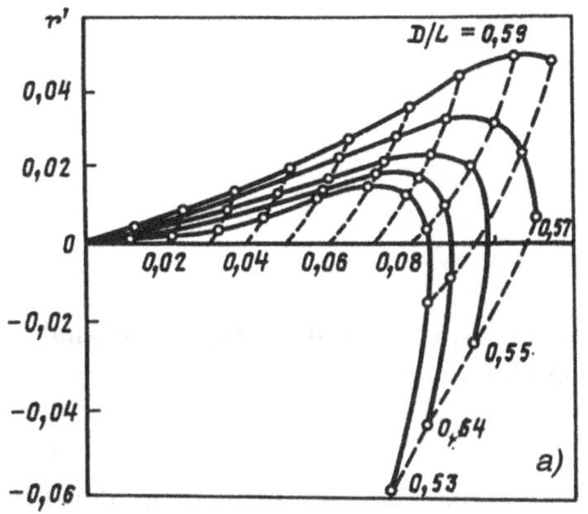

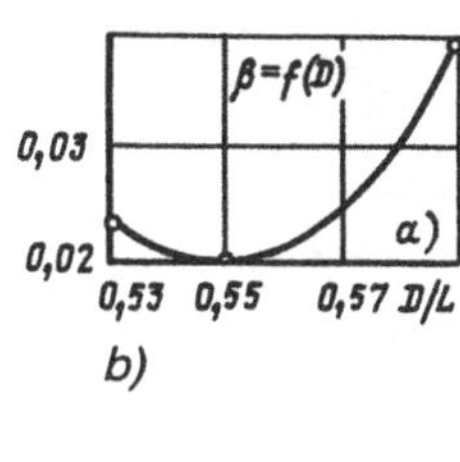

Bild 8.10: a – Änderung der Ausgangsphasencharakteristika bei einer Änderung des Spaltdurchmessers D in der zentralen Linsenelektrode; b - Abhängigkeit des Parameters β von dem Durchmesser D

beschrieben. Als Ergebnisse werden ein Bild der Elektronentrajektorien und die Phasencharakteristika des Strahls am Linsenausgang erhalten, womit eine Korrektur der Linsengeometrie mit dem Ziel erfolgen kann, Symmetrie zwischen den Eingangs- und Ausgangsparametern des Strahls herzustellen. Für eine quantitative Abschätzung der Strahlsymmetrie wird ein Parameter β eingeführt, der die Abweichung der Eingangsphasencharakteristik von der am Ausgang beschreibt:

$$\beta = \sum_k \alpha_k \left[\left(\frac{r_{k1} - r_{k0}}{L} \right)^2 + (r'_{k1} - r'_{k0})^2 \right]^{1/2}$$

mit $r_{k0}, r'_{k0}, r_{k1}, r'_{k1}$ – Radien und Anstiege einer jeden Trajektorie (Stromröhre) am Eingang und am Ausgang der Linse; L – Periode des Linsensystems; α_k – Gewichtskoeffizient, der den Teil des Stroms berücksichtigt, der in der k-ten Trajektorie fließt: $\alpha_k = I_k/I$. Da bei der Korrektur der Linsengeometrie als Eingangsphasencharakteristik eine ideale Charakteristik $r' = f(r) = 0$ angenommen wird, wird in der Gleichung für β $r'_{k0} = 0$ angenommen. Bei exaktem Zusammenfallen der Eingangs- und Ausgangsparameter gilt $\beta = 0$.

Der Verlauf der Elektronentrajektorien in der Linse hängt vom Potential der fokussierenden Elektrode und von der Linsengeometrie ab. Daher ist β eine Funktion der angegebenen Parameter, die sich bei deren Änderung auch ändert. In Bild 8.10 ist die Dynamik der Änderung der Ausgangsphasencharakteristika und des Parameters β bei der Änderung des Durchmessers der zentralen Elektrode der Linse D angegeben. Die Nichtlinearität der Ausgangsphasencharakteristika erklärt sich durch die stark ausgeprägte sphärische Linsenaberration, die es nicht erlaubt, einen bezüglich der Eintritts- und Austrittsbedingungen streng symmetrischen Strahl zu erhalten. Im betrachteten Fall wird ein minimaler Wert von $\beta = 0,02$ und eine größtmögliche Symmetrie bei einem relativen Linsendurchmesser von $D/L = 0,55$ erreicht. Der für diesen Fall berechnete Trajektorienverlauf in der Linse (Bild 8.11) zeigt eine hinreichende Strahlsymmetrie.

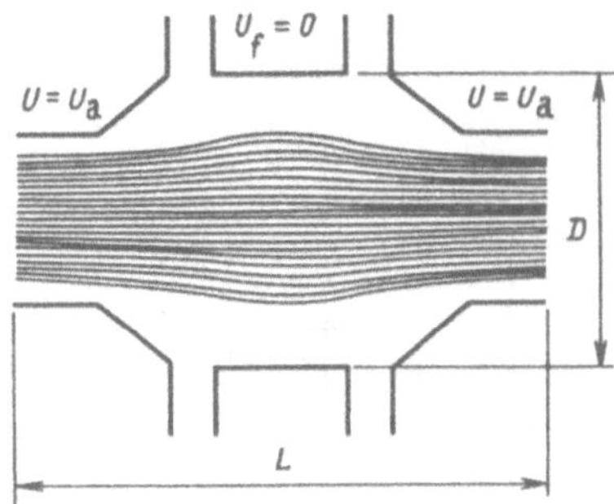

Bild 8.11: Ergebnisse der Trajektorienanalyse für eine einzelne Linse

Die Verwendung des Parameters β erlaubt es, die Geometriekorrektur der Linse zu automatisieren, indem ein Extremum für β im Raum der regelbaren Parameter gesucht wird, wozu die Linsengeometrie und das Potential der zentralen Elektrode gehören.

Die letzte Etappe der Trajektorienanalyse ist eine Beschreibung der Strahlbewegung im Linsensystem (Bild 8.12). Es ist ersichtlich, daß infolge der Strahlbewegung durch das Linsensystem eine Störung seiner ursprünglich laminaren Struktur erfolgt, was in erster Linie durch stark ausgeprägte sphärische Aberationen erklärt werden kann.

Synthese elektrostatischer Linsen für die periodische Fokussierung intensiver Strahlen. Als Ausgangsdaten für die Synthese dienen: die Linsenlänge L, der anfängliche Strahlradius r_0 und die Strahlperveanz P, die für das Achsenpotential U_{00} am Linseneingang (Bild 8.13) berechnet wird. Der Syntheseprozeß erfolgt iterativ, wobei die axiale Potentialverteilung in der Linse vorgegeben wird und die Grenztrajektorien gemäß der axialen Potentialverteilung des Strahls berechnet werden. Diese Prozedur wird solange wiederholt, bis die geforderte Strahlsymmetrie am Linseneingang und -ausgang erreicht wird.

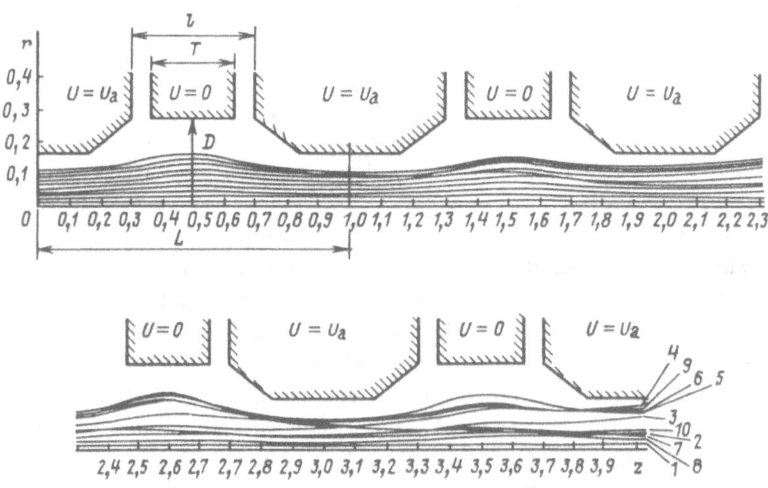

Bild 8.12: Ergebnisse der Trajektorienanalyse im Linsensystem

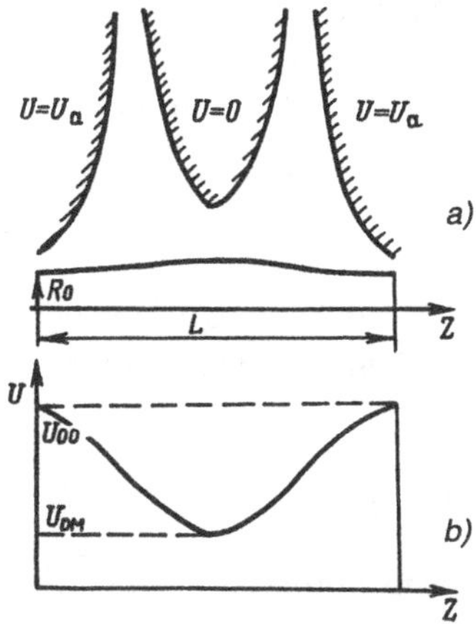

Bild 8.13: Elektrostatische Linse mit über die Synthesemethode berechneten Elektroden: a – Elektrodengeometrie; b - axiale Potentialverteilung $U_{0m} = 0,3\ U_{00}$

Für die Synthese wird die paraxiale Gleichung für die Grenztrajektorien des Strahls (siehe § 4.3) verwendet. Bei dem Übergang zu auf U_{00} normierte Potentiale erhält diese Gleichung die Form

$$\frac{d^2R}{dz^2} + \frac{1}{2U}\frac{dU}{dz}\frac{dR}{dz} + \frac{1}{4U}\frac{d^2U}{dz^2}R = \frac{P}{4\pi\varepsilon_0 R\sqrt{2\frac{|e|}{m}}\,U^{3/2}}$$

Hier bedeuten U – normierte axiale Potentialverteilung und P – bezüglich U_{00} berechnete Strahlperveanz.

Zur Vorgabe der axialen Potentialverteilung kann eine Darstellung des Potentials durch Splines verwendet werden [135]. Im betrachteten Fall von Äquipotentiallinsen wird die axiale Verteilung durch zwei kubische Splines beschrieben:

$$U = U_{00} + Az^2 + Bz^3 \quad \text{für } 0 \leq z \leq \frac{L}{2}\ ;$$

$$U = U_{0m} - A\left(z - \frac{L}{2}\right)^2 - B\left(z - \frac{L}{2}\right)^3 \quad \text{für } \frac{L}{2} \leq z \leq L\ .$$

Die Koeffizienten A und B werden über die Werte des axialen Potentials am Eingang und Ausgang der Linse U_{00} und des Potentials im Zentrum der Linse U_{0m} bestimmt:

$$A = 12\,\frac{U_{0m} - U_{00}}{L^2}\ ; \quad B = 16\,\frac{U_{00} - U_{0m}}{L^3}\ .$$

Im Linsenzentrum fallen die Splines mit einer Genauigkeit bis zur zweiten Ableitung zusammen. Bei fixierten Werten U_{00} erfolgt die Änderung der axialen Verteilung infolge einer Änderung von U_{0m}.

Die Linsensynthese beinhaltet die Vorgabe des axialen Potentials, die numerische Integration der Gleichung für die Grenztrajektorien und die Bestimmung eines optimalen Wertes für U_{0m}, bei dem die Symmetrie des Elektronenstrahls am besten gewährleistet wird. Die Suche eines optimalen Wertes U_{0m} kann mit einer Standardprozedur zur Extremwertsuche einer Zielfunktion erfolgen. Dazu wird für die betrachtete Aufgabe eine Funktion verwendet, die die Abweichung der Ausgangsparameter der Grenztrajektorie R_1 und $(dR/dz)_1$ von den Eingangsparametern R_0 und $(dR/dz)_0 = 0$ beschreibt:

$$\beta = \left[\left(\frac{R_0 - R_1}{L}\right)^2 + \left(\frac{dR}{dz}\right)_1^2\right]^{1/2} .$$

Die Geometrie der Linsenelektroden wird aus der Lösung der äußeren Syntheseaufgabe gefunden, die auf der Grundlage der Gleichungen aus § 2.3 folgt. Im betrachteten Fall hat diese Lösung die Form

$$U(r, z) = U - \frac{1}{4}\frac{d^2U}{dz^2} r^2 + \frac{0,0152}{\sqrt{U}} P \left(1 + 2 \ln \frac{r}{R}\right) , \quad r \geq R$$

mit U – normierte axiale Potentialverteilung und P – mit dem Potential U_{00} berechnete Strahlperveanz.

In Bild 8.13 wird als Beispiel eine typische Elektrodengeometrie für eine Linse gezeigt, die mit der Synthesemethode über Splineinterpolation der axialen Potentialverteilung erhalten wurde (Strahlperveanz $P = 0,5 \cdot 10^{-6}\,\mathrm{A\,V^{-3/2}}$, Verhältnis $R_0/L = 0,1$).

Stabilität der Strahlfokussierung eines Linsensystems. Eine Stabilitätsanalyse für ein einzelnes Teilchen, welches durch ein System dünner idealer Linsen tritt, bei denen die einzelnen Linsen durch feldfreie (auch raumladungsfreie) Zwischenräume getrennt sind, erfolgte durch Pierce, der für die Stabilität der Trajektorien die folgende Bedingung erhielt [11]:

$$f > \frac{L}{4} \tag{8.5}$$

mit f als paraxialen Brennpunkt zwischen den Linsen, die das System bilden und L als Systemperiode. Bei Erfüllung der Bedingung (8.5) bleibt die radiale Teilchenkoordinate bei der Bewegung durch das fokussierende System endlich (nicht wachsend).

Diese Bedingung kann präzisiert werden, wenn ein komplizierteres Modell Kanal-Linse-Strahl verwendet wird, als es der Analyse durch Pierce zugrunde lag. Insbesondere kann von der Annahme einer dünnen Linse abgegangen werden und in der linearen Näherung der Einfluß der Raumladung berücksichtigt werden, indem in den Zwischenraum zwischen den Linsen (Kanal) eine Raumladungswolke konstanter Dichte eingeführt wird, die der mittleren Dichte der Raumladung des realen Strahls entspricht. Die Stabilitätsanalyse liefert, basierend auf der Nutzung eines Matrixformalismus, die Stabilitätsbedingung [11]:

$$f > \frac{h\left(1 + \mathrm{th}^2\,\varphi l\right) + \frac{l}{2}\left(1 + h^2\varphi^2\right)\frac{\mathrm{th}\,\varphi l}{\varphi l}}{1 + h\varphi\,\mathrm{th}\,\varphi l} \tag{8.6}$$

mit h – Abstand, der die Position der Hauptebenen der Linsen bestimmt (siehe § 3.5); $2l = L - 2h$ – Zwischenraum zwischen den Linsen, der mit einer Raumladungswolke der Dichte $\varrho = \mathrm{const}$ ausgefüllt ist; L – Systemperiode und φ – Raumladungsparameter, der über die Beziehung

$$\varphi^2 = \frac{I}{4\pi r_{sp}\sqrt{2\frac{|e|}{m}}\,U_a^{3/2}}$$

mit $r_{sp} = (r_0 + r_{\min})/2$ als angenommener mittlerer Strahlradius bestimmt wird. Die Stabilitätsbedingung (8.5) folgt als Spezialfall aus (8.6), wenn $h = 0$ und $\varphi = 0$ angenommen werden.

8.2 Fokussierungssysteme für bandförmige Strahlen

Bandförmiger Gleichgewichtsstrahl. Ein solcher Strahl kann mit Hilfe elektrostatischer Linsen erzeugt werden, die nach dem Prinzip von Pierce [137] aufgebaut sind. Dafür wird aus einem unendlich breiten Fluß ein Teil herausgetrennt und die Elektrodenform bestimmt, die die Wirkung des abgetrennten Abschnittes ersetzt. Die Bestimmung der Elektrodengeometrie erfordert die Lösung des Cauchy-Problems für die Laplacegleichung im zum Fluß äußeren Bereichen. Eine dreidimensionale Behandlung dieser Aufgabe erfolgt in [138]. Unter der Annahme, daß die Breite des Strahlbandes viel größer als seine Dicke ist, kann das Problem auf eine zweidimensionale Beschreibung beschränkt werden. Dann hat die gesuchte Lösung die Form

$$U = U_{\min} + \frac{2}{9}\frac{U_{\min}}{C}\left(\frac{z}{d}\right)^2 \left(1 + \operatorname{tg}^2\Theta\right) \cos 2\Theta \ ,$$

wenn für die Potentialverteilung in einem unendlich breiten Fluß $U = U_{\min} + Cz^2$ angenommen wird. Dabei gilt $U_{\min}$ – minimaler Wert des Potentials in der Mittelebene des Diodenzwischenraums ($z = 0$); θ – Winkel im Polarkoordinatensystem, dessen Ursprung an der Grenze des herausgetrennten Abschnittes im Punkt $z = 0$ liegt. Durch Vorgabe verschiedener Werte von U kann eine Schar von Äquipotentiallinien $U = \text{const}$ konstruiert und daraus die Elektrodenform mit den gegebenen Potentialwerten bestimmt werden.

Periodische Systeme mit kosinusartiger Potentialverteilung. Ein solches System ist dem oben beschriebenen axialsymmetrischen System analog. Seine Konstruktion in zweidimensionaler Näherung beinhaltet die Bestimmung der Amplitude von Änderungen des axialen Potentials und die Potentialberechnung in zum Strahl äußeren Bereichen ($y > Y$). Diese Berechnung kann nach der Näherungsformel

$$U = U_{00}\left[1 + \frac{U_m}{U_{00}} \operatorname{ch}\frac{2\pi}{L}y \cdot \cos\frac{2\pi}{L}z + \frac{P_1}{4\varepsilon_0\sqrt{2\dfrac{e}{m}\dfrac{U_0}{U_{00}}}}\,(Y + 2(y - Y))\right]$$

erfolgen, wobei U_{00} – mittlerer Wert des axialen Potentials; U_m – Amplitude der Änderung des axialen Potentials; P_1 – gemäß dem Mittelwert des Potentials U_{00} berechnete Perveanz pro Breiteneinheit des Strahls; L – Systemperiode und Y – Koordinate der Grenztrajektorie gelten. Die Ergebnisse der Rechnung ermöglichen es, die Form der fokussierenden Elektroden des periodischen Systems zu bestimmen.

Periodische Systeme von Spaltdiaphragmen und gleichartiger Linsen. Diese Systeme sind analog zu entsprechenden axialsymmetrischen Systemen, für sie werden analoge Berechnungsmethoden gewählt.

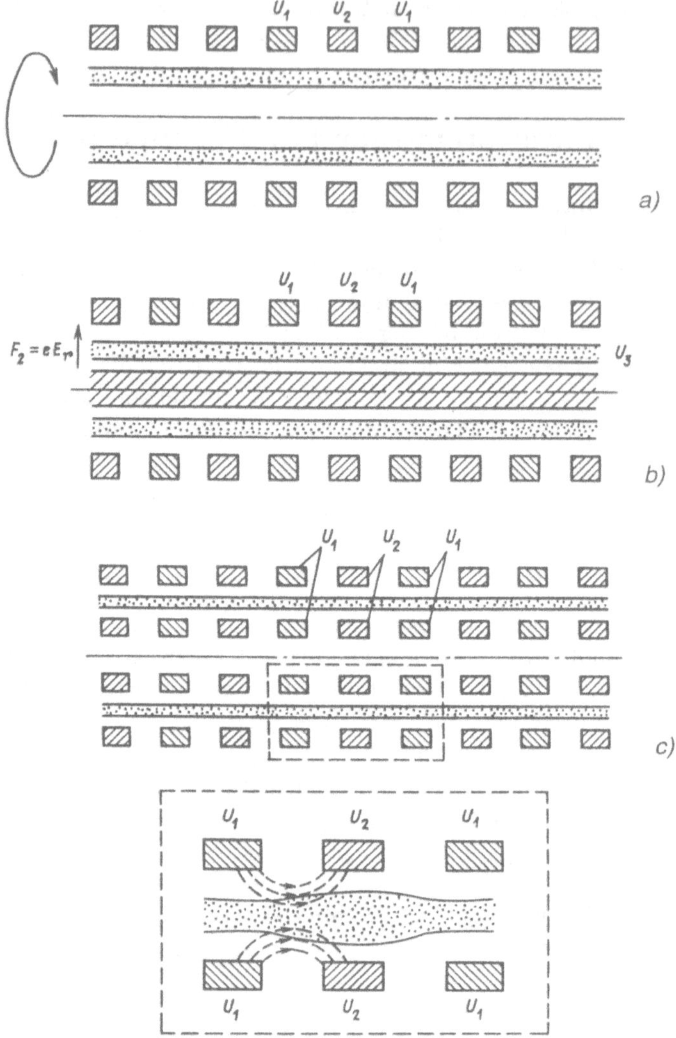

Bild 8.14: Fokussierungsschemata hohler Strahlen im periodischen Feld

8.3 Systeme zur Fokussierung hohler axialsymmetrischer Strahlen

Erzeugung eines parallelen Gleichgewichtsstrahls. Ein paralleler hohler Teilchenstrahl kann realisiert werden, wenn aus einem unendlich breiten Teilchenfluß ein Hohlzylinder ausgeschnitten wird und die Wirkung der verworfenen Flußanteile durch die äquivalente Wirkung innerer und äußerer Elektroden ersetzt wird.

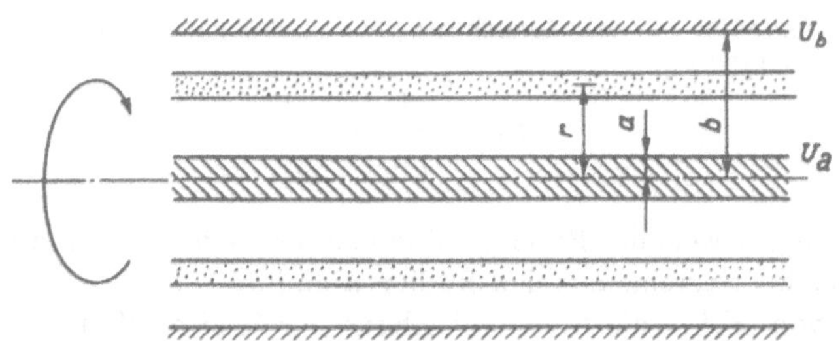

Bild 8.15: Schema der zentrifugalen elektrostatischen Fokussierung

Periodische elektrostatische Fokussierung. Die Besonderheiten periodischer Fokussierungssysteme hohler Strahlen werden durch die Notwendigkeit bestimmt, die auf die die innere Strahlgrenze bilden Teilchen wirkenden fokussierende Kräfte auszugleichen, da hier die Bedingungen für eine Balance der fokussierenden Kräfte und der Coulombschen Abstoßungskräfte fehlen. Es existieren mehrere Verfahren, die eine Balance der fokussierenden Kräfte bewirken können, welche auf die die innere Grenze bildenden Teilchen wirken: Einführung eines rotierenden Stromes in das System (Bild 8.14a), die Schaffung eines zusätzlichen radialen Feldes, daß die Teilchen von der Symmetrieachse ablenkt (Bild 8.14b) und die Anwendung eines biperiodischen Fokussierungssystems (Bild 8.14c).

Im ersten Fall wird (im mittleren) die Gleichgewichtsbewegung der inneren Grenze über die (mittlere) Balance der fokussierenden und der Zentrifugalkräfte gewährleistet. Eine Rotation des Flusses kann durch die Verwendung spezieller Kanonen (Harris-Kanone [129], Tschernov-Kanone [30]) erreicht werden. Im zweiten Fall kann die (mittlere) Gleichgewichtsbewegung der inneren Grenze über die Balance der periodisch fokussierenden Kräfte und der radialen defokussierenden Kräfte F_2 erhalten werden. Der dritte Fall stellt ein Analogon zur periodischen Fokussierung eines bandförmigen Strahls dar. Verfahren zur Berechnung der Fokussierung hohler Strahlen werden in [140, 141] beschrieben.

Zentrifugale elektrostatische Fokussierung [30]. Die zentrifugale Fokussierung eines rotierenden Strahls erfolgt im Feld eines Zylinderkondensators (Bild 8.15). Dabei wird die Strahlrotation durch die Anwendung spezieller, im vorhergehenden Abschnitt schon erwähnter Kanonen erreicht. Die Fokussierung erfolgt über die Balance der Zentrifugalkraft der Rotationsbewegung und der fokussierenden Kraft des elektrischen Feldes:

$$\frac{m(r\dot{\Theta})^2}{r} = |eE_r| \ .$$

Bei der Bewegung im Zentralkraftfeld gilt die Drehimpulserhaltung:

$$\frac{\partial p_\Theta}{\partial t} = 0 \ ; \quad p_\Theta = mr^2\dot{\Theta} = \text{const} \ ,$$

woraus

$$\left(r\dot{\Theta}\right)^2 = \left(\frac{p_\Theta}{mr}\right)^2$$

folgt.

Wird dieser Ausdruck in die Gleichung für die Kräftebalance eingesetzt, folgt $p_\Theta^2/mr^3 = |eE_r|$. Für $|E_r|$ gilt

$$|E_r| = \frac{U_f}{r \ln \dfrac{b}{a}} .$$

Dabei ist U_f der Absolutwert der Potentialdifferenz für die äußeren und inneren Elektroden des fokussierenden Systems mit den Radien a und b.

Das Einsetzen von $|E_r|$ in die Balancegleichung der Kräfte liefert

$$\frac{p_\Theta^2}{mr^3} = \frac{|e|U_f}{r \ln \dfrac{b}{a}} .$$

Bei bekannten Anfangsdrehimpuls p_Θ kann mit diesem Ausdruck der Gleichgewichtsstrahlradius $r = r_e$ berechnet oder, wenn letzterer gegeben ist, die Fokussierungsspannung bestimmt werden.

In der angeführten Berechnung wurden Raumladungseffekte nicht berücksichtigt, obwohl diese zu einer Änderung der Bedingung für die Kräftebalance führen. Insbesondere zeigt die Berücksichtigung der Raumladungskräfte, daß ein Grenzstrahlstrom existiert, der durch das betrachtete System stabil fokussiert werden kann.

Kapitel 9

Elektronenoptische Sondensysteme

9.1 Elektronenoptische Systeme in Elektronenstrahlschweißanlagen

Elektronenoptische Systeme von Elektronenstrahlschweißanlagen gehören zur Klasse der elektronenoptischen Systeme, die als *konzentrierende Systeme* bezeichnet werden [142]. Sie dienen der Formierung von Elektronenstrahlen mit geringen transversalen Abmessungen sowie hohen Stromdichten und Leistungen. Ein für eine Schweißanlage charakteristisches Schema wird in Bild 9.1 dargestellt. Eine Elektronenkanone 1 gewährleistet die primäre Formierung und Beschleunigung eines Elektronenstrahls, eine magnetisch fokussierende Linse 2 sammelt (konzentriert) den Elektronenstrahl in einem Fokus mit geringen Radius (der eigentlichen Elektronensonde) und ein Ablenksystem 3 ermöglicht es, den Elektronenstrahl auf die Schweißnaht zu lenken und somit auch Schweißungen mit komplizierten Konturen vorzunehmen. Die für das Elektronenstrahlschweißen geforderte Leistungsdichte im Fokus beträgt $10^6 - 10^7\,\mathrm{W\,cm^{-2}}$. Typische Werte der Beschleunigungsspannung und des Stromes in elektronenoptischen Systemen von Schweißanlagen liegen in den Bereichen $U_a = 30\ldots100\,\mathrm{kV}$ und $I = 0,1\ldots1\,\mathrm{A}$ [143].

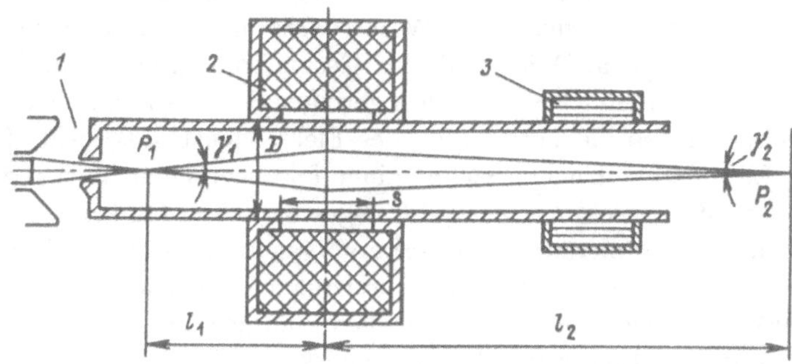

Bild 9.1: Typisches Schema einer Elektronenstrahlschweißanlage

Abschätzung der minimalen Fokusausdehnung. Die grundlegenden Faktoren, die die minimalen Abmessungen des Fokus beim Elektronenstrahlschweißen bestimmen, sind:

- die thermische Anfangsgeschwindigkeit der Elektronen, die von der Emittertemperatur abhängt;
- die Eigenfelder des Elektronenstrahls;
- die Aberrationen des elektronenoptischen Systems;
- die Elektronenstreuung bei der Wechselwirkung von Elektronen mit dem Dampfgasmedium.

Thermische Geschwindigkeiten. Eine Abschätzung der durch thermische Geschwindigkeiten bedingten Fokusgröße kann mit Hilfe der Emittanz erfolgen. Die Emittanz eines durch eine Elektronenkanone mit Thermokathode erzeugten Strahls wird über (siehe Anlage 1)

$$\varepsilon_p = C_p\, r_k \left(\frac{kT_k}{|e|U_a}\right)^{1/2}$$

bestimmt. Dabei gilt r_k – Kathodenradius; T_k – Betriebstemperatur der Kathode [K]; U_a – Beschleunigungsspannung; C_p – von dem Stromanteil ΔI abhängender Koeffizient, welcher der Emittanzberechnung zugrundegelegt wird ($C_p = 1$ bei $\Delta I/I = 63\%, C_p = \sqrt{2}$ bei $\Delta I/I = 86,5\%$).

Unter Berücksichtigung der Invarianz der Emittanz ergibt sich ein Ausdruck für den durch die thermische Unschärfe hervorgerufenen Radius des Brennfleckes

$$r_t = \frac{\varepsilon}{\gamma_2} = C_p\, r_k \left(\frac{kT_k}{|e|U_a}\right)^{1/2} \frac{1}{\gamma_2} \tag{9.1}$$

beziehungsweise

$$r_t = C_p\, r_k \left(\frac{U_T}{U_a}\right)^{1/2} \frac{1}{\gamma_2} \tag{9.2}$$

mit $U_T = kT_k/|e| = T_k/11600$ und γ_2 als Konvergenzwinkel des Elektronenstrahls in der Ebene P_2.

Einfluß der Eigenfelder des Elektronenstrahls. Wie in [143] gezeigt wurde, wird in Elektronenstrahlschweißanlagen die Raumladung des Elektronenstrahls durch positive Ionen neutralisiert, die im Ergebnis der Wechselwirkung des Elektronenstrahls mit dem Dampfgasmedium entstehen. Daher fehlt das Gesamtcoulombfeld praktisch überall (mit Ausnahme des Kanonenbereiches und eines geringen Teils des angrenzenden Transportkanals) und beeinflußt so die Formierung des Elektronenstrahls nicht. Der Einfluß des magnetischen Eigenfeldes drückt sich in seiner fokussierenden Wirkung aus [143], die unter Verwendung der Ergebnisse aus § 4.6 abgeschätzt werden kann.

Aberrationen des elektronenoptischen Systems. Die Verbreiterung des Brennfleckes ist sowohl mit Aberrationen der fokussierenden Linse als auch mit Aberrationen der Elektronenkanone verbunden. Es kann davon ausgegangen werden, daß der grundlegende Beitrag zur Verbreiterung des Brennfleckes von sphärischen Aberrationen der magnetischen Linse herrührt. Eine Abschätzung dieses Effektes erfolgt unter Verwendung des Winkelkoeffizienten der sphärischen Aberrationen (siehe § 3.5). In Bild 9.2

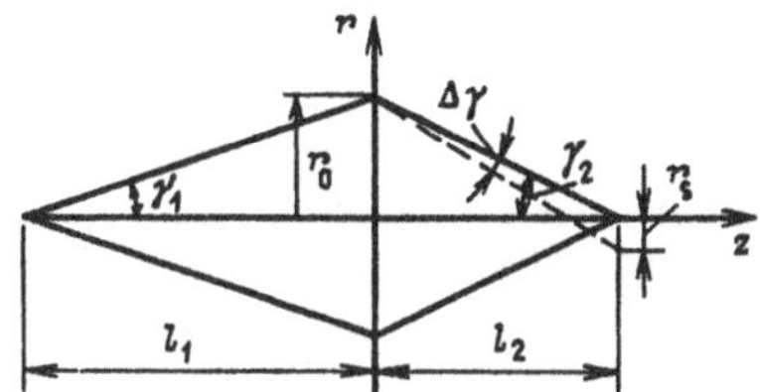

Bild 9.2: Zur Berechnung des Fokusfleckradius von sphärischen Linsenaberrationen

wird der schematische Verlauf der Elektronenstrahlen in einer magnetischen Linse ohne Berücksichtigung (durchgezogene Linien) und mit Berücksichtigung der sphärischen Aberrationen (gestrichelte Linie) dargestellt. Die Abweichung $\Delta\gamma$ des Brechungswinkels, die durch die sphärische Linsenaberration hervorgerufen wird, kann über

$$\Delta\gamma = r_0^3 \frac{C_\alpha}{f} \tag{9.3}$$

bestimmt werden. Dabei bedeuten f – Brennweite der Linse und C_α – Winkelkoeffizient der sphärischen Aberrationen, wobei typische Werte für C_α für aus abgeschirmten Solenoiden bestehende Linsen im Intervall $C_\alpha = 0,01 \ldots 0,05\,\mathrm{cm}^{-2}$ liegen. Aus der Geometrie von Bild 9.2 folgt der durch sphärische Aberrationen bedingte Radius des Brennfleckes in der Ebene des paraxialen Fokus

$$r_s = \frac{\Delta\gamma\, l_2}{\cos^2\gamma_2} \approx \Delta\gamma\, l_2 \, .$$

In der Ebene der besten Einstellung mit geringstem Brennfleckradius gilt

$$r_s = \frac{1}{4}\Delta\gamma\, l_2 = \frac{1}{4} r_0^3 \frac{C_\alpha l_2}{f} \, .$$

Unter Berücksichtigung von $1/f = 1/l_1 + 1/l_2$ und $r_0 \approx l_2\,\gamma_2$ folgt

$$r_s = \frac{1}{4} l_2^3 \gamma_2^3 C_\alpha \left(1 + \frac{l_2}{l_1}\right) \, . \tag{9.4}$$

Wird angenommen, daß der summarische Radius der Elektronensonde $r = (r_\gamma^2 + r_s^2)^{1/2}$ beträgt, gilt

$$r = \left\{ \left[r_k \left(\frac{U_T}{U_a}\right)^{1/2} \frac{1}{\gamma_2} \right]^2 + \frac{1}{4} \left[l_2^3 \gamma_2^3 C_\alpha \left(1 + \frac{l_2}{l_1}\right) \right]^2 \right\}^{1/2} \, .$$

Aus dieser Gleichung folgt, daß r in komplizierter Weise vom Winkel γ_2 abhängt und daß der optimale Wert von γ_2 für ein Minimum von r bestimmt werden kann. Nach einigen Zwischenschritten folgt für das Endresultat:

$$r_{\min} = \left(\frac{4}{3}\right)^{1/2} r_k \sqrt{\frac{U_T}{U_a}} \frac{1}{\gamma_{2,\mathrm{opt}}} \, ,$$

mit

$$\gamma_{2,\mathrm{opt}} = \left(\frac{1}{3}\right)^{1/2} \left(\frac{4}{3} r_k \sqrt{\frac{U_T}{U_a}} \frac{1}{K}\right)^{1/4} \, , \quad K = \left(1 + \frac{l_2}{l_1}\right) C_\alpha l_2^3 \, .$$

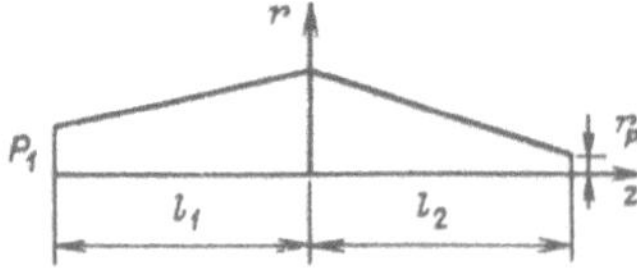

Bild 9.3: Zur Berechnung der Fokusverbreiterung durch nichtlineare Phasencharakteristika des Strahls

Eine in [145] durchgeführte Analyse zeigt, daß ein nicht geringer Beitrag zur Vergrößerung des Elektronensondenradius von Aberrationen der Elektronenkanone herrühren kann, welche die Qualität der anfänglichen Formierung des Elektronenstrahls bestimmen. Eine Abschätzung der Qualität der Formierung kann mit Hilfe der *Phasencharakteristika* des Strahls erfolgen. Unter dem Aspekt weiterer Strahltransformationen ist die Verwendung der *linearen Phasencharakteristik* sinnvoll. Die Nichtlinearität der Phasencharakteristika ist mit Aberrationen der Kanone begründet und bewirkt eine Vergrößerung der Fläche des Strahlfokus. Eine Abschätzung dieses Effektes kann mit der *Phasenparallelogrammethode* erfolgen [146]. Zur Erläuterung der Methode werde die Linse als dünn angenommen und die Bereiche l_1 und l_2 seien frei von Eigenfeldern des Elektronenstrahls. Die Phasencharakteristik S_1 des Strahls habe am Ausgang der Elektronenkanone (in der Ebene P_1 in Bild 9.3) eine Form, wie sie in Bild 9.4 dargestellt ist. Eine solche Form der Phasencharakteristik entspricht einem divergierenden nichtlaminaren Strahl. In der Phasenebene $r - r'$ werde das Parallelogramm so konstruiert, daß die betrachtete Phasencharakteristik S_1 in dessen Fläche eingeschlossen sei.

Zwei zur Achse r parallele Seiten dieses Parallelogramms verlaufen durch Punkte der Phasencharakteristik $r'_{\max}$, die zwei anderen Seiten verlaufen so, daß die gesamte Phasencharakteristik bei minimaler Fläche des Parallelogramms eingeschlossen ist. Betrachtet werde die Dynamik der Änderung des Phasenparallelogramms. Im feldfreien Raum bleiben die Phasenkoordinaten r' konstant und die Parallelogrammseiten ab und cd werden parallel zur Achse r verschoben. Die Schnittpunkte der Seiten ad und bc mit der Achse r ändern in der Phasenebene ihre Lage dabei nicht. Gemäß des Theorems von Liouville

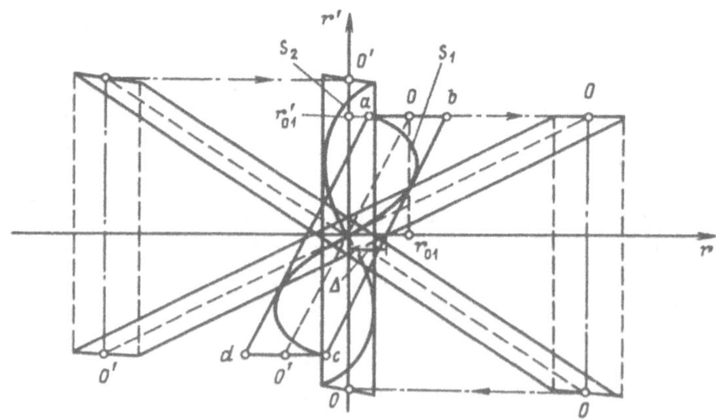

Bild 9.4: Transformation des Phasenparallelogramms bei der Bewegung eines Elektronenstrahls durch ein Linsensystem

bleibt die Fläche des Phasenparallelogramms konstant und ist gleich dem Anfangswert $A_1 = |r'_{01}| 4\Delta$. Durch das Wirken der dünnen Linse der Brennweite f werden die Koordinaten von r' nach r/f transformiert und es erfolgt eine Deformation des Phasenparallelogramms, wobei die r-Koordinaten an der Parallelogrammoberseite infolge der geringen Dicke der Linse unverändert bleiben. Bei der Bewegung im der Linse folgenden Raum wird das Phasenparallelogramm so deformiert, daß die Koordinaten r' der Oberseite unverändert bleiben. Der minimale Strahlradius in der Austrittsebene wird erhalten, wenn die große Achse des Parallelogramms mit der Koordinatenachse r' zusammenfällt und die Seiten ad und bc zu ihr parallel sind. Die Phasencharakteristik des Strahls in dieser Ebene ist durch die Kurve S_2 gegeben. Bei gegebener Eingangsphasencharakteristik und bekannten Basisabständen l_1 und l_2 kann die optische Stärke der Linse bestimmt werden, die einen minimalen Ausgangsstrahlradius gewährleistet [146]:

$$\frac{1}{f} = \frac{1}{l_2} + \frac{C}{1 + Cl_1} \; ; \quad r_p = \Delta \frac{Cl_2}{1 + Cl_1}$$

mit C – Konstante, die den Anstieg der großen Achse des Ausgangsparallelogramms $00'$ bestimmt und $r' = Cr$.

Für konkrete elektronenoptische Systeme von Elektronenstrahlanlagen durchgeführte Berechnungen [145] zeigen, daß eine Verbreiterung des Brennflecks infolge von Nichtlinearitäten der Phasencharakteristika (r_p) mit den Abmaßen eines Brennflecks (r_t) vergleichbar ist, die durch thermische Geschwindigkeiten und durch sphärische Aberrationen der Linse (r_s) hervorgerufen werden und die bei der Projektierung von elektronenoptischen Systemen von Schweißanlagen berücksichtigt werden müssen. Der resultierende Radius des Brennflecks bestimmt sich zu

$$r = \left(r_t^2 + r_s^2 + r_p^2\right)^{1/2} \; .$$

Eine strenge Ableitung dieser Formel fehlt, jedoch liefert sie den experimentellen Befunden wesentlich nähere Werte als eine einfache Summierung der in die Gleichung eingehenden Radien.

Der Einfluß der Elektronenstreuung bei der Wechselwirkung mit dem Dampfgasmedium ist nur im Bereich der Schweißfuge wesentlich, wo die Dichte des Dampfgasmediums hinreichend hoch ist. Quantitative Abschätzungen werden in [33] gegeben. Zur Abschätzung der Strahlqualität in konzentrierenden Systemen werden in [142] solche Parameter wie die Emittanz und die Brightness verwendet (siehe Anlage 1).

9.2 Elektronenoptische Systeme in Anlagen für die Elektronenstrahllithographie

Elektronenoptische Systeme in Anlagen der Elektronenstrahllithographie werden durch die folgenden Parameter charakterisiert: Beschleunigungsspannung U_a =15...25 kV; Elektronenstrahlstrom I = 0,1...1 μA und Brennfleckradius (Radius der Sonde) 0,05...0,25 μm. Zur Realisierung einer Elektronensonde mit derartigen Parametern wird ein kompliziertes elektronenoptisches System verwendet, das aus einer Elektronenkanone mit einer spitzen Thermokathode oder Autoemissionskathode, einem Magnetlinsensystem und einem Ablenkungssystem besteht [147, 148].

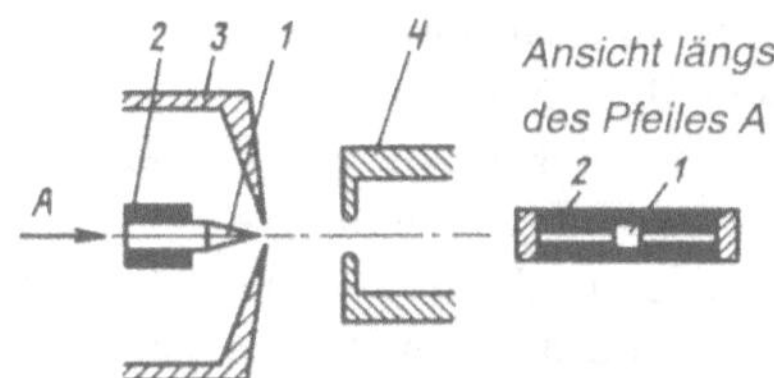

Bild 9.5: Anordnung einer Elektronenkanone mit spitzer Thermokathode

Elektronenoptische Systeme mit spitzer Thermokathode. Die Elektronenkanone (Bild 9.5) besteht aus der Kathode 1, der fokussierenden Elektrode 3 und der Anode 4. Die Spitzenkathode 1 ist ein quadratischer LaB_6-Stift, der auf einer Seite zu einem Konus ausgeführt ist. Dieser Stift wird zwischen den Graphitscheiben 2 gehalten. Der Heizstrom, der durch diese Scheiben fließt, gewährleistet ihre Erhitzung und die Heizung der Kathode bis zur Arbeitstemperatur von $T_K \approx 1900$ K. Der Strom fließt von der Kathodenspitze und der Kathodenradius beträgt dabei 5...10 μm. Das Fokussierungssystem (Bild 9.6) beinhaltet zwei magnetisch fokussierende Linsen (2 und 4) und eine magnetische Objektivlinse 6. Der Radius des Brennfleckes in der Ebene P_2 (d.h. nach der ersten Linse) wird gemäß den Ergebnissen des vorangegangenen Paragraphen durch (9.2) bestimmt, wobei $C = 1$ angenommen wird:

$$r_2 = r_k \left(\frac{U_T}{U_a}\right)^{1/2} \frac{1}{\gamma_2}$$

mit γ_2 – Konvergenzwinkel des Elektronenstrahls nach der ersten Linse.

Das nach der ersten Linse lokalisierte Diaphragma 3 begrenzt die Divergenz des Strahls auf einen Winkel γ_2. In diesem Fall wird der Radius des Brennflecks nach der zweiten Linse in der Ebene P_3 über die Gleichung

$$r_3 = \frac{r_2 \gamma_2^*}{\gamma_3}$$

berechnet. Die magnetische Objektivlinse gewährleistet die Transformation des Brennflecks in die Arbeitsebene P (die Ebene, in der das zu bearbeitende Objekt gelegen ist) und vollendet die Formierung der Elektronensonde. Deren resultierender Radius berechnet sich zu

$$r = \left(r_t^2 + r_a^2\right)^{1/2}$$

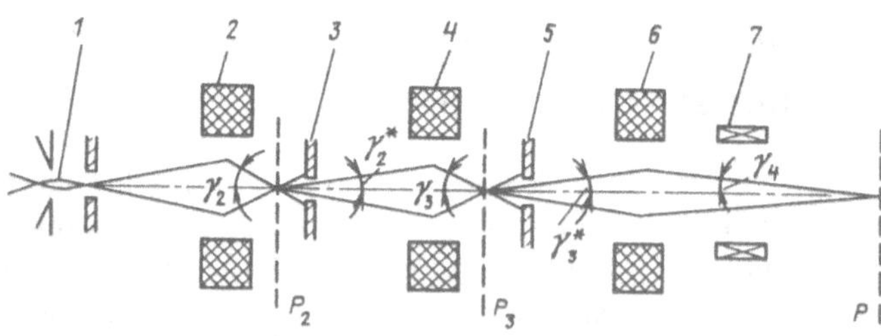

Bild 9.6: Elektronenoptisches System einer Elektronenstrahllithographieanlage: 1 – Elektronenkanone; 2,4,6 – magnetische Linsen; 3,5 – begrenzende Diaphragmen; 7 – Ablenksystem

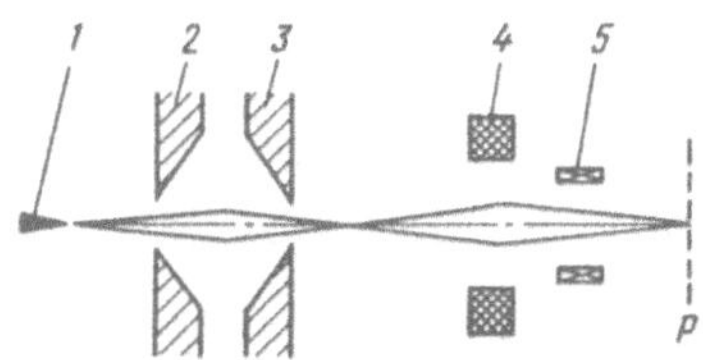

Bild 9.7: Schema eines elektronenoptischen Systems mit Autoemissionskathode: 1 – Autoemissionskathode; 2,3 – erste und zweite Anode; 4 – Magnetlinse und 5 – Ablenksystem

mit r_t – Radius des Brennflecks, der durch die thermische Unschärfe der Geschwindigkeiten bewirkt wird $r_t = r_3\gamma_3^*/\gamma_4$ und r_a – Größe, die die Verbreiterung des Brennflecks infolge der Aberrationen der Objektivlinse berücksichtigt. Da gewöhnlich der Beitrag sphärischer Aberrationen dominiert, gilt $r_a = r_s$ mit r_s als durch sphärische Aberrationen bedingter Radius.

In die Gleichung für den Brennfleckradius geht die Größe r_p nicht ein, welche die Vergrößerung des Brennflecks infolge der Nichtlinearität der Phasencharakteristika der Kanone berücksichtigt. Dies erklärt sich dadurch, daß bei der Verwendung begrenzender Diaphragmen der Brennfleck nur durch den zentralen Teil des Strahls formiert wird, wo die Phasencharakteristika praktisch linear sind. Daher ist der Beitrag der Nichtlinearität der Phasencharakteristika zur Verbreiterung des Brennflecks vernachlässigbar gering.

Der Strom der Elektronensonde kann nach der Gleichung

$$I_3 = \pi^2 r_t^2 \gamma_4^2 B_0$$

mit B_0 als Brightness der Quelle (der Elektronenkanone) bestimmt werden. Für eine Kanone mit spitzer Kathode aus Lanthanhexaborid gilt $B_0 = (1-5)\cdot 10^6$ A cm^{-2} sterad^{-1} für $T_K \approx 1900°$ K und $U_a = 20\ldots25$ kV.

Elektronenoptische Systeme mit Autoemissionskathode. Ein entsprechendes elektronenoptisches System besteht aus einer Kanone, einer magnetischen Linse und einem Ablenksystem (Bild 9.7).

Die Kanone wird durch eine spitze Autoemissionskanone 1 und zwei Anoden 2 und 3, die verschiedene Potentiale U_1 und U_2 (gewöhnlich $U_1 \approx 5$ kV, $U_2 \approx (20-25)$ kV) haben, gebildet. Eine solche Variante einer Autoemissionskanone ist als Crewe-Batler-Kanone bekannt [147, 149]. Sie gewährleistet die anfängliche Formierung, die Beschleunigung und die Fokussierung des Strahls. Die Magnetlinse 4 vollendet die Formierung des Brennflecks in der Arbeitsebene. Das Ablenksystem 5 ist für die Ablenkung des Elektronenstrahls vorgesehen.

In der Kanone mit Autoemissionskathode erfolgt die Elektronenemission von deren scharfen Spitze mit Mikrometerabmessungen, wobei der scheinbare effektive Radius des Emitters einen Wert von etwa 10^{-3} μm hat. Eine solche Elektronenquelle kann als Punktquelle betrachtet werden. Die durch die erste und zweite Anode gebildete elektrostatische Linse, in der die Beschleunigung und anfängliche Fokussierung des Strahls erfolgt, weist erhebliche sphärische Aberrationen auf, was zu nichtlinearen Phasencharakteristika der Kanone führt.

Unter Berücksichtigung des oben Gesagten kann angenommen werden, daß der resultierende Radius des Brennflecks durch die Nichtlinearität der Phasencharakteristika und durch die sphärischen Aberrationen der magnetischen Linse bestimmt wird:

$$r = \left(r_s^2 + r_p^2\right)^{1/2} .$$

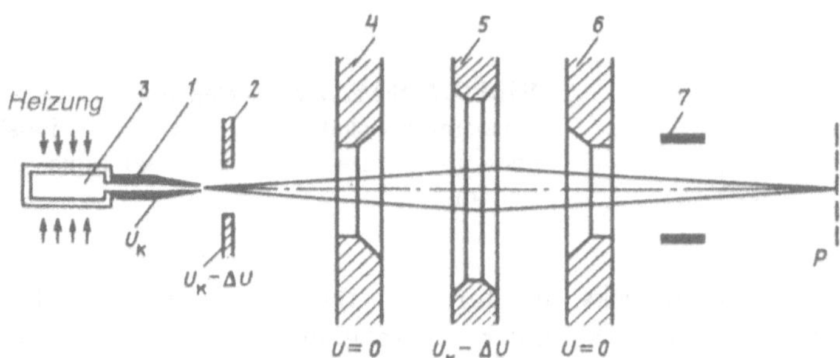

Bild 9.8: Schema des elektronenoptischen Systems einer Anlage zur Ionenimplantation: 1 – Flüssigmetallemitter; 2 – Ziehelektrode (Extraktor); 3 – Kammer mit geschmolzenen Metall; 4,5,6 – eine elektrostatische Linse bildende Elektroden; 7 – Ablenksystem

In diese Gleichung geht r_t nicht ein, da die Autoemissionsquelle als Punktquelle betrachtet werden kann.

Elektronenoptische Systeme mit Autoemissionsemitter können Sonden mit Radien von weniger als $0,1\mu$m und mit bedeutend höheren Strömen als elektronenoptische Systeme mit Thermokathoden aus Lanthanhexaborid formieren [147].

9.3 Elektronenoptische Systeme von Anlagen zur Ionenimplantation

Die aktuellen Erfolge bei der Entwicklung von Ionensonden für die Ionenimplantation sind mit der Verwendung von Flüssigmetallionenemittern verbunden [148, 150]. Elektronenoptische Systeme mit derartigen Emittern erlauben die Formierung von Ionensonden, die sich in ihren Parametern denen von Elektronensonden der Elektronenstrahllithographie nähern. Bei einem Sondendurchmesser von $(0,1 - 1)\,\mu$m kann der Sondenstrom entsprechend $(0,1 - 10)$ nA erreichen.

Ein elektronenoptisches System mit Flüssigmetallemitter ist in Bild 9.8 mit einer Triodenionenkanone, einer elektrostatischen Linse und einem Ablenksystem dargestellt. Die Kanone wird durch einen Flüssigmetallemitter, eine Ziehelektrode (Extraktor) und eine beschleunigende Elektrode 4 gebildet. Die Potentiale der Kanonenelektroden betragen dabei etwa $U_k \approx 10^5$ V und $\Delta U \approx 5 \cdot 10^3$ V. Der Flüssigmetallemitter besteht aus einer dünnen Wolframkapillare, die mit einer Kammer verbunden ist, in der sich geschmolzenes Metall (zum Beispiel Gallium) befindet. Das Metall tritt aus der Kammer in die Kapillare und bildet am Ende der Kapillare einen Meniskus. Unter dem Einfluß des elektrischen Feldes und der Oberflächenspannung erhält der Meniskus die Form eines spitzen Konus, von dem die Ionenemission erfolgt. Der Radius der Konusspitze beträgt einige Nanometer, die Ionenstromdichte erreicht $10^5\,\mathrm{A\,cm^{-2}}$ bei einer Brightness von $10^6\,\mathrm{A\,cm^{-2}\,sr^{-1}}$ und einem Strom von $10^{-2}\,\mu$A bis $10\,\mu$A. Durch die Extraktoröffnung gelangt der Ionenstrom in das elektrische Feld zwischen dem Extraktor und der Beschleunigungselektrode und dann in eine elektrostatische Einzellinse, die durch die Elektroden 4 bis 6 gebildet wird und die eine Fokussierung in der Arbeitsebene P bewirkt.

Wie aus der oben gegebenen Beschreibung folgt, ist die Formierung einer Ionensonde der Formierung einer Elektronensonde in elektronenoptischen Systemen mit Autoemissionsemitter analog. Der Unterschied besteht darin, daß zur Fokussierung des Ionenstrahls eine elektrostatische Linse Verwendung findet. Wie Untersuchungen zeigen [150], wird der Radius der Ionensonde im wesentlichen durch chromatische Aberrationen des elektronenoptischen Systems bestimmt.

Kapitel 10

Transport intensiver relativistischer Strahlen geladener Teilchen

10.1 Relativistische Bewegungsgleichungen

Eine der Konsequenzen der speziellen Relativitätstheorie ist die Variation der Teilchenmasse mit der Geschwindigkeit:

$$m = m(v) = \frac{m_0}{\sqrt{1-\frac{v}{c^2}}} = \gamma m_0 \tag{10.1}$$

mit m_0 – Teilchenruhemasse; c – Vakuumlichtgeschwindigkeit; v – Teilchengeschwindigkeit und $\gamma = 1/\sqrt{1-v^2/c^2}$ – relativistischer Faktor. Unter Berücksichtigung dieses Sachverhaltes wird die relativistische Bewegungsgleichung als

$$\frac{d}{dt}(m\vec{v}) = e\vec{E} + e(\vec{v}\times\vec{B}) \tag{10.2}$$

geschrieben. Die linke Seite der Gleichung kann in die folgende Form umgewandelt werden:

$$\frac{d}{dt}(m\vec{v}) = m\frac{d\vec{v}}{dt} + \vec{v}\frac{dm}{dt}\ . \tag{10.3}$$

Da

$$\frac{dm}{dt} = m_0\frac{d}{dt}\left(1-v^2/c^2\right)^{-1/2} = \frac{m_0 v}{c^2\left(1-v^2/c^2\right)^{3/2}}\frac{dv}{dt} \tag{10.4}$$

gilt, erhält (10.3) die Form

$$\frac{d}{dt}(m\vec{v}) = \frac{m_0}{\left(1-v^2/c^2\right)^{1/2}}\frac{d\vec{v}}{dt} + \vec{v}\frac{m_o v}{c^2\left(1-v^2/c^2\right)^{3/2}}\frac{dv}{dt}\ . \tag{10.5}$$

Wird (10.5) in (10.2) eingesetzt, folgt

$$\frac{m_0}{\left(1-v^2/c^2\right)^{1/2}}\frac{d\vec{v}}{dt} + \vec{v}\frac{m_0 v}{c^2\left(1-v^2/c^2\right)^{3/2}}\frac{dv}{dt} = e\vec{E} + e\left(\vec{v}\times\vec{B}\right)\ . \tag{10.6}$$

Werden die rechte und linke Seite dieser Gleichung skalar mit dem Geschwindigkeitsvektor $\vec{v}$ multipliziert, finden wir

$$\frac{m_0 v}{c^2 (1 - v^2/c^2)^{3/2}} \frac{dv}{dt} = \frac{e}{c^2} \left(\vec{v} \cdot \vec{E}\right) . \tag{10.7}$$

Unter Berücksichtigung der letzten Formel hat die Bewegungsgleichung (10.6) die Form

$$m_0 \gamma \frac{d\vec{v}}{dt} = e\vec{E} + e\,(\vec{v} \times \vec{B}) - \frac{e\vec{v}}{c^2} (\vec{v} \cdot \vec{E}) . \tag{10.8}$$

Dies ist die Newtonsche Form der Bewegungsgleichung eines relativistischen Teilchens [61].

Energieerhaltung bei der Teilchenbewegung in statischen Feldern. Wird die Bewegungsgleichung (10.8) skalar mit dem Geschwindigkeitsvektor $\vec{v}$ multipliziert, folgt nach einigen Umwandlungen

$$\frac{m_0 v}{(1 - v^2/c^2)^{1/2}} \frac{dv}{dt} = -\,e \left(1 - \frac{v^2}{c^2}\right) \frac{dU}{dt}$$

beziehungsweise unter Berücksichtigung von (10.4)

$$\frac{d}{dt}(mc^2) = -\,e \frac{dU}{dt} ,$$

woraus der *Erhaltungssatz für die Gesamtenergie relativistischer Teilchen* in statischen Feldern folgt

$$E = m_0 \gamma c^2 + eU = \text{const} \tag{10.9}$$

Sind das Emitterpotential und die Anfangsgeschwindigkeit gleich Null, gilt $m_0 c^2 = \text{const}$. In diesem Fall hat der Energieerhaltungssatz die Form

$$m_0 c^2 (\gamma - 1) = -\,eU \tag{10.10}$$

mit $-eU > 0$. Die linke Seite dieser Gleichung entspricht der kinetischen Teilchenenergie $T = m_0 c^2 (\gamma - 1)$. Damit kann die Geschwindigkeit relativistischer Teilchen durch das beschleunigende Potential ausgedrückt werden:

$$v = \sqrt{2 \frac{|eU|}{m_0}} \left(\frac{\gamma + 1}{2}\right)^{1/2} \frac{1}{\gamma} \tag{10.11}$$

mit $\gamma = 1 + |eU|/m_0 c^2$.

Für Elektronen gilt

$$v = 5{,}95 \cdot 10^7 \sqrt{U} \left(\frac{\gamma + 1}{2}\right)^{1/2} \frac{1}{\gamma} , \quad \gamma = 1 + 1{,}96 \cdot 10^{-6}\, U$$

mit v – Elektronengeschwindigkeit [cm/s] und U – Potential [V].

Bewegungsgleichung in axialsymmetrischen elektrischen und magnetischen Feldern. Für die Beschreibung der Teilchenbewegung werden Zylinderkoordinaten r, Θ, z verwendet. Es werde angenommen, daß die skalaren und Vektorpotentiale nicht von der azimutalen Koordinate Θ abhängen: $\partial U/\partial\Theta = 0und\partial A/\partial\Theta = 0$. Die Bewegungsgleichungen in Zylinderkoordinaten können mit Hilfe der Lagrangegleichungen (3.8)

$$\frac{d}{dt}\left(\frac{\partial L}{\partial \dot{q}_i}\right) - \left(\frac{\partial L}{\partial q_i}\right) = 0 \; ; \quad (i = 1,2,3)$$

und der relativistischen Lagrangefunktion [1, 61]

$$L = -m_0c^2\left[1 - \frac{1}{c^2}\left(\dot{r}^2 + r^2\dot{\Theta}^2 + \dot{z}^2\right)\right]^{1/2} - eU + e\left(\dot{r}A_r + r\dot{\Theta}A_\Theta + \dot{z}A_z\right)$$

erhalten werden. Nach mehreren Zwischenschritten ergeben sich die Bewegungsgleichungen für die Projektionen auf die Koordiantenachsen:

$$\frac{d^2r}{dt^2} = -\frac{e}{\gamma m_0}\left[\frac{\partial U}{\partial r} - B_z r\dot{\Theta} - \frac{(\gamma m_0)^2}{e}r\dot{\Theta}^2 + B_\Theta\dot{z} - \left(\dot{r}\frac{\partial U}{\partial r} + \dot{z}\frac{\partial U}{\partial z}\right)\frac{\dot{r}}{c^2}\right] \; ; \qquad (10.12)$$

$$\frac{d^2z}{dt^2} = -\frac{e}{\gamma m_0}\left[\frac{\partial U}{\partial z} + B_r r\dot{\Theta} - B_\Theta\dot{r} - \left(\dot{r}\frac{\partial U}{\partial r} + \dot{z}\frac{\partial U}{\partial z}\right)\frac{\dot{z}}{c^2}\right] \; ; \qquad (10.13)$$

$$r^2\dot{\Theta} - r_0^2\dot{\Theta}_0 = -\frac{e}{\gamma m_0}\left(rA_\Theta - r_0A_{\Theta 0}\right) \; . \qquad (10.14)$$

In diesen Gleichungen bedeuten die Punkte über den Symbolen Zeitableitungen; $r_0^2\dot{\Theta}_0$ ist der Anfangsdrehimpuls und $A_{\Theta 0}$ ist die Azimutalkomponente des Vektorpotentials am Anfangspunkt mit der Koordinate r_0. Im Fall intensiver Elektronenstrahlen müssen die in die Gleichungen eingehenden elektrischen und magnetischen Felder unter Berücksichtigung der Eigenfelder der Strahlen berechnet werden.

10.2 Intensive relativistische Strahlen in Vakuumkanälen

Berechnung der Verbreiterung von Elektronenstrahlen unter dem Einfluß der Coulombschen Abstoßung. Es werde die Verbreiterung eines anfänglich parallelen Elektronenstrahls unter Berücksichtigung des magnetischen Eigenfeldes des Strahls und der relativistischen Massenänderung berechnet, wobei der Strahl sich in einem von äußeren Feldern freien Raum bewege. Dabei werden folgende vereinfachende Annahmen getroffen: Der Strahl sei laminar und es werde sich auf die Berechnung der Grenztrajektorien beschränkt. Das elektrische Eigenfeld habe nur eine radiale Komponente und das magnetische Eigenfeld nur eine azimutale Komponente B_Θ, die von der z-Komponente der Stromdichte abhängig ist. Weiter werde angenommen, daß der Anfangsdrehimpuls $r_0^2\dot{\Theta}_0$ gleich Null sei.

Unter Berücksichtigung der getroffenen Vereinfachungen ergeben sich mit den Gleichungen (10.2) bis (10.14) die Bewegungsgleichungen für die Elektronen auf der Grenztrajektorie:

$$m_0\gamma\frac{dv_r}{dt} = eE_r - ev_zB_\Theta - \frac{ev_r^2E_r}{c^2} \; ; \qquad (10.15)$$

$$m_0\gamma\frac{dv_z}{dt} = ev_rB_\Theta - \frac{ev_rv_zE_r}{c^2} \; ; \qquad (10.16)$$

$$r^2\dot{\Theta} = 0 \; . \qquad (10.17)$$

E_r und B_Θ können durch Strahlparameter ausgedrückt werden, wobei angenommen wird, daß der Strahl eine große axiale Ausdehnung habe und daß sich sein Radius nur schwach mit der Koordinate z ändere. In diesem Fall ergibt sich unter Verwendung des Theorems von Gauß und des Ampereschen Gesetzes

$$E_r = -\frac{I}{2\pi\varepsilon_0 r v_z} \; ; \quad B_\Theta = -\frac{\mu_0 I}{2\pi r}$$

mit I – Strom des Elektronenstrahls und r – Strahlradius. Werden diese Ausdrücke in (10.15) und (10.16) eingesetzt, folgt

$$m_0\gamma \frac{dv_r}{dt} = \frac{|e|I}{2\pi\varepsilon_0 r v_z \gamma^2} \; ; \qquad (10.18)$$

$$\frac{dv_z}{dt} = 0 \; . \qquad (10.19)$$

Gleichung (10.18) beinhaltet, daß die Berücksichtigung des magnetischen Eigenfelds des Strahls zu einer Verringerung der transversalen Kräfte um das γ^2-fache führt. Wird die Längsgeschwindigkeit v_z durch das beschleunigende Potential U_a ausgedrückt

$$v_z \approx v = \sqrt{2\frac{|e|U_a}{m}} \left(\frac{\gamma+1}{2}\right)^{1/2} \frac{1}{\gamma}$$

und von der zeitlichen Ableitung zur Ableitung nach der Koordinate z übergegangen, ergibt sich die Trajektoriengleichung:

$$\frac{d^2r}{dz^2} = \frac{K}{r\left(\frac{\gamma+1}{2}\right)^{3/2}} \qquad (10.20)$$

mit

$$K = \frac{1}{4\pi\varepsilon_0\sqrt{2\frac{|e|}{m}}} \frac{I}{U_a^{3/2}} = 1,5\cdot 10^{-2} P \; ,$$

wobei P die Perveanz des Elektronenstrahls in μA V$^{-3/2}$ ist.

Gleichung (10.20) unterscheidet sich von der entsprechenden nichtrelativistischen Gleichung (4.33) nur durch den Multiplikator

$$\frac{1}{\left(\frac{\gamma+1}{2}\right)^{3/2}} \; .$$

Daher können die mit (4.33) gewonnenen Ergebnisse auch zur Berechnung der Verbreiterung relativistischer Strahlen genutzt werden, wenn in die Betrachtung eine effektive Perveanz

$$P^* = P\left(\frac{2}{\gamma+1}\right)^{3/2}$$

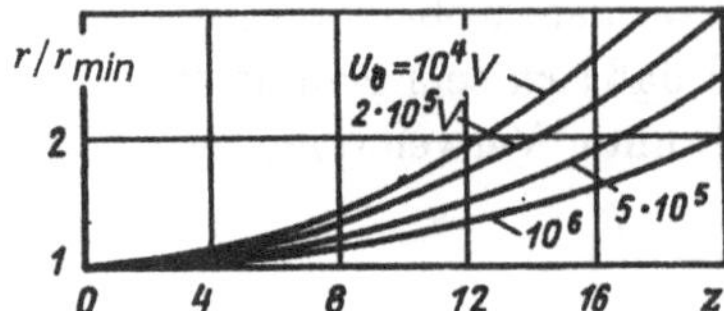

Bild 10.1: Grenztrajektorien eines sich unter dem Einfluß von Coulombkräften aufweitenden Elektronenstrahls

eingeführt wird. Zur Berechnung der Strahlverbreiterung kann auch die Graphik 4.4 verwendet werden, wenn als normalisierte Variable eine Größe verwendet wird, die sich über die effektive Perveanz berechnet:

$$Z = 0,174\sqrt{P^*}\,\frac{z}{r_{\min}} = 0,174\sqrt{P\left(\frac{2}{\gamma+1}\right)^{3/2}}\,\frac{z}{r_{\min}}\,.$$

In Bild 10.1 sind Grenztrajektorien eines Elektronenstrahls mit einer Perveanz $P = 1\,\mu\mathrm{A\,V}^{-3/2}$ für verschiedene Werte der Beschleunigungsspannung U_a dargestellt. Diese Graphik illustriert die Verringerung der Strahlverbreiterung des Elektronenstrahls bei wachsender Beschleunigungsspannung infolge des magnetischen Eigenfeldes des Strahls.

Strombegrenzung von Elektronenstrahlen in zylindrischen Vakuumkanälen. Die Strombegrenzung hat ihre Ursache in der Reduktion des Raumladungspotentials, in dem sich der Elektronenstrahl ausbreitet, durch die Eigenladung des Strahls und durch das Auftreten einer virtuellen Kathode für den Fall, wenn der in den Kanal injizierte Strom einen gewissen Grenzwert überschreitet. Bei der Abschätzung des Stromgrenzwertes wird gewöhnlich angenommen, daß der Elektronenstrahl durch ein unendlich starkes transversales magnetisches Längsfeld magnetisiert ist und daß die Elektronenbewegung längs der Kraftlinien dieses Feldes erfolgt. Eine der Gleichungen, die für die Abschätzung der Grenzströme häufig angewandt wird, ist die Näherungsformel (in der Terminologie der Autoren: Interpolationsformel) von Bogdankevich und Rukhadze [8]

$$I_g^{BR} = \frac{17\cdot 10^3\,(\gamma_a^{3/2}-1)^{3/2}}{G} \tag{10.21}$$

mit $G = 1 + 2\ln(a/b)$; a – Kanalradius; b – Strahlradius; I_g^{BR} – Grenzstrom [A] und γ_a – aus der Beschleunigungsspannung resultierender relativistischer Faktor $\gamma_a = 1 + 1,96\cdot 10^{-6}\,U_a$. Eine präzisere Formel [151] hat die Form

$$I_g = I_g^{BR}\gamma_a^{2/3}\left\{\left[\left(\gamma_a^{2/3}+G\right)^2 - \gamma_a^{2/3}\right]^{1/2} - G\right\}^{-1}\,. \tag{10.22}$$

In Bild 10.2 sind die Ergebnisse der Berechnung der Grenzstrahlperveanz $P_g = I_g/U_a^{3/2}$ für verschiedene Werte der Beschleunigungsspannung und für den Koeffizienten der Strahlauffüllung des Kanals durch den Strahl $b/a = 0,5$ nach den Gleichungen (10.21) (Kurve 1) und nach (10.22) (Kurve 2) dargestellt. Es ist ersichtlich, daß sich die Berechnungsergebnisse nur unwesentlich unterscheiden und in gleicher Weise eine mit der relativistischen Massenzunahme des Elektrons verbundene Verringerung der Grenzperveanz mit wachsender Beschleunigungsspannung voraussagen. Die Gleichungen (10.21) und (10.22) wurden für einen unendlich langen Zylinder erhalten.

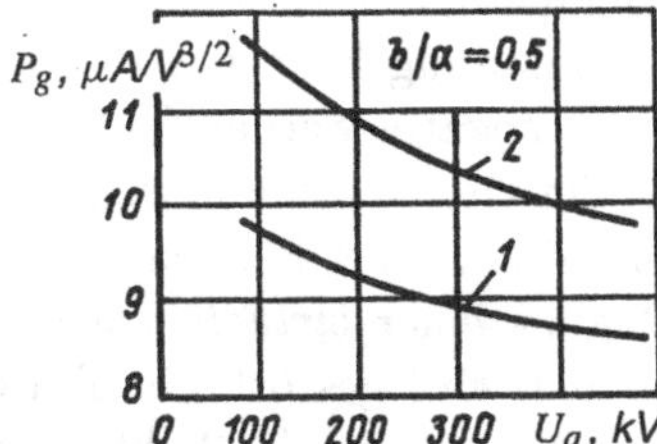

Bild 10.2: Ergebnisse der Berechnung der Grenzstrahlperveanz im zylindrischen Kanal

Wie Untersuchungen zeigen, wächst der Grenzstrom für einen an den Enden geschlossenen Zylinder endlicher Länge stärker als durch die aufgeführten Gleichungen vorausgesagt. Für $l/a \geq 2,57(b/a)^{0,133}$ übersteigt diese Erhöhung 10% nicht [152].

Dynamisches Modell einer virtuellen Kathode [153]. In diesem Modell entspricht eine virtuelle Kathode einem instabilen dynamischen Zustand des Elektronenflusses, bei dem das Potentialminimum sowie die durchgehenden und die reflektierten Ströme sich periodisch ändern. Die Beschreibung eines solchen Zustandes kann nicht im Rahmen des statischen hydrodynamischen Flußmodells erfolgen. Erforderlich ist die Anwendung diskreter Modelle . Berechnungen mit ursprünglich eindimensionalen Modellen [153, 154, 155], später dann mit zweidimensionalen Modellen [156, 157] zeigten die Möglichkeit dynamischer Zustände des Elektronenflusses bei den Grenzstrom übersteigenden Strömen und ermöglichten es, das folgende Modell für das Entstehen solcher Zustände zu entwerfen: Bei der Injektion des Elektronenstrahls in einen zylindrischen Hohlraum mit einem Strom geringer als der Grenzstrom erfolgt durch die Ausfüllung des Hohlraumes durch den Strahl eine Absenkung des Potentials innerhalb des Hohlraumes. Eine stationäre Potentialverteilung mit einem Minimum in der mittleren Zylinderebene (Bild 10.3, Kurven I_1 und I_2) stellt sich schrittweise etwa in Zeitintervallen gleich der doppelten Zeit zur Auffüllung des Hohlraumes ein. Das Potentialminimum verkleinert sich mit wachsender Stärke des injizierten Stromes.

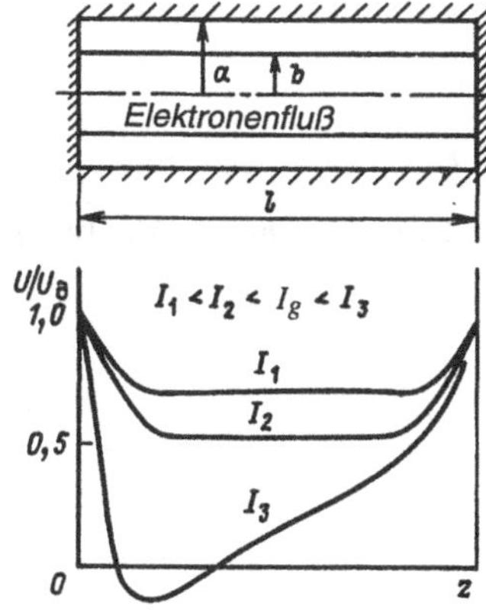

Bild 10.3: Elektronenstrahl im zylindrischen Kanal und axiale Potentialverteilung für verschiedene Strahlströme

Das Bild ändert sich wesentlich, wenn der injizierte Strom den Grenzstrom überschreitet. Im Verlaufe der Ausfüllung des Hohlraumes durch Raumladung kann das Potential im achsennahen Bereich des Zylinders gegen Null gehen und negativ werden (Bild 10.3, Kurve I_3). Das Potentialminimum liegt in der Nähe der Eintrittsfläche und sein Wert ändert sich periodisch mit einer Frequenz in der Größenordnung der Plasmafrequenz. Im betrachteten Hohlraum bildet sich ein dynamisches Regime einer *virtuellen Kathode* aus. Ein normaler Durchtritt des Stromes durch den Zylinder wird gestört, ein Teil der Strahlelektronen wird am Potentialminimum reflektiert und bewegt sich in Richtung der Eintrittsfläche.

Das Auftreten einer virtuellen Kathode kann zur Generierung intensiver Mikrowellenstrahlung genutzt werden [158, 159, 160]. Theoretische und experimentelle Werte weisen auf die Existenz von zwei Entstehungsmechanismen dieser Strahlung hin [160, 161]. Einer davon ist mit Elektronenoszillationen im Zwischenraum Kathode-Anode-virtuelle Kathode (Oszillationen des Barkhausen-Kurz-Typs [162]) verbunden, der zweite Mechanismus betrifft Eigenschwingungen der virtuellen Kathode.

Bedingungen für den Erhalt einen Gleichgewichtstrahls (Brillouinstrahls) im homogenen Magnetfeld. Für den Fall nichtrelativistischer Strahlen wurden die Bedingungen für den Erhalt eines Gleichgewichtsstrahls im homogenen Feld ausführlich in § 7.1 betrachtet. Im relativistischen Fall muß bei der Betrachtung der Gleichgewichtsbewegung der Einfluß des magnetischen Eigenfeldes des Strahls unbedingt berücksichtigt werden. Der Vektor $\vec{B}$ des magnetischen Eigenfeldes ist mit der Stromdichte über die folgende Maxwellsche Gleichung verbunden:

$$\mathrm{rot}\vec{B} = \mu_0 \vec{j} \ ,$$

woraus für die Projektionen auf die Koordinatenachsen r, Θ, z eines zylindrischen Koordinatensystems folgt:

$$\frac{1}{r}\frac{\partial B_z}{\partial \Theta} - \frac{\partial B_\Theta}{\partial z} = \mu_0 j_r \ ; \tag{10.23}$$

$$\frac{\partial B_r}{\partial z} - \frac{\partial B_z}{\partial r} = \mu_0 j_\Theta \ ; \tag{10.24}$$

$$\frac{1}{r}\frac{\partial}{\partial r}(rB_\Theta) - \frac{\partial B_r}{\partial \Theta} = \mu_0 j_z \ . \tag{10.25}$$

Für die Gleichgewichtsbewegung eines axialsymmetrischen zylindrischen Flusses, bei dem die Bedingungen $dr/dt = 0, r = \text{const}, \partial/\partial z = 0, \partial/\partial\Theta = 0$ erfüllt sind, ergeben sich aus (10.23) bis (10.25) die Beziehungen

$$-\frac{\partial B_z}{\partial r} = \mu_0 j_\Theta \ ; \quad \frac{1}{r}\frac{\partial}{\partial r}(rB_\Theta) = \mu_0 j_z \ .$$

Werden j_Θ und j_z durch die Raumladungsdichte ϱ und die Geschwindigkeitskomponenten v_Θ und v_z ausgedrückt, folgt nach Integration

$$B_z = -\mu_0 \int_r^b \varrho\, v_\Theta\, dr \ ; \tag{10.26}$$

$$B_\Theta = \frac{\mu_0}{2\pi r} \int_0^r \varrho\, v_z\, 2\pi r\, dr \ . \tag{10.27}$$

Die durch die Rotation der Elektronen bewirkte longitudionale Komponente des magnetischen Eigenfeldes ist dem äußeren homogenen Magnetfeld entgegengerichtet und bestimmt den Diamagnetismus des intensiven Elektronenstrahls.

Relativistischer Brillouinstrahl (genäherte Behandlung). Unter der Annahme $v_\Theta \ll v_z$ kann die longitudionale Komponente des magnetischen Eigenfeldes des Strahls vernachlässigt und der relativistische Faktor somit zu $\gamma \approx (1 - v^2/c^2)^{-1/2}$ angenommen werden. Es kann gezeigt werden, daß in diesem Fall die Gleichgewichtsbewegung des Strahls für die Bedingungen $\varrho = \text{const}$, $v_z = \text{const}$ und $j = \text{const}$ realisiert wird, die für die Beschreibung eines nichtrelativistischen Brillouinstrahls erhalten wurden (siehe § 7.1). Der Unterschied besteht nur darin, daß in die Balancegleichung für die Radialkräfte eine Kraft eingeschlossen wird, die durch das azimutale Eigenfeld des Elektronenstrahls entsteht:

$$eE_r + ev_\Theta B - ev_z B_\Theta + \frac{m_0 \gamma v_\Theta^2}{r} = 0 \tag{10.28}$$

mit $E_r = \varrho r/2\varepsilon_0$ – Radialkomponente des elektrischen Eigenfeldes des Strahls; B - äußeres homogenes Magnetfeld; $v_\Theta = r\dot{\Theta} = -eBr/2m_0\gamma$ - lineare Azimutalgeschwindigkeit; $B_\Theta = \mu_0 j_z r/2$ – azimutales Eigenfeld des Strahls (der Ausdruck für B_Θ ergibt sich aus (10.27), wenn darin $j_z = \varrho v_z$ =const verwendet wird) und $m_0\gamma v_\Theta^2/r$ – Zentrifugalkraft. Die Größen j_z und ϱ sind über die Beziehung $j_z = \varrho v_z$ verknüpft. Die Geschwindigkeit v_z kann durch das Potential U_0 auf der Strahlachse und mit $\gamma_0 = 1 + 1{,}96 \cdot 10^{-6} U_0$ ausgedrückt werden:

$$v_z = \sqrt{2\frac{|e|}{m_0}U_0}\left(\frac{\gamma_0+1}{2}\right)^{1/2}\frac{1}{\gamma_0}\,. \tag{10.29}$$

Bei Berücksichtigung der weiter oben angegebenen Zusammenhänge ergibt sich aus der Balancegleichung (10.28) eine Gleichung, die die Induktion B des äußeren Feldes und die Strahlparameter für die Gleichgewichtsbewegung verbindet:

$$B = \frac{830}{b}\frac{\sqrt{I}}{U_0^{1/4}\left(\dfrac{\gamma_0+1}{2}\right)^{1/4}} \tag{10.30}$$

mit B – Induktion des äußeren Feldes [Gauss]; b – Strahlradius [cm]; I – Strahlstrom [A] und U_0 – axiales Potential [V]. Bei kleinen Werten von U_0, wenn $\gamma_0 \approx 1$ gilt, geht diese Gleichung in die relativistische Form (7.7) über. Das axiale Potential U_0 wird aus der Berechnung der radialen Potentialverteilung für einen unendlichen Zylinder des Radius a gefunden, der teilweise durch einen Elektronenstrahl mit dem Radius b ausgefüllt ist:

$$U_0 = U_a - \frac{I}{4\pi\varepsilon_0\sqrt{2\dfrac{|e|}{m_0}U_0}\left(\dfrac{\gamma_0+1}{2}\right)^{1/2}\dfrac{1}{\gamma_0}}\left(1 + 2\ln\frac{a}{b}\right)$$

mit U_a als Potential des den Strahl umschließenden metallischen Zylinders. Diese Gleichung kann in einer für Berechnungen gut handhabbaren Form dargestellt werden:

$$U_0 = U_a\left[1 - 0{,}0152\,P\frac{1}{\left(\dfrac{U_0}{U_a}\dfrac{\gamma_0+1}{2}\right)^{1/2}\dfrac{1}{\gamma_0}}\left(1 + 2\ln\frac{a}{b}\right)\right] \tag{10.31}$$

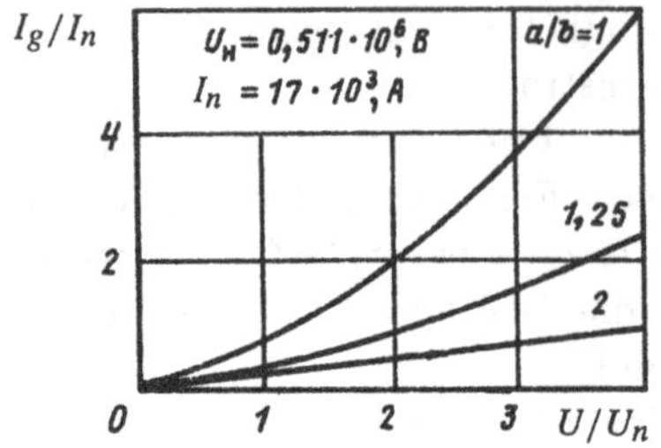

Bild 10.4: Kurven zur Berechnung des Grenzstroms eines durch ein homogenes Magnetfeld fokussierten Gleichgewichtsstroms

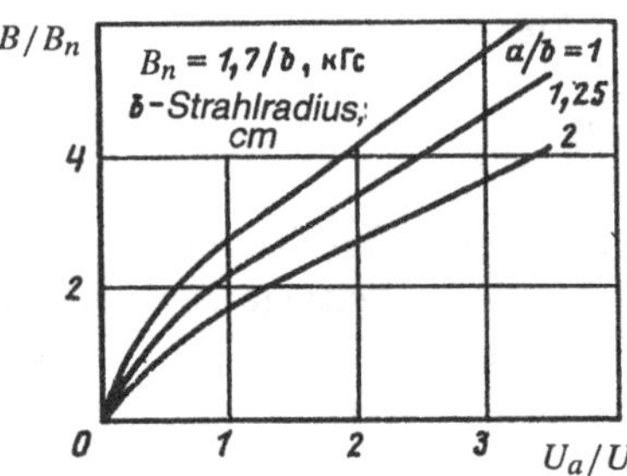

Bild 10.5: Kurven zur Berechnung der zur Strahlfokussierung bei dem Grenzstrom erforderlichen Induktion des magnetischen Feldes

mit $P = I/U_a^{3/2}$ als die über das Potential U_a berechnete Perveanz des Elektronenstrahls in μA V$^{-3/2}$. Da U_0 in die rechte Seite der Gleichung eingeht, erfolgt die Berechnung von U_0 über die Methode der aufeinanderfolgenden Näherungen. Als nullte Näherung können $U_0 = U_a$ und $\gamma_0 \approx \gamma_a = 1 + 1,96 \cdot 10^{-6}\, U_a$ angenommen werden.

Relativistischer Gleichgewichtsstrahl (Resultate der exakten Betrachtung) [163]. Eine exakte Analyse der Bedingungen für eine Gleichgewichtsbewegung des relativistischen Strahls beinhaltet sowohl azimutale als auch longitudionale Komponenten des Eigenfeldes des Strahls und berücksichtigt, daß die azimutale Geschwindigkeit v_θ im allgemeinen Fall mit der longitudionalen Geschwindigkeit v_z vergleichbar werden kann. Der relativistische Faktor wird über das Quadrat der Geschwindigkeit $\gamma = (1 - v^2/c^2)^{-1/2}$ bestimmt, wobei $v^2 = v_z^2 + v_\Theta^2$ gilt. In diesem Fall ist er eine Funktion der Radialkoordinate $\gamma = \gamma(r)$, was bei der Analyse berücksichtigt werden muß.

In [163] werden verschiedene Varianten der Gleichgewichtsbewegung eines relativistischen Strahls im homogenen Magnetfeld betrachtet. Für Systeme mit vom Magnetfeld abgeschirmter Kathode wurden Relationen erhalten, die den Strom I und die Induktion B des äußeren Magnetfeldes mit den Potentialen U_0 auf der Achse und U_b an der Strahlgrenze verknüpfen:

$$I = I_n \frac{(\gamma_0^2 - 1)^{1/2}}{2} \left(\frac{\gamma_b^2}{\gamma_0^2} - 1 \right) ; \tag{10.32}$$

$$B = \frac{m_0 c}{|e| b} \left(\frac{\gamma_b^2}{\gamma_0^2} - 1 \right)^{1/2} \left(\frac{\gamma_b}{\gamma_0} + 1 \right) \tag{10.33}$$

mit I_n – normierende Konstante, welche die Dimension eines Stromes hat und für die gilt: $I_n = 17 \cdot 10^3$ A; $\gamma_0 = 1 + 1,96 \cdot 10^{-6}\, U_0$; $\gamma_b = 1 + 1,96 \cdot 10^{-6}\, U_b$. Durch Verknüpfung von

(10.32) und (10.33) ergibt sich ein Ausdruck zur Berechnung der Induktion des äußeren Magnetfeldes:

$$B = \frac{\frac{415}{b}\left(\frac{\gamma_b}{\gamma_0}+1\right)\sqrt{I}}{U_0^{1/4}\left(\frac{\gamma_0+1}{2}\right)^{1/4}} . \qquad (10.34)$$

Alle Größen besitzen hier die gleichen Dimensionen wie in (10.30). Es ist unschwer zu sehen, daß für $\gamma_0 \approx \gamma_b$ als spezieller Fall (10.30) folgt. Der Strom des Gleichgewichtsstrahls wird durch die Raumladung begrenzt und kann einen gewissen Grenzwert nicht übersteigen. Für den Grenzstrom wird in [163] erhalten:

$$I_g = \frac{1}{2} I_n \left\{ \frac{\gamma_b^2}{2} \left[\left(1 + \frac{8}{\gamma_b^2} \right)^{1/2} - 1 \right] - 1 \right\}^{1/2} \left[\frac{2}{\left(1 + \frac{8}{\gamma_b^2} \right)^{1/2} - 1} - 1 \right]$$

mit $I_n = 17 \cdot 10^3$ A. Eine Berechnung des Grenzstromes und der Induktion des äußeren Magnetfeldes, welches diesem Strom entspricht, kann mit Hilfe der Graphiken 10.4 und 10.5 erfolgen.

10.3 Intensive neutralisierte Strahlen

Strahlausbreitung im von äußeren Feldern freien Raum. Es werde angenommen, daß daß Coulombsche Eigenfeld des Elektronenstrahls durch das Feld des ionischen Untergrundes kompensiert wird. In diesem Fall wird die Elektronenbewegung durch das magnetische Eigenfeld des Elektronenstrahls bestimmt, welches eine Kompression (Magnetpinch) des Strahls bewirkt. Dieser Effekt wurde bereits in § 4.6 betrachtet. Da die durch das magnetische Eigenfeld des Strahls hervorgerufene Radialkraft dem Strahlstrom I und dem Verhältnis v^2/c^2 proportional ist, ist es offensichtlich, daß der Effekt der Eigenkompression des Strahls besonders für intensive relativistische Strahlen ausgeprägt ist. Bei hohen Strömen kann das magnetische Eigenfeld zu einer starken Ablenkung der Trajektorie und zu einer Stromreduktion führen. Der Alvensche Grenzstrom wird über

$$I_A = 17 \cdot 10^3 \frac{\gamma_a v_a}{c}$$

bestimmt. Dabei bedeuten I_A – Grenzstrom [A]; γ_a – relativistischer Faktor und v_a – bezüglich der Beschleunigungsspannung berechnete Geschwindigkeit.

Magnetisch begrenzter Strahl im zylindrischen Kanal. Es werde angenommen, daß der Strahl durch ein starkes magnetisches Längsfeld so begrenzt werde, daß die Elektronenbewegung längs der magnetischen Kraftlinien dieses Feldes erfolge und das Coulombfeld des Strahls durch das Feld des ionischen Untergrundes neutralisiert werde. In diesem Fall scheint es auf den ersten Blick, daß keine Gründe für eine Strombegrenzung des Strahls existieren. Jedoch wird der maximale Strom, wie eine Analyse (siehe zum Beispiel [8]) zeigt, durch die Ausbildung von Instabilitäten bestimmt, die auch zu einer Begrenzung des Strahlstroms führen. Die wichtigsten Instabilitäten für magnetisch begrenzte neutralisierte Ströme sind die Piercsche und die Budker-Bunemann Instabilitäten.

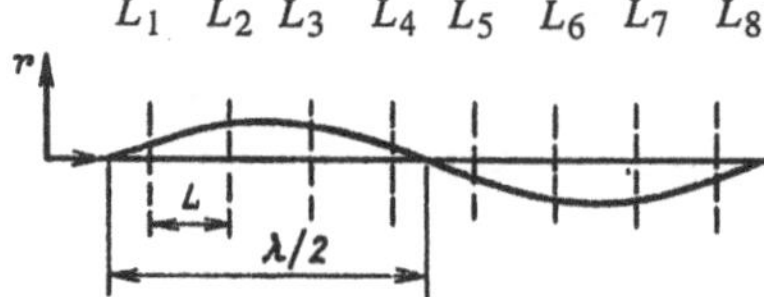

Bild 10.6: Zur Berechnung der Phasenänderung einer Elektronentrajektorie in einem periodischen Linsensystem: $L_1 \ldots L_8$ – die das System bildenden Linsen

Die erste der beiden Instabilitäten ist mit den endlichen Abmaßen des Kanals verbunden, in dem sich der Strahls ausbreitet, die zweite mit der Relativbewegung von Elektronen und Ionen als Teilchen endlicher Masse. In [8] wird eine Gleichung zur Abschätzung des kritischen Stromes angegeben, oberhalb dessen sich die Pierce-Instabilität entwickelt (für den Fall $b = a$):

$$I_k = 24 \cdot 10^3 \, (\gamma_a^2 - 1)^{3/2}$$

mit I_k – kritischer Strom [A] und $\gamma_a = 1 + 1{,}96 \cdot 10^{-6} U_a$. Studien zeigen, daß der kritische Strom für die Budker-Bunemann-Instabilität sich wenig vom kritischen Strom für die Pierce-Instabilítät unterscheidet: $I_B \approx I_P$.

Für kompensierte Strahlen, die durch Felder endlicher Größe formiert werden, sind Konvektionsinstabilitäten wesentlich, die auf einer transversalen Inhomogenität der Dichte und der Strahlgeschwindigkeit beruhen [8].

10.4 Trajektorienanalyse relativistischer Elektronenstrahlen auf dem Computer

In der Beschleunigertechnik ist zur Durchführung physikalischer Experimente oft der Transport intensiver relativistischer Strahlen in Kanälen hoher Spannung erforderlich. Zur Lösung dieser Aufgabe werden in der Praxis am häufigsten magnetische Linsensysteme verwendet, die aus einer Aufeinanderfolge von axialsymmetrischen oder von Quadrupollinsen bestehen [164, 165]. Da analytische Berechnungsmethoden derartiger Systeme Näherungscharakter tragen, erfolgen entsprechende Berechnungen oft auf Computern.

Für die Trajektorienanalyse werden Programme verwendet, die auf unterschiedlichen Schwierigkeitsstufen beruhen. Für den ersten Schritt zur Bestimmung der Ausgangsparameter eines Linsensystems werden ein laminares Strahlmodell und die Konzeption der Grenztrajektorien verwendet. Im weiteren werden die Ergebnisse mit Programmen präzisiert, die auf diskreten Strahlmodellen basieren (Stromröhrentrajektorienmodelle, Stromfadentrajektorienmodelle u.a.). In allen genannten Modellen wird der Einfluß der transversalen Komponenten des magnetischen Eigenfeldes durch eine γ^2-fache Reduktion des transversalen Coulombfeldes des Strahls berücksichtigt, so wie dies auch in den Bewegungsgleichungen (10.18) erfolgt ist. Es kann gezeigt werden, daß eine solche Behandlung des magnetischen Eigenfeldes auch für Strahlen gilt, die keine axiale Symmetrie aufweisen. Hier ist es sinnvoll, in ein Koordinatensystem überzugehen, daß sich gemeinsam mit dem Elektronenfluß bewegt. In diesem System wird das transversale elektrische Feld bestimmt und danach mit den bekannten Gleichungen für die Umrechnung der Felder aus dem bewegten Koordinatensystem in das Laborsystem [61] das magnetische Eigenfeld des Strahls in diesem System berechnet.

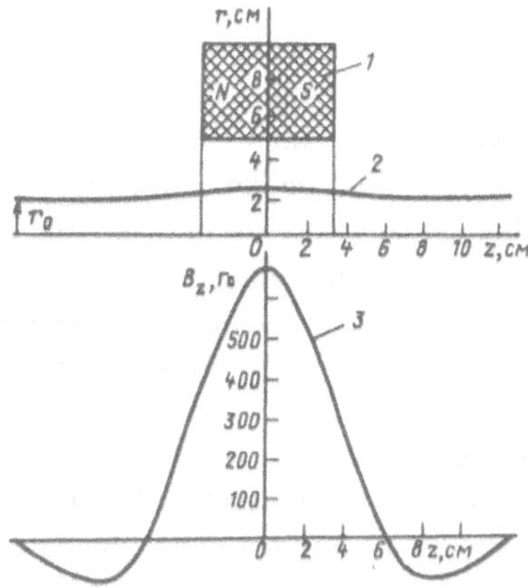

Bild 10.7: Geometrie einer Magnetlinse in Form eines Ringmagneten und axiale Verteilung der magnetischen Induktion

Eine numerische Trajektorienanalyse zur Prognostizierung der Stabilität von Elektronenstrahlen in Linsensystemen kann ebenfalls über die Methode der Phasenänderung erfolgen. Dabei wird der Verlauf einer Elektronentrajektorie im Linsensystem ohne Elektronenstrahl berechnet und der Phasenverlauf $\mu_o = 360° L/\lambda$ für eine Systemperiode bestimmt (Bild 10.6). Anschließend wird der Phasenverlauf μ im System mit Elektronenstrahl bestimmt. Die Werte μ_0 und μ werden zur Bestimmung der Stabilität des Elektronenstrahls im vielkomponentigen Linsensystem herangezogen. In [165, 166] sind als Kriterien für die Stabilität des Strahls folgende Werte angegeben: $\mu_0 \leq 60°$, $\mu/\mu_0 \geq 0,4$.

Axialsymmetrische Linsensysteme. Derartige Systeme können in Form aufeinanderfolgender, in axialer oder radialer Richtung magnetisierter magnetischer Ringe realisiert werden. Eine Trajektorienanalyse erlaubt es zu klären, ob eine solche Anordnung für den Transport von Strahlen bei Beschleunigungsspannungen in der Größenordnung von Megavolt und bei Strömen von Kiloampere geeignet ist. Weiter unten werden als Beispiel die Ergebnisse für einen relativistischen Elektronenstrahl mit den folgenden Parametern angegeben: Beschleunigungsspannung $U_a = 1$ MV; Strahlstrom $I = 1$ kA; anfänglicher Strahlradius $r_0 = 2$ cm; Periode des Linsensystems $L = 25$ cm.

In Bild 10.7 ist eine Linsengeometrie für einen Ringmagneten 1, der in axiale Richtung magnetisiert ist, angegeben (Material Bariumferrit 2BA). Ebenso sind die axiale Verteilung der magnetischen Induktion 2 und die Grenztrajektorie 3 auf der Länge einer Systemperiode dargestellt. In Bild 10.8 sind Ergebnisse einer Trajektorienanalyse des Linsensystems für acht Systemperioden angegeben. Die gestrichelte Kurve charakterisiert

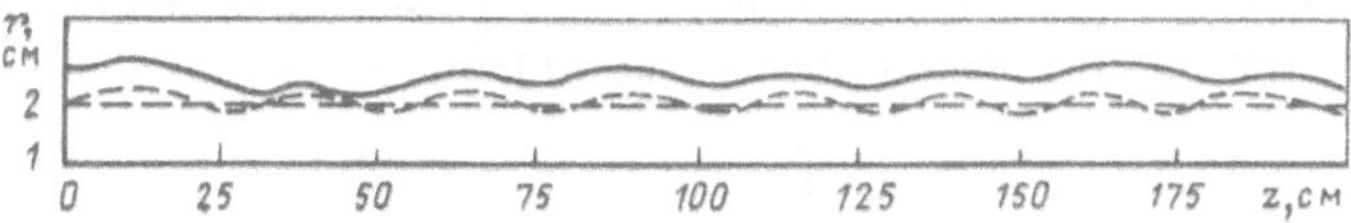

Bild 10.8: Einhüllende des Elektronenstrahls in einem periodisch fokussierenden Linsensystem

die Hüllkurve eines Elektronenstrahls für den Fall einer idealen Injektion in das System (die radialen Anfangsgeschwindigkeiten der Elektronen sind Null und die Strahlachse fällt mit der Systemachse zusammen). Es ist ersichtlich, daß die Strahlbewegung in diesem Fall regulären periodischen Charakter mit einer der Systemperiode entsprechenden Periode L trägt. Die Strahleinhüllende oszilliert dabei gegenüber einem mittleren Radius, dessen Wert dem des Anfangsradius nahekommt. Die durchgezogene Kurve entspricht einer Strahlinjektion mit einer Anfangsabweichung bezüglich der Systemachse um $\Delta r =$ 0,5 cm. Auch in diesem Fall bleibt die transversale Strahlausdehnung beim Durchtritt durch das Linsensystem endlich, was auf einen stabilen Strahltransport im gegebenen Linsensystem hinweist und die Prognose bestätigt, die mit Hilfe der Methode des Phasenverlaufs erhalten wurde. Für das betrachtete System gilt $\mu_0 = 45°$ und $\mu/\mu_0 = 0,55$. Damit sind die oben angegebenen Stabilitätskriterien erfüllt.

Quadrupollinsensystem. Zur Beschreibung der Bewegung eines Elektronenstrahls in einem System von Quadrupollinsen werden die Gleichungen von Kapshinski-Vladimirski verwendet [70]:

$$\frac{d^2X}{d\tau^2} + \frac{L^2\eta}{v_z\gamma}B_Y - \frac{F_{0X}^2}{X^3} - \frac{4L^2I}{\beta^3\gamma^3 I_n}\frac{1}{X+Y} = 0 \; ; \qquad (10.35)$$

$$\frac{d^2Y}{d\tau^2} - \frac{L^2\eta}{v_z\gamma}B_X - \frac{F_{0Y}^2}{Y^3} - \frac{4L^2I}{\beta^3\gamma^3 I_n}\frac{1}{X+Y} = 0 \qquad (10.36)$$

mit $\tau = z/L$ – normierte longitudionale Koordinate; L – Systemperiode; X, Y – transversale Koordinaten; F_0 – Emittanz des Elektronenstrahls; I – Strom des Elektronenstrahls; v_z – longitudionale Geschwindigkeitskomponente; $\gamma = 1 + 1,96 \cdot 10^{-6}\, U_a$ – relativistischer Faktor; $\eta = \frac{|e|}{m_0}$ – Verhältnis von Elektronenladung zur Elektronenmasse; $\beta = \frac{v_z}{c}$ – Verhältnis von Elektronengeschwindigkeit zur Lichtgeschwindigkeit; I_n – Konstante mit der Dimension eines Stromes $I_n = 17 \cdot 10^3$ A. Die in diese Gleichungen eingehenden Komponenten der magnetischen Induktion werden über die folgenden Relationen bestimmt:

$$B_X = Y G_m \cos 2\pi\tau \; ;$$

$$B_Y = X G_m \cos 2\pi\tau \; .$$

Für einen laminaren Strahl beschreiben bei verschwindender Emittanz ($F_0 = 0$) die Gleichungen (10.35) und (10.36) die Grenztrajektorien. Zur Integration von (10.35) und (10.36) müssen die Anfangswerte der Koordinaten und ihre Ableitungen X_0, Y_o, $(dX/d\tau)_0 = X_0'$ und $(dY/d\tau)_0 = Y_0'$ bei $\tau = \tau_0$ vorgegeben werden, ebenso die Amplitude des Gradienten G_m des magnetischen Feldes.

In [167] wird gezeigt, daß für die Injektion eines Elektronenstrahls in ein Magnetsystem optimale Bedingungen existieren, bei denen eine minimale Pulsation des Elektronenstrahls erhalten wird. Ebenso wird eine optimale Amplitude für den Magnetfeldgradienten bestimmt.

Eine Verallgemeinerung der Ergebnisse für relativistische Strahlen führt zu einer Gleichung für die Amplitude des Feldgradienten und für optimale Einschußbedingungen:

$$G_m = \frac{38}{r_0 L}\left[\frac{I}{U_a^{1/2}\left(\frac{\gamma+1}{2}\right)^{1/2}}\right]^{1/2} \; ;$$

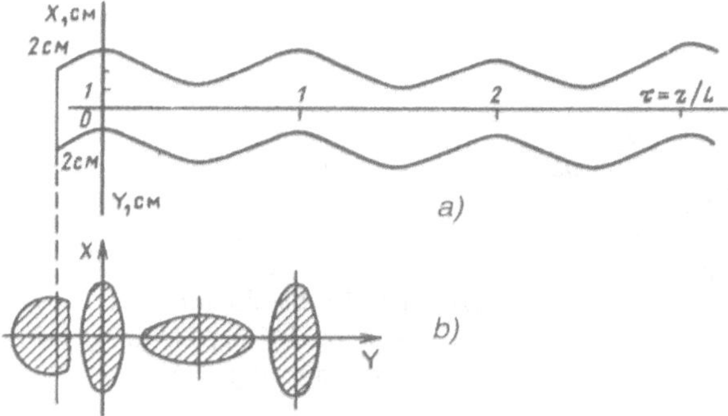

Bild 10.9: Strahleinhüllende und Form ihrer transversalen Querschnitte in einem periodischen Quadrupolsystem bei optimalen Strahlinjektionsbedingungen in das System

$$X_0 = r_0 \; ; \quad Y_0 = r_0 \; ; \quad X_0' = 2\pi r_0 \sqrt{2\kappa} \; ; \quad Y_0' = -2\pi r_0 \sqrt{2\kappa} \; ;$$

$$\kappa = \frac{384\, I}{\frac{r_0^2 U_a^{3/2}}{L^2} \left(\frac{\gamma+1}{2}\right)^{3/2}}$$

mit r_0 – Anfangsradius des Elektronenstrahls [cm]; L – Systemperiode [cm]; I – Strahlstrom [A]; U_a – Beschleunigungsspannung [V]; G_m – transversaler Feldgradient [Gauss/cm].

Aus den oben angegebenen Gleichungen folgt, daß für die Realisierung eines nur schwach pulsierenden Strahls dieser in das Transportsystem mit vollständig definierten Anstiegswinkeln der Trajektorien eingeführt werden muß. Dabei muß die X-Trajektorie von der Systemachse weg $(dX/d\tau)_0 > 0$ und die Y-Trajektorie zur Systemachse hin $(dY/d\tau)_0 < 0$ gerichtet sein.

Im folgenden werden Ergebnisse einer Trajektorienanalyse für einen Strahl in einem Quadrupollinsensystem mit den folgenden Systemparametern angegeben: Strahlstrom I = 1 kA; Beschleunigungsspannung U_a = 1 MV; anfänglicher Strahlradius r_0 = 2 cm; Systemperiode L = 50 cm. Nach den oben angegebenen Formeln wurden vorläufige optimale Werte des Magnetfeldgradienten G_m und die optimalen Einschußbedingungen in das System bestimmt. In Bild 10.9 sind die Grenztrajektorien (a) und und die Konturen des transversalen Strahlquerschnittes (b) für den Fall eines optimalen Gradienten des Magnetfeldes und für optimale Strahlinjektionsbedingungen gezeigt. Charakteristisch ist eine reguläre periodische Strahlbewegung, wobei der transversale Strahlquerschnitt im allgemeinen die Form einer Ellipse annimmt. Der Magnetfeldgradient betrug bei diesen Berechnungen G_m = 25 Gauss/cm, was einer magnetischen Induktion von 50 Gauss bei 2 cm Abstand von der Systemachse entspricht.

In Bild 10.10 wird der Verlauf von Trajektorien bei nicht vorhandenen Trajektorienneigungswinkel dargestellt. Hier tritt bereits für die erste Systemperiode eine deutliche Verbreiterung des Strahls bezüglich der Y-Koordinate und eine Kompression bezüglich der X-Koordinate auf, was zu einer Störung des Strahltransports führt. Die Untersuchung einer Reihe verschiedener Varianten von Quadrupolsystemen bestätigte deren Sensibilität

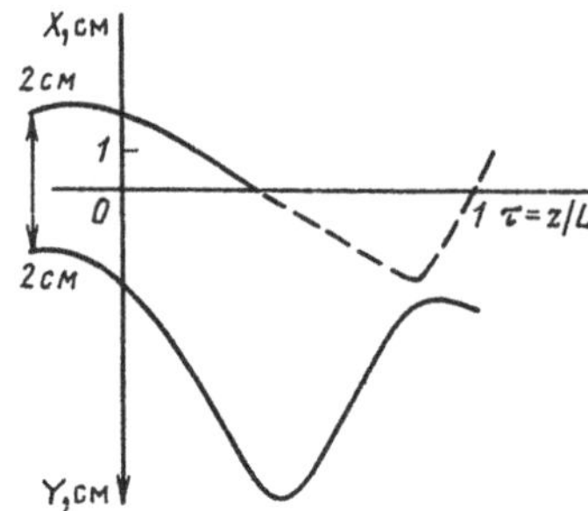

Bild 10.10: Strahleinhüllende eines periodischen Quadrupolsystems bei der Strahlinjektion in das System ohne Trajektorienneigungswinkel

bezüglich der Strahlinjektionsbedingungen. Rechnungen zeigen, daß Quadrupolsysteme im Vergleich zu axialsymmetrischen Systemen eine bedeutende Reduktion der erforderlichen magnetischen Induktion zulassen, jedoch weisen sie dabei schwer zu erfüllende Bedingungen hinsichtlich der Strahleinführung in das System auf, was ihre praktische Anwendung erschwert.

Kapitel 11

Elektronenoptische Vielstrahlensysteme

11.1 Besonderheiten und Anwendungsbereiche elektronenoptischer Vielstrahlensysteme

In zunehmenden Maße wächst der Einsatz elektronenoptischer Vielstrahlensysteme (EOVS) zur Formierung und Fokussierung (den Transport) von Vielstrahlenelektronenflüssen in Geräten der Mikrowellentechnik wie in Klystrons und Wanderwellenröhren, aber auch in Beschleunigern geladener Teilchen. Der Elektronenfluß besteht in diesen Anlagen aus N Strahlen ($N = 2 - 100$), wobei sich jeder Strahl in einem eigenen Kanal ausbreitet. Da die Strahlen voneinander durch metallische Kanalwände getrennt sind, können sie über ihr elektrisches Feld nicht miteinander wechselwirken. Dies ermöglicht es, die Gesamtperveanz des Elektronenflusses (die Perveanz kann Werte von $P = 10 - 30\ \mu\mathrm{A\,V}^{-3/2}$ erreichen) wesentlich zu erhöhen, ohne daß die Gefahr der Bildung einer virtuellen Kathode entsteht.

Aus praktischer Sicht ermöglicht eine Erhöhung der Flußperveanz es, leistungsstarke Niederspannungsgeräte (mit geringer Beschleunigungsspannung) für die Mikrowellentechnik zu bauen und den Frequenzbereich dieser Geräte zu erweitern [168]. In Teilchenbeschleunigern kann durch die Anwendung von Vielstrahlenteilchenflüssen die Beschleunigerleistung erhöht werden. Frühe elektronenoptische Vielstrahlensysteme wurden in reaktiven Ionenantrieben zur Erhöhung der Schubkraft verwendet [36].

Ein EOVS soll am Beispiel des elektronenoptischen Systems eines Klystrons betrachtet werden. In Bild 11.1 ist schematisch ein entsprechendes Klystron gezeigt. Der Elektronenstrahl besteht hier aus sieben Einzelstrahlen, einem zentralen und sechs peripheren Strahlen. Die Formierung der Elektronenstrahlen erfolgt durch eine Elektronenkanone, die eine für alle Strahlen gemeinsame Kathode (1), eine Netzelektrode (2) mit sieben Öffnungen und eine Anodenelektrode (3) mit ebenfalls sieben Öffnungen besitzt. Im betrachteten Fall ist die Anodenelektrode gleichzeitig ein Teil des Polschuhs des Magnetsystems. Letztere beinhaltet radial magnetisierte Permanentmagnete (4), Kathoden- (5) und Anodenpolschuhe (6), einen Eisenkern (7) und Kathoden- (8) und Anodenabschirmungen (9). Bei einem Polschuhdurchmesser D, der etwa gleich der Länge des Arbeitsspaltes l ist, erzeugt ein solches System im Arbeitsspalt ein annähernd homogenes Magnetfeld,

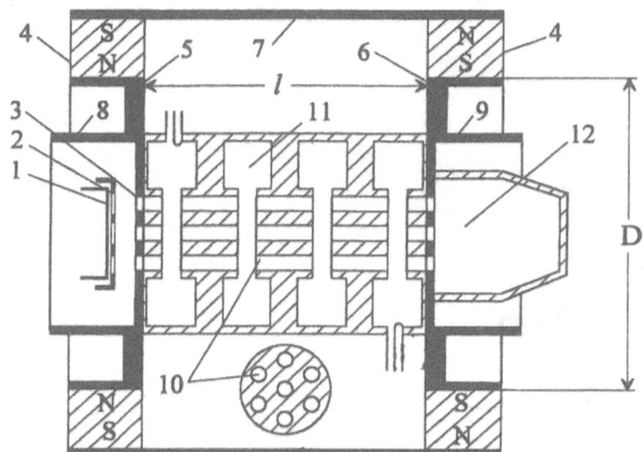

Bild 11.1: Elektronenoptisches Mehrstrahlensystem eines Klystrons

das den Transport der durch die einzelnen Kanäle tretenden Elektronenstrahlen gewährleistet. Der in das Resonatorsystem (11) des Klystrons tretende Elektronenfluß wird im Kollektor (12) gesammelt.

Das betrachtete elektronenoptische System verfügt über eine Reihe peripherer Strahlen. In der Praxis finden Systeme Verwendung, die zwei, drei oder mehr Reihen peripherer Strahlen aufweisen. Bei einem zweireihigen System sind in der zweiten Reihe zwölf Strahlen lokalisiert und die Gesamtzahl der Strahlen beträgt 19. In einem dreireihigen System weist die dritte Reihe 18 Strahlen auf und die Gesamtzahl der Strahlen beträgt 37 usw.

Die Anwendung elektronenoptischer Vielstrahlensysteme erlaubt es, die Gesamtperveanz des Elektronenstrahls so zu erhöhen, daß die Anodenspannung gesenkt werden kann und damit das verfügbare Frequenzband des Gerätes verbreitert wird.

Im weiteren soll abgeschätzt werden, um wieviel die Anodenspannung für N Strahlen gegenüber einem Einstrahlklystron abgesenkt werden kann. Es werde angenommen, das die Gesamtleistung aller Strahlen des Vielstrahlenklystrons P_{0N} gleich der Leistung des Strahls im Einstrahlklystron P_{01} sei ($P_{0N} = P_{01}$) und daß die partielle Perveanz eines jeden Strahls im Vielstrahlenklystron P_{N1} gleich der Perveanz P_1 des Strahls eines Einstrahlenklystrons sei ($P_{N1} = P_1$). Die Leistungen P_{01} und P_{0N} können durch die entsprechenden Perveanzen P_1 und P_{N1} und die Anodenspannungen U_{a1} und U_{aN} ausgedrückt werden:

$$P_{01} = P_1 \, U_{a1}^{5/2} \; ;$$

$$P_{0N} = N \, P_{N1} \, U_{aN}^{5/2} \; .$$

Unter Berücksichtigung von $P_{01} = P_{0N}$ und $P_1 = P_{N1}$ folgt

$$U_{aN} = \frac{U_{a1}}{N^{2/5}} \; .$$

Diese Gleichung ermöglicht es, die Verringerung der Anodenspannung für den Übergang zur Vielstrahlenvariante abzuschätzen. Eine analoge Berechnung gibt die folgende Gleichung, die den Widerstand bei einem konstanten Strom für die Einstrahl- und die Vielstrahlenvariante verknüpft:

$$R_{0N} = \frac{R_{01}}{N^{4/5}}$$

Bild 11.2: Zelle einer Vielstrahlenwanderwellenröhre

mit R_{0N} – Gesamtwiderstand eines Vielstrahlenflusses bei konstantem Strom und R_{01} – Widerstand eines Einstrahlenflusses bei konstantem Strom.

Die erhaltenen Gleichungen zeigen, daß es der Übergang zu einer Mehrstrahlenvariante erlaubt, die Klystronspannung zu senken und den Widerstand des Elektronenflusses bezüglich des Konstantstromes zu verringern. Aus der Klystrontheorie ist bekannt, daß für eine effektive Wechselwirkung des Elektronenflusses mit dem Wechselfeld der Resonatoren diese einen äquivalenten Widerstand in der Größenordnung des Elektronenflusses aufweisen müssen. Daher kann in Vielstrahlengeräten der äquivalente Resonatorwiderstand wesentlich reduziert werden, was den verfügbaren Frequenzbereich verbreitert. Eine solche Verbreiterung kann auf Kosten der Verringerung der Resonatorgüte oder durch eine Abstimmung auf Resonanzfrequenzen außerhalb des verstärkten Frequenzbandes erreicht werden. In diesem Fall gehören zum Frequenzband „Schwänze" der Resonanzcharakteristika der Resonatoren, für die die Abhängigkeit des äquivalenten Widerstandes von der Frequenz hinreichend schwach ausgebildet ist.

Praktische Ergebnisse [168] zeigen, daß es der Übergang zu einem Mehrstrahlengerät ermöglicht, die Anodenspannung um den Faktor 2-3 und mehr zu senken und ein Frequenzband von 3% für den kurzwelligen Teil des Zentimeterwellen- und von etwa 10% für Geräte des Dezimeterbereiches zu gewährleisten. Eine Verringerung der Anodenspannung führt außerdem zu einer Reduktion der Driftröhrenlänge des Klystrons und entsprechend zu einer Verringerung des Arbeitsspaltes des Magnetsystems. Damit verringern sich die Abmaße und die Masse des Klystrons.

EOVS finden auch in leistungsstarken Wanderwellenröhren mit gekoppelten Resonatoren als retardierende Systeme Anwendung. In Bild 11.2 ist eine Zelle einer Vielstrahlenwanderwellenröhre dargestellt. Zu sehen sind 19 Kanäle für den Strahldurchtritt und ein Verbindungsspalt zwischen den Resonatoren.

Die Verwendung eines Vielstrahlenelektronenflusses mit Einzelstrahlen geringer Perveanz erlaubt es, die Effektivität der Wechselwirkung der Elektronen mit dem Hochfrequenzfeld wesentlich zu erhöhen und den Wirkungsgrad um das Anderthalbfache im Vergleich zu Einstrahlwanderwellenröhren für das gleiche Ausgangsleistungsniveau zu steigern [168].

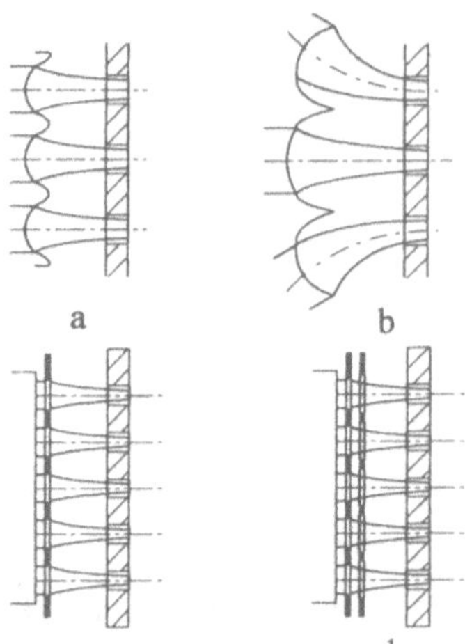

Bild 11.3: Varianten von Vielstrahlenelektronenkanonen

11.2 Vielstrahlelektronenkanonen und magnetisch fokussierende Systeme

Elektronenkanonen. Varianten von Elektronenstrahlen zur Formierung von Vielstrahlenflüssen sind in Bild 11.3 dargestellt [169]. Kanonen mit einzelnen Kathoden (Bild 11.3 a) werden gewöhnlich in leistungsstarken Geräten mit wenigen Strahlen eingesetzt, wobei die Kathoden auf eine genügend große Fläche verteilt sind. Die primäre Formierung und Kompression eines jeden Partialstrahls wird durch die sphärische Form der Kathode und eine kathodennahe fokussierende Elektrode erreicht. Jede einzelne Kanone ähnelt einer Pierce-Kanone zur Strahlformierung. Die Geometrie der kathodennahen fokussierenden Elektrode und der Anodenelektrode kann dabei jedoch wegen des begrenzten Raumes nicht streng nach Pierce gewählt werden. Der gleiche Grund begrenzt auch den Kathodenradius und damit die Kompression des Stromes in der Kanone. Daher werden gewöhnlich in Vielstrahlenkanonen hocheffektive Kathoden verwendet, die bei Stromdichten von 20...30 A cm^{-2} arbeiten.

Die Begrenzung der Elektrodenabmaße und der Kompression kann bis zu einer gewissen Stufe für Systeme mit Elektronenkanonen mit gekrümmter Achse aufgehoben werden (Bild 11.3 b). Die Projektierung derartiger Systeme ist jedoch eine komplizierte und arbeitsintensive Aufgabe, die die Anwendung dreidimensionaler Programme zur Computermodellierung erfordert. Dabei haben die die peripheren Elektronenstrahlen formierenden Strahlen am Eingang des fokussierenden Systems gewöhnlich keine streng axiale Symmetrie.

Bei der Verwendung vieler Strahlen werden Kanonen mit gemeinsamer Kathode verwendet (Bild 11.3 c). Die Aufteilung des Elektronenflusses in einzelne Strahlen erfolgt mit einer ebenen kathodennahen Elektrode mit runden Öffnungen, deren Anzahl der Zahl der zu formierenden Einzelstrahlen entspricht. Diese Elektrode wird oft als Maske oder Netz bezeichnet und befindet sich auf Kathodenpotential. Das von dieser Elektrode erzeugte elektrostatische Potential gewährleistet im kathodennahen Raum eine primäre Formierung von schwach konvergierenden Elektronenstrahlen.

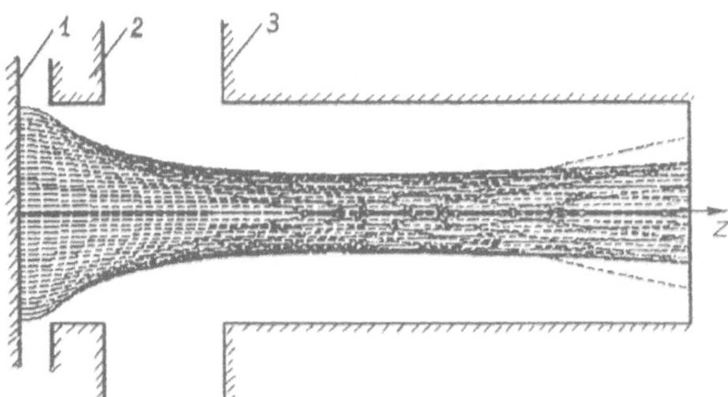

Bild 11.4: Computermodellierung eines Einzelelektronenstrahls mit einer Perveanz $P = 0,6\ \mu\mathrm{A\,V}^{-3/2}$: 1 – Kathode der Elektronenkanone mit dem Potential $U_K = 0$ V; 2 – kathodennahe Elektrode (Gitter) mit dem Potential $U_g = 0$ V; 3 – Kanonenanode mit dem Potential U_a

In Bild 11.4 sind Ergebnisse einer Computermodellierung eines einzelnen Elektronenstrahls in einer Kanone mit gemeinsamer Kathode und kathodennaher Netzelektrode dargestellt. Es ist ersichtlich, daß Trajektorien sich kreuzen und damit eine, für Elektronenkanonen des betrachteten Typs charakteristische nichtlaminare Formierung des Flusses bewirkt wird. Eine Trajektorienanalyse für verschiedene Elektronenkanonen mit gemeinsamer Kathode zeigt, daß die Position und Dicke der kathodennahen Elektrode wesentlich die Perveanz der Partialstrahlen, ihre Kompression und Laminarität beeinflussen kann. In einigen Fällen kann die kathodennahe Elektrode die Rolle eine Elektrode erfüllen, die den Strom der Elektronenstrahlen regelt. In diesem Fall wird die Elektrode von der Kathode isoliert und erhält ein zusätzliches (gewöhnlich negatives) Potential.

In Bild 11.3 d ist das Schema einer Elektronenkanone mit einer zusätzlichen ebenen, mit Öffnungen versehenen Elektrode dargestellt, die unmittelbar hinter der kathodennahen Elektrode lokalisiert ist. Diese Elektrode kann die Funktion einer fokussierenden oder einer Steuerelektrode erfüllen. Ihr Potential kann im Verhältnis zum Kathodenpotential negativ oder auch positiv sein. Selbst bei positiven Potential wird die Elektrode den Elektronenstrom nicht sammeln, da er sich im „Schatten" der kathodennahen Elektrode befindet. Eine Änderung des Elektrodenpotentials ändert die Perveanz, die Kompression und die Laminarität der Einzelelektronenstrahlen.

Für Kanonen mit teilweise vom Magnetfeld abgeschirmter Kathode kann die primäre Formierung eines partiellen Elektronenstrahls wesentlich von der Verteilung des Magnetfeldes im Kanonenbereich abhängen. Die Projektierung von Vielstrahlenkanonen erfolgt mit Hilfe von Rechnerprogrammen. In einem ersten Schritt erfolgt die Modellierung eines einzelnen Elektronenstrahls mit zweidimensionalen Computerprogrammen. Dabei wird die Existenz benachbarter, von der Elektronenkanone formierter Elektronenstrahlen nicht berücksichtigt. Oftmals liefert ein solches Vorgehen akzeptable Resultate, da die Abstände zwischen den Kathoden- und Anodenelektroden in Vielstrahlkanonen hinreichend klein sind und daher der Einfluß elektrischer und magnetischer Felder, die von benachbarten Strahlen erzeugt werden, unbedeutend ist. Als letzte Projektierungsetappe erfolgt die komplexe Modellierung einer Vielstrahlenkanone mit Computerprogrammen.

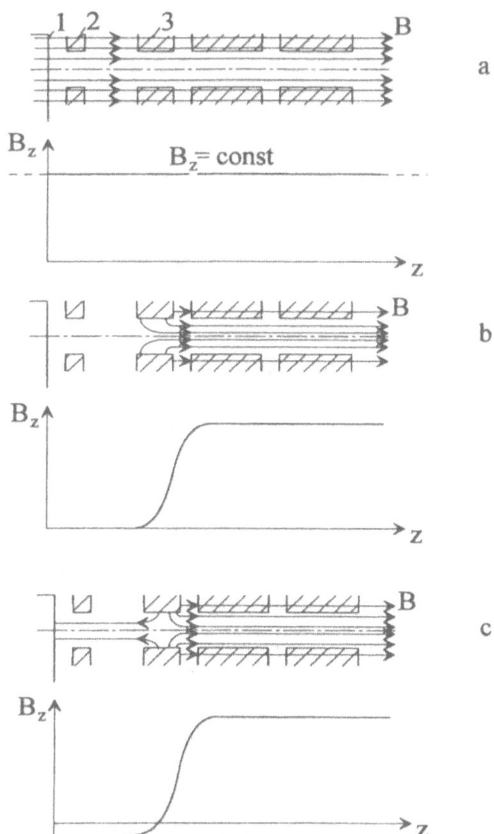

Bild 11.5: Verteilung der magnetischen Induktion in Einzelkanälen für Magnetsysteme, die sich durch unterschiedliche Stufen der Abschirmung unterscheiden

Magnetisch fokussierende Systeme. Als fokussierende (transportierende) magnetische Systeme von Vielstrahlenelektronenflüssen werden Systeme mit homogenem Magnetfeld und reversive Magnetsysteme verwendet. Die Erzeugung des Magnetfelds erfolgt dabei durch Permanentmagnete oder (seltener) durch abgeschirmte Solenoide. Konstruktiv sind diese analog zu Systemen aufgebaut, die zur Fokussierung von einstrahligen Flüssen Verwendung finden. Der grundlegende Unterschied besteht darin, daß die Polschuhe von Vielstrahlensystemen nicht nur einen, sondern, wie in Bild 11.1 gezeigt wird, viele Kanäle (entsprechend der Strahlzahl) besitzen.

Magnetische Systeme mit homogenen Feld können entsprechend der magnetischen Feldverteilung im Kanonenbereich in Systeme mit nichtabgeschirmter Kanone und in Systeme mit vollständig oder teilweise abgeschirmter Kanone unterteilt werden. In Bild 11.5 a,b,c ist die Verteilung der magnetischen Induktion in den einzelnen Kanälen für diese Magnetsystemvarianten dargestellt.

Anfänglich wurden bei der Entwicklung von EOVS Systeme mit einer vom Magnetfeld nicht abgeschirmten Kanone verwendet. Ein solches System kann hinreichend einfach durch das Einbringen des gesamten Gerätes von Kathode bis Kollektor in ein nach allen Richtungen homogenes Magnetfeld realisiert werden. In einem solchen System werden sich die Elektronen bei hinreichend großer magnetischer Induktion beginnend von der Kathode längs der Magnetfeldlinien auf spiralförmigen Trajektorien mit dem Zyklotronradius

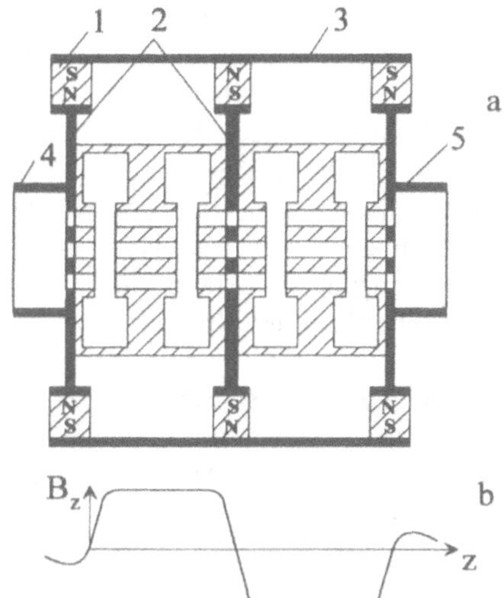

Bild 11.6: Variante eines reversiven magnetischen Vielstrahlensystems

(Larmorradius) $\varrho = mv_\perp/eB$ bewegen. Die Größe $v_\perp$ beschreibt hier die transversale Elektronengeschwindigkeit, die die Elektronen bei ihrer Emission oder durch das Wirken transversaler elektrischer Felder erhalten.

Für Systeme mit vollständig abgeschirmter Kanone (Bild 11.5 c) erfolgt die anfängliche Formierung eines Einzelstrahls in der Elektronenkanone unter dem Einfluß rein elektrostatischer Felder. Die radial fokussierende Kraft, die für jeden Partialstrahl zur Kanalachse gerichtet ist, entsteht im Ergebnis einer in Bezug zu dieser Achse auftretenden Rotationsgeschwindigkeit, die die Elektronen beim Durchtritt durch eine inhomogene Feldzone im Polschuhkanal erhalten. Im Idealfall besitzt das Magnetfeld in diesem Kanal Axialsymmetrie und hat somit eine longitudionale Komponente B_z und eine „radiale“ Komponente B_r (die zur Kanalachse gerichtet ist). Letztere bewirkt eine Rotation der Elektronen um die Kanalachse. Damit wird im Idealfall für jeden Fluß ein Regime realisiert, das der „Brillouinschen“ Fokussierung (siehe § 7.1) nahekommt. Eine solche Variante der magnetischen Fokussierung kann praktisch bei der Verwendung eines abgeschirmten Solenoiden als Quelle des magnetischen Feldes realisiert werden. In diesem Fall kann eine praktisch vollständige Abschirmung der Vielstrahlenelektronenkanone vom Magnetfeld und damit das weiter oben beschriebene Regime der Brillouinschen Fokussierung für jeden Partialstrahl erreicht werden.

Die breiteste praktische Anwendung erfuhren Systeme mit homogenen Magnetfeld auf der Basis axial oder radial magnetisierter Permanentmagnete. Eine prinzipielle Besonderheit von Permanentmagnetsystemen ist die Anwesenheit von Streufeldern, die in der axialen Verteilung der magnetischen Induktion zu negativen Zacken („Schwänzen“) führt. Der Einsatz magnetischer Schirme ermöglicht es nicht, diese Störungen vollständig zu eliminieren. Jedoch sind Korrekturen der räumlichen Magnetfeldverteilung möglich. Somit existiert im Kanonenbereich ständig ein magnetisches Feld mit positivem oder negativem Vorzeichen. Für diesen Fall sollten bei der Beschreibung der Fokussierung von Partialstrahlen die Gleichungen für magnetische Systeme mit teilweise abgeschirmter Kathode (siehe § 7.1) verwendet werden.

In sehr langen elektronischen Geräten (Klystrons oder Wanderwellenröhren) werden reversive magnetische Systeme mit Permanentmagneten mit einer oder mehreren Umkehrungen des Magnetfeldes verwendet [170]. In Bild 11.6a ist eine mögliche Variante eines reversiven magnetischen Systems für ein Vielstrahlenklystron dargestellt. Diese Variante beinhaltet radial magnetisierte Magnete (1), Polschuhe (2), Weicheisen (3) und Magnetschirme (4) und (5). Der mittlere Polschuh ist in das Resonatorsystem des Klystrons eingebaut. Die Verteilung der longitudionalen Magnetfeldkomponente B_z längs der Achse des Zentralkanals ist in Bild 11.6 b gezeigt. Die Umkehrung des Magnetfeldes erfolgt in der Kanalzone im mittleren Polschuh. Das magnetische Streufeld durchdringt partiell den Bereich der Elektronenkanone.

Die Anwendung reversiver Systeme erlaubt es, den Abstand zwischen den Polschuhen zu verringern, was die Möglichkeit eröffnet, deren transversale Abmessungen (den Durchmesser) zu verkleinern und somit Gewicht und Abmaße des Magnetsystems zu verringern.

11.3 Besonderheiten der Formierung und Fokussierung (des Transports) von Vielstrahlelektronenflüssen

Die Besonderheiten der Formierung und Fokussierung von Vielstrahlenelektronenflüssen werden durch zwei grundlegende Faktoren charakterisiert:

- durch die im Kanonenbereich lokalisierten Streufelder (in Systemen mit Permanentmagneten) und
- durch parasitäre transversale Magnetfeldkomponenten, deren Natur in einem Extrapunkt dieses Paragraphen behandelt wird.

Zur Beschreibung des Einflusses dieser Faktoren auf ein elektronenoptisches Vielstrahlensystem ist es sinnvoll, dieses in drei Teile zu unterteilen: den Bereich der anfänglichen Formierung der Elektronenstrahlen, den Transportbereich und den Kollektorbereich (Bild 11.1). Der Bereich der anfänglichen Formierung beinhaltet die Elektronenkanone selbst, aber auch die angrenzenden Kanäle im magnetischen Polschuh. Der Transportbereich besteht aus dem Arbeitsspalt zwischen den Polschuhen. Den Kollektorbereich bilden die Kanäle im Kollektorpolschuh und der Kollektorhohlraum.

Der Einfluß von Streufeldern. Eine charakteristische Verteilung der magnetischen Induktion auf der Achse eines Elektronenpartialstrahls im Bereich der anfänglichen Strahlformierung ist in Bild 11.7 gezeigt. Die magnetische Induktion im Kanonenbereich besitzt ein negatives Vorzeichen und ist der Induktion im Arbeitsspalt entgegengerichtet. Die Umkehrung des Magnetfeldes erfolgt im Kanalbereich des Kathodenpolschuhs. Wird angenommen, daß das Magnetfeld über Axialsymmetrie bezüglich der Kanalachse verfügt, kann eine qualitative Analyse des Magnetfeldeinflusses auf die Elektronenbewegung im Bereich der anfänglichen Strahlformierung unter Verwendung der folgenden Gleichung für ein magnetisch fokussierendes System erfolgen. Diese folgt aus den Gleichungen von Abschnitt 3.2 folgt und lautet analog zu (7.1):

$$F_r = -\frac{1}{4}\frac{e^2}{m}B_z^2\left(1-\frac{\Psi_k^2}{\Psi^2}\right) .$$

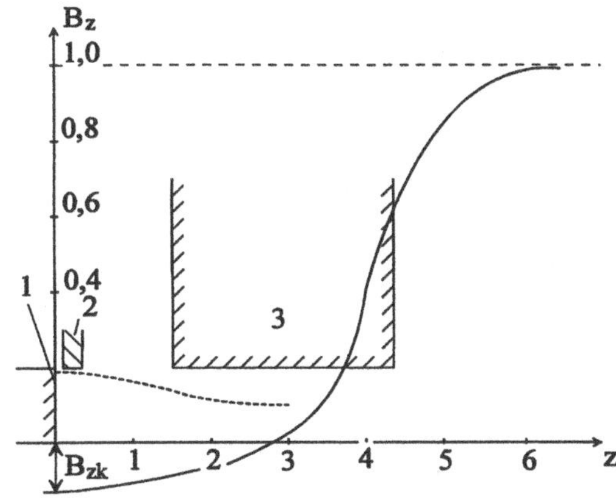

Bild 11.7: Verteilung der magnetischen Induktion auf der Achse eines Partialstrahls im Bereich der der anfänglichen Strahlformierung: 1 – Kathode; 2 – Netzelektrode; 3 – Kathodenpolschuh - Kanonenanode

Dabei gilt Ψ – magnetischer Fluß für eine Kreiskontur, deren Radius gleich der aktuellen Radialkoordinate r des Elektrons ist und Ψ_k – magnetischer Fluß für eine Kreiskontur, deren Radius gleich der radialen Koordinate r_k des Elektrons an der Kathode ist. Werden die paraxiale Näherung sowie $\Psi = \pi r^2 B_z$ und $\Psi_k = \pi r_k^2 B_{zk}$ angenommen, ergibt sich

$$F_r = -\frac{1}{4}\frac{e^2}{m}B_z^2\left(1 - \frac{B_{zk}^2 r_k^4}{B_z^2 r^4}\right)$$

mit B_{zk} – Induktion des magnetischen Feldes an der Kathode. Aus der in Bild 11.7 dargestellten Graphik $B_z = f(z)$ folgt, daß im Formierungsbereich $|B_z| \leq |B_{zk}|$ gilt. In diesem Fall wird bei der Formierung eines Elektronenstrahls mit Kompression ($r < r_k$) die durch das Magnetfeld bewirkte Kraft wegen $r_k^4 B_{zk}^2 / r^4 B_z^2 > 1$ positiv und unterstützt so die Formierung eines solchen Strahls.

In Bild 11.8 sind als Beispiel Ergebnisse der Computermodellierung eines Elektronenpartialstrahls für die Anwesenheit eines Magnetfeldes in der Kanone für den Fall angegeben, wenn die magnetische Induktion B_{zk} an der Kathode ungefähr 25% der Induktion B_z im Arbeitsspalt beträgt. Werden diese Ergebnisse mit den Ergebnissen einer Trajektorienanalyse für die gleiche Kanone, aber bei fehlendem Magnetfeld (Bild 11.4) verglichen, so ist ersichtlich, daß die Existenz eines Magnetfeldes an der Kathode zu einer Defokussierung des Elektronenstrahls führt.

Weiter werde der Strahltransport im Arbeitsspalt zwischen den Polschuhen betrachtet. In diesem Bereich sollte die durch das Magnetfeld bewirkte Kraft fokussierend, d.h. zur Achse gerichtet sein und eine solche Stärke haben, daß die durch das Coulombfeld des Strahls bewirkte Radialkraft ausgeglichen wird. Die magnetische Induktion des homogenen Feldes, für die diese Bedingung erfüllt ist, kann nach (7.20) berechnet werden:

$$B_z = \frac{B_b}{(1-G)^{1/2}} \, .$$

Dabei ist B_b das Brillouinsche Magnetfeld, welches sich nach der Gleichung

$$B_b = \frac{830}{r}\sqrt{\frac{I_1}{\sqrt{U_a}}}$$

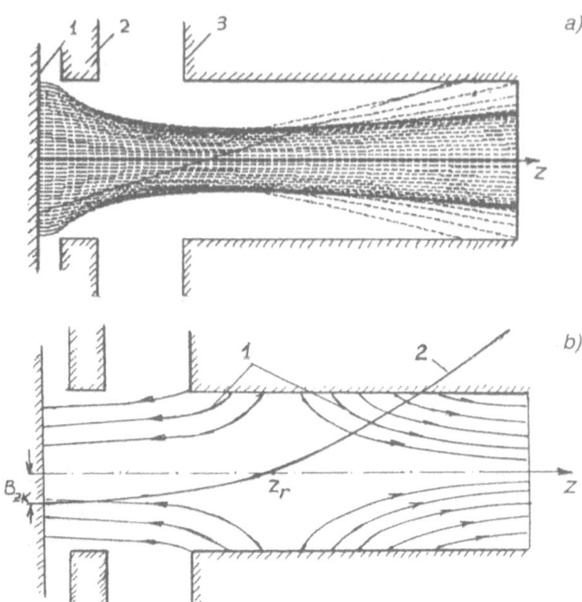

Bild 11.8: a - Ergebnisse der Computermodellierung eines Elektronenpartialstrahls mit einer Perveanz $P = 0,6\,\mu\mathrm{A\,V}^{-3/2}$ einer Kanone mit vorhandenen Magnetfeld: 1 – Kathode; 2 – kathodennahe Elektrode; 3 – Anode - Polschuh des Magnetsystems; b - Konfiguration des Magnetfeldes im Kanonenbereich und des Kanals im Polschuh: 1 – Feldlinien der magnetischen Induktion; 2 – axiale Verteilung der magnetischen Induktion $B_z = f(z)$; z_r – Koordinate der Umkehrebene des Magnetfeldes; B_{zk} – magnetische Induktion an der Kathode

mit I_1 – Partialstrahlstrom [A], r – mittlerer erwarteter Strahlradius [cm] und U_a – Beschleunigungsspannung [V] berechnet. $G = \Psi_k^2/\Psi^2$ ist der Kathodenabschirmkoeffizient.

Die Existenz eines Magnetfeldes an der Kathode einer Vielstrahlenelektronenkanone führt zu einem Anwachsen der magnetischen Induktion im Arbeitsspalt. Aus dem weiter oben Gesagten folgt, daß bei der Projektierung des Magnetsystems eines elektronenoptischen Vielstrahlsystems angestrebt werden muß, die Kathode der Kanone vom Magnetfeld abzuschirmen.

Transversale Magnetfelder. Ein weiteres bei der Projektierung elektronenoptischer Vielstrahlensysteme auftretendes Problem sind transversale Felder.

Unter der transversalen Feldkomponente $B_\perp$ der magnetischen Induktion werde die Komponente verstanden, die in der Ebene des transversalen Querschnitts der einzelnen Kanäle liegt, die aber keine Rotationssymmetrie bezüglich der Achsen dieser Kanäle aufweist. Transversale Felder können folgenden Ursprung haben:

- In den Kanälen der Polschuhe entstehen lokale transversale Felder, die in der endlichen magnetischen Permeabilität der Polschuhe begründet sind;
- Transversale Felder, die ihren Ursprung in der globalen Inhomogenität des Magnetfeldes im Bereich zwischen den Polschuhen haben und die mit den endlichen Abmaßen letzterer verbunden sind;

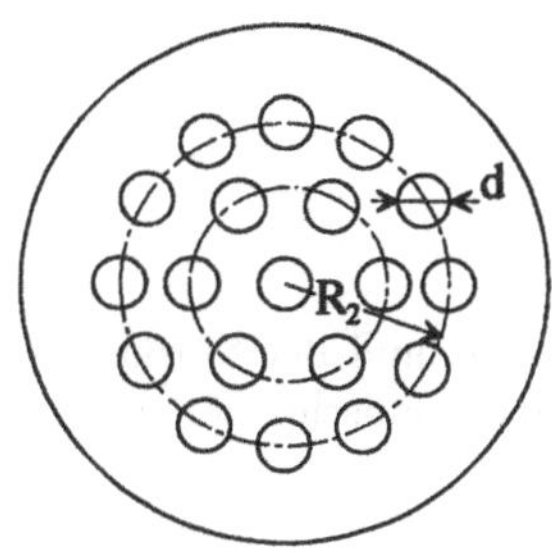

Bild 11.9: Polschuhgeometrie eines magnetischen Vielstrahlensystems für die Berechnung des lokalen transversalen Magnetfeldes

- Transversale Felder, die mit den magnetischen Eigenfeldern des Vielstrahlenflusses zusammenhängen.

Lokale transversale Felder. Betrachtet werde die Entstehung lokaler transversaler Felder in Kanälen der zweiten Reihe von Vielstrahlensystemen, deren Zentren in Abständen R_2 von der Systemachse lokalisiert sind (Bild 11.9). Der durch die Verbindungsstücke zwischen den Kanälen fließende und sich im Arbeitsspalt schließende magnetische Fluß kann gemäß $\Psi_2 = \pi R_2^2 B_z$ mit B_z als Induktion des magnetischen Feldes im Arbeitsspalt berechnet werden. Außer dem magnetischen Fluß Ψ_2 durch die Verbindungsstücke fließt ein Fluß Ψ_2^*, welcher durch Streufelder erzeugt wird. Näherungsweise kann $\Psi_2^* \approx \Psi_2$ angenommen werden. Dann kann die magnetische Induktion im Material des Verbindungsstückes zu

$$B_{br} = \frac{2\Psi_2}{S_{br}} = \frac{2\pi R_2^2 B_z}{S_{br}}$$

gefunden werden. Die Größe S_{br} ist die summarische Fläche des transversalen Querschnitts des Verbindungsstückes mit dem Radius R_2 und kann nach der Gleichung

$$S_{br} = (2\pi R_2 - N_2 d)\,\Delta$$

bestimmt werden. Dabei bedeuten N_2 – Kanalzahl der zweiten Reihe; d – Durchmesser der Kanäle der zweiten Reihe und Δ – Dicke des Polschuhs.

Für die Abschätzung von B_{br} ergibt sich

$$B_{br} = \frac{R_2 B_z}{\Delta\left(1 - \dfrac{N_2 d}{2\pi R_2}\right)} .$$

Die Stärke des Magnetfeldes im Zwischenstück hat den Wert

$$H_{br} = \frac{B_{br}}{\mu} = \frac{R_2 B_z}{\mu\Delta\left(1 - \dfrac{N_2 d}{2\pi R_2}\right)} .$$

Unter Berücksichtigung der Erhaltung der betreffenden Komponente der Magnetfeldstärke an der Grenze Eisen-Vakuum ergeben sich für die Abschätzung der transversalen Komponente des Magnetfeldes im Polschuhkanal die Gleichungen

$$B_\perp \approx \mu_0 H_{br} \approx B_{br} \frac{\mu_0}{\mu} \tag{11.1}$$

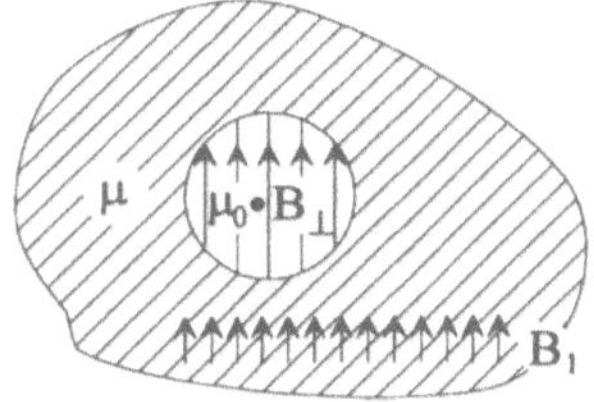

Bild 11.10: Zur Berechnung der Struktur und der Stärke des transversalen magnetischen Feldes in einem Polschuhkanal

und

$$B_\perp \approx \frac{\mu_0}{\mu} \frac{R_2 B_z}{\Delta \left(1 - \dfrac{N_2 d}{2\pi R_2}\right)} \, .$$

Eine Vorstellung über die Struktur des transversalen Magnetfeldes im Kanal und über seine Stärke kann auf der Grundlage der folgenden Modellbetrachtung erhalten werden: Betrachtet werde ein homogener magnetischer Fluß der Induktion B_1, der einen magnetischen Polschuh der Permeabilität μ durchdringt und auf dessen Weg sich kreisförmige Öffnungen des Durchmessers d befinden (Bild 11.10). Dieses Problem besitzt eine analytische Lösung, aus der folgt, daß das Magnetfeld im Spalt homogen ist. Seine Stärke bestimmt sich über

$$B_\perp = \frac{2B_1}{1 + \dfrac{\mu}{\mu_0}} \, .$$

Diese Gleichung kann für die Abschätzung des transversalen Feldes im Polschuhkanal verwendet werden. Dafür wird $B_1 = kB_{br}$ mit $k \leq 1$ als Koeffizient, der die Erhöhung der magnetischen Induktion B_{br} im Vergleich zur Induktion B_1 angibt, angenommen. Somit ergibt sich

$$B_\perp = \frac{2kB_{br}}{1 + \dfrac{\mu}{\mu_0}}$$

beziehungsweise für $\mu/\mu_0 \gg 1$

$$B_\perp = 2k \frac{\mu_0}{\mu} B_{br} \, . \tag{11.2}$$

Für $k = 0,5$ fällt diese Gleichung mit (11.1) zusammen. Wie aus den oben angegebenen Gleichungen für $\mu \to 0$ und $B_\perp \to 0$ folgt, resultiert die Existenz einer transversalen Komponente der Induktion im Polschuhkanal aus der endlichen Permeabilität des Polschuhmaterials.

Transversale Felder im Arbeitsspalt. Die Modellierung von magnetischen Systemen auf der Basis von Permanentmagneten erlaubt es, einige Gesetzmäßigkeiten für die Verteilung des Magnetfeldes im Arbeitsspalt von Systemen mit radial und axial magnetisierten Magneten aufzustellen. Dazu wird ein zylindrisches Koordinatensystem R, Θ, z verwendet, dessen Achse mit der Achse des Zentralkanals zusammenfällt. Bild 11.11 illustriert die Besonderheiten des Magnetfeldes eines Systems mit radial magnetisierten Magneten. Gezeigt werden der charakteristische Feldlinienverlauf $R = f(z)$ sowie der Verlauf der longitudionalen Feldkomponente B_z und der radialen Komponente B_R, die für einen Abstand R_2 von der Systemachse berechnet wurden. Im Spaltzentrum erfolgt eine gewisse „Aufblähung " der Feldlinien, was zu einer Reduktion der longitudionalen

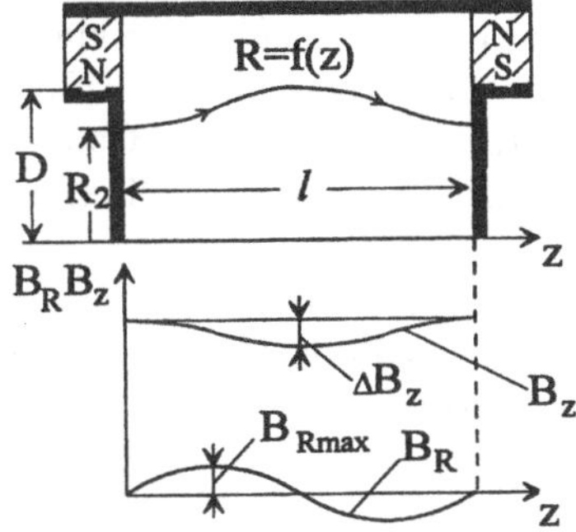

Bild 11.11: Charakteristische Besonderheiten des Magnetfeldes in einem System mit radial magnetisierten Magneten

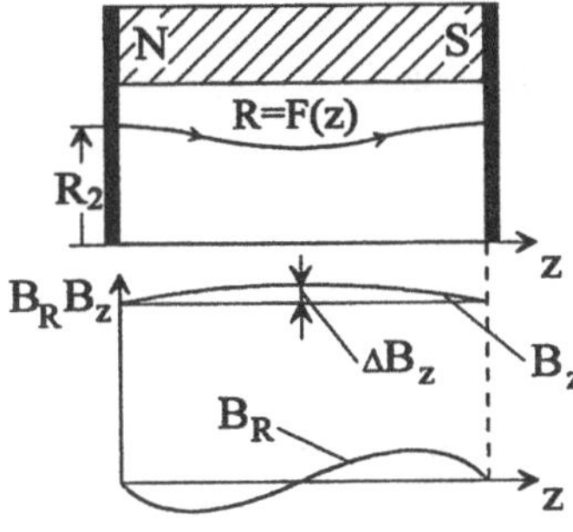

Bild 11.12: Charakteristische Besonderheiten des Magnetfeldes in einem System mit longitudional magnetisierten Magneten

Induktionskomponente B_z in der Spaltmitte und zum Auftreten einer radialen Feldkomponente B_R führt. Besitzt das Magnetsystem globale axiale Symmetrie und sind die Polschuhe in Form von runden Scheiben ausgeführt, so weist das Feld in Abständen größer als die Durchmesser der Polschuhkanäle ebenfalls axiale Symmetrie für die azimutale Komponente $B_\Theta = 0$ auf.

Bezüglich der Elektronenstrahlen, die in peripheren Kanälen verlaufen, ist die Feldkomponente B_R die transversale Komponente $B_\perp$ entsprechend der weiter oben gegebenen Definition von $B_\perp$, d.h. $B_\perp = B_R$. Die Schwächung ΔB_z der longitudionalen Feldkomponente und auch B_R hängen vom Verhältnis der Länge des Arbeitsspaltes l und des Polschuhdurchmessers D ab. Mit zunehmenden Verhältnis l/D nehmen die betrachteten Größen zu. Für $l/D \approx 1$ gilt $\Delta B_z/B_z = (1\ldots2)$ % und $B_{R\max}/B_z = (1\ldots2)$ % . Eine charakteristische Besonderheit für Magnetsysteme mit in Längsrichtung magnetisierten Magneten ist, wie in Bild 11.12 gezeigt wird, eine „Durchbiegung" der Kraftlinien gegenüber der Systemachse und der Verteilungen der longitudionalen und radialen Komponenten der magnetischen Induktion. Die Größenordnung der relativen Änderungen von $\Delta B_z/B_z$ und $B_{R\max}/B_z$ ist für $l/D \approx 1$ und entspricht dem vorangegangenen Fall.

Es sei bemerkt, daß in einem streng homogenen Feld $B_z = \text{const}$ und $B_R = 0$ gilt und die Feldlinien Geraden darstellen. Eine Änderung der longitudionalen Feldkomponente B_z um 1-2 % beeinflußt die Fokussierung der Partialstrahlen nicht wesentlich. Damit kann das Auftreten einer transversalen Feldkomponente B_R auch zu einer transversalen Verschiebung der peripheren Strahlen relativ zu den Kanalachsen führen.

Abschätzung des Einflusses transversaler Felder auf das Verhalten von Partialstrahlen. Eine Trajektorienanalyse von Partialstrahlen mit quasidreidimensionalen

Programmen zeigt, daß in der Mehrheit der Fälle eine kohärente Bewegung der einen Partialstrahl bildenden Elektronen vorliegt. Praktisch bedeutet dies, daß unter dem Einfluß transversaler Felder der Strahlquerschnitt sich relativ zur Strahlachse als Ganzes verschiebt. Dies ermöglicht es, bei einer Abschätzung der Strahlverschiebung die Verschiebung seiner zentralen Trajektorie zu betrachten.

Es werde angenommen, daß das Magnetfeld im Polschuhkanal homogen sei und die Induktion $B_\perp$ aufweise, die aus (11.1) und (11.2) berechnet werden kann. Somit ergeben sich Ausdrücke zur Abschätzung der Verschiebung $\delta_\perp$ des zentralen Elektrons mit der transversalen Geschwindigkeit $v_\perp$

$$\delta_\perp = \frac{1}{2}\frac{|e|}{m}B_\perp\frac{\Delta^2}{v_z}\,, \quad v_\perp = \frac{|e|}{m}B_\perp\Delta$$

mit Δ als Kanallänge im Polschuh (d.h. praktisch der Polschuhdicke).

Alternativ gilt

$$\delta_\perp = \frac{1}{2}\omega_c\frac{B_\perp}{B_z}\frac{\Delta^2}{v_z}\,,$$

$$v_\perp = \omega_c\frac{B_\perp}{B_z}\Delta\,.$$

$\omega_c = |e|B_z/m$ beschreibt hier die mit der longitudionalen Komponente B_z der Induktion im Arbeitsspalt berechnete Zyklotronfrequenz.

Betrachtet werde nun die Verschiebung eines Partialstrahls im Arbeitsspalt. Die Bewegung des zentralen Elektrons im Arbeitsspalt erfolge in einem schwach inhomogenen Feld. Eine solche Bewegung ist gut beschrieben und kann als Superposition von drei Bewegungen dargestellt werden [171]:

- Rotation auf einem Kreis mit dem Zyklotronradius (Larmorradius) $\varrho = mv_\perp/|e|B$ und der Geschwindigkeit $v_\perp$;
- Bewegung längs der Kraftlinien mit der Geschwindigkeit $v_{||}$;
- Drift mit der Geschwindigkeit v_d in einer zu $\vec{B}$ orthogonalen Ebene.

Damit ist es für die Abschätzung der Verschiebung der zentralen Trajektorie des Partialstrahls gegenüber der Kanalachse erforderlich, die Abweichung der „zentralen“ Feldlinie zu berechnen, d.h. der Linie, die anfänglich am Eingang des Arbeitsspaltes mit dem Kanalzentrum zusammenfiel, und dann eine Abschätzung der Abweichung des zentralen Elektrons infolge der oben aufgeführten Komponenten zu treffen.

Die Berechnung der Abweichung der zentralen Kraftlinie von der Kanalachse kann erfolgen, wenn die Verteilung B_z und die Komponente B_R der magnetischen Induktion längs der Kanalachse ($R = R_2$) bekannt sind. Eine solche Verteilung kann mit einer Computermodellierung oder durch experimentelle Messungen erhalten werden.

Für einen beliebigen regulären Punkt der Feldlinien ist das Verhältnis

$$\frac{dR}{dz} = \frac{B_R}{B_z} \tag{11.3}$$

erfüllt. Dabei gilt dR/dz – Tangens des Neigungswinkels der Kraftlinien (im folgenden als „Anstieg“ bezeichnet); B_R – radiale Feldkomponente; B_z – axiale Feldkomponente.

Unter Annahme eines schwach inhomogenen Feldes können in (11.3) $B_z = \text{const}$ und für B_R der Wert der radialen Komponente der Induktion auf der Kanalachse angenommen werden, woraus für die zentrale Feldlinie

$$\frac{dR}{dz} = c\,B_R(z) \tag{11.4}$$

mit $c = 1/B_z$ folgt.

Für die Abweichung der zentralen Feldlinie von der Kanalachse ergibt sich

$$\delta_l = R(z) - R_2 = c\int_{z_0}^{z} B_R\,dz$$

mit z_0 als Koordinate, die dem Anfang des Arbeitsspaltes entspricht, in dem die zentrale Feldlinie durch das Kanalzentrum läuft ($R = R_2$) und z als laufende Koordinate.

Damit ist die Abweichung der zentralen Feldlinie von der Kanalachse proportional der Fläche, die in der Graphik durch die Linie $B_R(z)$ begrenzt wird. Diese Abweichung kann unter Verwendung numerischer Integrationsmethoden berechnet werden. Es ergibt sich

$$\delta_l = \frac{1}{B_z}\sum_i B_{R_i}\,\Delta z_i$$

mit Δz_i – Schrittweite in z-Richtung und B_{R_i} – Wert von B_R im Schrittmittelpunkt.

Für die Abschätzung der maximalen summarischen Abweichung der zentralen Trajektorie von der Kanalachse ergibt sich

$$\delta_\Sigma \le \delta_l + \varrho + v_{d\max}\,\frac{z - z_0}{v_z} \tag{11.5}$$

mit δ_l – Abweichung der zentralen Kraftlinie von der Kanalachse,

$$\varrho = \frac{mv_\perp}{|e|B} = \frac{v_\perp}{\omega_c} \qquad \text{Zyklotron- (Larmor-) Radius}$$

und $v_{d\max}(z - z_0)/v_z$ – bezüglich des Maximalwertes der Driftgeschwindigkeit an der Schnittfläche $(z - z_0)$ berechnete Abweichung infolge der Elektronendrift quer zum Feld.

Die Berechnung der Driftgeschwindigkeit erfolgt über [171]

$$v_d = \frac{1}{\omega_c R_c}\left(v_\parallel^2 + \frac{v_\perp^2}{2}\right)$$

mit R_c als Krümmungsradius der Kraftlinien.

Wird die Kurve durch den Zusammenhang $R = f(z)$ gegeben, kann der Krümmungsradius über den Ausdruck

$$\frac{1}{R_c} = \frac{\dfrac{d^2R}{dz^2}}{\left[1 + \left(\dfrac{dR}{dz}\right)^2\right]^{3/2}}$$

erhalten werden.

Dies ist analog zum Fall eines schwach inhomogenen Feldes, wo sich die Feldlinien nur wenig von einer Geraden unterscheiden

$$\left(\frac{dR}{dz}\right)^2 \ll 1 \quad \text{und} \quad \frac{1}{R_c} \approx \frac{d^2R}{dz^2} \; .$$

Unter Berücksichtigung der Gleichung für die zentrale Feldlinie (11.4) ergibt sich ein Zusammenhang zur Berechnung der Feldlinienkrümmung

$$\frac{1}{R_c} = c\,\frac{dB_R}{dz}$$

mit $c = 1/B_z$. Damit folgt

$$v_d = \frac{1}{\omega_c B_z}\frac{dB_R}{dz}\left(v_{\|}^2 + \frac{v_{\perp}^2}{2}\right)$$

und

$$v_{d\max} = \frac{1}{\omega_c B_z}\left(\frac{dB_R}{dz}\right)_{\max}\left(v_{\|}^2 + \frac{v_{\perp}^2}{2}\right) \; .$$

Aus dieser Gleichung folgt, daß je geringer die Feldinhomogenität ist, desto geringer ist die Driftgeschwindigkeit und damit gilt im Grenzfall eines homogenen Feldes $v_d = 0$.

Für $v_{d\max} \ll v_{\|}$ kann die Verschiebung des zentralen Elektrons infolge seiner Drift vernachlässigt werden und die Abweichung von der Kanalachse ergibt sich zu

$$\delta_\Sigma = \delta_l + \varrho \; . \tag{11.6}$$

Unter Berücksichtigung der getroffenen Näherungen über den kohärenten Charakter der den Strahl bildenden Elektronenbewegung können die Gleichungen (11.5) und (11.6) zur Abschätzung der Verschiebung des Strahls als Ganzes relativ zur Kanalachse für erste Berechnungen und zur Bestimmung der maximal zulässigen transversalen Felder verwendet werden.

11.4 Die Wechselwirkung von Elektronenstrahlen in elektronenoptischen Vielstrahlensystemen

Eine der wichtigsten praktischen Fragen, die bei der Entwicklung von Vielstrahlensystemen auftreten, ist die Frage nach der Wechselwirkung der den Elektronenfluß bildenden Strahlen untereinander. Erfolgt die Strahlausbreitung in einzelnen metallischen Kanälen, so ist die Wechselwirkung der Strahlen über ihre elektrischen Eigenfelder ausgeschlossen. In diesem Fall erfolgt die Wechselwirkung über die magnetischen Eigenfelder.

Betrachtet werden sollen die Besonderheiten der Strahlenwechselwirkung am Beispiel eines typischen Vielstrahlensystems (Bild 11.13). Das magnetische Eigenfeld eines solchen Systems kann als Superposition der Felder der Einzelstrahlen erhalten werden. Übertrifft die Länge l der Strahlen ihren Radius r_b deutlich ($l \gg r_b$), kann zur Berechnung des Feldes eines einzelnen Strahls das *Amperesche Gesetz* genutzt werden

$$B_\Theta = \frac{\mu_0 I}{2\pi r_B^2}\,r \quad \text{für} \quad r \le r_B \; ;$$

$$B_\Theta = \frac{\mu_0 I}{2\pi r} \quad \text{für} \quad r \ge r_B$$

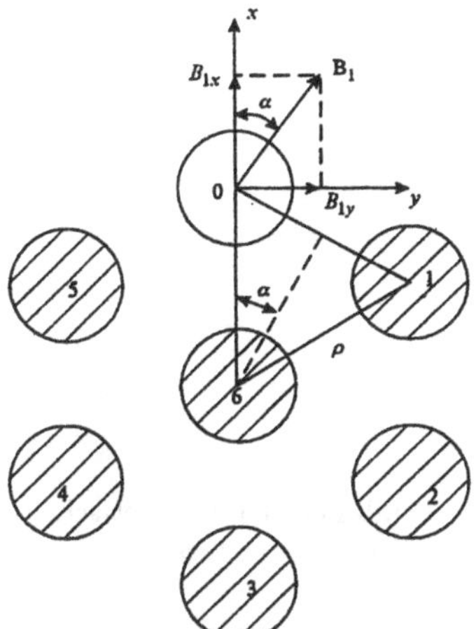

Bild 11.13: Zur Berechnung des magnetischen Eigenfeldes von Vielstrahlenelektronenflüssen

mit B_Θ – azimutale Komponente des Magnetfeldes in einem zylindrischen Koordinatensystem, dessen Achse mit der Strahlachse zusammenfällt, I – Strahlstrom; r_B – Strahlradius und r – Abstand des Beobachtungspunktes von der Strahlachse.

Zur Beschreibung des Einflusses des magnetischen Eigenfeldes eines Vielstrahlensystems auf die einzelnen Strahlen wird einer dieser Strahlen herausgegriffen, so zum Beispiel der Strahl 0. Das auf den Elektronenstrahl einwirkende Magnetfeld kann in zwei Felder unterteilt werden: das Eigenfeld des herausgegriffenen Strahls und das Feld der verbleibenden Strahlen, die das Vielstrahlensystem bilden.

Die Berücksichtigung des magnetischen Eigenfeldes B_s des Strahls führt zum Auftreten einer magnetisch fokussierenden Kraft F_{ms}, die zum Strahlzentrum hin gerichtet ist:

$$F_{ms} = -\,|e|v_z B_s$$

mit v_z als axiale Strahlgeschwindigkeit.

Diese Kraft kompensiert partiell die Coulombsche Abstoßungskraft $F_{\varrho s}$. Die resultierende Kraft, die von den elektrischen und magnetischen Eigenfeldern des Strahls hervorgerufen wird, bestimmt sich zu:

$$F_s = F_{\varrho s} + F_{ms} = \frac{|e|I}{2\pi\varepsilon_0 r_B v_z}\left(1 - \frac{v_z^2}{c^2}\right)$$

mit $(1 - v_z^2/c^2)$ als Korrekturfaktor, der die Wirkung des magnetischen Eigenfeldes des Strahls berücksichtigt. Die Berücksichtigung des magnetischen Strahleigenfeldes führt somit zu einer Verringerung der durch das Coulombfeld hervorgerufenen Strahlabstoßung.

Weiter sollen Besonderheiten des Magnetfeldes betrachtet werden, das in der Umgebung des herausgegriffenen Strahls durch die Ströme der restlichen Strahlen erzeugt wird. Als Beobachtungspunkt soll das Zentrum des betrachteten Strahls gewählt werden, welches mit dem Koordinatenursprung des lokalen Systems x, y, z zusammenfalle. Für die Felder, die im Beobachtungspunkt durch die Strahlen 3 und 6 erzeugt werden, gilt

$$B_{3y} = \frac{\mu_0 I}{4\pi R_1}\,, \quad B_{6y} = \frac{\mu_0 I}{2\pi R_1}$$

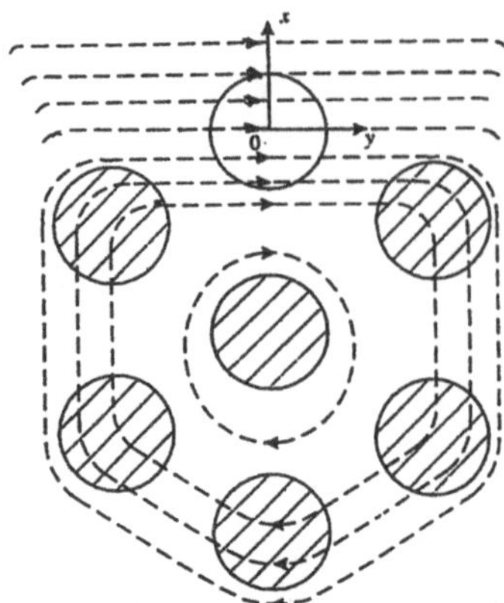

Bild 11.14: Darstellung der Feldlinien der magnetischen Induktion des Eigenfeldes eines Vielstrahlenflusses

mit R_1 als Abstand des Zentrums des herausgegriffenen Strahls zum Zentrum des Zentralstrahls (siehe Bild 11.13).

Aus der in Bild 11.13 dargestellten Geometrie können die folgenden Ausdrücke für die von den Strahlen 1 und 5 erzeugten Felder erhalten werden:

$$B_{1y} = \frac{\mu_0 I}{4\pi R_1}, \quad B_{1x} = \frac{\mu_0 I \cos\alpha}{4\pi R_1 \sin\alpha},$$

$$B_{5y} = \frac{\mu_0 I}{4\pi R_1}, \quad B_{5x} = -\frac{\mu_0 I \cos\alpha}{4\pi R_1 \sin\alpha}.$$

Analog ergibt sich für die von den Strahlen 2 und 4 erzeugten Felder:

$$B_{2y} = \frac{\mu_0 I}{4\pi R_1}, \quad B_{2x} = \frac{\mu_0 I \cos 2\alpha}{4\pi R_1 \sin 2\alpha},$$

$$B_{4y} = \frac{\mu_0 I}{4\pi R_1}, \quad B_{4x} = -\frac{\mu_0 I \cos 2\alpha}{4\pi R_1 \sin 2\alpha}.$$

Damit haben im Beobachtungspunkt die durch die Strahlen 1 bis 6 erzeugten resultierenden Magnetfelder nur eine y-Komponente:

$$B_y = \frac{7\mu_0 I}{4\pi R_1}, \quad B_x = 0.$$

In Bild 11.14 ist das Bild der Feldlinien dieses Feldes dargestellt, welches mit numerischen Methoden erhalten wurde. In der Umgebung des Strahls 0 ist das magnetische Feld im wesentlichen längs der y-Achse gerichtet und nahezu homogen.

Die Existenz eines transversalen magnetischen Feldes führt zu einer Abweichung des Elektronenstrahls 0 von der Kanalachse. Für die Abschätzung der Abweichung der zentralen Trajektorie dieses Strahls wird angenommen, daß die Bewegung des zentralen Elektrons in einem homogenen transversalen Magnetfeld B_y und einem homogenen longitudionalen fokussierenden Feld B_z erfolge und daß $B_z \gg B_y$ gelte.

Es werden Koordinaten x', y', z' in einem bewegten Koordinatensystem eingeführt, die ihren Ursprung im Kanalzentrum haben und die sich mit einer konstanten Geschwindigkeit v gleich der Strahlgeschwindigkeit längs der Achse bewegen. Unter Verwendung von Gleichungen der relativistischen Elektrodynamik [172] kann eine Berechnung der Felder erfolgen, die auf das zentrale Elektron des Strahls im bewegten Koordinatensystem wirken. Nach einigen Zwischenschritten ergibt sich:

$$E'_{x'} = -\gamma v B_y \ , \quad B'_{y'} = \gamma B_y \ , \quad B'_{z'} = B_z$$

mit $\gamma = 1/(1-v^2/c^2)^{1/2}$ als relativistischer Faktor und alle gestrichenen Größen beziehen sich auf das bewegte Koordinatensystem.

Im bewegten Koordinatensystem erfolgt die Bewegung des zentralen Elektrons somit in gekreuzten Feldern. Im weiteren soll der Fall geringer Geschwindigkeiten unter Berücksichtigung der früher formulierten Bedingung $B_z \gg B_y$ betrachtet werden und es werde näherungsweise angenommen, daß das Magnetfeld B' nur eine Komponente besitze: $B' = B'_{z'}$.

In diesem Fall wird die Bewegung des zentralen Elektrons im bewegten Koordinatensystem durch das Gleichungssystem

$$\frac{d^2x'}{dt'^2} = -\frac{|e|}{m'} E'_{x'} - \frac{|e|}{m'} \frac{dy'}{dt'} B'_{z'} \ ,$$

$$\frac{d^2y'}{dt'^2} = \frac{|e|}{m'} \frac{dx'}{dt'} B'_{z'}$$

mit den Anfangsbedingungen

$$t' = 0 \ , \quad x' = y' = z' = 0 \ , \quad \frac{dx'}{dt'} = \frac{dy'}{dt'} = \frac{dz'}{dt'} = 0$$

beschrieben.

Die Lösung dieses Gleichungssystems mit den gegebenen Anfangsbedingungen ist aus der Theorie planarer Magnetrons bekannt und hat die Form:

$$x' = \frac{|e|}{m'} \frac{|E'_{x'}|}{\omega_c'^2} (1 - \cos\omega'_c t') \ ,$$

$$y' = \frac{|e|}{m'} \frac{|E'_{x'}|}{\omega_c'^2} (\omega'_c t' - \sin\omega'_c t')$$

mit $\omega'_c = |e| B'_{z'}/m'$, e – Elektronenladung und m' – Elektronenmasse.

Aus diesen Gleichungen ergibt sich, daß im bewegten Koordinatensystem die Trajektorie des zentralen Strahlelektrons eine Zykloide darstellt. Unter Berücksichtigung von

$$m = \gamma m' \ , \quad \omega_c = \frac{\omega'_c}{\gamma} \ , \quad t = \gamma t' \ ,$$

$$\omega_c t = \omega'_c t' \ , \quad x = x' \ , \quad y = y'$$

ergeben sich Gleichungen, die die Trajektorie des zentralen Elektrons im Laborkoordinatensystem x, y, z beschreiben:

$$x = \frac{v}{\omega_c} \frac{B_y}{B_z} (1 - \cos\omega_c t) \ ,$$

$$y = \frac{v}{\omega_c}\frac{B_y}{B_z}(\omega_c t - \sin\omega_c t) \ .$$

Die letztere der beiden Gleichungen kann in der Form

$$y = z\frac{B_y}{B_z}\left(1 - \frac{\sin\omega_c t}{\omega_c t}\right)$$

mit $z = vt$ als der vom zentralen Elektron auf der z-Achse zurückgelegte Weg dargestellt werden.

Aus den erhaltenen Gleichungen folgt, daß die Verschiebung der Trajektorie des zentralen Elektrons bezüglich der x-Achse sich periodisch mit der Zeit ändert und auf den maximalen Wert $2vB_y/\omega_c B_z$ begrenzt ist, obwohl die Verschiebung bezüglich der y-Achse bei großen t praktisch linear wächst, da das Glied $\sin\omega_c t/\omega_c t$ mit wachsendem t gegen Null geht und über

$$y = vt\frac{B_y}{B_z} = z\frac{B_y}{B_z}$$

bestimmt wird.

Diese Gleichung kann für die Abschätzung der möglichen Verschiebung des Zentrums des Elektronenstrahls relativ zur Kanalachse genutzt werden. Das gleiche Resultat kann erhalten werden, wenn der Begriff der *Driftgeschwindigkeit* v'_d verwendet wird, der die mittlere Geschwindigkeit der Verschiebung des Elektrons längs der y'-Koordinate in gekreuzten elektrischen Feldern $E'_{x'}$ und magnetischen Feldern $B'_{z'}$ angibt

$$v'_d = \frac{|E'_{x'}|}{B'_{z'}} = \frac{\gamma v B_y}{B_z} \ .$$

Damit ergeben sich

$$y' = v'_d t' = \frac{\gamma t' v B_y}{B_z}$$

und

$$y = y' = \frac{\gamma t' v B_y}{B_z} = \frac{t v B_y}{B_z} = z\frac{B_y}{B_z} \ .$$

Kapitel 12

Experimentelle Methoden der Untersuchung von Elektronen- und Ionenstrahlen

12.1 Die Messung von Strahlparametern

Die Verfügbarkeit numerischer Methoden zur Berechnung und Projektierung von elektronen- und ionenoptischen Systemen führte zur Ausarbeitung anspruchsvoller mathematischer Modelle. Damit wurde es möglich, intensive Elektronen- und Ionenstrahlen unter Bedingungen zu modellieren, die den realen sehr nahekommen. Dies bewirkte eine Erhöhung der Genauigkeit und der Zuverlässigkeit entsprechender Berechnungen, wobei die erforderliche Zeit zur Optimierung von Lösungen bei wachsender Qualität der Projektierung von elektronen- und ionenoptischen Systemen gesenkt werden konnte.

Jedoch wird damit die Notwendigkeit experimenteller Untersuchungen von Elektronen- und Ionenstrahlen nicht ausgeschlossen, da kein mathematisches Modell die Vielfalt der physikalischen Effekte, die bei der Formierung und dem Transport der Strahlen auftreten, beschreiben kann und dies insbesondere, da einige der Effekte mathematisch außerordentlich schwierig zu beschreiben sind. Zu diesen Effekten gehören die Änderung der geometrischen Abmaße und die gegenseitige Positionierung der Elektroden des strahlformierenden Systems bei seiner Erwärmung, die inhomogene Emission aus der Kathodenoberfläche, der Linseneffekt von Steuergittern (und Schattengittern) hier insbesondere in komplizierten Strukturen (zum Beispiel in Parkettstrukturen) u.a. Zudem existiert bei experimentellen Untersuchungen der Strahlformierung und des Strahltransports von Elektronen- und Ionenstrahlen für nichtstandardmäßige (wenig untersuchte) Bedingungen eine hinreichend hohe Wahrscheinlichkeit für das Auftreten neuer physikalischer Effekte, die den Charakter der Strahlen beeinflussen und damit auch die Geräte, die diese Strahlen nutzen.

Dies alles stimuliert die Entwicklung verschiedener experimenteller Untersuchungsmethoden, deren Gesamtheit einen eigenständigen Bereich - die Strahldiagnostik geladener Teilchen - bildet. Die Entwicklungsperspektive dieses Bereichs der Elektronik als selbständige wissenschaftlich-technische Richtung ist in entscheidenden Maße mit der Entwicklung von Meßgeräten und -verfahren verbunden, die es erlauben, hinreichend vollständige Informationen über alle grundlegenden Parameter von Strahlen geladener Teilchen in einem breiten Meßbereich zu erhalten. Dies ist nicht nur für die Beschleunigertechnik von Bedeutung, wo eine ständige Kontrolle der Parameter zirkulierender und extrahierter Strahlen geladener Teilchen oft unverzichtbar für die operative Steuerung des Arbeitsregimes komplizierter Beschleunigeranlagen ist. Von Bedeutung ist die Diagnostik auch für Anlagen der Elektronen- und Ionenstrahltechnologie, für Geräte der Mikrowellentechnik u.a.

In Verbindung mit der großen Vielfalt und dem breiten Parameterbereich von in der Praxis angewandten Strahlen einerseits und dem Fehlen universeller Meßmethoden andererseits kann die Lösung der oben formulierten Aufgabe gegenwärtig nur auf der Grundlage der Verwendung eines modularen Prinzips bei der Entwicklung von Meßgeräten erfolgen. Entsprechend dieses Prinzips müssen die entsprechenden Geräte aus mehreren standardisierten und unifizierten Modulen bestehen und die Messung eines oder mehrerer Strahlparameter ermöglichen.

Zur Messung anderer Parameter und zur Erweiterung des Meßbereichs werden ganze Sätze verschiedener Module benötigt. Entsprechend ihren Funktionen können diese in vier Gruppen unterteilt werden [173]:

- primäre Datenumformer und Sonden;
- Verstärker und impulsformende Blöcke;
- Wandler und
- Datenspeicher.

Von größter Bedeutung sind Sonden, die die primäre Information der gemessenen Strahlparameter in ein Eingangssignal für das Meßgerät umwandeln, da sie letztlich bestimmen, wie informativ und wie präzis die Meßmethode ist. An solche Wandler werden in allgemeinen die folgenden grundlegenden Anforderungen gestellt:

- minimaler Einfluß auf die Werte der gemessenen Strahlparameter;
- elektrische Natur der umgewandelten Information bei niedrigem Störniveau,
- Möglichkeit des kontinuierlichen Informationserhalts für den gemessenen Parameter bei Änderungen seines Wertes in großen Bereichen,
- hohe Störsicherheit, Anwendungssicherheit, gute Stabilität und Reproduzierbarkeit der Wandlercharakteristika;
- erhöhte Strahlungsstabilität.

Gegenwärtig existieren keine primären Datenumformer, welche die genannten Forderungen vollständig erfüllen. Daher werden zur Bestimmung von Strahlparametern Wandler verschiedenen Typs eingesetzt, die verschiedene Methoden der experimentellen Strahlanalyse beinhalten.

12.2 Klassifikation und Charakteristik experimenteller Untersuchungsmethoden von Elektronen- und Ionenstrahlen

Bekannt sind viele unterschiedliche Methoden der experimentellen Untersuchung intensiver Elektronenstrahlen, die die Spezifika verschiedener Anwendungsbereiche und die

Vielfalt der gemessenen Strahlparameter widerspiegeln [173, 174, 175]. Mit Hilfe dieser Methoden werden die Abmessungen und Konfigurationen von Elektronenströmen bestimmt, ihr Strom und ihre Energie, die Elektronenladung im Stromimpuls, die Stromdichte und deren Verteilung über den transversalen Querschnitt (das Strahlprofil), die Geschwindigkeitsverteilung der Elektronen, die Hochfrequenzeigenschaften des Elektronenstrahls, das Auftreten verschiedene Strahlungsarten und andere Effekte, die bei der Wechselwirkung beschleunigter Elektronen mit Materie entstehen.

Im allgemeinsten Fall können alle strahldiagnostischen Methoden in zwei große Gruppen unterteilt werden: direkte und indirekte Methoden.

Direkte Methoden basieren auf der Messung von Elektronenstrahlcharakteristika selbst: Strom, Stromdichte, Energie (Geschwindigkeit), Verteilungen dieser Größen im transversalen Strahlquerschnitt usw.

Indirekte Methoden beruhen auf der Registration und Analyse von „Vermittlern", deren Charakteristika eindeutig mit den Charakteristika von Elektronenstrahlen verbunden sind und wo die geltenden Zusammenhänge gut bekannt sind. Dies betrifft elektrische und magnetische Eigenfelder der Elektronenstrahlen und verschiedene Effekte, die bei der Wechselwirkung der Strahlen mit Materie oder einem Target auftreten.

Direkte Methoden sind ihrem Wesen nach Kontakt- oder Kollektormethoden, da sie auf der (vollständigen oder teilweisen) Absorption des Elektronenstrahls durch einen Kollektor des Meßgeräts beruhen, der im Weg des Elektronenstrahls positioniert ist. In Abhängigkeit von der zu messenden Größe (integrale oder differentielle Information) können alle direkten Methoden in Methoden, die keine räumliche Aufspaltung des Strahls und in Methoden, die eine räumliche Aufspaltung des Strahls in einzelne Elemente erfordern, unterteilt werden. Letztere können nach der Art der Aufspaltung in Methoden der simultanen Aufspaltung des Elektronenstrahls und in Methoden der aufeinanderfolgenden Aufspaltung unterteilt werden.

Eine simultane Strahlaufspaltung kann entweder mechanisch (zum Beispiel mit Vielelementsammelkollektoren oder mit Matrizentargets) oder mit transversalen elektrostatischen und magnetostatischen Feldern (zur Aufspaltung des Elektronenstrahls nach den Elektronenenergien) erfolgen. In einem jeden dieser Fälle erfolgt die räumliche Strahlaufspaltung in einzelne Elemente augenblicklich (gleichzeitig) über den gesamten transversalen Strahlquerschnitt.

Eine sukzessive Strahlaufspaltung kann entweder durch elektromagnetisches Scannen des relativ zum Strahl unbeweglichen Kollektors (es existieren Methoden der elektrostatischen und der magnetischen Abtastung des Strahls) oder durch mechanisches Scannen des Kollektors bezüglich eines unbeweglichen Strahls erfolgen. Im letzteren Fall werden in Abhängigkeit von der Kollektorkonstruktion folgende Methoden unterschieden: beweglicher Kollektor mit kleiner Öffnung, bewegliche Schlitzblende, rotierende (oder vibrierende) Sonde u.a.

Indirekte experimentelle Methoden können, wie aus ihrer Definition folgt, entweder Kontaktmethoden oder berührungslose Methoden sein. Kontaktmethoden sind mit Effekten verbunden, die auf der Wechselwirkung des Elektronenstrahls mit Materie beruhen. Dabei können in Abhängigkeit von der Wechselwirkung Methoden genutzt werden, die auf der Messung der Charakteristika verschiedener Strahlungen (Leuchten von Gasen, optische Strahlung angeregter Halbleiter, Wärmestrahlung von metallischen oder Graphitfolien, Strahlung von Fluoreszenzschirmen, Sekundärelektronenemission und Röntgenstrahlung) beruhende Strahlungsmethoden oder nichtstrahlende Methoden nutzen, die auf Änderungen der elektrischen Eigenschaften und der mechanischen Spannungen von Targets gegründet sind, die bei dem Beschuß durch den zu untersuchenden Strahl auftreten (stimulierte Leitfähigkeit von Halbleitern und stoßakustische Wellen in Targets).

Indirekte berührungslose Methoden können in Strahlungs- und Feldmethoden unterteilt werden. Zu ersteren gehören Methoden, die auf den Wawilov-Cerenkov-Effekt, auf Synchrotron-, Brems- oder Übergangsstrahlung basieren und zur zweiten Gruppe gehören elektrostatische, magnetische Induktions- und Resonatormethoden sowie Sondenmethoden mit Elektronen- und Laserstrahlen.

Eine Übersicht über die Vielfalt der Methoden der experimentellen Untersuchung von Strahlen geladener Teilchen und der Zusammenhänge zwischen ihnen gibt das in Bild 12.1 dargestellte Klassifikationsschema, das nur die wichtigsten Untersuchungsmethoden beinhaltet. In der Praxis werden darüber hinaus verschiedene Variationen und Kombinationen der aufgeführten Methoden verwendet. Die Wahl der konkreten Methode der experimentellen Strahldiagnostik (oder des primären Wandlertyps) hängt vom Anwendungsbereich der Strahlen, ihrer Leistung und Energie und auch von der behandelten Fragestellung bei der Strahlanalyse ab.

In der Beschleunigertechnik sind die am häufigsten verwendeten Methoden (primäre Wandler) Feldmethoden (elektrostatische und Induktionsmethoden) und Ionisationsmethoden für zirkulierende Strahlen, aber auch Methoden der akustischen Wellen und der Sekundärelektronenemission für Strahlen, die aus dem Beschleuniger extrahiert werden. Für die Untersuchung des Strahlprofils und für Strahlemittanzmessungen werden oft Methoden mit beweglichen Spaltblenden und Spaltkollektoren verwendet [15, 173]. In Elektronenstrahlschweißanlagen werden für die Strahluntersuchung oft bewegliche Spaltblenden und rotierende Sonden eingesetzt [143], in Mikrowellenanlagen Spaltkollektoren geringer Öffnung und verschiedene hierauf basierende Methoden [174, 175].

Zur Bestimmung der Form des transversalen Querschnitts energetischer Elektronenstrahlen und der Stromdichteverteilung über diesen Querschnitt werden Wärmestrahlungsmethoden mit erhitzen Metall- und Graphitfolien und Röntgenstrahlungsmethoden verwendet [174, 176]. Bei der Verwendung dieser und anderer Strahlungsmethoden werden die Informationen über den Strahl über die Analyse der Aufnahmen des transversalen Strahlquerschnitts auf Photo- oder Röntgenfilme erhalten.

Von allen betrachteten Untersuchungsmethoden für Elektronenstrahlen ist die Methode eines beweglichen Kollektors mit geringer Appertur die informativste und präziseste und wird oft auch als Lochkamerамethode bezeichnet. Sie ermöglicht es, unterschiedlichste Charakteristika einschließlich Hochfrequenzcharakteristika von Elektronenstrahlen bei der Anwendung in Vakuummikrowellengeräten zu messen. Die mit dieser Methode erhaltenen Meßergebnisse erfordern keine Umrechnungen und daher kann der Fehler der Methode kleiner als 10% werden. Dies begründet die breite Anwendung der Methode in der Praxis und stimuliert ihre Entwicklung, insbesondere hinsichtlich der Erhöhung ihrer Präzision und der Empfindlichkeit.

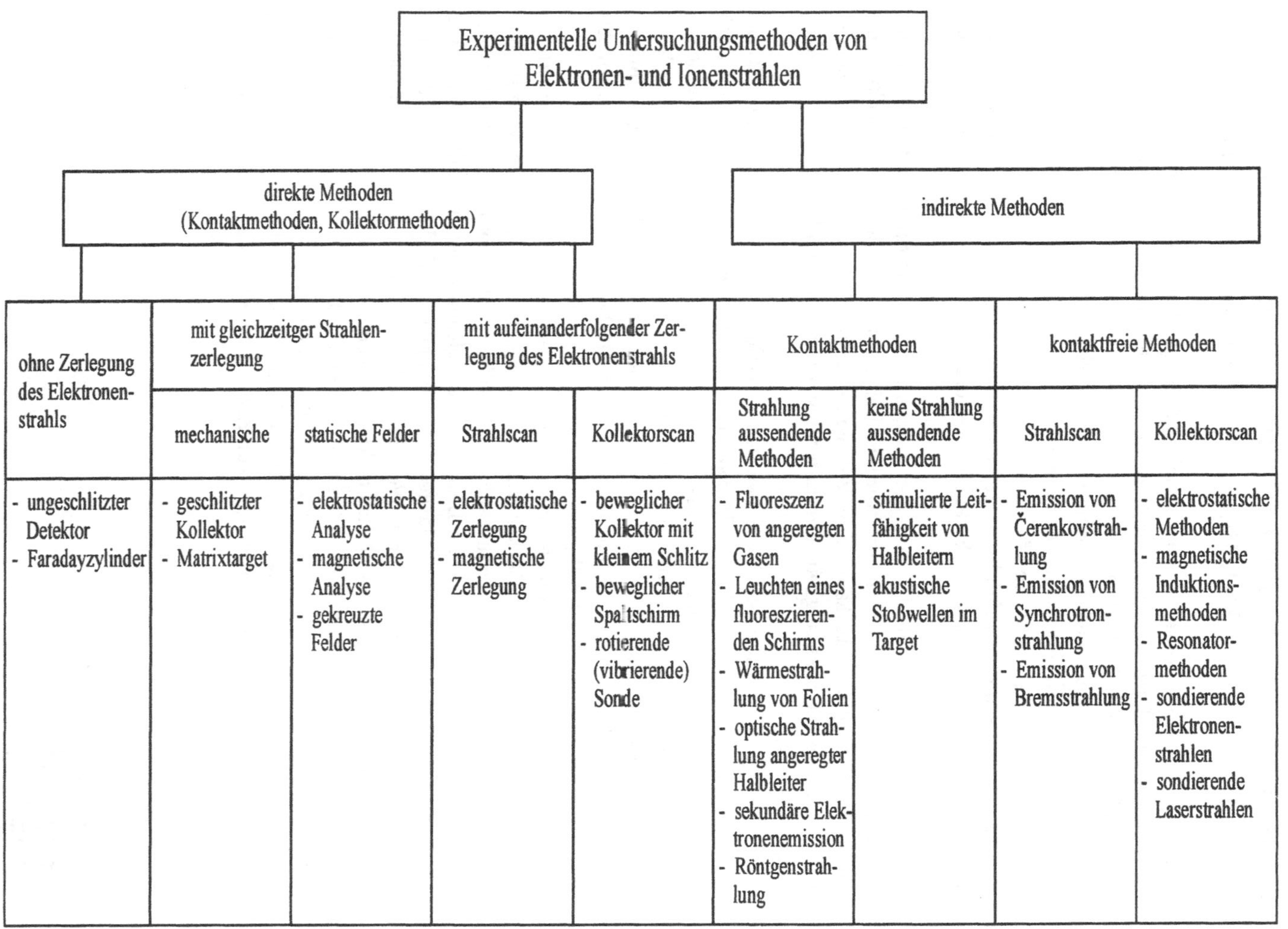

Bild 12.1: Klassifikationsschema von Methoden zur experimentellen Untersuchung von Elektronenstrahlen

12.3 Beweglicher Kollektor mit geringer Appertur und Verfahren zur Erhöhung seiner Empfindlichkeit

Das Wesen der Methode besteht in der aufeinanderfolgenden Zerlegung (mit Hilfe der beweglichen Appertur) des transversalen Elektronenstrahlquerschnitts in kleine Elemente und in der Messung der Ströme in diesen Elementen. Die so gefundene Abhängigkeit der durch die Appertur tretenden Ströme von der Position der Appertur (Koordinaten ihres Zentrums) bestimmt mit einem gewissen Fehler die Stromdichteverteilung längs der Verschiebungslinie der Appertur. So können die Stromdichteverteilungen für verschiedene Elektronenstrahlquerschnitte gefunden werden, die Änderung der die Strahlkonfiguration bestimmenden Parameter längs der Strahlausbreitung, die Emittanz und auch andere Größen.

Zur Verringerung der Meßfehler muß der Radius des Diaphragmas im Vergleich zum Radius des Elektronenstrahls reduziert werden. Bei der Untersuchung von Elektronenstrahlen geringer Stromdichte kann eine Verringerung des Diaphragmaradius auch zu keiner Erhöhung der Meßgenauigkeit führen, wenn dadurch die Empfindlichkeit des Meßgerätes gesenkt wird.

Zur Erhöhung der Empfindlichkeit werden verschiedene Methoden der Stromverstärkung genutzt, so Röhren- oder Transistorverstärker, Sekundärelektronenvervielfacher u.a. Von Interesse ist hier auch die Nutzung der Stoßionisation von Halbleiterstrukturen, wie sie in Vakuumgeräten mit Elektronenbeschuß des Halbleiters durch beschleunigte Elektronen eingesetzt werden. Der grundlegende Vorteil dieser Methode ist die Möglichkeit, große Stromverstärkungskoeffizienten (1000-fach) bei sehr geringen Abmaßen des Halbleitertargets (10-100 μm) zu erhalten [177, 178].

Das Wesen der genannten Stromverstärkungsmethode des Elektronenstrahls kann mit dem in Bild 12.2 dargestellten Verstärker erklärt werden. Als Basis dient hier eine Halbleiterdiode mit p-n-Übergang und eine metallische (gewöhnlich Aluminium) Folienelektrode einer Dicke von höchstens 0,1 μm. Beim Beschuß einer solchen Elektrode mit beschleunigten Elektronen (im Bild durch Pfeile dargestellt) gelangen die Elektronen in das Innere des Halbleiters und ionisieren auf ihren Weg die Halbleiteratome. Die dabei gebildeten Elektronen-Ionen-Paare werden durch das elektrische Feld des p-n-Übergangs getrennt , was zu einer Erhöhung des elektrischen Stromes in der Diode führt. Wird angenommen, daß die Energie E_0 der den Halbleiter bombardierenden Elektronen vollständig für Ionisationsprozesse verwendet wird, so ist die entstehende Zahl von Ladungsträgern gleich E_0/ε_i mit ε_i als mittlere Ionisationsenergie zur Erzeugung eines Ladungsträgerpaares.

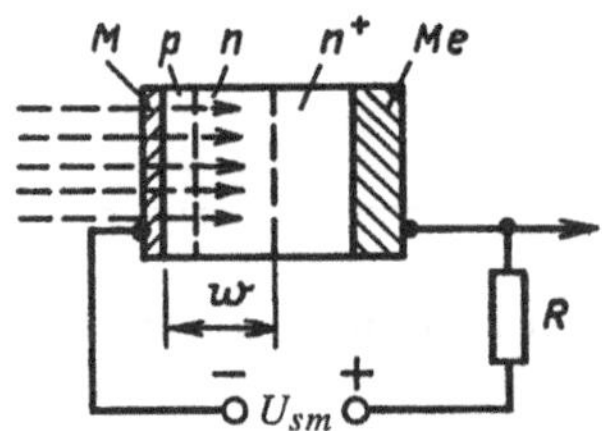

Bild 12.2: Schematische Darstellung eines Halbleiterverstärkers bei Elektronenbeschuß: M – Metallfolie; w – Breite des p-n-Übergangs; Me – Metallelektrode; U_{sm} – Rückkopplungsgleichspannung, R – Lastwiderstand

Für eine effektive Trennung von Ladungsträgern unterschiedlichen Vorzeichens ist es wichtig, daß ihre Vervielfachung in einem Bereich erfolgt, wo ein starkes elektrisches Feld wirkt. Daher wird die Schichtdicke des p-n-Übergangs gewöhnlich 1,5- bis 2-mal geringer als die Eindringtiefe des beschleunigten Elektrons in den Halbleiter gewählt. Trotzdem rekombiniert ein Teil der Elektronen-Loch-Paare (insbesondere im oberflächennahen Bereich der hochlegierten p^+-Schicht, wo praktisch kein elektrisches Feld existiert). Daher wird das Verhältnis des Stroms im Target I_t zum Elektronenstrahlstrom I_p durch die Gleichung

$$G = \frac{I_t}{I_p} = \frac{E_0 - E_v}{\varepsilon_i}$$

beschrieben. Dabei beschreibt E_v die von den beschleunigenden Elektronen beim Durchgang durch die metallische Folienelektrode in der oberflächennahen p^+-Schicht verlorene Energie.

Die Größe E_v kann als Schwellenergie angesehen werden, die von den konstruktiv-technologischen Besonderheiten des Targets abhängt. In modernen Siliziumdioden beträgt die Schichtdicke des p-n-Übergangs 0,5–0,7 μm und die Schwellenergie E_v = 3–4 keV bei einer Ionisationsenergie $\varepsilon_i = (4 \pm 0,5)$ eV. Bei einer Energie der beschleunigten Elektronen E_0 = 10 keV wird daher ein Stromverstärkungskoeffizient G = 1500–1750 gewährleistet.

Die Meßgrenze für den direkt meßbaren Strom kann somit durch den Einsatz von Halbleiterdiodentargets um drei Größenordnungen erhöht werden. Der Meßfehler bestimmt sich dabei aus zufälligen und systematischen Fehlern. Der zufällige Fehler hängt von den Meßbedingungen ab und kann in der Mehrzahl der Fälle auf weniger als 5% minimalisiert werden [179]. Der systematische Fehler, der auf der Unvollkommenheit der Konstruktion des Meßgeräts beruht, kann bis zum Apperturfehler abgesenkt werden, d.h. auf die Fehler infolge der endlichen Abmaße der Analysatorspalte im Diaphragma.

Zur Abschätzung der durch die Appertur bedingten Meßfehler wird angenommen, daß die Verteilung der Stromdichte im transversalen Strahlquerschnitt durch eine gewisse Funktion $J(x, y)$ beschrieben wird. Dann wird der Strom, der durch die Öffnung des Diaphragmas tritt, über

$$I_k(x, y) = \int_{S_o}\int J(x, y)\, dx\, dy$$

beschrieben. $S_0 = \pi r_0^2$ beschreibt die Fläche des Diaphragmenspalts mit einem Radius r_0 und die Dichte des gemessenen Stroms in der Spaltebene ist gleich

$$J_k(x, y) = J_{sr}(x, y) = \frac{I_k}{\pi r_0^2}$$

bei einem durch die Appertur bedingten Meßfehler von

$$\delta = \left[1 - \frac{I_k(x, y)}{\pi r_0^2\, J(x, y)}\right] \cdot 100\% \, .$$

Aus diesen Ausdruck folgt, daß der Fehler der Appertur vom Verteilungsgesetz der Stromdichte im transversalen Strahlquerschnitt und vom Radius der Diaphragmaöffnung abhängt. Zur Reduktion des Fehlers ist es erforderlich, den Unterschied zwischen den wirklichen und den gemessenen Werten der Stromdichte zu verringern, was eine Verkleinerung des Diaphragmenradius erfordert (im Vergleich zum Elektronenstrahlradius). Bei einer gegebenen Stromdichte führt dies zu einer Verringerung des Stroms, der durch die Öffnung fließt.

Der geringste Strom $I_{k,\min}$, der mit einer gegebenen Genauigkeit gemessen werden kann, wird durch die Empfindlichkeit des Meßgeräts bestimmt. Diese wird durch das Niveau der Fluktuationen auftretender Störungen (Rauschen) am Geräteausgang begrenzt.

Gemäß [180] setzt sich das Gesamtrauschen in einem Gerät mit Halbleiterdiodentarget aus drei Komponenten zusammen:

1. Schrotrauschen des durch das Target verstärkten Elektronenstrahls

$$I_{rd}^2 = 2eI_kG^2\Delta f \; ;$$

2. Fluktuationen des Targetleckstroms

$$I_{rl}^2 = 2eI_l\Delta f \; ;$$

3. thermisches Rauschen des Lastwiderstandes

$$I_{rR}^2 = \frac{4KT\Delta f}{R} \; .$$

Das Quadrat des Gesamtrauschstroms kann in der Form

$$I_r^2 = I_{rd}^2 + I_{rl}^2 + I_{rR}^2 = 2eI_kG^2\Delta f + 2eI_l\Delta f + \frac{4KT\Delta f}{R}$$

geschrieben werden. Dabei gelten e – Elektronenladung; Δf – Frequenzbandbreite; K – Boltzmannkonstante; I_l – Targetleckstrom; T – Temperatur des Widerstands; G – Stromvertärkungskoeffizient des Targets.

Das Verhältnis $I_m = GI_k$ des verstärkten Signals zum Rauschstrom wird über

$$\beta = \frac{I_m}{\sqrt{I_r^2}} = \frac{I_kG}{\sqrt{2e\Delta f\left(I_kG^2 + I_l + \dfrac{2KT}{eR}\right)}} \tag{12.1}$$

bestimmt, d.h. es folgt

$$I_k^2G^2 - 2e\Delta f\,\beta^2G^2I_k - 2e\Delta f\,\beta^2\left(I_l + \frac{2KT}{eR}\right) = 0 \; .$$

Die Lösung der quadratischen Gleichung für I_k liefert den minimalen Strom, der durch die Diaphragmaöffnung fließt und der bei einem gegebenen Signal/Rausch-Verhältnis gemessen werden kann:

$$I_{k,\min} = e\Delta f\,\beta^2\left[1 + \sqrt{1 + \frac{2I_l + 4KT/eR}{e\Delta f\,\beta^2G^2}}\,\right] \; . \tag{12.2}$$

Diese Gleichung bestimmt die Empfindlichkeit von Meßgeräten mit Halbleitertarget. Werden $G = 1$ und $I_l = 0$ angenommen, kann die Empfindlichkeit des Meßgerätes ohne Target

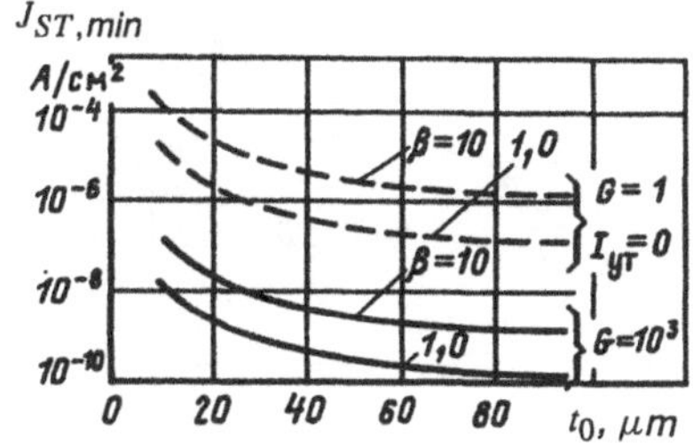

Bild 12.3: Kurven zur Bestimmung der Empfindlichkeit eines Meßgerätes

bestimmt werden. In beiden Fällen ist der entsprechende Minimalwert der Stromdichte des Elektronenstrahls in der Diaphragmaebene gleich

$$J_{ST,\min} = \frac{I_{k,\min}}{\pi r_0^2} \,. \tag{12.3}$$

Die Gleichungen (12.2) und (12.3) erlauben es, die minimale Stromdichte zu berechnen, die bei einem gegebenen Radius der Diaphragmaöffnung mit gegebener Genauigkeit berechnet werden kann. In Bild 12.3 werden Kurven angegeben, die nach (12.2) und (12.3) berechnet wurden und die den Zusammenhang zwischen $J_{m,\min}$ und r_0 darstellen. Die durchgezogenen Kurven entsprechen der Situation Meßgerät mit Target für eine Stromverstärkung um den Faktor 1000 und die gestrichelten Kurven einem Meßgerät ohne Target. Bei der Berechnung wurden $\Delta f = 1$ Hz, $R = 1$ kΩ, $T = 300$ K und $I_l = 1 \cdot 10^{-6}$ A angenommen. Kurven für $\beta = 1$ entsprechen der Empfindlichkeitsgrenze des Meßgeräts.

Somit ermöglicht ein beweglicher Kollektor geringer Appertur mit Stromverstärkung über eine Halbleiterstruktur es, die Empfindlichkeit der Meßgeräte und die Genauigkeit der Messung von Elektronenstrahlparametern deutlich zu erhöhen [181].

12.4 Die Anwendung koaxialer Sonden mit Halbleitertarget zur Untersuchung der Struktur von Elektronenstrahlen

Zur Untersuchung von Elektronenstrahlen mit einem beweglichen Kollektor geringer Appertur kann ein Vakuumanalysator verwendet werden [16]. Dieser besteht aus einer Vakuumkammer, die gewöhnlich als Metallröhre ausgeführt ist, an deren einem Ende mit Hilfe eines abnehmbaren Flansches das zu analysierende elektronenoptische System installiert wird und an dessen anderen Ende sich ein beweglicher Kollektor mit einem Verschiebungsmechanismus befindet. Das erforderliche Vakuum in der Analysatorkammer (in der Größenordnung von 10^{-4} Pa) wird durch Vakuumpumpen erzeugt, die mit der Kammer verbunden sind. Der bewegliche Kollektor ist in Form einer hinreichend dünnen metallischen koaxialen Konstruktion ausgeführt, die in die Analysatorkammer über eine Stützkonstruktion mit entsprechender Faltenbalgverbindung eingeführt wird. An deren Ende wird in der Kammer ein primärer Datengeber angebracht. Dieser besitzt ebenfalls eine koaxiale Konstruktion, an deren Ende, das vom zu untersuchenden Elektronenstrahl bestrahlt wird, sich ein kleines Diaphragma geringer Appertur befindet. Am anderen Ende befindet sich eine spezielle Konstruktion, die es erlaubt, die Sonde an die allgemeine Konstruktion des Kollektors anzuschließen.

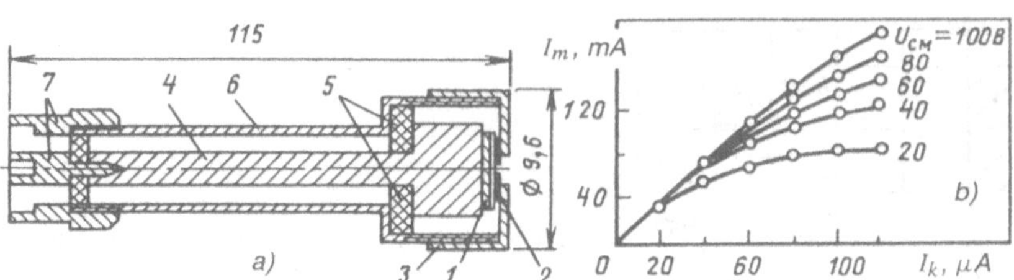

Bild 12.4: Koaxiale Meßsonde mit Halbleitertarget (a) und Stromcharakteristik des Targets (b): 1 – Halbleiterdiodentarget; 2 – auswechselbares metallisches Diaphragma; 3 – Schraubenmutter; 4 – innerer Kollektor, 5 – dielektrische Scheibe; 6 – Sondenkörper; 7 – koaxialer Übergang

Eine Meßsonde mit Halbleitertarget ist in Bild 12.4 a dargestellt [182]. Das Halbleitertarget 1 befindet sich auf den inneren Elektronenkollektor 4, der gleichzeitig als Wärmeabführung dient. Als Target wird eine passivierte planare Siliziumdiode einer Dicke 40 μm, einer Fläche von 2,4 mm^2 und einer Dotandenkonzentration von $2{\cdot}10^{14}$ cm^{-3} verwendet. Die Tiefe des p-n-Übergangs beträgt 0,7 μm und die Energieverluste der Elektronen betragen 3-5 keV. Auf der empfindlichen Targetseite befindet sich ein auswechselbares Diaphragma 2 mit einem Spaltdurchmesser von 10-50 μm. Die in Bild 12.4 b dargestellte Charakteristik $I_m = f(I_k)$ zeigt, daß durch eine geeignete Wahl der Rückkopplungsspannung U_{sm} eine lineare Verstärkung in einem weiten Strombereich des Elektronenstrahls erreicht werden kann.

Die Sondenkonstruktion erlaubt es, verschiedene elektrische Kreise zuzuschalten und damit Elektronenstrahlen in einem weiten Energie- und Strombereich zu vermessen. Dabei darf die in die Sonde eingetragene Leistung eine zulässige Leistung nicht übersteigen, die von den Kühlbedingungen der Sonde abhängt. In Bild 12.5 ist eine Sonde mit zugeschalteten elektrischen Kreis abgebildet. Dieser enthält eine Gleichspannungsquelle für die Diodenrückkopplung, Registrationsgeräte (z.B. Meßgeräte wie Oszillographen oder Plotter) und Lastwiderstände, die entweder durch spezielle Meßwiderstände oder durch die Eingangswiderstände der Meßgeräte realisiert sein können. Mit Hilfe eines solchen elektrischen Kreises können gleichzeitig der auf das Target treffende Elektronenstrom I_k und der Strom I_m, der durch das Target tritt, gemessen werden. Damit kann der Stromverstärkungskoeffizient $G = I_m/I_k$ bestimmt und seine Konstanz (Linearität der Verstärkung) im Strommeßbereich geprüft werden. Bei einer gegebenen Energie des Elektronenstrahls wird die Stromverstärkung des Targets durch die Spannung U_{sm} bestimmt.

Somit können durch eine Verschiebung der Sonde längs und quer zum Elektronenstrahl verschiedene Strahlparameter wie z.B. die die Strahlstruktur charakterisierende Verteilung der Stromdichte über den transversalen Strahlquerschnitt gemessen werden.

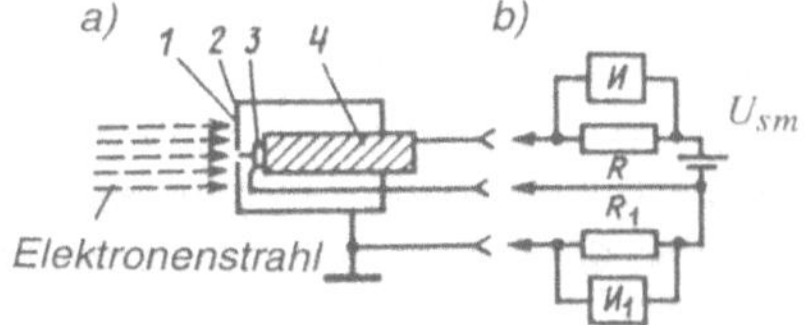

Bild 12.5: Schematische Meßgerätedarstellung: a – koaxiale Sonde; 2 – Diaphragma; 3 – Halbleiterdiode; 4 – innerer Kollektor; b – elektrisches Meßschema; U_{sm} – Rückkopplungsspannung; D, D_1 – Registrationsgeräte; R_1 und R – Lastwiderstände

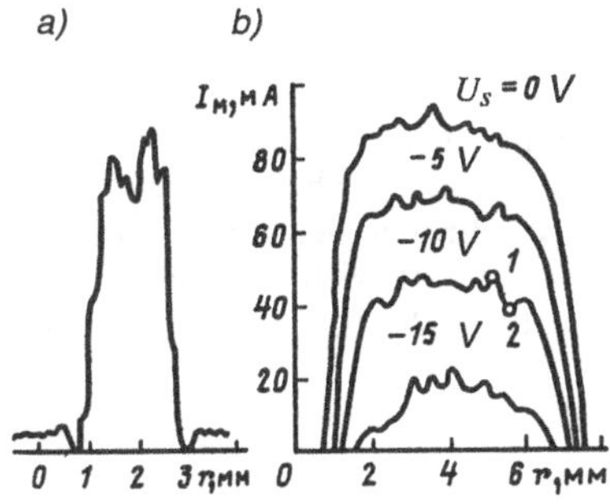

Bild 12.6: Stromdichteverteilung im transversalen Elektronenstrahlquerschnitt, der durch eine Diodenkanone (a) beziehungsweise durch eine Triodenkanone (b) formiert wurde

Zur experimentellen Abschätzung der Empfindlichkeit der Methode wurden Messungen der Stromdichteverteilung über den Strahldurchmesser eines Strahls durchgeführt, der durch ein konstantes elektrisches Feld bis 10 keV bei einem Strom von 3 mA beschleunigt wurde. Dazu wurde eine Sonde mit einem Diaphragma mit 50 μm Lochdurchmesser verwendet. Zur Registration wurden Galvanometer mit einer 0,01 μA-Teilung eingesetzt (Genauigkeitsklasse 1,5). Eines der Galvanometer registrierte dabei den im Bereich Diaphragma-Halbleitertarget auftretenden Strom I_k, das andere den Strom I_m. Um den Einfluß von Leckströmen auszuschließen, wurde ein Kompensationsschaltung verwendet. Während des Meßprozesses erfolgte eine Verschiebung der Sonde in diskreten Schritten von 50 μm, wobei die Stromwerte für 41 Schritte (Positionen) fixiert wurden. Die Meßergebnisse für einige dieser Positionen wiesen dabei die folgenden Werte auf:

Position	1	5	9	14	19	22	26	31	35	41
$I_k \cdot 10^6$ A	0	0	0,01	0,20	0,93	0,40	0,05	0,01	0	0
$I_m \cdot 10^6$ A	0,01	1,2	16,3	334	1550	662	82	16,5	8	0,01
$G = I_m/I_k$	–	–	1630	1670	1666	1655	1640	1650	–	–

Die Werte zeigen, daß das betrachtete Gerät mit Halbleitertarget bei einem mittleren Verstärkungskoeffizienten $G = 1650$ minimale Ströme von $I_{k,\min} = I_{m,\min}/G \approx 6 \cdot 10^{-12}$ A fixierte, was einer mittleren Stromdichte der Größenordnung von 10^{-6} A cm^{-2} entspricht. Dabei wurde die Empfindlichkeit des Gerätes praktisch durch die Empfindlichkeit des Galvanometers begrenzt.

In Bild 12.6 a ist die Abhängigkeit des Stroms I_m von der Radialkoordinate r dargestellt, die bei der Analyse der Struktur eines Elektronenstrahls erhalten wurde, dessen Formierung durch ein weiteres elektronenoptisches System erfolgte. Zur Messung wurde ein Gerät verwendet, daß die gleiche Sonde wie im vorangegangenen Fall enthielt und die Registration wurde mit einem Datenschreiber realisiert. Dabei wurde die Schreibgeschwindigkeit mit der Rotation des Schrittmotors synchronisiert, der die Sonde quer zum Elektronenstrahl bewegte (Schrittweite 20 μm). Aus der Graphik ist ersichtlich, daß der Strahl einen Durchmesser von ungefähr 2 mm bei einer ungleichmäßigen Stromdichteverteilung im mittleren Bereich hatte. Wie die Analyse der den Strahl formierenden Elektronenkanone zeigte, sind die Unregelmäßigkeiten in der Stromkurve durch strukturelle Veränderungen der Oxidbeschichtung im Kathodenzentrum (in einem Bereich mit einem Durchmesser von 150 μm) begründet, die offensichtlich durch einem Ionenbeschuß der Oberfläche bei der Aktivierung der Kathode im Analysator hervorgerufen wurde.

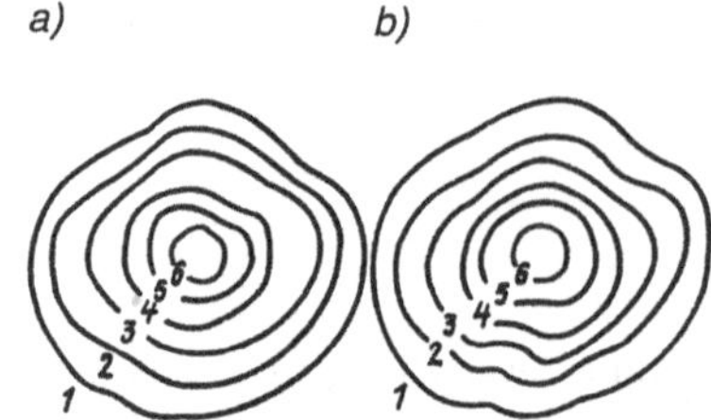

Bild 12.7: Konturen gleicher Stromdichte eines axialsymmetrischen Elektronenstrahls, die sofort nach Einschalten einer konditionierten Kanone (a) und nach anderthalb Stunden Betrieb (b) erhalten wurden: 1 - $J/J_{\max} = 0,05$; 2 - 0,1; 3 - 0,3; 4 - 0,6; 5 - 0,8; 6 - 0,95

Geringe Oszillationen des Stromes im oberen Bereich der Stromkurve charakterisieren die Feinstruktur des Elektronenstrahls. Sie sind vor allem in einer ungleichmäßigen Emission aus der Kathodenoberfläche des elektronenoptischen Systems begründet. Die Intensität dieser Oszillationen und ihre Verteilung im transversalen Strahlquerschnitt ist zeitabhängig. Im Zeitverlauf stabilisiert sich die Intensität im wesentlichen.

Die Untersuchung verschiedener elektronenoptischer Systeme zeigte, daß die Strahlfeinstruktur nicht nur durch die inhomogene Oberflächenemission der Kathode beeinflußt wird, sondern auch durch die konstruktiven Besonderheiten des elektronenoptischen Systems, welches den Strahl formiert: das Vorhandensein eines Steuergitters, Strukturbesonderheiten seines transparenten Teils usw. In Bild 12.6 b sind Kurven dargestellt, die bei der Analyse der Struktur eines Elektronenstrahls erhalten wurden, der durch ein elektronenoptisches System mit Parkettsteuergitter erhalten wurde. Das elektronenoptische System arbeitete bei einer Beschleunigungsspannung von 10 kV und einem Strom von etwa 10 mA. Der Durchmesser des Analysatorspaltes im Diaphragma betrug 200 μm. Die Kurven wurden als Ergebnisse unmittelbarer Strommessungen nach Verschiebungen der Sonde um jeweils 100 μm bei verschiedenen Werten des Gitterpotentials U_s erhalten. Sie demonstrieren überzeugend unterschiedliche inhomogene Strahlstrukturen und zeigen insbesondere, daß eine Erhöhung des negativen Gitterpotentials nur zu einer Absenkung des mittleren Strahlstroms führt. Oszillationen bezüglich des mittleren Stromniveaus können an einzelnen Punkten des transversalen Strahlquerschnittes sogar anwachsen. Beispielsweise entspricht der Übergang vom Punkt 1 zum Punkt 2 auf der Kurve für U_s = -10 V einer Stromänderung um 9,2 mA, was für andere Kurven nicht beobachtet wird. Die maximale Abweichung des Stroms vom Mittelwert beträgt im betrachteten Punkt 10%.

Die weiter oben erwähnte Inhomogenität der Stromdichteverteilung über den Durchmesser des Elektronenstrahls war Grund zu der Annahme, daß die azimutale Verteilung der Stromdichte auch inhomogen sein sollte. In Bild 12.7 sind Ergebnisse der Konturenmessung für verschiedene Strahlstromdichten dargestellt, welche diese Annahme eindeutig bestätigen.

Eine Analyse der erhaltenen Resultate zeigt, daß die Inhomogenität der Struktur des in Bild 12.6 b dargestellten Elektronenstrahls durch einen Linseneffekt der Gitterzellen und durch eine ungleichmäßige Abnahme des Kathodenstroms infolge eines „Inseleffektes", der bei negativen Gitterpotentialen auftritt, bewirkt wird. Eine Verletzung der Axialsymmetrie des Elektronenstrahls kann neben den erwähnten Effekten durch die Parkettstruktur des Gitters auftreten.

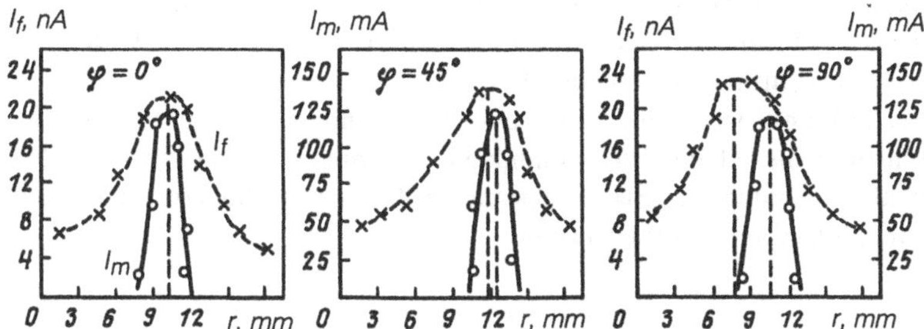

Bild 12.8: Abhängigkeiten des Elektronenstroms I_m und des Photostroms I_f von der Radialkoordinate bei verschiedenen Azimutalwinkeln φ

Schließlich sei bemerkt, daß die funktionellen Möglichkeiten von Sonden mit Halbleitertarget erweitert werden können, wenn nicht ein Target mit einer massiven Struktur, sondern mit einer gitterförmigen Aluminiumfolie verwendet wird. In diesem Fall wird das Target photosensitiv. Damit kann nicht nur die Stromdichteverteilung des Elektronenstrahls gemessen werden, sondern auch die Intensitätsverteilung der Wärmestrahlung (der optischen Strahlung) der Thermokathode der Elektronenkanone [183].

Zur Analyse von elektronenoptischen Systemen mit Hilfe neuer Meßsonden wurde ein Gerät zur zweikanaligen synchronen Messung der Elektronenstrahlparameter und der Wärmestrahlung der Thermokathode entwickelt, welches sowohl im manuellen als auch im automatischen Betrieb arbeitet. Im letzteren Fall erfolgt die Kanalumschaltung durch einen speziellen Steuergenerator, der gleichzeitig mit der Kanalumschaltung den Elektronenstrahl des elektronenoptischen Systems ein- und ausschaltet. Bei der Strahlausschaltung wird nur der Photostrom des Targets gemessen und beim Strahleinschalten der summarische Strom, der durch die Wärmestrahlung und durch den Beschuß des Targets mit dem Elektronenstrahl auftritt.

Somit können bei einer Verschiebung der Sonde senkrecht zur Achse des elektronenoptischen Systems in jedem Punkt die Dichteverteilung des Elektronenstrahls und die Intensität der Wärmestrahlung der Kathode gleichzeitig gemessen werden.

In Bild 12.8 sind Ergebnisse derartiger Messungen angegeben (I_m in Milliampere und I_f in Nanoampere), die im manuellen Regime erfolgten, um bestimmte Werte der gemessenen Ströme und der transversalen Abmaße des Elektronenstrahls (bei einem Durchmesser der Diaphragmaöffnung von 0,3 mm) einzustellen.

Weiter wurde eine Triodenelektronenkanone zur Formierung eines axialsymmetrischen Elektronenstrahls untersucht. Dabei überstrich die Sonde die Strahlachse mehrfach in senkrechter Richtung unter verschiedenen Polarwinkeln φ bei einem Abstand von 2 mm von der Anode.

Die Symmetrie der Kurven von I_f und I_m bezüglich der durch ihr Maximum gehenden Vertikalen weist auf einen normalen Charakter der Intensitätsverteilung des Wärmeflusses und der Stromdichte des Elektronenstrahls hin. Die Verschiebung der Vertikalen gegeneinander (was besonders für $\varphi = 90°$ bemerkbar ist) weist auf eine Nichtaxialität zwischen Wärmefluß und Elektronenstrahl hin. Dies kann in der unvollkommenen Montage der analysierten Kanone oder durch ihre unzureichende Steifigkeit begründet sein.

Damit ermöglicht es die Methode eines beweglichen Kollektors mit geringer Appertur, der mit Halbleitertargets als Stromverstärker realisiert wird, die Feinstruktur von Elektronenstrahlen zu bestimmen. Im automatisierten Meßregime kann eine Visualisierung des Meßprozesses erfolgen, wobei ununterbrochen die Änderung der Strahlstruktur während der gesamten Betriebszeit der Elektronenkanone beobachtet werden kann. Die aufgeführten Sonden können auch zur Strommessung reflektierter Elektronen im Energiebereich von 3 keV bis 25 keV eingesetzt werden.

Anhang A

Emittanz und Brigthness

A.1 Emittanz

Die Einführung der Emittanz

$$\varepsilon = \frac{A}{\pi} \tag{A.1}$$

hat eine klare physikalische Begründung für das Strahlmodell, welches als Kapshinski-Vladimirovski-Modell bekannt ist (siehe § 7). In diesem Modell sind die Strahlgrenzen sowohl im Phasenraum als auch im Koordinatenraum scharf abgegrenzt. Die Phasenraumkonturen eines solchen Strahls in der Phasenraumebene r, r' (für axialsymmetrische Strahlen) sind Ellipsen. Die Phasenraumdichte $f(r, r')$ ist innerhalb der Ellipse konstant und fällt an ihrer Grenze schnell gegen Null. In realen Strahlen, deren Nichtlaminarität mit einer thermischen Unschärfe der Geschwindigkeiten verbunden ist, ist die Phasenraumdichte $f(r, r')$ eine Funktion der Phasenraumkoordinaten. In diesem Fall erfolgt die Bestimmung einer Phasenraumkontur willkürlich. Beipielsweise kann als Grenzkontur im Phasenraum eine Kontur gewählt werden, auf der die Phasenraumdichte konstant ist und einen gewissen Bruchteil der maximalen Phasenraumdichte darstellt (siehe Bild A.1). Als Phasenraumgrenzkontur kann dann eine Kontur gewählt werden, die einen bestimmten Prozentsatz des Gesamtstrahlstroms enthält.

Die mit der thermischen Geschwindigkeitsunschärfe verbundene Emittanz wird mit Hilfe der Gleichungen für die Stromdichte im minimalen Strahlquerschnitt (Crossover)

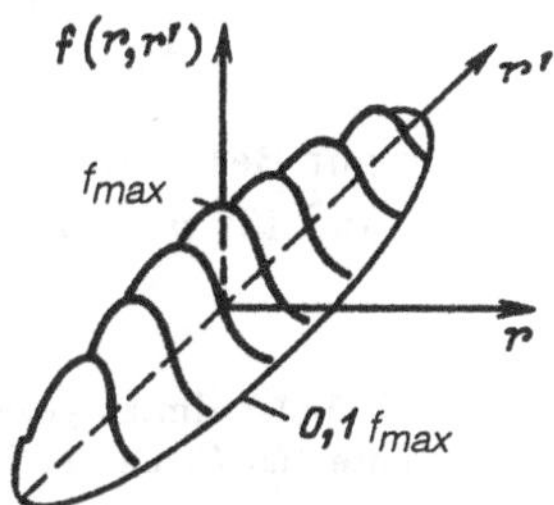

Bild A.1: Zur Bestimmung der Phasenraumgrenzkontur

abgeschätzt [2]

$$J = J_k \frac{|e|U_a}{kT_k}\gamma^2 \exp\left(-\frac{|e|U_a}{kT_k}\gamma^2\frac{r^2}{r_k^2}\right) . \tag{A.2}$$

Diese Gleichung verbindet die Stromdichte J im Strahl mit der Stromdichte J_k auf der Kathode, mit dem Konvergenzwinkel γ, der Beschleunigungsspannung U_a[1], dem Radius r_k und mit der Kathodentemperatur T_k. Die radiale Stromdichteverteilung folgt dabei dem Gaußschen Gesetz.

Die Stromdichte erreicht ihr Maximum auf der Systemachse ($r = 0$) und bestimmt sich nach der Gleichung

$$J_{\max} = J_k \frac{|e|\,U_a}{kT_k}\gamma^2 , \tag{A.3}$$

die auch als *Langmuirsche Stromdichtegrenze* bekant ist [3].

Unter dem „Radius" des Strahls werde der Radius angenommen, der den p-ten Teil des Gesamtstrahlstroms erfaßt: $p = \Delta I/I$. Wird in (A.2) $J_k = I/\pi r_k^2$ eingesetzt, ergibt sich für diesen Radius:

$$r_p = \frac{r_k}{\gamma}\sqrt{\frac{kT_k}{|e|\,U_a}\ln\frac{1}{1-p}} . \tag{A.4}$$

Wird $p = \Delta I/I = 0,63$ angenommen, folgt $\ln[1/(1-p)] = 1$ und damit

$$r_p = \frac{r_k}{\gamma}\sqrt{\frac{kT_k}{|e|\,U_a}} . \tag{A.5}$$

Es sei bemerkt, daß, wie aus (A.2) folgt, sich am Ort des so bestimmten Strahlradius r_p die Stromdichte auf $1/e$ bezüglich der maximalen Stromdichte reduziert. Wird $p = \Delta I/I = 0,865$ angenommen, folgt $\ln[1/(1-p)] = 2$ und damit

$$r_p = \sqrt{2}\,\frac{r_k}{\gamma}\sqrt{\frac{kT_k}{|e|\,U_a}} . \tag{A.6}$$

In der Ebene des Strahlcrossovers ist die Phasenraumfigur des Elektronenstrahls eine Ellipse [7] mit den Halbachsen γ und r_p. Unter Berücksichtigung der Definition der Emittanz (A.1) sowie von (A.5) und (A.6) ergibt sich

$$\varepsilon_p = r_p\gamma = C_p r_k\sqrt{\frac{kT_k}{|e|\,U_a}} \tag{A.7}$$

mit C_p – ein von dem Verhältnis $\Delta I/I$ abhängender Koeffizient, der zur Bestimmung des Strahlradius Verwendung findet (für $p = \Delta I/I = 0,63$ gilt $C_p = 1$ und für $p = \Delta I/I = 0,865$ gilt $C_p = \sqrt{2}$).

[1] Es wird angenommen, daß das Crossover sich hinter der Anodenelektrode befindet. Im entgegengesetzten Fall ist in diese und die folgenden Gleichungen an Stelle von U_a das Potential U_c an der Stelle des Crossover einzusetzen.

A.2 Brightness

Im allgemeinen Fall bestimmt sich die Brightness (Mikrobrightness) über [7]

$$B = \frac{dI}{dS\,d\Omega} \tag{A.8}$$

mit dI – Strom eines aus dem Elektronenfluß abgeteilten Elementarstrahls; dS – transversaler Querschnitt dieses Strahls; $d\Omega$ – Raumwinkel, in den sich der Elementarstrahl ausbreitet.

Da die Größe dI/dS die Stromdichte beschreibt, kann der Ausdruck für die Brightness auch als $B = J/d\Omega$ geschrieben werden. Für die meisten Fälle ändert sich die nach den angegebenen Formeln bestimmte Brightness über den Querschnitt des Elektronenflusses, was ihre praktische Berechnung erschwert. Daher wird für Rechnungen ein genäherter Ausdruck verwendet, der auf unterschiedlichen Konventionen beruhen kann. In der Elektronenmikroskopie erfolgt die Bestimmung der Brightness häufig über die Stromdichte $J_{\max}$ auf der Strahlachse [3]:

$$B_0 = \frac{J_{\max}}{\pi\gamma^2} \tag{A.9}$$

mit $J_{\max}$ – Stromdichte auf der Strahlachse im Zentrum des Crossovers; γ – Konvergenzwinkel (Divergenzwinkel) des Strahls; die Größe $\pi\gamma^2$ ist näherungsweise gleich dem Raumwinkel, in den sich der Strahl ausbreitet. Wird (A.3) in (A.9) eingesetzt, ergibt sich ein zur Berechnung der Brightness in Systemen mit Thermokathode verwendeter Ausdruck:

$$B_0 = \frac{J_k}{\pi}\,\frac{|e|\,U_a}{kT_k}\,. \tag{A.10}$$

Es kann gezeigt werden, daß für einen Strahl mit gaußförmiger Stromverteilung über den Querschnitt $J_{\max} = I/\pi r_c^2$ gilt, wobei r_c den Radius angibt, der 63% des Gesamtstrahlstroms erfaßt (siehe Gleichung (A.5)). Für die axiale Brightness folgt dann

$$B_0 = \frac{I}{\pi^2 r_c^2 \gamma^2}\,. \tag{A.11}$$

Zur Beschreibung schmaler Strahlen kann eine gemittelte Brightness verwendet werden:

$$\bar{B} = \frac{\Delta I(r)}{\pi r^2 \pi\gamma^2} = \frac{I}{\pi r^2 \pi \gamma^2}\,\frac{\Delta I(r)}{I} \tag{A.12}$$

mit $\Delta I(r)$ – Teil des Gesamtstrahlstroms, der durch eine Fläche mit dem Radius r tritt und $\pi\gamma^2$ – Raumwinkel, welcher dem Konvergenzwinkel (Divergenzwinkel) des Strahls entspricht.

Die Größe $\Delta I(r)/\pi r^2$ beschreibt eine gemittelte Stromdichte im Strahl. Ist die Stromdichte über den Strahl gaußförmig verteilt, folgt mit (A.12)

$$\bar{B} = \frac{Ip}{\pi r_p^2 \pi\gamma^2} \tag{A.13}$$

mit $p = \Delta I/I$ als relative Rate des Strahlstroms, der durch die vom Radius r_p begrenzte Fläche tritt, wobei sich r_p aus (A.4) berechnet.

Unter Berücksichtigung der Gleichung für die axiale Brightness $B_0 = I/\pi r_c^2 \pi \gamma^2$ folgt für den Zusammenhang zwischen $\bar{B}$ und B_0:

$$\bar{B} = B_0 \frac{p r_c^2}{r_p^2} . \tag{A.14}$$

Wird weiter berücksichtigt, daß $\varepsilon_p = r_p \gamma$ gilt, folgen mit (A.11) und (A.13) Ausdrücke, die Emittanz und Brightness miteinander verbinden:

$$\bar{B} = \frac{Ip}{\pi^2 \varepsilon_p^2} , \quad B_0 = \frac{I}{\pi^2 \varepsilon_c^2}$$

mit $\varepsilon_c = r_c \gamma$.

A.3 Mittlere quadratische Emittanz

Für eine quantitative Beschreibung der Qualität nichtlaminarer Elektronenstrahlen findet die *mittlere quadratische Emittanz* Verwendung. Diese Größe berechnet sich nach der Gleichung [7]

$$\bar{\varepsilon} = 4 \left[< r^2 > < r'^2 > - < r r' >^2 \right]^{1/2} \tag{A.15}$$

Dabei beschreiben $< r^2 >$, $< r'^2 >$ und $< r r' >$ die Mittelwerte der in den Klammern angegebenen Größen, die folgendermaßen berechnet werden können:

$$< r^2 > = \frac{\int\int r^2 f(r, r')\, dr\, dr'}{\int\int f(r, r')\, dr\, dr'}$$

$$< r'^2 > = \frac{\int\int r'^2 f(r, r')\, dr\, dr'}{\int\int f(r, r')\, dr\, dr'}$$

$$< r r' > = \frac{\int\int r r' f(r, r')\, dr\, dr'}{\int\int f(r, r')\, dr\, dr'}$$

In diesen Gleichungen erfolgt die Integration über die Fläche A, die von den den Strahl darstellenden Phasenraumpunkten eingenommen wird. Für das Kapshinski-Vladimirovski-Modell eines Elektronenstrahls, wenn $f(r, r') = \text{const}$ gilt, ist die mittlere quadratische Emittanz $\bar{\varepsilon}$ gleich der Emittanz, die über die Fläche der Phasenraumellipse bestimmt wurde.

In [7] wird die folgende Gleichung zur Berechnung der mittleren quadratischen Emittanz für ein elektronenoptisches System mit Thermokathode erhalten:

$$\bar{\varepsilon} = \sqrt{2} r_k \sqrt{\frac{|e|\, U_a}{k T_k}} .$$

Dieser Ausdruck wird in [144] zur Abschätzung der Emittanz eines Strahls verwendet, der durch eine Piercsche Elektronenkanone formiert wird. Die in der genannten Arbeit angegebenen Rechenergebnisse und experimentellen Werte zeigen eine hinreichend gute Übereinstimmung.

Die mittlere quadratische Emittanz kann auch zur Abschätzung der Strahlqualität für ein diskretes Strahlmodell [184] angewandt werden. In diesem Fall berechnen sich die Mittelwerte der Größen, die in (A.15) eingehen, gemäß

$$< r^2 >= \frac{1}{N} \sum_{k=1}^{N} r_k^2 \ ;$$

$$< r_k'^2 >= \frac{1}{N} \sum_{k=1}^{N} r_k'^2 \ ;$$

$$< rr' >= \frac{1}{N} \sum_{k=1}^{N} r_k r_k'$$

mit r_k und r_k' Koordinaten und Anstiege der Trajektorien (Stromröhren). Summiert wird über alle Stromröhren N.

Beinhalten die Stromröhren unterschiedliche Ströme, so kann dies über Wichtungskoeffizienten $\alpha_k = I_k/I$ berücksichtigt werden, die die relativen Stromanteile beschreiben. Dann werden die Mittelwerte folgendermaßen bestimmt:

$$< r^2 >= \sum_{k=1}^{N} r_k^2 \alpha_k \ ;$$

$$< r_k'^2 >= \sum_{k=1}^{N} r_k'^2 \alpha_k \ ;$$

$$< rr' >= \sum_{k=1}^{N} r_k r_k' \alpha_k \ .$$

Anhang B

Kommentierte FORTRAN-Programmtexte

In diesem Anhang werden als Beispiele Texte einfacher FORTRAN-Programme zur numerischen Feldberechnung angegeben:

- für das Magnetfeld eines Solenoiden;
- für das Magnetfeld einer Linse, die von einem in Achsenrichtung magnetisierten Ringmagneten gebildet wird;
- für das elektrostatische Feld einer Immersionslinse, die durch zwei koaxiale Zylinder gebildet wird.

B.1 Berechnung der Induktivität eines Solenoiden

Das folgende Programm SOL berechnet die magnetische Induktivität eines Solenoiden.

```
C     SOL PROGRAMM ZUR BERECHNUNG DER INDUKTION EINES
      SOLENOIDEN
      DIMENSION ARG(100),BZ(100)
      CHARACTER*4 SB/'SOLS'/,SE/'.DAT'/
      CHARACTER*1 S5
      CHARACTER*9 T
      REAL L
      WRITE(6,200)
200   FORMAT('NUMMER DES AUSGABEFILES (N=1-9) ===>',$)      I
      READ(5,205) S5
205   FORMAT(A1)
      T=SB//S5//SE
      WRITE(6,*) T
      OPEN(UNIT=2,FILE=T)
      WRITE(2,*) T
      WRITE(6,111)
      WRITE(2,111)
```

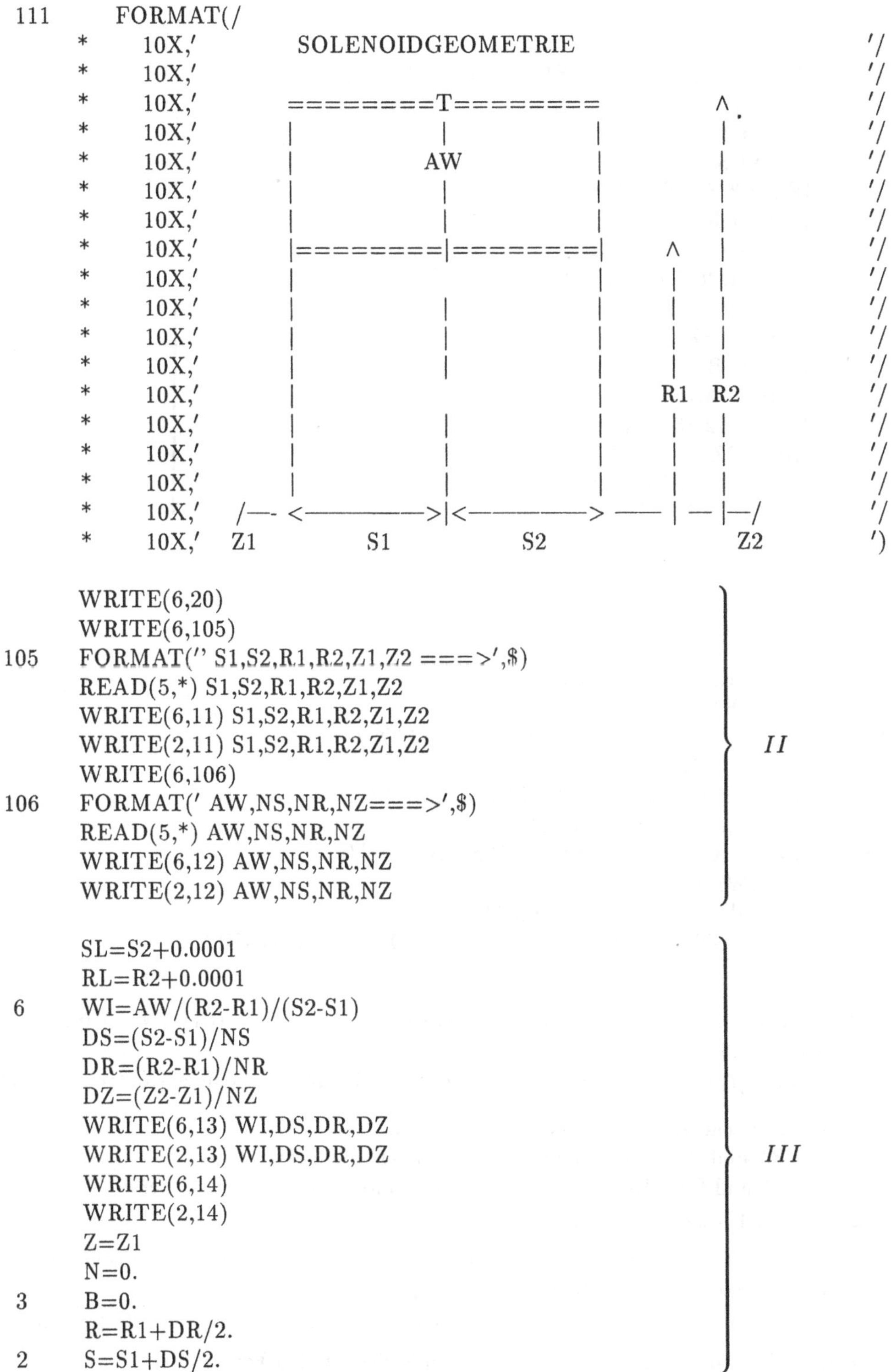

```
111   FORMAT(/
     *  10X,'              SOLENOIDGEOMETRIE                         '/
     *  10X,'                                                        '/
     *  10X,'           ========T========          ^.                '/
     *  10X,'           |       |       |          |                 '/
     *  10X,'           |       AW      |          |                 '/
     *  10X,'           |       |       |          |                 '/
     *  10X,'           |       |       |          |                 '/
     *  10X,'           |=======|=======|      ^   |                 '/
     *  10X,'           |               |      |   |                 '/
     *  10X,'           |       |       |      |   |                 '/
     *  10X,'           |       |       |      |   |                 '/
     *  10X,'           |       |       |      |   |                 '/
     *  10X,'           |               |      R1  R2                '/
     *  10X,'           |       |       |      |   |                 '/
     *  10X,'           |       |       |      |   |                 '/
     *  10X,'           |       |       |      |   |                 '/
     *  10X,'       /--- <------->|<------> --- | -- |--/            '/
     *  10X,'       Z1        S1        S2              Z2           ')

      WRITE(6,20)
      WRITE(6,105)
105   FORMAT('' S1,S2,R1,R2,Z1,Z2 ===>',$)
      READ(5,*) S1,S2,R1,R2,Z1,Z2
      WRITE(6,11) S1,S2,R1,R2,Z1,Z2
      WRITE(2,11) S1,S2,R1,R2,Z1,Z2                                II
      WRITE(6,106)
106   FORMAT(' AW,NS,NR,NZ===>',$)
      READ(5,*) AW,NS,NR,NZ
      WRITE(6,12) AW,NS,NR,NZ
      WRITE(2,12) AW,NS,NR,NZ

      SL=S2+0.0001
      RL=R2+0.0001
6     WI=AW/(R2-R1)/(S2-S1)
      DS=(S2-S1)/NS
      DR=(R2-R1)/NR
      DZ=(Z2-Z1)/NZ
      WRITE(6,13) WI,DS,DR,DZ
      WRITE(2,13) WI,DS,DR,DZ                                      III
      WRITE(6,14)
      WRITE(2,14)
      Z=Z1
      N=0.
3     B=0.
      R=R1+DR/2.
2     S=S1+DS/2.
```

```
1     A=R**2+(Z-S)**2
      PI=3.14159
      DB=0.2*PI*WI*DR*DS*R**2/A/SQRT(A)
      B=B+DB
      S=S+DS
      L=S+DS/2.
      IF(L.LE.SL) GO TO 1
      R=R+DR
      H=R+DR/2.
      IF(H.LE.RL) GO TO 2                    III
      N=N+1
      ARG(N)=Z
      BZ(N)=B
      WRITE(6,15) B,Z
      WRITE(2,15) B,Z
      Z=Z+DZ
      IF(Z.LE.Z2) GO TO 3
      CALL GRAF(N,ARG,BZ)

      CLOSE(UNIT=2)
      STOP
11    FORMAT(' S1=',E11.4,5X,
      'S2=',E11.4,5X,/
     * 'R1=',E11.4,5X,'R2=',E11.4,5X,/
     * 'Z1=',E11.4,5X,'Z2=',E11.4)
12    FORMAT(' AW=',E11.4,5X,'NS=',I3,5X,/
     * 'NR=',I3,5X,'NZ=',I3)
13    FORMAT('WI=',E11.4,5X,'DS=',E11.4,5X/
     * 'DR=',E11.4,5X,'DZ=',E11.4)
14    FORMAT(//80('.')/40X,'.'/20X, 'B',19X,'.',
     * 19X,'Z'/40X,'.'/80('.'))
15    FORMAT(15X,E11.4,30X,E11.4)
20    FORMAT(' PROGRAMM SOL—-> DATENEINGABE')
      END
```

Die Gruppe *I* der Befehlszeilen öffnet ein Ausgabefile SOLS'N'.DAT (N - Nummer des Ausgebefiles N=1-9).

Die Grupe *II* der Befehlszeilen dient der Dateneingabe und einem Kontrollausdruck:

- Geometrische Abmessungen des Solenoiden:
  - R1 und R2 – innerer und äußerer Solenoidenradius [cm];
  - S1 und S2 – Koordinaten des linken und rechten Solenoidenendes [cm];
- AW – Solenoidenstrom [A];
- NR und NZ – Werte für die Diskretisierung des transversalen Solenoidenquerschnitts nach den Koordinaten R und Z;
- Z1 und Z2 – Werte der linken und rechten Bereichsgrenze [cm] für die Berechnung;
- NZ – Zahl der Punkte für die Berechnung des axialen Feldes.

Die Gruppe *III* der Befehlszeilen berechnet die magnetische Induktion auf der Solenoidenachse und erstellt eine Tabelle $B = f(T)$.

Das Unterprogramm SUBROUTINE GRAF erstellt eine Graphik $B = f(z)$.

B.2 Feldberechnung einer ringförmigen Magnetlinse

Das Programm MAGN berechnet das Feld einer ringförmigen magnetischen Linse.

```
C       MAGN - EIN PROGRAMM ZUR BERECHNUNG DER          )
C       INDUKTIOM EINER                                  |
C       RINGFÖRMIGEN MAGNETISCHEN LINSE                  |
        REAL J,L                                         |
        DIMENSION ARG(100),BZ(100)                       |
        CHARACTER*4 SB/'MAGN'/,SE/'.DAT'/                |
        CHARACTER*1 S5                                   |
        CHARACTER*9 T                                    |
        WRITE(6,200)                                     |
200     FORMAT(' NUMMER DES AUSGABEFILES (N=1-9)         }  I
      * ===>',$)                                         |
        READ(5,205) S5                                   |
205     FORMAT(A1)                                       |
        T=SB//S5//SE                                     |
        WRITE(6,*) T                                     |
        OPEN(UNIT=2,FILE=T)                              |
        WRITE(2,*) T                                     |
        WRITE(6,111)                                     |
        WRITE(2,111)                                     )
111     FORMAT(/
     *   10X,'            MAGNETGEOMETRIE                        '/
     *   10X,'                                                   '/
     *   10X,'       ========T========              ^            '/
     *   10X,'       |        |        |             |           '/
     *   10X,'       |      — J —>     |             |           '/
     *   10X,'       |        |        |             |           '/
     *   10X,'       |        |        |             |           '/
     *   10X,'       |========|========|        ^    |           '/
     *   10X,'       |                 |        |    |           '/
     *   10X,'       |        |        |        |    |           '/
     *   10X,'       |        |        |        |    |           '/
     *   10X,'       |        |        |        |    |           '/
     *   10X,'       |                 |       R1   R2           '/
     *   10X,'       |        |        |        |    |           '/
     *   10X,'       |        |        |        |    |           '/
     *   10X,'       |        |        |        |    |           '/
     *   10X,'  /—- <————————>|<————————> ——— | — |—/           '/
     *   10X,'  Z1        S1          S2               Z2        ')
```

```
      WRITE(6,20)
      WRITE(6,105)                                        }
105   FORMAT(' S1,S2,R1,R2,Z1,Z2 ===>',$)                 }
      READ(5,*) S1,S2,R1,R2,Z1,Z2                         }
      WRITE(6,11) S1,S2,R1,R2,Z1,Z2                       }
      WRITE(2,11) S1,S2,R1,R2,Z1,Z2                       }  II
      WRITE(6,106)                                        }
106   FORMAT(' J,NS,NZ ===>',$)                           }
      READ(5,*) J,NS,NZ                                   }
      WRITE(6,12) J,NS,NZ                                 }
      WRITE(2,12) J,NS,NZ                                 }

6     SL=S2+0.0001                                        }
      ZL=Z2+0.0001                                        }
      DS=(S2-S1)/NS                                       }
      DZ=(Z2-Z1)/NZ                                       }
      WRITE(6,13) J,DS,DZ                                 }
      WRITE(2,13) J,DS,DZ                                 }
      WRITE(6,14)                                         }
      WRITE(2,14)                                         }
      Z=Z1                                                }
      N=0.                                                }
3     B=0.                                                }
      S=S1+DS/2                                           }
      DI=J*DS                                             }
1     A1=R1**2+(Z-S)**2                                   }  III
      A2=R2**2+(Z-S)**2                                   }
      PI=3.14159                                          }
      DB=0.2*PI*DI*(R1**2/A1/SQRT(A1)-                    }
     * R2**2/A2/SQRT(A2))                                 }
      B=B+DB                                              }
      S=S+DS                                              }
      L=S+DS/2.                                           }
      IF(L.LE.SL) GO TO 1                                 }
      N=N+1                                               }
      ARG(N)=Z                                            }
      BZ(N)=B                                             }
      WRITE(6,15) B,Z                                     }
      WRITE(2,15) B,Z                                     }

      Z=Z+DZ
      IF(Z.LE.ZL) GO TO 3
      CALL GRAF(N,ARG,BZ)
      CLOSE(UNIT=2)
      STOP
11    FORMAT(' S1=',E11.4,5X,'S2=',E11.4,5X,/
     * 'R1=',E11.4,5X,'R2=',E11.4,5X,/
     * 'Z1=',E11.4,5X,'Z2=',E11.4)
```

```
12        FORMAT(' J=',E11.4,5X,'NS=',I3,5X,'NZ=',I3)
13        FORMAT(' J=',E11.4,5X,'DS=',E11.4,5X,'DZ=',E11.4)
14        FORMAT(//80('.')/40X,'.'/20X,'B',19X,'.',
      *   19X,'Z'/40X,'.'/80('.'))
15        FORMAT(15X,E11.4,30X,E11.4)
20        FORMAT(' PROGRAMM MAGN—-> DATENEINGABE ')
          END
```

Die Gruppe *I* öffnet ein Ausgabefile MAG'N'.DAT (N - Nummer des Ausgabefiles.

Die Gruppe *II* der Befehlszeilen dient der Dateneingabe und erzeugt einen Kontrollausdruck:

- R1 und R2 – innerer und äußerer Radius des Ringmagneten [cm];
- S1 und S2 – Koordinaten der linken und rechten Stirnseiten des Magneten [cm];
- J – ein die Magnetisierung des vorliegenden Magneten charakterisierender Parameter:

$$J = \frac{(J_r + |H_{CB}|}{2}$$

  (siehe Abschnitt 2.6, Gleichung 2.73).
  Für verschiedene Magnetmaterialien hat J die folgenden Werte:
  Sm-Co $J \simeq 6,5 \cdot 10^3\,\mathrm{A/cm}$
  Fe-Nd-B $J \simeq 9,5 \cdot 10^3\,\mathrm{A/cm}$
  Fe-Ba $J \simeq (2,5 - 3,5)\,\mathrm{A/cm}$
- NS – Wert zur Charakterisierung der Diskretisierung der inneren und äußeren Ringoberfläche;
- Z1 und Z2 – Koordinaten der linken und rechten Bereichsgrenze der Berechnung;
- NZ – Zahl der Punkte für die Berechnung des axialen Feldes.

Die Gruppe *III* der Befehlszeilen berechnet die magnetische Induktion B auf der Solenoidenachse und erstellt eine Tabelle $B = f(T)$. Das Unterprogramm SUBROUTINE GRAF erstellt eine Graphik $B = f(z)$.

B.3 Feldberechnung einer elektrostatischen Linse

Das Programm LENS berechnet das Feld einer elektrostatischen Linse.

```
C       LENS - FELDBERECHNUNG EINER ELEKTROSTATISCHEN LINSE
        DIMENSION U(25,50),ARG(50),FUN(50)
        CHARACTER*4 SB/'LENS'/,SE/'.DAT'/
        CHARACTER*1 S5
        CHARACTER*9 T
        WRITE (6,200)
200     FORMAT(' NUMMER DES AUSGABEFILES (N=1-9) ===>',$)
        READ(5,205) S5
205     FORMAT(A1)
        T =SB//S5//SE
        WRITE(6,*) T
        OPEN(UNIT=2,FILE=T)
```

} *I*

```
      WRITE(6,*) T                                              }
      WRITE(6,21)                                               }  I
      WRITE(2,111)                                              }
      WRITE(6,111)                                              }

111      FORMAT(/
     *   10X,'                                                     '/
     *   10X,'              LINSENGEOMETRIE                        '/
     *   10X,'                                                     '/
     *   10X,'     <------------- KM ------------->                '/
     *   10X,'     ***************  **************     ^           '/
     *   10X,'     .....UA1..........UA2....          |           '/
     *   10X,'     ..........................         |           '/
     *   10X,'     ..........................         |           '/
     *   10X,'     ..........................         IM          '/
     *   10X,'     ..........................         I           '/
     *   10X,'     ..........................                     '/
     *   10X,'     ..........................                     '/
     *   10X,'     ..........................                     '/
     *   10X,'     ..........................                     '/
     *   10X,'     ..........................                     '/
     *   10X,'     ***************  **************                '/
     *   10X,'     Z0             Z1  Z2           Z3              '/
     *   10X,'     <-----K1----->                                  '/
     *   10X,'     <-----K2---------->                             '/
     *   10X,'                                                     ')
         WRITE(6,21)
         WRITE(6,105)
 105     FORMAT(' KM,IM,K1,K2,IT1===>' ,$)
         READ(5,*) KM,IM,K1,K2,IT1
         WRITE(6,23) KM,IM,K1,K2,IT1
         WRITE(2,23) KM,IM,K1,K2,IT1
         WRITE(6,106)
 106     FORMAT(' UA1,UA2,EPS,W===>' ,$)
         READ(5,*) UA1,UA2,EPS,W
         WRITE(6,24) UA1,UA2,EPS,W
         WRITE(2,24) UA1,UA2,EPS,W
 6       IM1=IM-1
         KM1=KM-1
         DO 2 K=1,K1
 2       U(IM,K)=UA1
         DO 3 K=K2,KM
 3       U(IM,K)=UA2
         DO 4 I=1,IM1
         DO 4 K=1,KM
```

```
4       U(I,K)=UA1+(UA2-UA1)/KM1*(K-1)
        DO 5 K=K1,K2
5       U(IM,K)=UA1+(UA2-UA1)/(K2-K1)*(K-K1)
        IT=0
10      CONTINUE
        RT=0
        DO 11 K=2,KM1
        DO 11 I=1,IM1
        RS=U(I,K)
14      U(I,K)=(U(1,K-1)+U(1,K+1)+4.*U(2,K))/6.*W+(1-W)*RS
        GO TO 16
15      U(I,K)=U(I,K+1)+U(I,K-1)+U(I+1,K)+U(I-1,K)+
     *  (U(I+1,K)-U(I-1,K))/(2.*(I-1)))/4.*W+(1-W)*RS
16      R=U(I,K)-RS
        RA=ABS(R)
        IF(RT.GT.RA) GO TO 11
        RT=RA
11      CONTINUE
        IF(RT.LT.EPS) GO TO 17
        IT=IT+1
        IF(IT.LT.IT1) GO TO 10
17      CONTINUE
        WRITE(6,25)
        WRITE(2,25)
        WRITE(6,26) (I,I=1,IM,2)
        WRITE(2,26) (I,I=1,IM,2)
        DO 18 K=1,KM
        WRITE(6,27) K,(U(I,K),I=1,IM,2)
        WRITE(2,27) K,(U(I,K),I=1,IM,2)
        ARG(K)=K
        FUN(K)=U(1,K)
18      CONTINUE
        CALL GRAF(KM,ARG,FUN)
        WRITE(6,28) IT
        WRITE(2,28) IT
20      CLOSE(UNIT=2)
        STOP
21      FORMAT(' PROGRAMM LENS - DATENEINGABE ')
23      FORMAT('KM=',I3,5X,'IM=',I3,5X, 'K1=',I3,5X,/
     *  'K2=',I3,5X,'IT=',I4)
24      FORMAT('UA1=',F8.2,5X,'UA2=',F8.2,5X, 'EPS=',F10:5,5X,/
     *  'W=',F8.3)
25      FORMAT(/25X,'ELEKTRISCHES FELD')
26      FORMAT(5X,15(6X,I2))
27      FORMAT(/2X,I2,2X,12F8.2)
28      FORMAT(15x,'ENDE DER ITERATION',15X, 'IT=',I5)
        END
```

Die Berechnung des Feldes der elektrostatischen Immersionslinse erfolgt mit der Methode der finiten Elemente auf einem Gitter aus quadratischen Elementen des Schrittes H. Für den Iterationsprozeß wird eine Relaxationsmethode mit einem Relaxationskoeffizienten W=1-2 verwendet.

Die Berechnung ist auf eine Linsengeometrie beschränkt, bei der die Linsenabmessungen ein Vielfaches des Gitterschrittes H betragen. Dies erlaubt es, mit ganzzahligen Werten zu arbeiten:

- IM – bestimmt den Radius R der die Linse bildenden Zylinder IM=R/(H+1);
- K1 – Koordinate der rechten Grenze des ersten Zylinders K1=Z1/H+1 bei einer Koordinate der linken Grenze Z0=0;
- K2 – Koordinate der linken Grenze des zweiten Zylinders K2=Z2/H+1;
- KM – Koordinate der rechten Grenze des zweiten Zylinders KM=Z3/H+1.

Die Gruppe *I* der Befehlszeilen öffnet ein Ausgabefile LENS'N'.DAT (N – Nummer des Ausgabefiles N=1-9).

Die Gruppe *II* der Befehlszeilen dient der Dateneingabe und erzeugt einen Kontrollausdruck:

- Daten zur Linsengeometrie IM,K1,K2,KM, (in der vorliegenden Programmvariante sind die Werte von IM und KM durch IM≤17 und KM≤50 beschränkt);
- UA1, UA2 – Potentialwerte für den ersten und zweiten Zylinder [V];
- W - Werte des Relaxationskoeffizienten;
- EPS – Fehler bei der Berechnung des Potentials an den Gitterpunkten;
- IT1 – Anzahl der maximal erlaubten Iterationen.

Die Gruppe *III* der Befehlszeilen dient

- der Eintragung der Gitterpunktpotentiale U(I,K) für die äußersten Gitterpunkte unter Berücksichtigung der Elektrodenpotentiale und der Ermittlung von Startwerten für die inneren Gitterpunkte mit linearer Interpolation;
- der iterativen Berechnung der Potentiale der inneren Gitterpunkte unter Verwendung von Relaxationsmethoden;
- dem Abbruch der Iteration gemäß des Wertes von EPS beziehungsweise der Iterationsanzahl IT1;
- dem Ausdruck der Potentialverteilung an den Gitterpunkten.

Eine Graphik der axialen Potentialverteilung wird mit dem Programm SUBROUTINE GRAF erzeugt.

B.4 Graphische Darstellung der Resultate

Die graphische Darstellung der Ergebnisse erfolgt mit der Subroutine GRAF.

```
      SUBROUTINE GRAF(N,ARG,F)
      DIMENSION F(N),M(70),ARG(N)
      CHARACTER C1/' '/,C2/'*'/, C3/'+'/,C4/'-'/
      WRITE(6,10)
      WRITE(2,10)
10    FORMAT( / 1X,70('.'))
      FMIN=F(1)
      FMAX=F(1)
      DO 30 I=1,N
      IF(F(I).GE.FMIN) GO TO 20
      FMIN=F(I)
20    IF(F(I).LE.FMAX) GO TO 30
      FMAX=F(I)
30    CONTINUE
      AFMIN=ABS(FMIN)
      AFMAX=ABS(FMAX)
      DO 140 I=1,N
      DO 35 L=1,61
      M(L)=C1
35    CONTINUE
      IF(FMIN.GT.0) GO TO 50
      IF(FMIN.LT.0.AND FMAX.GE.0) GO TO 70
      IF(FMAX.LT.0) GO TO 60
50    SK=AFMAX/60
      IAX=1
      IFUN=INT(F(I)/SK)+1
      K=IFUN
      GO TO 75
60    SK=AFMIN/60
      IAX=61
      IFUN=61+INT(F(I)/SK)
      GO TO 100
70    SK=(AFMIN+AFMAX)/60
      IAX=INT(AFMIN/SK)+1
      IFUN=IAX+INT(F(I)/SK)
75    IF(IFUN-IAX)100,120,80
80    DO 90 J=IAX,IFUN
90    M(J)=C4
      K=IFUN
      GO TO 120
100   DO 110 J=IFUN,IAX
110   M(J)=C4
```

```
      K=IAX
      GO TO 120
120   M(IAX)=C3
      M(IFUN)=C2
      WRITE(6,130) ARG(I),F(I),(M(J),J=1,K)
      WRITE(2,130) ARG(I),F(I),(M(J),J=1,K)
130   FORMAT(1X,F6.2,1X,F7.1,61A1)
140   CONTINUE
      RETURN
      END
```

Literaturverzeichnis

[1] V.M.Kelman, S.Ya.Yavor; Elektronenoptik (R)[1], 3. Auflage, Nauka, Moskau, 1969

[2] W.Glaser; Grundlagen der Elektronenoptik, Springer, Wien, 1952

[3] P.W.Hawkes; Electron Optics and Electron Microscopy, Taylor and Frencis, London, 1972

[4] L.A.Baranova, S.Ya.Yavor; Elektrostatische Linsen (R), Moskau, Nauka, 1986

[5] S.I.Molokovski, A.D.Suschkov; Intensive Elektronen- und Ionenstrahlen (R), Leningrad, Energiya, 1972

[6] S.I.Molokovski, A.D.Suschkov; Elektronenoptische Systeme von Hochfrequenzsystemen (R), Leningrad, Energiya, 1965

[7] J.D.Lawson; The Physics of Charged-Particle Beams, Clarendon Press, Oxford, 1977

[8] A.A.Rukhadse, L.O.Bogdankevich, S.E.Rosinsky, V.G.Rukhlin; Physik intensiver relativistischer Elektronenstrahlen (R), Atomizdat, Moskau, 1980

[9] R.B.Miller; An Introduction to the Physics of Intense Charged Particle Beams, Plenum Press, New York, 1982

[10] M.D.Gabovich; Physik und Technik von Plasmaionenquellen (R), Energoatomizdat, Moskau, 1984

[11] J.R.Pierce; Theory and Design of Electron Beams, D.Van Nostrand Company, Toronto, New York, London, 1954

[12] A.S.Roschal; Modellierung von Elektronenstrahlen (R), Atomizdat, Moskau, 1979

[13] V.P.Ilyin; Numerische Methoden zur Lösung von Aufgaben der Elektrophysik (R), Nauka, Moskau, 1985

[14] P.T.Kirstein, G.S.Kino, W.E.Waters; Space-Charge Flow, Mc Graw Hill, New York, Toronto, London, Sydney, 1967

[15] E.A.Abramyan, B.A.Alterkop, G.D.Kuleshov; Intensive Elektronenstrahlen (R), Energoatomizdat, Moskau, 1984

[16] I.V.Alyamovski; Elektronenstrahlen und Elektronenkanonen (R), Sowjetisches Radio, Moskau, 1966

[17] A.N.Didenko, V.P.Grigoriev, Yu.P.Usov; Leistungsstarke Elektronenstrahlen und ihre Anwendung (R), Atomizdat, Moskau, 1977

[18] V.M.Bistrizky, A.N.Didenko; Leistungsstarke Ionenstrahlen (R), Energoatomizdat, Moskau, 1984

[19] R.D.Harris; Charakteristika hochperveanter Kanonen voller Strahlen in Hochleistungsgeräten, Proc. High Power Microwave Tube Symp., New Jersey, Sept. 1962, Vol.1

[20] W.E.Waters; Die Anwendung von Elektronenkanonen magnetischen Typs in Leistungsgeräten, in [19]

[21] A.D.Suschkov, S.I.Molokovski, G.P.Zybin; Investigation of Electron Guns with Electron Beam Current Control, 3rd Czechosl. Conf. on Electronics and Vacuum Physics Transactions, Academia Publishing House, Prague, 1967, p.577

[1] (R): Originaltext liegt in russischer Sprache vor

[22] A.Staprans, E.W.McCune, J.A.Ruetz; High-Power Linear Beam Tubes, ed. by L.L.Clempitt, Proc. IEEE, 61 (1973) 299

[23] Yu.V.Lavrentjev, P.V.Nevsky,, O.T.Kustikov u.a.; Eine Trioden-Elektronenkanone mit Schattengitter und wabenförmiger Kathode (R), Electronnaya Technika, Serie 1, UHF-Elektronik, Ausgabe 5, 1977, S.88

[24] B.D.Iljushin, I.I.Galizky, I.M.Bleyvas u.a., Formierung intensiver vielstrahliger Elektronenströme mit Niederspannungssteuerung (R), Electronnaya Technika, Serie 1, UHF-Elektronik, Ausgabe 2, 1980, S.19

[25] N.S.Sinshenko; Theorie, experimentelle Ergebnisse und einige Anwendungen hochperveanter Elektronenstrahlen (R), Ukr. Phys. Journ., 12 (1967) 1828

[26] V.A.Sokolova, N.S.Sinshenko; Hochperveante Elektronenstrahlen mit einer Strahlleistung bis 8 kW (R), PTE, 2 (1983) 153

[27] D.L.Brix et al.; High Brightness Test Stend, Nuclear Instruments & Methods, A250 (1986) 49

[28] Y.Kawamura, K.Toyoda, M.Kawai; Development of Cold Beam Sources for a Raman Type Free Electron Laser, in [27], p.77

[29] R.S.Symons; Electron Beam Power Transmission, World Electrotechn. Congress, Moscow, June 21-25, 1975, p.1

[30] Z.S.Shernov; Systeme mit zentrifugal-elektrostatischer Fokussierung des Elektronenstromes (R), Radiotechnika i Elektronika, 1956, Band 1, No.11, S.1428

[31] L.A.Harris; Axially Symmetric Beam and Magnetic Field Systems, Proc. IRE, 1952, No.6, p.700

[32] Z.S.Shernov; Methoden der Fokussierung von Elektronenströmen in UHF-Geräten (R), Radiotechnika i Elektronika, No.10, 1958, S.1650

[33] A.I.Shvertko, A.K.Nazarenko, A.M.Svyatsky u.a.; Geräte für das Elektronenstrahlschweißen (R), Naukova Dumka, Kiew, 1973

[34] Elektronisches Metallschmelzen; Übersetzung aus dem Englischen, Redaktion M.A.Mauracha, Mir, Moskau, 1964

[35] Technologie der Ionendeposition; Solid-State Technology; Vol.11, 1968, S.952

[36] D.B.Langmuir, E.Stuhlinger, J.M.Sellen; Electrostatic Propulsion, Academic Press, New York and London, 1961

[37] J.L.Hirshfield, V.L.Granatstein; The Electron Cyclotron Maser - a Historical Survey, IEEE Trans., MMT-25, 1977

[38] W.R.Smythe, Static and Dynamic Electricity, Mc Graw-Hill, New York a.o., 1950

[39] K.Simonyi; Theoretische Elektrotechnik, VEB Deutscher Verlag der Wissenschaften, Berlin, 1956

[40] A.N.Tichonov, A.A.Samarsky; Gleichungen der mathematischen Physik (R), Nauka, Moskau, 1966

[41] B.A.Volynsky, V.E.Buchman; Modelle für die Lösung von Randwertaufgaben (R), Fizmatgiz, Moskau, 1960

[42] V.S.Vladimirov; Gleichungen der mathematischen Physik (R), Nauka, Moskau, 1967

[43] W.E.Milne; Numerical Solution of Differential Equations, John Wiley and Sons Inc., New York, 1953

[44] B.P.Demidovitsch, I.A.Maron, E.Z.Shuvalova; Numerische Analysemethoden (R), Nauka, Moskau, 1967

[45] O.V.Tonzoni; Die Methode sekundärer Quellen in der Elektrotechnik (R), Energiya, Moskau, 1975

[46] K.S.Demirshyan, V.L.Tschetschulin; Maschinelle Berechnungen elektromagnetischer Felder (R), Vyshaya Schkola, Moskau, 1986

[47] R.W.Hockney, J.W.Eastwood; Computer Simulation Using Particles, Mc Graw Hill, New York a.o., 1981

[48] A.N.Tichonov, V.Ya.Arsenin; Lösungsmethoden nichtkorrekter Aufgaben (R), Nauka, Moskau, 1986

[49] G.Liebmann; An Improved Method of Numerical Ray Tracing Through Electron Lenses, Proc. Phys. Sec. B, 62 (1949) 753

[50] V.E.Ginsburg; Optimierung der Berechnung elektronenoptischer Modelle für die Nutzung von elektronischen Datenverarbeitungsanlagen / Methoden der Berechnung elektronenoptischer Systeme (R), Nauka, Moskau, 1977, S.12

[51] I.I.Golenizky, A.N.Zakharova, V.B.Khomitsch; Analyse der Funktion von Geräten des Typs 0 bei großen Amplituden unter Berücksichtigung der Formierung axialsymmetrischer Ströme (R), Elektronnaya Technika, Serie 1, UHF-Elektronik, 3 (1971) 37

[52] G.G.Monosov; Stationäre Charakteristika von Geräten des Magnetrontyps mit emittierender negativer Elektrode (R), Elektronaya Technika, Serie 1, UHF-Elektronik, 10 (1968) 78

[53] S.I.Molokovski, V.F.Tregubov; Numerische Berechnung der Greenschen Funktion für schwierige Bereiche (R), Vorträge des IV. Allunionsseminars zu Lösungsmethoden von Aufgaben der Elektronenoptik (Thesen), Novosibirsk, 1971

[54] Yu.A.Melnikov; Permanentmagnete von elektrischen UHF-Vakuumgeräten (R), Sowjetskoje Radio, Moskau, 1967

[55] V.I.Koschelev; Reguläre Lösungen elliptischer Gleichungen und Gleichungssysteme (R), Nauka, Moskau, 1986

[56] L.V.Kantorovitsch, G.P.Akilov; Funktionalanalyse (R), Nauka, Moskau, 1977

[57] A.L.Merkulov, S.I.Molokovski; Untersuchung und Realisierung von im Sättigungsregime arbeitenden Berechnungsmethoden // Berechnungsmethoden von elektronenoptischen Systemen(R), Novosibirsk, Verlag der Sibirischen Abteilung der AdW der UdSSR, 1982, S.133

[58] A.A.Blochin, B.G.Koschaev, S.I.Molokovski; Numerische Berechnung magnetisch fokussierender Systeme unter Berücksichtigung reeller Charakteristika von Ferromagneten // Berechnungsmethoden von elektronenoptischen Systemen (R), Nauka, Moskau, 1977, S.155

[59] A.A.Blochin, S.I.Molokovski; Das Programmsystem „Veber“ zur Analyse und Optimierung magnetisch fokussierender Systeme unter Berücksichtigung realer Charakteristika von Ferromagneten // Electronnaya Technika (R), Serie 1, UHF-Elektronik, 2 (1982) 68

[60] S.I.Alyamovski, N.N.Smirnova; Berechnung von gemischten MPFS-Parametern von Samarium-Kobalt-Magneten unter Berücksichtigung der Sättigung der Polschuhe (R), ebenda, 6 (1985) 37

[61] L.D.Landau, E.M.Lifschitz; Feldtheorie (R), 7.Auflage, Nauka, Moskau, 1988

[62] N.N.Buchholz; Grundkurs der Theoretischen Mechanik (R), Teil 2, Nauka, Moskau, 1966

[63] Handbuch spezieller Funktionen (R), Übersetzung aus dem Englischen, Herausgeber M.Abramovisha und N.Stigan, Nauka, Moskau, 1979

[64] J.Vine; Numerical Investigation of a Range of Unipotential Electron Lenses, Brit. Journ. Appl. Phys., 11 (1960) 408

[65] P.Durandeau; Etude sur les lentilles electroniques magentiques (Theses). Toulouse, 1957

[66] I.I.Zuckermann; Elektronenoptik in der Fernsehtechnik (R), Gozenergoizdat, Moskau, 1958

[67] A.A.Vlasov; Vielteilchentheorie (R), Goztechizdat, Moskau, 1950

[68] A.L.Lichtenberg; Phase-Space Dynamics of Particles, John Wiley and Sons Inc., New York and London, 1969

[69] L.D.Landau, E.M.Lifschitz; Mechanik (R), Nauka, Moskau, 1988

[70] I.M.Kapshinski; Teilchendynamik in linearen Resonanzbeschleunigern (R), Atomizdat, Moskau, 1966

[71] R.C.Davidson; Theory of Nonneutral Plasmas, W.A.Benjamin Inc., Advanced Book Programme Reading, Massachusetts, London, Amsterdam, Don Mills, Ontario, Sydney, Tokyo, 1974

[72] V.S.Kusnezov; Eine Berechnungsmethode der inneren Struktur intensiver bandförmiger Strahlen geladener Teilchen (R), Sov. Journ. Theoret. Phys., 37 (1967) 835

[73] C.Lanczos; The Variational Principles of Mechanics, University of Toronto Press, Toronto, 1962

[74] P.A.Sturrock; Static and Dynamic Electron Optics, Cambridge University Press, Cambridge, 1955

[75] K.Spangenberg; Use of Action Function to Obtain the General Equation of Space Charge Flow in more than one Dimension, Journ. Frank. Inst., 232 (1941) 365

[76] V.T.Ovsharov; Theorie der Formierung von Elektronenstrahlen (R), Radiotechnika i Elektronika, 2 (1957) 696

[77] B.Meltzer; Single-Component Stationary Electron Flow Under Space-Charge Conditions, J. Electronics, 2 (1956) 256

[78] V.A.Syrovoi; Über einkomponentige Strahlen gleichartig geladener Teilchen (R), Journal Prikladnoi Mechaniki i Technisheskoi Fiziki, 3 (1964) 24

[79] L.E.Bakhrach; Grenzstrom einer Elektronenkanone unter der Annahme einer konstanten Raumladungsdichte (R), Radiotechnika i Elektronika, 9 (1965) 1104

[80] V.P.Taranenko; Der Einfluß positiver Ionen auf die Formierung von Elektronenstrahlen unter Hochvakuumbedingungen (R), Izv. Vuzov. Radioelektronika, No.6, 1965, 850

[81] J.D.Lowson; Perveance and the Bennet Pinch Relation in Partially Neutralized Electron Beams, J. Electron Control, 5 (1958) 146

[82] M.M.Bredov; Automatische Kompensation der Raumladung in Elektronenstrahlen (R), Sammelband zum 70. Geburtstag des Akademiemitgliedes A.F.Ioffe, Verlag der Akademie der Wissenschaften der UdSSR, Moskau, 1950, S.155

[83] B.I.Dawydov, S.I.Braginski; Zur Theorie der Gaskonzentration von Elektronenstrahlen (R), siehe [82], S.72

[84] A.E.S.Green, T.Sawada; Ionization Cross-Section and Secondary Electron Distribution, J. Atm. and Terr. Phys., 31 (1972) 1719

[85] S.I.Molokovski, D.D.Sushalkin; Abschätzung des Einflusses von Sekundärelektronen auf die ionische Fokussierung von Elektronenstrahlen (R), Izvest. Leningradskogo Elektrotechnisheskogo Instituta, Ausg. 315, 1982, S.20

[86] O.G.Vendik, Yu.N.Gorin, V.F.Popov; Korpuskular-Photonentechnologie (R), Vyshaya Schkola, Moskau, 1984

[87] F.A.Miller, J.B.Gerardo; Electron Beam Propagation in High-Pressure Gases, J. Appl. Phys., 43 (1972) 3008

[88] C.C.Cutter, M.Hines; Thermal Velocity Effects in Electron Guns, Proc. IRE, 43 (1958) 307

[89] I.M.Bleyvas; Zur mathematischen Formulierung selbstkonsistenter Aufgaben der Elektronenoptik // Aufgaben der physikalischen Elektronik (R), Nauka, Moskau, 1982

[90] A.V.Ovshinnikov; Eine Methode zur Analyse von Flüssen geladener Teilchen (R), Zarubeshnaya Elektronika, 5 (1979) 26

[91] D.E.Radley; The Theory of the Pierce-Type Electron Gun, Electron. and Control., 4 (1958) 125

[92] G.S.Kino; A Design Method for Crossed-Field Electron Guns, Trans. IRE, ED-7 (1960) 420

[93] G.S.Kino, N.J.Taylor; The Design and Performance of a Magnetron Injection Gun, Trans. IRE, ED-9 (1962) 1

[94] D.E.Radley; Electrodes for Convergent Pierce-Type Electron Guns, Electron. and Control., 45 (1969) 730

[95] V.T.Ovsharov; Gleichungen der Elektronenoptik für ebenensymmetrische und achsensymmetrische Elektronenstrahlen mit hoher Stromdichte (R), Radiotechnika i Elektronika, 6 (1962) 1367

[96] P.V.Nevski, V.T.Ovsharov; Berechnung elektrostatisch formierender Systeme für Klystrons (R); Elektronnaya Technika, Serie 1, UHF-Elektronik, 7 (1969) 62

[97] V.T.Ovsharov; Äußeres Problem für paraxiale Elektronenstrahlen (R), Radiotechnika i Elektronika, 11 (1967) 2156

[98] V.K.Lygin, V.N.Manuylov, S.E.Zimring; Numerische Analyse intensiver ausgedehnter Maserelektronenstrahlen bei Zyklotronresonanz // Neue Methoden der Berechnung elektronenoptischer Systeme (R), Nauka, Moskau, 1983, S. 44

[99] A.L.Goldenberg, M.I.Petelin; Formierung schraubenförmiger Elektronenstrahlen im adiabatischen Strahl (R), Izv. Vuzov Radiofizika, 16 (1973) 141

[100] A.M.Dauschwili, B.G.Koshaev, S.I.Molokovski; Berechnung der Linsenwirkung vom Maschen eines Steuergitters in Triodenelektronenkanonen (R), Izv. Vuzov Radiofizika, 15 (1972) 1507

[101] R.True; A Theory for Coupling Gridded Gun Design with PPM Focussing; IEEE Trans., ED-31 (1984) 353

[102] I.N.Barbaritsch, A.N.Ivanov, A.A.Titov; Ein Programmpaket zur Berechnung von axialsymmetrischen elektronenoptischen Systemen unter Berücksichtigung der Anfangsgeschwindigkeiten der thermischen Elektronen und der Raumladung // Neue Methoden der Berechnung elektronenoptischer Systeme (R), Nauka, Moskau, 1983, S.28-31

[103] R.True; Emittance and the Design of Beam Formation, Transport and Collection Systems in Periodically Focused TWT's, IEEE Trans., ED-34 (1987) 473

[104] S.P.Morev, V.V.Pensyakov; Berechnungsmethoden von Elektronenstrahlen mit verschwindenden Phasenraumvolumina (R), Obzory po Elektronnoi Technike, Serie 1, Elektronika UHF, 1984, No.2

[105] Kaltkathoden (R); Herausgeber M.I.Elison, Sowjetskoe Radio, Moskau, 1974

[106] B.V.Bondarenko, E.P.Pischkin, A.A.Shuka; Geräte und Anlagen der Elektronentechnik auf der Basis von Autokathoden (R), Zarubeshnaya Elektronnaya Technika, 2 (1979) 3

[107] V.V.Shesnokov; Der moderne Stand der Technik von autoemittierenden Elektronenkathoden (R), Obzory po Elektronnoi Technike, Ser. Elektrovakuumnye Pribory, No.9, 1968

[108] Yu.E.Kreindel; Plasmaelektronenquellen (R), Atomizdat, Moskau, 1977

[109] A.A.Novikov; Elektronenquellen von Hochspannungsglimmentladungen mit Anodenplasma (R), Energoatomizdat, Moskau, 1972

[110] A.V.Crewe et al.; Electron Gun Using a Field Emission Source, Rev. Sci. Instrum., 39 (1968) 576

[111] J.W.Butler; Proc. 6th Int. Congress on Electron Microscopy, Kyoto, 1966, p.191

[112] V.V.Slavyanski; Ausarbeitung von Berechnungsmethoden und Untersuchung von Injektionssystemen von Elektronenstrahlen für spezielle Geräte (R), Dissertation, Leningrad, 1986

[113] M.D.Gabovish; Flüssigmetallionenemitter (R), UFN, 140 (1983) 137

[114] P.M.Voronkov, V.A.Danilevish, B.S.Bogdanovish, V.F.Gass; Experimentelle Untersuchung von Parametern autoelektronischer Kanonen (R), Arbeiten der 2. Allunionskonferenz „Beschleuniger geladener Teilchen", Band 1, Atomizdat, Moskau, 1972, S.126

[115] C.A.Spindt, J.Brody, L.Humphry, E.R.Westerberg; Physical Properties of Thin-Film Field Emission Cathodes with Molibdenum Cones, J. Appl. Phys., 47 (1976) 5248

[116] V.V.Slavyansky, U.B.Soltamov, A.D.Suschkov, L.D.Karpov; Untersuchung von Feldern und Elektronentrajektorien in axialsymmetrischen Mikrokathodenzellen (R), Elektronaya Technika, Serie 4, Elektrovakuum- uns Gasentladungsgeräte, Ausg.4, 1981, S.3

[117] Yu.I.Bartaschyuz, L.I.Pranevishuz, G.N.Fursey; Untersuchung der Explosionselektronemission einer flüssigen Galliumkathode (R), JTF, 41 (1971) 1943

[118] Yu.K. Kreindel (Herausgeber): Elektronenquellen mit Plasmaemitter (R), Nauka (Sibirische Abteilung), Novosibirsk, 1983

[119] M.D.Gabovish, N.V.Pleshivzev, N.N.Semashko; Ionen- und Atomstrahlen für die gesteuerte Kernfusion und für technologische Ziele (R), Energoatomizdat, Moskau, 1986

[120] L.A.Gutova, Yu.E.Kreindel, V.A.Nikitinsky; Plasmaimpulsquelle für Elektronen (R), Izv. Vuzov, Radioelektronika, 1 (1970) 77

[121] E.B.Bas, E.Gisler, F.Stuki; The Structural Design and the Electron Optics of a Hybrid Electron-Ion Gun, J.Phys. E: Sci. Instr., 17 (1984) 405

[122] V.A.Nikitinski, B.I.Shuravlev; In gemischten Feldern mit kalter Hohlkathode kontrahierende Entladung (R), Journal Technishezkoi Fiziki, 50 (1980) 440

[123] B.T.Murphy; A Method of Focusing Electron Beams, Proc. IEE, 105B, No.12 (supplement) (1958) 1033

[124] J.T.Mendel; Magnetic Focusing of Electron Beams, Proc. IRE, 43 (1955) 327

[125] P.F.C.Burke; Compensated Reversed Field Focusing of Electron Beams, siehe [124], 51 (1963) 1653

[126] K.J.Harker; Periodic Focussing of Beams from Partially Shielded Cathodes, Trans. IRE, ED-2 (1955) 13

[127] M.Chodorow, C.Susskind; Space-Charge Balanced Hollow Beam with Uniform Space Charge Distribution, Proc. IRE, 46 (1958) 497

[128] A.L.Samuel; On the Theory of Axially Symmetric Electron Beams in Axial Magnetic Fields, Proc. IRE, 37 (1949) 1252

[129] L.A.Harris; Axially Symmetric Electron Beam and Magnetic Field Systems, Proc. IRE, 39 (1951) 700

[130] I.V.Alyamovsky; Ein bandförmiger Elektronenstrahl im periodischen Magnetfeld bei willkürlicher Kathodenabschirmung (R), Radiotechnika i Elektronika, 5 (1960) 827

[131] S.I.Molokovski; Electrostatic Focusing System for Intense Electron Beams, J. Inst. Elecommun. Engineers, 9 (1963) 328

[132] M.Szilagyi; Analyse eines durch periodische elektrostatische Felder fokussierten axialsymmetrischen Elektronenstrahls (R), Radiotechnika i Elektronika, 11 (1966) 870

[133] P.K.Tien; Focusing of a Long Cylindrical Electron Stream by Means of Periodic Electrostatic Fields, J. Appl. Phys., 25 (1954) 1281

[134] I.A.Danovish; Einige Fragen der periodischen elektrostatischen Fokussierung intensiver Elektronenflüsse (R), Radiotechnika i Elektronika, 10 81965) 435

[135] M.Szilagyi; Electrostatic Spline Lenses, J. Vac. Sci. Technol., A5 (1987) 273

[136] S.I.Molokovski; Abschätzung der Stabilität eines durch ein Sammellinsensystem fokussierten Elektronenstrahls (R), Izv. Leningr. Elektrotechn. Instituta, 96 (1970) 85

[137] S.I.Molokovski; Analytische Berechnung der Elektrodengeometrie zur elektrostatischen Fokussierung eines Bandstrahls (R), Radiotechnika i Elektronika, 7 (1962) 1048

[138] V.A.Syrovoi; Lösungsmethoden der äußeren Aufgabe mit der Formierungstheorie im dreidimensionalen Fall (R), Nauka, Moskau, 1983, S.55

[139] K.K.N.Chang; Confined Electron Flow in Periodic Electrostatic Fields of Very Short Periods, Proc. IRE, 45 (1957) 66

[140] K.K.N.Chang; Biperiodic Electrostatic Focusing for High Density Electron Beams, Proc. IRE, 45 (1957) 1522

[141] C.C.Johnson; Periodic Electrostatic Focusing of a Hollow Electron Beam, IRE Trans., ED-5 (1958) 233

[142] S.P.Subshevsky, G.M.Mladenov; Kriterien und Prinzipien der Optimierung konzentrierender elektronenoptischer Systeme (R), JTF, 58 (1988) 2063

[143] O.K.Nazarenko, A.A.Kaydalov, S.M. Kovbasenko u.a.; Elektronenstrahlschweißen (R), Herausgeber B.E.Paton, Naukova Dumka, Kiew, 1987

[144] W.Namkung, E.P.Chojnacki; Emittance Measurements of Space-Charge Dominated Electron Beams, Rev. Sci. Instrum., 57 (1986) 341

[145] S.I.Molokovski, K.S.Akopyan, Yu.V. Zubshenko u.a.; Abschätzung des Einflusses nichtlinearer Phasencharakteristika auf die Fokussierung von Elektronenstrahlen in Schweißanlagen (R), Avtomat. Svarka, 9 (1979) 14

[146] S.I.Molokovski, V.F.Tregubov; Abschätzung des Einflusses nichtlinearer Phasencharakteristika eines Elektronenstrahls auf die Abmaße des Brennfleckes (R), JTF, 49 (1979) 202

[147] E.Munro; Electron Beam Lithography, Applied Charge Particle Optics, Ed. by A.Septier, Part B, Academic Press, New York, 1980

[148] I.Brodie, J.J.Muray; The Physics of Microfabrication, Plenum Press, New York and London, 1982

[149] A.V.Crewe, J.Wall, L.M.Welter; A High Resolution Scanning Transmission Electron Microscope, J. Appl. Phys., 39 (1968) 5861

[150] J.R.A.Cleaver, H.Ahmed; A 100 keV Ion Probe Microfabrication System with a Tetrode Gun, Journ. Vac. Sci. and Technol., 19 (1981) 1145

[151] L.E.Thode, B.B.Godfrey, W.R.Shanahan; Vacuum Propagation of Solid Relativistic Electron Beams, Phys. Fluids, 22 (1979) 747

[152] R.B.Miller, D.C.Straw; Propagation of Unneutralized Intense Relativistic Electron Beams in a Magnetic Field, Journ. Appl. Phys., 48 (1977) 1061

[153] C.K.Birdsall, W.B.Bridges; Electron Dynamics of Diode Regions, Academic Press, New York, 1967

[154] J.C.Twombly, J.E.Lauer; A Mathematical Model which Describes High Perveance Instabilities of Long Drifting Electron Beams, Proc. of the 4th Conf. on Microwave Tubes, Schevingen, 1967

[155] A.S.Boxer, J.F.Ollum; A New Quasi-Static Model of Space Charge Limiting, IEEE Trans., ED-17 (1970) N5

[156] S.I.Molokovski, P.E.Stenukova, V.F.Tregubov; Numerische Analyse der Bildung einer virtuellen Kathode in einem durch einen zylindrischen Kanal gehenden Elektronenstrahl (R), Izv. Leningradskovo Elektrotechn. Instituta, 136 (1973) 17

[157] Yu.A.Berezin, B.N.Breizman, V.A.Vschivkov; Numerische Modellierung der Injektion eines intensiven Elektronenstrahls in eine Vakuumkammer mit starken Magnetfeld (R), Preprint des Institutes für Theoretische und Angewandte Mechanik der Sibirischen Abteilung der Akademie der Wissenschaften der UdSSR, No. 18, 1979

[158] D.J.Sullivan; Application of the Virtual Cathode in Relativistic Electron Beams, Proc. of the 3rd Int. Conf. on High Power Electron and Ion Beam Research and Technology, Novosibirsk, 1979, p.769

[159] A.N.Didenko, Ya.E.Karasin, S.F.Perelman, I.P.Pisarenko; Generation intensiver Mikrowellenstrahlung durch einen relativistischen Eelektronenstrom in einem Triodensystem (R), Pisma v JTF, 5 (1979) 321

[160] T.J.T.Kwan; High Power Coherent Microwave Generation from Oscillating Virtual Cathodes, Phys. Fluids, 27 (1984) 228

[161] H.Sze, J.Benford, W.Woo; High Power Microwave Emission from a Virtual Cathode, Laser and Particle Beams, 5 (1987) 675

[162] V.I.Kalinin, G.M.Gerschtein; Einführung in die Radiophysik, Goztechizdat, Moskau, 1957

[163] M.Reizer; Laminar Flow Equilibria and Limiting Currents in Magnetically Focused Relativistic Beams, Phys. Fluids, 20 (1977) 477

[164] I.M.Kapshinski; Teilchendynamik in Resonanzlinearbeschleunigern (R), Atomizdat, Moskau, 1967

[165] Applied Charged Particle Optics, ed. by A.Septier, Part C: Very high density beams, Academic Press, New York, 1983

[166] M.Reiser, W.Namkung, M.A.Brennan; Electron Model Experiment to Study Instabilities in Long Periodic Focusing Systems for Intense Beams, IEEE Trans., NS-26 (1979) 3026

[167] L.E.Bakhrash, S.P.Kurdyazeva, V.V.Murzin; Magnetische periodische Quadrupolfokussierung intensiver Elektronenstrahlen (R), Radiotechnika i Elektronika, 23 (1979) 1187

[168] L.M.Borisov, E.A.Helvish, E.V.Shary u.a.; Intensive Vielstrahlenelektrovakuumbeschleuniger für die Mikrowellentechnik (R), Elektronnaya Technika, Serie 1, Mikrowellentechnik, 3 (1993) 12

[169] A.B.Kiselev, N.N.Marshenko; Bausteine zur Kathodenheizung von Vielstrahlelektronensystemen (R), Elektronnaya Technika, Serie 1, UHF-Elektronik, 9 (1991) 3

[170] S.S.Drozdov et all., US Patent N 443270, Reversible Periodic Magnetic Focusing System, Feb. 21, 1984

[171] L.A.Arzimovitsch; Was jeder Physiker über das Plasma wissen sollte (R), Atomizdat, Moskau, 1976

[172] E.A.Meerovitsch; Methoden der relativistischen Elektrodynamik in der Elektrotechnik (R), Moskau, Energiya, 1966

[173] V.A.Moskalev, G.I.Sergeev, V.G.Shestakov; Messung der Parameter von Strahlen geladener Teilchen (R), Moskau, Atomizdat, 1980

[174] E.S.Eftiveevna, C.A.Kirbardina; Experimentelle Untersuchungsmethoden von Elektronenstrahlen (R), Voprozy Radioelektroniki, Serie 1, Elektronika, 8 (1961) 54

[175] A.G.Alexandrov, B.M.Zamoroskov, Yu.A.Kalinin u.a.; Experimentelle Untersuchungsmethoden von Geräten des O- und M-Typs (R), Obzory po Elektronnoi Technike, Ser.1, Mikrowellenelektronik, 8 (1973) 108

[176] Yu.A.Bystrov, s.A.Ivanov; Beschleunigertechnik und Röntgenanlagen (R), Moskau, Vyshaya Shkola, 1983

[177] A.D.Suschkov, O.S.Vavilova, G.I.Dmitriev; Vakuumgeräte mit Elektronenbeschuß von Halbleitern (R), Zarubeshnaya Elektronika, 1 (1981) 60

[178] A.D.Suschkov, G.I.Dmitriev; Zur Verwendung von Halbleitertargets in Elektronenstrahlsonden (R), Technisheskaya Elektronika i Elektrodynamika, 1980, S.24

[179] A.M.Minkin; Ein Gerät zur Messung von Elektronenstrahlparametern (R), PTE, 5 (1963) 177

[180] V.I.Osadshi, A.I.Osadshi; Elektronenstrahlinformationsspeicher (R), Technika, Kiew, 1980, S.59-60

[181] A.D.Suschkov; Eine experimentelle Methode zur Analyse der Feinstruktur von Elektronenstrahlen (R), Arbeiten der 2. Int. Elektronenstrahltechnologiekonferenz, Varna, 31.5.-4.6.1988, S.83

[182] A.D.Suschkov, G.I.Dmitriev; Eine Halbleitertargetsonde zur Untersuchung von Elektronenstrahlen (R), PTE, 3 (1981) 230

[183] B.V.Iwanov, A.A.Suschkov, A.D.Suschkov, A.D.Tupizyn; Eine koaxiale Sonde mit Halbleitertarget zur Untersuchung von elektronenoptischen Systemen, PTE, 3 (1988) 130

[184] C.Agrittelis, R.Chosmann, Th.J.M.Slayters; Design of Low-Energy Beam Transport System of the Brookhaven 200 MeV Injector Linac, IEEE Trans., NS-16 (1969) 221

Weitere empfohlene Monographien zur Elektronenoptik:

1. M.Szilagyi; Electron and Ion Optics, Plenum Press, New York and London, 1988
2. H.Wollnik; Optics of Charged Particels, Academic Press, Orlando a.o., 1987
3. P.H.Hawkes, E.Kasper; Principles of Electron Optics, Academic Press, New York and London, 1989

Index

GPSR Compliance

The European Union's (EU) General Product Safety Regulation (GPSR) is a set of rules that requires consumer products to be safe and our obligations to ensure this.

If you have any concerns about our products, you can contact us on ProductSafety@springernature.com

In case Publisher is established outside the EU, the EU authorized representative is:

Springer Nature Customer Service Center GmbH
Europaplatz 3
69115 Heidelberg, Germany